J. D. Bernal
THE SOCIAL FUNCTION OF SCIENCE

根据英国 George Routledge & Sons 有限责任公司 1939 年版译出

汉译世界学术名著丛书
（120 年纪念版·珍藏本）
增订本出版说明

2017 年 10 月，为纪念商务印书馆创立 120 周年，本馆推出“汉译世界学术名著丛书”（120 年纪念版·珍藏本），计七百种。近五六年来，仰赖学界同人倾力支持，订正旧译，增补新译，拓展新著，积累日多。为满足读者需要，本馆在七百种的基础上，继续推出“汉译世界学术名著丛书”（120 年纪念版·珍藏本·增订本）三百种。至此，“汉译世界学术名著丛书”累计出版已达千种。

今后，本馆将继续推进丛书的翻译出版工作，在积累单本名著的基础上陆续分辑刊行，汇印出版。为促进中外文明互鉴、推动我国学术发展，使“汉译世界学术名著丛书”这项对我国学术文化有基本建设意义的重大工程发挥更大作用，诚望海内外学术界、翻译界继续给予支持，帮助我们把这套丛书出得更好。

商务印书馆编辑部

2024 年 2 月

汉译世界学术名著丛书
（120年纪念版·珍藏本）
出版说明

2017年2月11日，商务印书馆迎来120岁的生日。120年前，商务印书馆前贤怀揣文化救国的理想，抱持“昌明教育，开启民智”的使命，立足本土，放眼寰宇，以出版为津梁，沟通中西，为中国、为世界提供最富智慧的思想文化成果。无论世事白云苍狗，潮流左右激荡，甚至战火硝烟弥漫，始终践行学术报国之志，无改初心。

逐译世界各国学术名著，即其一端。早在20世纪初年便出版《原富》《天演论》等影响至今的代表性著作，1950年代后更致力于外国哲学和社会科学经典的译介，及至1980年代，辑为“汉译世界学术名著丛书”，汇涓为流，蔚为大观。丛书自1981年开始出版，历时三十余年，迄今已推出七百种，是我国现代出版史上规模最大、最为重要的学术翻译工程。

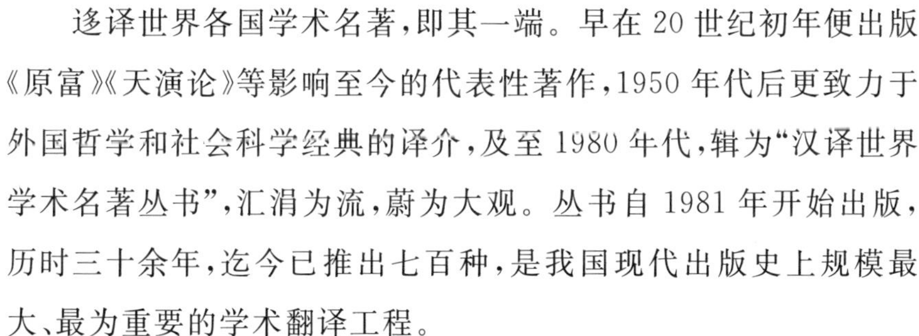

丛书所选之书，立场观点不囿于一派，学科领域不限于一门，皆为文明开启以来，各时代、各国家、各民族的思想与文化精粹，代表着人类已经到达过的精神境界。丛书系统译介世界学术经典，

引领时代思想，为本土原创学术的发展提供丰富的文化滋养，为推动中国现代学术和现代化进程做出了突出的贡献。

为纪念商务印书馆成立120周年，我们整体推出“汉译世界学术名著丛书”120年纪念版的珍藏本，寄望既利于文化积累，又便于研读查考，同时向长期支持丛书出版的译者、编者和读者致以敬意。

两甲子后的今天，商务印书馆又站在了一个新的历史时间节点上。我们不仅要铭记先辈的身影和足迹，更须让我们的步伐充满新的时代精神。这是商务人代代相传的事业，更是与国家和民族的命运始终紧密相连的事业。我们责无旁贷，必须做好我们这代人的传承与创造，让我们的努力和成果不仅凝聚成民族文化的记忆，还能成为后来人可以接续的事业。唯此，才能不负前贤，无愧来者。

商务印书馆编辑部

2017年10月

目　录

第二部分　科学能做什么

图表

前　言

过去几年的事件促使人们对科学在社会中的作用进行了批判 xiii
性的考察。过去人们认为，科学研究的结果将带来生活条件的不断改善；但是，先是世界大战，接着是经济危机，它们均表明，科学可以很容易地被用于破坏性和浪费性的目的。于是有声音要求停止科学研究，认为这是保存一种可容忍的文明的唯一手段。面对这些批评，科学家们自己也不得不第一次认真地考虑他们所做的工作与周围所发生的社会和经济发展之间的联系。本书试图对这一联系进行分析；通过调查科学家个人和群体对这一事态的责任大小，来提出可以采取的应对措施，从而使科学得到富有成效的而不是破坏性的应用。

首先必须认识到，科学的社会功能不是绝对的，而是随着科学的发展不知不觉地发展起来的能力。科学已不再是由好奇的绅士所从事的，或是在富有的资助人支持下由聪明人从事的一项事业，而是由大型工业垄断集团和国家来支持的一项事业。因此，就科学研究的性质而言，它已经不知不觉地由以个体研究为基础转变为以集体研究为基础，在其中仪器和管理的重要性有了大幅度增强。但是，随着这些发展以一种不协调和偶然的方式进行，其结果是形成了目前这种不论在其内部组织结构中，还是在其应用于生产或作为福利手段方面，都存在着效率极其低下问题的状况。如果科学要充分服务于社会，它首先就必须把自身的事情处理好。这是一项非常困难的任务，因为任何科学组织都有可能破坏对于科学进步来说至关重要的独创性和自发性。科学研究绝不能作为行政机关事务的一部分来管理，但不论是在国内，还是在国外，特别是在苏联，最近的发展表明，科学组织中的自由与效率是可以协调地结合在一起的。

科学的应用还带来了其他一些问题。例如，过去倾向于将科学几乎完全看成是指导改进物质生产（主要是通过降低成本）和推
xiv 进武器发展的工具。这不仅导致了因技术进步而带来的失业，而且几乎完全忽略了科学成果在直接增进人类福利，特别是健康和家庭生活等方面的应用。这使得不同学科的发展变得极不平衡："当下有利可图"的物理学和化学学科蓬勃发展，而生物科学——社会科学更甚——的发展则处于饥饿状态。

任何关于科学应用的讨论都必然涉及经济问题，因此我们不得不探究这样一个问题：现有的或被提议的各种经济体系能为科学最大限度地造福于人类提供多少机会？此外，经济不能与政治分离。法西斯主义的出现，目前世界上爆发的一系列战争，以及为一场波及面更广也更可怕的战争所做的全面准备，不仅影响到科学家作为公民的生活，而且影响到他们的工作。自文艺复兴以来，科学本身似乎第一次陷入危机之中。科学家已经开始意识到自己的社会责任，但如果科学要履行其传统所要求的职能，并避免威胁着它的危险，我们就需要科学家和公众对科学与当代生活之间的错综复杂的关系给予更多的认识。

对现代科学本身进行分析已经远远超出了个人的能力范围。事实上，到目前为止，还没有这样一项研究，即使是以综合方式进行的工作也暂告阙如。要分析几个世纪以来科学、工业、政府和一般文化之间的复杂关系的发展就更难了。这样的任务不仅需要分析者对整个科学有一个全面的了解，而且需要他具有经济学家、历史学家和社会学家的专长和知识。这些笼统的陈述必然部分地成为本书特点的一个借口。我意识到，而且现在比我开始写作时更敏锐地意识到，我缺乏驾驭这一广阔主题所需的能力、知识和时间。作为一个专注于某一特定领域工作的科学家，除了有许多其他职责和工作外，我甚至无法完成本课题所要求的书目研究，也无法连续集中关注几天以上。

在任何全面研究中，统计上和细节上的准确性都是一个基本的必要条件，但这种准确性要么因为某些记录的不足而根本无法达到，要么由于某些记录的过多和混乱，以至于只有付出艰辛的努力才能达到。例如，没有人知道一个国家到底有多少科学家（当然苏联可能是一个例外），在他们身上花了多少钱，是谁花的。他们 xv
所做的事情应该是可以确定的，这有三万多份科学期刊的数据可供查阅，但是他们如何以及为什么要做这些工作却无从知晓。

在描述和评价科学工作的行为时，我不得不主要依靠个人经验。但这会带来双重的缺点：个人经验可能不具代表性，或者结论有偏见。关于第一点，我与许多领域的各种科学家进行的多次对话使我确信，我所经历的许多事情几乎可以在科学研究的任何其他地方发生。至于第二点，必须坦率地承认我有偏见。我对科学研究的低效性、受到打击和偏离目标感到愤慨。事实上正是基于这一点，我才开始考虑科学与社会的关系，并尝试写这本书。如果说，细节上的偏见似乎总会导致苛刻的判断，那么不能否认，在科学家中广泛存在的怨恨情绪本身就是一个证明：科学研究并非总是一帆风顺。不幸的是，在任何一本已出版的书中都不可能自由而准确地描述科学研究的这种运行方式。关于诽谤罪的法律，国家给出的理由，乃至更多的科学界本身不成文的守则，都以相近的方式禁止人们对某个具体事例提出赞扬或指责。指控必须是一般性的，因而在某种程度上不具说服力，缺乏证据。然而，如果一篇文章在总的方面是正确的话，科学家将能够用他们自己的例子来提供论证，而非科学家可以通过他们自己的经验来检验科学研究的最终结果，并体会到本书的论点在多大程度上解释了这类现象的发生。

对于那些曾经亲眼见证过科学所遭遇的挫折的人来说，这是一件非常痛苦的事情。对于大多数人来说，这种挫折表现为人对疾病、被迫接受愚昧、痛苦、吃力不讨好、过早死亡的束手无策；对于其余的人来说，则意味着焦虑、贪婪和徒劳的生活。科学可以改变这一切，但只有在科学与那些了解其功能，并愿意为同一目的携起手来的社会力量相结合时，才能实现这一目标。

面对这个严峻但充满希望的现实，那种纯粹的、非世俗的传统科学观念，往好了说，充其量也只是一种逃避现实的幻想；往坏了说，则是一种可耻的虚伪。然而，这正是我们一直以来被教导所认识的科学的图景。而本书在这里所呈现的图景对许多人来说则是陌生的，对一些人来说这甚至是亵渎。然而，如果这本书能够成功地证明确实存在这样的问题，并且能够证明科学和社会的健康发展取决于两者间的适当的关系，那么本书的目的就已经达到了。

在写作本书时，我得到了很多人的帮助，在此无法一一道来。我非常感谢我的朋友和同事们的批评和建议，特别要对 H. D. 迪 xvi
金森(H. D. Dickinson)、I. 范库臣(I. Fankuchen)、朱利安·赫胥黎(Julian Huxley)、李约瑟(Joseph Needham)、约翰·皮利(John Pilley)和 S. 朱克曼(S. Zuckerman)诸位表示感谢。对于大部分材料的收集，特别是统计资料的搜集，我要感谢布伦达·赖尔逊(Brenda Ryerson)夫人、威尔金斯(M. V. H. Wilkins)和鲁赫曼(Ruhemann)博士为此所做的工作。鲁赫曼博士还整理了一份有关苏联科研工作的附录。最后，我特别感谢 P. S. 米勒(P. S. Miller)小姐对手稿的修订。

1938 年 9 月于伯克贝克学院

第一部分

科学是做什么的

第一章　导言

一　科学面临的挑战

科学的社会功能是什么？100 年前甚至 50 年前，这个问题即 1
使对科学家本人来说都是一个奇怪的、几乎毫无意义的问题。对管理者或普通公民来说就更是如此。即使要说科学有什么功能——很少有人会停下来思考这个问题——其答案也被认为是普惠于人类。科学是人类心灵中最高贵的花朵，也是最有希望的物质恩惠之源。尽管它是否能提供像古典学研究那样优秀的文科教育值得怀疑，但毫无疑问，它的实践活动是社会进步的主要基础。

现在我们有了一幅非常不同的图像。我们这个时代的麻烦似乎是这个进步的结果。科学带来的新的生产方式导致了失业和供过于求，但却不能缓解贫困。贫困在这个世界上像以前一样普遍存在。与此同时，运用科学所设计的武器使战争成为一种更为直接和可怕的危险，导致作为文明的主要功绩之一的个人安全几乎降到了最低点。当然，所有这些弊病和不和谐也不能完全归咎于科学，但不可否认的是，如果不是因为科学，它们不会以现在这种形式出现。因此，科学对于文明的价值一直受到质疑。以往，至少对于较受尊敬的阶层来说，只要科学的结果是作为纯粹的人类福祉的面貌出现，那么科学的这种社会功能就被认为是理所当然的，无需详查。但是今天，科学既可能以破坏性的面貌出现，也可能以建设性的面貌出现，因此我们有必要对它的社会功能加以审视，因为它的生存权正受到挑战。科学家们，以及与他们一起的一些思想进步的人们，可能会觉得这个问题不必回答，世界处于目前这个状态只是科学被滥用的结果。但是这种辩护已不再被认为是自明的；科学必须接受检查，才能在这些指控面前自我澄清。

若干事件的影响

2 最近 20 年出现的一些事件不仅使大众对科学产生了与以往不同的态度，而且深刻地改变了科学家自身对科学的态度，甚至影响到科学思想的结构。这似乎是一种奇怪的巧合：在过去 300 年里，世界大战、俄国革命、经济危机、法西斯主义的兴起，以及为新的更可怕的战争所作的准备接踵而至，而同一时期在科学领域内部，理论上、人们对科学的总体认识上，也出现了重大变化。数学基础本身在公理学派和逻辑学派之间的争论中发生了动摇。牛顿和麦克斯韦所建立的物理学世界被相对论和量子力学完全颠覆，而相对论和量子力学本身仍然是人们吃不透且似是而非的理论。生物化学和遗传学的发展使生物学发生了革命性变化。所有这些发展，都是在一个科学家的有生之年里一个接一个地迅速出现，迫使他们比过去几个世纪里的科学家们更深入地思考他们的信仰的根本基础。他们无法免受外部世界的影响。战争意味着将他们的知识用于直接的军事目的，这对所有国家的科学家来说都一样。

这场危机直接影响了他们，阻碍了许多国家的科学进步，并威胁到其他国家的科学进步。最后，法西斯主义表明，即使是现代科学的中心也会受到迷信和野蛮的影响。人们原本以为这些迷信和野蛮在中世纪末就已经过时了。

科学应当受到遏制？

所有这些冲击的结果——并非不自然地——使科学家本身和人们对科学的评价都陷入一种巨大的混乱状态。有人提出——而且是在英国科学促进协会（British Association）这个令人意想不到的地方提出来——要遏制科学研究，或至少是遏制对其发现的应用。里彭（Ripon）主教在1927年向英国科学促进协会布道时说道：

> ……我甚至敢说——即使冒着被一些听众处以私刑的危险——如果将每间物理学和化学实验室都关闭十年，同时将人们用在这方面的耐心和智谋转移到用于恢复已经丢失的人与人之间如何相处的艺术上，用于找寻在人类生活范围内如何量入为出安心度日的方法上，那么科学圈子之外的人类幸福的总和未必就会减少……
>
> ——摘自1927年9月5日《泰晤士报》第15页

对理性的背叛

不仅科学的物质成果受到抵制，科学思想本身的价值也受到质疑。到19世纪末，由于社会制度面临迫在眉睫的困难，反智主义开始出现，并在索雷尔（Sorel）和柏格森（Bergson）的哲学中得

3 到具体表达。他们将本能和直觉看得比理性更重要。在某种程度上，正是哲学家和形而上学的科学家们自己铺就了替法西斯的意识形态——在神秘灵感的引领下实施暴力统治——做正当性辩护的道路。用伍尔夫先生的话说：

> 我们正经历着一个斗争和文明毁灭的时期，我们到处可以看到这样的征候：学术上众所周知的江湖骗术正在入侵形而上学的思想界。这些征候本质上如出一辙，虽然表面上看可能不尽相同。理性被认为过时而弃用，如果某个人要求对摆在他面前的某个事实予以证明他才愿意相信，那么他就会受到权威舆论的驳斥，认为他只具有基础教育的入门水平，应责令他将下面这句话抄写 500 遍："我不应该要求证明。"美利都指责苏格拉底和阿那克萨格拉的门徒信奉亵渎神明的无神论。罗马的知识分子抛弃了卢克莱修和希腊哲学，就为了学习黎凡特的巫师*从天启中得到的有关宇宙的真理。有些书被烧掉，甚至有时连它们的作者都被活活烧死，就是因为它们要求证明或质疑了某人关于宇宙本质的直觉的真实性。狄俄尼索斯的秘术，伊西斯(Isis)或奥西里斯(Osiris)的符箓，对太阳或圣牛的崇拜，通过凝视自己的肚脐或在早餐前让自己生病而获得的智慧，从桌腿或从鬼神附体者身上渗出的体液中获得的启示，在这些时期都被证明是参透宇宙、上帝或绝对真理的本质的一些有效方法。在这种个人信仰的强烈程度被

---

* 原文为 Levantine magicians，Levant 是指现今叙利亚、黎巴嫩和以色列等地中海东岸地区，即西方人眼中的东方。——译者

> 当作衡量真理的标准的环境下，居然还有这种不光彩的家伙仍然试图运用他的理性，并且虚弱到承认他不知道他死后会发生什么，不知道为什么数十亿颗星星在天空中燃烧，不知道他的猎犬是否有不朽的灵魂，也不知道为什么这个世界上会有邪恶。或是不知道全能的上帝在创造宇宙之前在做什么，也不知道宇宙毁灭之后他将要做什么——这样愚蠢的家伙怎么可能让他进入由智者和正派哲学家组成的社会。
>
> ——《骗术骗术》(*Quack Quack*)，第166页[1]

这种神秘主义和对理性思想的抛弃，不仅是大众或政治不安的表现，而且深深地渗透到科学结构本身之中。从事实际工作的科学家可能会一如既往地坚决否定它，但那些在18世纪和19世纪就已经被人们抛弃的所谓科学理论，特别是那些涉及整个宇宙或生命本质的形而上学和神秘理论，正试图重新赢得科学界的认可。

二　科学与社会的互动

我们不能再忽视这样一个事实：科学正在影响我们这个时代的社会变化，同时也正受到这种社会变化的影响。但是为了使这一认识能够被揭示得较清楚，我们需要对二者的互动做出比以往更细致的分析。在开始进行这种分析——本书的主要任务——之
前，先考虑一下目前人们对于科学是什么或应该是什么的态度是 4
有用的。对这个问题，有两种截然不同的观点，我们可以分别称之为理想主义的和现实主义的科学图景。在前一幅图景中，科学似

乎只关心对真理的发现和思考;它的功能——区别于神秘的宇宙学的功能——是建立起符合经验事实的世界图景。如果它还具有实用性,那更好,只要不丢失它的真正目的就行。在后一幅图景中,效用是最重要的;真理只是有用行动的一种手段,而且只有这种行动才能对其加以检验。

科学作为纯粹的思想观念

这两种观点可谓极端:每一种观点都承认存在许多变种,而且二者之间也存在着相当多的共同点。持第一种观点的那些人不承认科学具有任何实用的社会功能,或者最多是认为,科学的社会功能是一个相对不重要的和从属性的功能。他们为科学所作的最常见的辩护是:科学本身就是目的,科学就其本义来说就是为了追求纯粹的知识。这种态度在科学史上曾起过很大的作用,但其作用并不完全令人高兴。这是古典时期的主流观点,极具代表性的表述是柏拉图的下面这段话:

> 问题是,占大部分的也较高级的那部分研究是否有助于我们对善的本质形式的思考。现在,根据我们的看法,这是一切此类事物都具有的倾向:它迫使灵魂转移到这样的区域,这个区域中包含着真实的实在中最幸福的部分,对灵魂来说,这是最重要的。
>
> ——《理想国》第七卷[2]

在其现代形式中,这种对待科学的态度不是为科学的存在进行辩护的唯一理由,而只是进行这种辩护的主要理由。科学被认为是寻找最深层问题——宇宙或生命的起源,以及死亡和灵魂永存的原因——的答案的一种手段。将科学用于这个目的是自相矛盾的。因为这是将科学“不可能”知道的东西，而不是它所确立的东西，当作关于宇宙的各种论断的基础。既然科学无法搞清楚宇宙是如何形成的，那么宇宙一定是由一个聪明的造物主创造的。既然科学不能合成生命，那么生命的起源是一个奇迹。而量子力学的不确定性更是人类自由意志的证据。通过这种思维逻辑，现代科学正在成为古代宗教的盟友，甚至在很大程度上取代了后者。通过金斯、爱丁顿、怀特海和 J. S. 霍尔丹等人的工作，在伯明翰主教和英奇(Inge)教长的协助下，一门新的、科学的神秘宗教正在被建立起来，其基本观点是：在最终诞生出人类的进化过程中，绝对价值正源源不断地被创造出来。毫无疑问，在当今社会，科学的 5
这种令人遗憾的使用也是其社会功能之一，但这并不能成为科学之所以存在的正当理由，因为通过简单的直觉，我们可以找到同样令人满意，也同样无法证实的关于宇宙问题的答案。实际上，科学在现代宗教中的运用，是对其在一般文化中的重要性的一种含蓄的承认。现代宗教的观点，除非至少是用科学术语来表达，并且不与当代科学理论的确定性成果相矛盾，否则就不能指望在文化界维持其存在。

在理想主义观点的最温和的变体中，科学被认为是知识文化的一个组成部分，当代科学知识与当代文学一样是文明社会的必要条件。当然，事实是，即使是在英国，这种期望也与事实相去甚远，但教育家们往往仅凭这些理由来证明科学的合理性，从而将科学同化为一般的人文主义。对此，伟大的科学史家萨顿(Sarton)就曾呼吁科学的人文化：

> 将科学劳动人文化的唯一途径是将历史精神，即对过去的敬畏精神——对历代每一位善意的见证者的敬畏精神，注入其中。不管科学变得多么抽象，它的起源和发展本质上都是人文的。每一项科学成果都是人文的成果，是人类美德的证明。人类通过自身的努力所揭示的宇宙的几乎无法想象的浩瀚，并没有使人类相形见绌，除了纯粹物理意义上的大小之外。反之，这种揭示为人的生命和思想赋予了更深刻的意义。我们对这个世界的每一次更深入的了解，同时也都让我们更深刻地领悟到我们与它的关系。不存在与人文科学对立的自然科学；科学或学术的每一个分支都和你创立它时一样的自然，一样的人文。如果我们在科学活动中表现出浓厚的人文关怀，那么科学研究就将成为人们能够设计出的最佳的人文主义工具；如果排除了科学中的这种关怀，传授科学知识仅仅是为了使人获得知识和专业技能，那么学习科学就完全失去了教育的价值，无论从纯技术的角度看这种教育多么有价值。抛开历史，科学知识就可能成为文化上危险的东西；与历史结合，加上敬畏精神的节制，科学将培育出最高尚的文化。
>
> ——《科学史与新人文主义》(*History of Science and the New Humanism*)，第 68 页

关于科学功能的这些观点与古典哲学家的观点具有一致性。二者都将科学看成一种纯粹的知识活动，它关心的是客观的宇宙（事实确实如此），而不是数学、逻辑学和伦理学等的更为纯粹的思想观念。但它的这种关心是以严格的思辨方式来进行的。尽管许多科学家都持有这种观点，但它本质上是自相矛盾的。如果出于

宇宙本身的目的而对宇宙加以思考是科学的功能，那么我们现在所知道的科学将永远不会存在，因为稍具科学史的最基本常识就 6
会明白，带来科学发现的驱动力和做出这些发现的手段是人们对物质的需求和物质工具。这种观点之所以能如此成功地坚持这么长时间，只能用忽视——科学家和科学史家对人类所有技术活动的忽视——来解释，尽管它们与科学的共同之处，一点也不比那些伟大的哲学家和数学家所从事的抽象活动来得少。

科学作为一种力量

相反的科学观，即将科学视为“通过理解自然而获得对自然实际掌控的手段”的科学观，在古典时期就普遍存在，尽管受到强烈反对。在罗杰·培根(Roger Bacon)和文艺复兴时期的人们看来，这种认识显然是一种希望，而弗朗西斯·培根最先以现代形式对这种观点做了充分表达：

> 通向人类力量之路与通向人类知识之路是紧密相连的，甚至可以说是同一的；然而，考虑到人们沉溺于抽象的恶习和根深蒂固的习惯，比较安全的做法是从那些与实践有关的基础上开始来培植科学，让这种活动的积极的一面成为一种印章，它在对应的思辨上打上烙印并决定着这种思辨。

至少200年来，这一直是关于科学的主要观点：

> 那么培根提出这种观点的目的到底是什么呢？用他自己强调的话来说，就是取得“成果”——倍增人类的幸福，减轻人类的痛苦；就是改善人类的现状……就是不断地为人类提供新的方法、新的工具和新的路径。这便是他在关于科学的各

> 个分支，在关于自然哲学、立法、政治和道德规范等方面所做的全部思考的最终目的。可以用两个词来概括培根学说的关键：效用和进步。古代哲学不屑于关心自身的有用性，而是满足于对象的平稳性。它追求的主要是道德完美主义理论。这种道德上的追求是如此崇高，以至于它们永远都只能停留在理论层面；这些理论试图解决那些实践无法解决的难题，劝诫人们去追求无法达到的精神状态。它不可能屈尊去研究那些卑微的、服务于人类的舒适的琐屑事务。所有这些学派都认为，这种职能有辱身份，有些甚至指责它是不道德的。

麦考莱(Macaulay)在维多利亚时代的第一年便这样写道。在他看来，正如当时大多数有远见的人的认识一样，科学的功能就是为人类谋取普遍的幸福：

> 如果问一位培根的追随者，新哲学(在查理二世时期人们
> 7 对科学的称呼)对人类产生了怎样的影响，他的答案是现成的：“它延长了寿命；它减轻了痛苦；它消灭了疾病；它增加了土壤的肥力；它为水手提供了新的安全保障；它为战士提供了新的武器；它在大江大河上架起了我们祖先闻所未闻的桥梁；它引导雷电无害地从天上落到地面；它使黑夜亮如白昼；它扩大了人类的视野；它增强了人类肌肉的力量；它使运动加速；它消除了距离；它促进了交流、通信、一切友好的公共事务和业务往来；它使人类能够潜到大海深处，翱翔于空中，安全地穿越地球上有害的区域，在不用马匹的情况下驾着汽车在陆地上疾驰，坐在船上顶着风以 10 节的速度在海上穿行。这些还只是它的部分成果，而且还只是它最初成果的一

> 部分。因为这种哲学追求的是永不停息、永不满足、永无止境的完善。它的法则是进步。昨天不曾见到的一点正是它今天追求的目标,并成为明天的起点。”
>
> ——《论培根》(*Essay on Bacon*)

幻想破灭

一个现代的麦考利对于科学成果则将抱有不同的、更严谨的看法。他可以指出,这种成果带来的舒适和力量远远超出一百年前的人们的想象,它在征服疾病方面取得了真正伟大的进步,它使人类有可能永远摆脱饥荒和瘟疫的危险,但他不得不承认,事实上,当代的物质科学在解决共同富裕和幸福方面,并不比古人的道德科学在解决普遍的美德的问题上强多少。战争、金融乱象、数百万人所需的商品被自愿地毁掉、普遍的营养不足,以及对未来战争的恐惧——它们比历史上任何时候的战争都更可怕,这些都是我们在描绘当今科学成果时必须绘出的景象。因此,科学家们正越来越背离那种认为科学本身的发展会自动导致一个更美好的世界的观点,这并不奇怪。对此,阿尔弗雷德·尤因(Alfred Ewing)爵士在1932年以主席身份向英国科学促进协会发表演讲时是这样说的:

> 我们意识到,当今思想家对所谓的机械进步的态度有了改变。赞赏中夹杂着批评;自满已让位于怀疑;怀疑变成了恐慌。人们有一种困惑和沮丧的感觉,就像一个人走了很长的路,才发现自己走错了方向一样。回去是不可能的:他该怎么办?如果他走这条路或那条路,他会发现自己在哪里?一个

应用力学领域的老手，如果他现在站在一边，看着这些过去常常令他获得无限喜悦的发现和发明正以排山倒海之势汹涌向前而显露出某种幻灭感，他的心情是很容易理解的。我们不禁要问，这股巨大的洪流将奔向哪里？它的目标究竟是什么？它对人类的未来究竟会产生什么影响？

8 这股洪流本身就是一个现代事件。一个世纪前，它几乎还谈不上成形，也没有获得今天这种令我们敬畏的动力。众所周知，工业革命起源于英国。曾几何时，我们的岛屿一直就是世界工厂。但不久，这种习惯的改变就不可避免地蔓延开来，现在每个国家，甚至连中国，都或多或少地变得机械化了。工程师的丰硕成果已经遍及全世界，将先前不曾有过、无法想象的能力和力量带到世界各个角落。毫无疑问，这些成果中有许多都给人类带来好处，使生活变得更充实、更广阔、更健康，使人们的舒适度和趣味变得更丰富，物质条件的改善使人达到前所未有的幸福。但是，我们清楚地知道，工程师的这些成果已经被滥用，而且可能会变得日趋严重。某种东西既是目前的负担，也蕴含着潜在的悲剧。人类在道德上对如此巨大的赏赐毫无准备。在缓慢的道德提升过程中，人类还没有做好承担相应的道德所需的巨大责任的准备。在他还不知道如何约束自己之时，大自然已经将指挥权交到他的手中。

我不必细述由此产生的危险。这些危险现在已经迫使我们保持对它的注意。我们正意识到，国家间的关系如同个体间的关系一样，为了友好，必须牺牲掉一些自由。如果世界要保持和平，让文明得以生存，就必须放弃对国家主权的公认的偏好。地质学家告诉我们，对于物种的演化，他们可以追溯到这样一些已灭绝物种的印记，这些物种的灭绝正在于它们每个个体都具有强大而有效的攻击性和防御能力。这个事实包含着一个需要日内瓦考虑的教训。但人类生活的机械化还有另一方面，对此我们也许不太熟悉。因此最后我还是要冒昧地说几句。

机械化生产越来越多地取代了人类的劳动，这不仅表现在制造业，而且反映在所有的工作中，甚至是耕种土地这样的原始劳作中。因此人们发现，虽然他拥有了许多超出其梦想的财产和机会，但他也在很大程度上被剥夺了一种不可估量的福祉，即劳动的必要性。我们发明了进行大批量生产的机器，为了使生产能够降低单位成本，我们开发了大规模生产技术。机器几乎是自动地生产出一系列的物品，工人的劳动在这些物品的要素构成中所占的比重很小。他已经失去了运用手艺的乐趣，失去了过去那种通过认真运用手艺来完成一件事情所带来的满足感。在许多情形下，失业成为他的负担，而失业比任何苦工都更令人痛苦。尽管每个国家都努力通过建立关税壁垒来确保至少国内市场的安全，但世界上仍充斥着竞争性的商品，这些商品的数量太大，根本无法被消化……

我们必须承认，即使是那些抱着真诚态度，并以良好愿望来从事让自然资源造福于人类的事业的人的和平的活动，也有其险恶的一面。

我们去哪里寻找补救的办法？我不知道。有些人可能会
设想一个遥远的乌托邦，在那里，劳动力和劳动成果得到完美 9

的调节，就业和工资以及机器所生产的所有物品实行公平的分配。但即便如此，问题依然存在。人在把几乎所有的劳动都交给一个永不停息的机械奴隶去做之后，他将如何度过由此所赢得的闲暇时光？他敢说希望精神上的改善就能使他有条件好好利用这种闲暇了吗？上帝允许他为之奋斗并达到目的。但只有通过寻找，他才能发现这一途径。我不认为人类因为培养出工程师的创造力——人类最像上帝的能力之一——就注定要衰落乃至灭亡。

——《自然》(*Nature*)，第130卷第349页，1932年

出路

有些人对人性的回归感到束手无策，带着一种完全绝望的心情离开了科学。另一些人则比以往任何时候都更紧密地投入到实际科学工作中，根本不考虑它所带来的一切社会后果，因为他们事先就知道这种后果可能是有害的。只有少数幸运的科学分支可以用G. H. 哈代在谈到纯数学时的下述这段著名的话来形容：

这个学科没有实际用途，也就是说，它既不能直接用来加剧对人类生活的破坏，也不会加重目前的财富分配上的不平等。

许多人采取这样一种主观的、有些愤世嫉俗的观点，即认为从事科学就像打桥牌或玩字谜游戏一样，是一种游戏，只不过对于有这方面爱好的人来说，这种游戏更令人兴奋，也更有趣。在某种意义上，这种观点必然有其合理的成分。任何一位有效率的科学家都必然对他所从事的实际工作有一种内在的欣赏和享受，这种欣

赏与艺术家或运动员对他们各自所从事的职业的欣赏在本质上并无二致。卢瑟福曾经把科学划分为物理学和集邮两大类，但如果我们将这种类比贯彻下去的话，那么目前的科学活动可以简化为“器件制作”和集邮两类。

科学对社会的重要性

然而，这些主观性观点不能告诉我们科学作为一个整体的社会功能是什么。我们不能指望仅仅通过考虑科学家对他的工作的看法，或是他希望外界如何看待他的工作来找到答案。他可能喜欢这种工作，觉得它是一种高尚的活动或是一种有趣的消遣，但这并不能解释科学在现代世界的巨大发展，也不能解释为什么它会成为当今世界上许多最有能力和最聪明的人的主要职业。

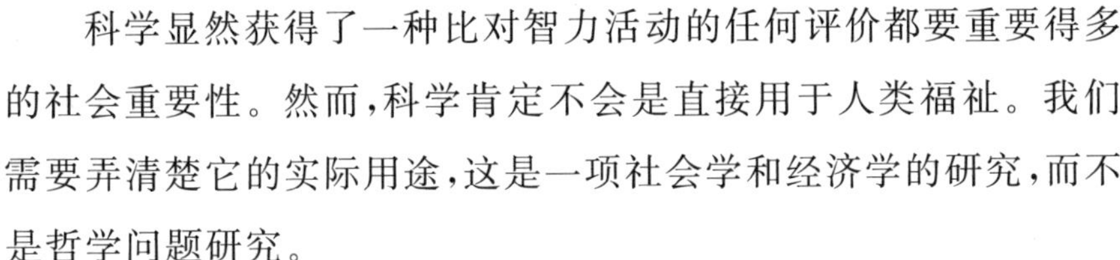

科学显然获得了一种比对智力活动的任何评价都要重要得多的社会重要性。然而，科学肯定不会是直接用于人类福祉。我们需要弄清楚它的实际用途，这是一项社会学和经济学的研究，而不是哲学问题研究。

科学家作为工作者

科学之所以能以现代规模存在，必然对资助其活动的人而言 10
有正面价值。科学家必须生活，而他的工作能立即结出成果的情况极其罕见。科学家作为一个有独立经济能力的人，或是靠做一些副业来谋生的时代早已过去了。用上一代剑桥大学教授的话来说，科学研究已不再是“一个英国绅士休闲时所从事的适当职业”。几年前在美国进行的一项统计调查显示，在美国最著名的两百名科学家中，只有两位是有万贯家产的，其他所有人都在带薪的科学职位上。今天的科学家已经几乎与一般公务员和商务主管一样是拿薪水的人。即使他在一所大学工作，他也会受到支配整个生产过程的利益集团的有效控制，这种控制即使不是在细节上，也是在其研究的一般方向上。科学研究和教学实际上是整个工业生产过程中很小但非常重要的一个组成部分。[3]因此，我们必须从它服务于产业的过程中来寻找当前科学的社会功能。

科学用于谋利

工业——包括特殊的服务于战争的国防工业，以及最古老的农业产业——的发展史表明，工业朝着具有更高的效率和更大的利润方向发展的基本工作现在几乎完全是通过运用科学来进行的。科学应用带来的三个主要的技术性变化是：生产自动化程度的提高，残次品大大减少带来的材料利用率的提高，以及由于周转率提高而带来的资金成本的节省。当然，最后一个效应可能会被自动化所增加的资金成本所抵消。一般来说，其结果是生产相同数量产品的生产成本降低，更通常的是，投入相同数量的生产成本带来更多的产出。因此，科学与其他诸如降低生产成本、优化工厂组织、提高劳动强度或降低工人工资等措施是互补的。科学的应用范围将取决于它相对于其他措施的比较优势。这些优势是真实的，但也有其局限性，况且由于生产经营者的保守，它们决不会被充分利用。因此，无论科学在发展过程中受到多大阻碍，由于它对利润的贡献，它都会获得现在这样的重要性。如果工业和政府的直接和间接的补贴中止，科学将立即下降到至少和中世纪一样低的水平。这种实际的考虑排除了像伯特兰·罗素这样的理想主义哲学家所希望的持续发展科学而不同时发展工业的可能性。工业对科学发展所做出的巨大贡献，不仅表现在提供仪器和提出有待 11
解决的问题上，而且在于是其资金的主要来源。舍此科学研究就没有其他充足可用的经费来源。在社会主义经济体中，这一联系是可持续的，因为在这里，随着科学为谋利服务的弊病的消除，为人类福祉而最大限度地发展生产将成为一种至高无上的需求。因此，科学需要比以往更紧密地与工业、农业和卫生事业联系在一起。

科学建制

在上个世纪，工业与科学之间这种联系产生了一个结果，这便是不知不觉地将科学变成了一个建制，一个与教会或法庭可比，甚至比二者更重要的建制。正因此，这种机构依赖于现有的社会秩序，其雇员主要招募自同一阶层人群，因而充满了主流阶级的思想。然而，它在很大程度上形成了自身的组织、生活模式和世界观。一般来说，这个科学建制的持续存在太容易被认为是理所当然的；因为科学在与工业的联系方面过去已经取得了如此巨大的进步，以至于人们认为这一进步会自动延续下去。然而，从本质上讲，科学的持续进步并不比工业的持续进步有更合理的理由。过去几年的事件表明，把对未来经济发展的预期建立在对过去趋势的肤浅审视之上是多么不安全。我们必须有更深邃、更长远的视野。

科学能存在下去吗?

我们已经看到各种体制在历史进程中的发展、停滞和消亡。我们怎么知道在科学上不会发生同样的事情?事实上,在当代之前,就曾兴起过最伟大的科学活动——古希腊时代的科学。那时的科学也已经成为一种体制,但在孕育它的社会被毁灭之前,它就已消亡了。我们怎么知道同样的事情不会再次发生,不是正发生在现代科学头上?仅对科学的现状进行分析是不够的。完整的答案需要了解整个科学史。不幸的是,科学作为一种与社会和经济活动有关的建制的历史还没有人来撰写甚或尝试撰写。现有的科学史只不过是对伟人及其作品的虔诚记录,也许适合启发年轻工作者的灵感,但不适合理解科学作为一种研究体制的兴起和发展。然而,如果我们要了解科学建制的重要性,以及它与其他机构及社会的一般性活动的复杂关系,我们就必须对这一历史进行一些尝
12 试性考察。科学未来的关键在于它的过去,只有审视它的过去——无论这种审视多么简略——我们才能开始确定什么是科学,什么可能成为科学的社会功能。

注释:

[1] 还可见霍格本(L. Hogben)教授所著的《对理性的背叛》(*The Revolt from Reason*)。

[2] 有趣的是,这段话写在讨论军事的那段文字之后,因此对柏拉图来说,科学用处中最高尚的用处在军事:

> 很明显,他继续说道,我们关心的确实是与战略有关的那部分内容。因为对一个军人来说,在他安营扎寨、占领阵地、集结和部署军队,以及

在战场上或在行军途中执行所有其他军事任务时，他具不具备良好的几何学知识，会产生完全不同的效果。

不过，我回答说，就这些目的而言，稍具几何学和计算方面的一点知识就足够了。

[3] 医学可能是个例外，但在这方面，我们可以将现代卫生服务事业的巨大发展看成是保护大量、密集的工业人口的必要因素。

第二章　科学发展的历史

一　科学、学术和技艺

13 我们现在所了解的科学是相对较为晚近的产物。虽然到16世纪它才具备了明确的形式，但其本源可以追溯到文明的开端，甚至更进一步，可追溯到人类社会的起源。现代科学具有双重起源。它既源于巫师、牧师或哲学家的有条理的推测，也源于工匠的实际操作和传统的学识。到目前为止，科学起源的第一个方面比第二个方面受到的关注要多得多，由此导致的结果是，科学的整个进步似乎显得比实际上更为神奇。人类的理论活动和实践活动之间的相互作用，是我们理解科学史的关键。

原始科学

毫无疑问，有一段时间，在同一个人身上会兼具科学的这两个方面。这期间，每个人都是既是工匠，又是巫师。原始生活的巫术方面和技术方面都有着相同的目标：想方设法掌控外部世界，获得食物，避免痛苦和死亡。我们现在采用的技术至少有三分之一必须归功于旧石器时代的人：狩猎，诱捕，烹饪，制革和皮毛加工，对石头、木头和骨头的加工，油漆和绘画。所有这些都代表着超越动物阶段的巨大进步，都只有在社会和语言发展的基础上才能实现。但是人类对待大自然的最初态度很难说是科学的。人类与自然界的最初接触需要通过那些对他有最直接影响的部分，即他自己的群体、他需要用作食物和加工成其他用品的动物和植物。正如我们现在所知，这些是自然界最复杂的部分，在很大程度上仍然超出了我们使用纯科学技术来控制的能力。因此毫不奇怪，原始人以一种完全不同的方式来处理这些事情，这确实是绝对必要的。在实践中，原始人通过逐步调整他自己的动物行为机制来应对其他人、动物和植物，而这种行为机制的形成可以通过社会的生产性协作来实现。另一方面，理论则是一种始于语言交流的纯粹的社会
性产物。因此，原始人必须首先从社会行为的角度来解释外部世 14
界，即将动物和植物，甚至是无生命的事物，看作是人，视为部落的异己分子。在这个阶段，逻辑和科学思想不仅是不可想象的，而且是无用的。

农业和文明

人类社会的第一次伟大革命是对农业的发现。农业生产最初从近东的一些小区域开始，然后通过一个至今仍在持续的缓慢过程扩展到世界各地。农业与许多新技术相关联。这些技术包括驯养动物、纺织、编织和制陶技术，以及不久之后出现的金属的使用。对科学的发展更重要的是，农业首次实现了社会体制，即贸易和城镇。食物的生产方法使人们有可能，而且确实是经常留出某种多余的食物。这种食物可以储存起来，也可以从一个地方运输到另

一个地方而不变质。这使得越来越多的人能够不从事食物生产而生活。它还使人们有可能在遥远的地方寻找食物以外的其他东西，起初是做法术所用的材料，如孔雀石和琥珀，随后是金属和建筑材料，并将它们运到种植中心。通过这种方式，贸易的观念便不知不觉地在较原始时期的礼仪交流中发展起来。但是贸易，即使是易货贸易，也需要某种标准，因此，计量和数的概念首次在实践中得到重视。随着计量和数的出现，人们有了直接将智力活动用于实际目的的可能，理论就是在这样一种并不完全脱离现实的情形下诞生出来的。数和计量需要记录的内容远较记忆所能提供的要多，由此诞生了书写的技艺。最初书写只是记账，后来逐渐扩展到记录一切事务，并使得社会有了时间上的连续性，且再也没有失去这种连续性。不久，所有现代的贸易形式——信贷、汇票、贷款和利息等——都发展起来了，并随之发展出与之相应的数学，因此，至少在公元前 4000 年，商人及其职员就已经需要具备相当完整的算术和代数知识了。[1]

城镇与工匠

不久，贸易便导致了村庄的聚集，这些连片的村庄很快又构成了城镇。城镇靠许多村庄的余粮来获得生存，并通过生产出劳动工具和奢侈品作为回报。在城镇里，手工艺，特别是从事金属加工的工匠的新工艺，借助于对武器持续迫切的需求，有了发展壮大的机会。因为现在农业带来了大量的多余粮食的积累，使得战争和统治已成为一个有利可图的产业。这些早期（大约在公元前 6000 年到前 4000 年之间）城镇的工匠创造了好些我们今天仍在使用的

日常技术和工艺：将空间分割成房间，建造带有壁炉、浴缸和排水
设施的木石砖瓦结构的永久性住房；轮式车辆和船舶，以及最简单 15
的机械——斜面、滑轮、车床和螺丝钉等。所有这些都包含了对力学和物理学的相当程度的理解。在金属加工工艺中，还包含了一些化学知识。我们不知道最初人们的这些认识是明确的还是含糊的，因为除了由它所生产的物品之外，我们不掌握其他的记录。但是这些工艺的发展在公元前 4000 年到公元 1500 年之间的相对停滞表明，古人掌握的科学知识可能比我们所知道的要多。因为在这段时期内，虽然文明有过多次变迁，但除了数量和样式之外，这些技术传统大部分都原封不动地保留了下来。

僧侣与工匠之间的决定性分离

当然，也许正是这些文明的发起者找到了解决生活中主要问题的办法，因此后人几乎没有动力去做出任何改变。持续不断的战争和不安定也可能抑制了这种发展，但另一个原因很可能是，随着城镇的兴起，工匠（实干家）与僧侣（动嘴皮子的）这两类人之间首次出现了分离。几个世纪以来，写作几乎是牧师的一种独享的权利。牧师的生活比工匠更优裕，也更受尊崇，因此对思想最活跃的聪明之士具有很大的吸引力。对那些生活条件足够好，因而不必关心世俗事务的人来说，神学和形而上学就像科学一样，是一种有趣的游戏。一旦从事理论工作的人和从事实践工作的人之间的划分确立，物质进步和科学发展都会变得困难、不确定和容易失效。

天文学

幸运的是，还有两个领域——天文学和医学——能够保持理论和实践的结合。天文学在农业这项基础性产业中，以及在制定历法上，均有实际存在的必要，商人和航海家也需要用它来指引方位。然而，天文学的工作不能依靠纯粹的农民和商人。这不仅是因为这项学问过于艰深，而且它涉及上述“掌握人类命运的神的领域”。因此，这项工作必须由祭司来掌管，由他们来解释和预言神的意愿。一般来说，天文学和科学的发展在很大程度上归功于占星术，因为它推动了精确的和系统的观测。天文学是一个能够运用初等数学来有效解释外部世界所发生的事情的领域。对于任何理论解释来说，工匠实践背后的科学原理仍然太复杂了，但是天体的运动似乎是以完美的几何规律运行的，它们可以被有序地推导
16 出来。这不但需要观察和计算，而且还需要——这一点对于我们的目的来说非常重要——天文学家在不同的地方长期工作，其时间之长远远大于一个人的寿命，这种状况意味着有必要建立帝国和稳定的政府。科学作为一种机构就是这样诞生于寺院的天文台。恒星的运动是有规律的，而行星和月球的运动却是如此复杂，迫使天文学家在解释过程中需要做出越来越艰苦的努力。正是在此过程中几何学的主要轮廓形成了。

医学

医学的情形就不那么幸运了。对治疗疾病的某种方法上的需求远比天文学的需求来得紧迫，但医治疾病取得成功的机会必然

是少之又少。在上个世纪中叶以前，医生实际上不可能了解其实践所依赖的基本生理学和化学事实。一些有用的做法确实可以在外科手术中实施，或在护理中采用某些常识，所用药物中的某些成分可能碰巧能起效[2]。然而，作为一个在医疗方面有学问的人，医生的主要职责是给病人以希望，并减轻其亲属的负担。由于所照顾的都是有钱人和位高权重的人，因而医生从一开始就属于特权阶层和知识分子阶层。也因此，他们总是试图将他们的实践归纳为某种理论。而这些理论，如果我们除去如希波克拉底医典这样的合理编纂的话，尽是些甚至比神学或哲学更可悲的病态学说，但它们毕竟是对科学探索的一种尝试，我们在生物学实验方面的实践和科学教育制度的建立，很大程度上应归功于这些医生。

希腊人与科学

随着希腊文明的兴起，有一段时间似乎可能已经形成了我们现在所知道的科学。早期的希腊人，特别是爱奥尼亚的希腊人，本身都是些出身于海盗的商人，他们既对实用感兴趣，又对理论怀有孩童般的好奇心。正是他们的长期实践修正了我们关于宇宙的知识。当然，希腊人并不是直接去探索宇宙的；他们所做的只是通过公平的或不公平的手段来获取古代世界的所有技术。他们有一个巨大的优势，就是对这些技术感到新奇；他们可以从一开始就将有用的和有启发性的东西从纯属传说和魔法的东西中挑选出来。最近的研究告诉我们，早期希腊人的科学成就很少是属于原创性质的，大多是直接从巴比伦人和埃及人的资料中借鉴来的。例如，希腊人的天文学成就只能在积累了几百年的系统观察的基础上作 17

出，而那时候他们还是未开化的野蛮人。

哲学家手下的科学

然而，理论派和行动派之间的决定性分野很快就变得明显了。到了公元5世纪，这种分野在希腊比在古代东方更为彻底。外来思想的同化和一定程度的技术进步在继续进行，但其过程已经失去了权力的支配和有影响力的人的庇护。在经历了贸易和战争之后，政治已成为希腊各城邦的主要关注点。而对于政治来说，掌控话语权比掌握事物更重要。在其鼎盛时期，古希腊的天才都是些惯于沉思默想的人。他们试图了解这个世界，却只是为了欣赏永恒的真理。苏格拉底和柏拉图都讨厌运用智慧来进一步改变现实的想法；他们在城邦之间和城邦内部各阶级之间的恶性竞争中看到了太多的这种想法。因此柏拉图写道：

> 追求科学是为了了解什么是永恒的存在，而不是为了认识某个时刻出现随后又消失了的东西。
>
> ——《理想国》第七卷

希腊化时期的复兴

随着亚历山大帝国的建立以及后来希腊化城邦国家的建立，出现了背离这一观点的某种反动。亚里士多德——亚历山大的导师——在他的一般哲学中将实用要素与形而上学的要素结合起来，尽管后世只是通过后者才感受到他的影响。希腊化时期的君主们更倾向于实用科学，但实际上，这是希腊的力学和数学发展的一个伟大时期，尽管要解决的问题非常有限，实际上仅限于建筑和军事工程。围攻战和海战对机械制造提出了很高的要求。在天文学之后，力学是下一个最容易用数学形式来表述的学科。阿基米德本人就是一位伟大的军事技师，他的工作表明，不管怎么说，希腊人已经完全掌握了静力学的原理。

然而从我们的观点来看，更重要的是，在亚历山大城，科学活动首次被组织起来进行，而且是由国家来组织的。亚历山大城的博物馆是图书馆、大学和研究院的综合体；在这里，科学家由国家供养，不再被迫四处流浪以求生计了。但博物馆本身的工作很快就陷入迂腐的和神秘主义的泥潭。它的存在仰仗于能够为君王们提供的服务，而这些需求太容易得到满足。一大帮奴隶随时都在准备去处理那些需要花费力气的任务。这一时期的经济扩张也没有持续下去。这些城邦国家很快就开始采取守势，对外国的好奇 18
心也消失了，而对外国的好奇心正是希腊化科学最有希望的特征之一。这时期的希腊文化只有文学、哲学和一定数量的天文学得以幸存。

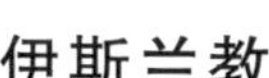

伊斯兰教

然而，尽管博物馆蜕化变质且最终不复存在了，但建立这样一个机构的想法却流传了下来。在科学史的接下来一个时期，由伊斯兰教占主导的时期（我们暂且将科学上没有多少产出的罗马帝国时期放在一边），几个这样的机构被建立起来并繁荣了一段时间。在伊斯兰科学诞生之初，催生希腊科学的那种对实用的兴趣和对理论的好奇心的结合重又出现。伊斯兰教比希腊哲学更倾向于对物质的兴趣。最受尊敬的穆斯林是正直的商人，而不是农夫、战士、牧师或哲学家。阿拉伯人大肆搜集希腊、波斯和印度的各种文献作品，以期获取更多的理论知识，但他们也关注商人的作品，尤其是药商和金属工匠的作品。炼金术对化学发展的强大的刺激作用犹如占星术对巴比伦天文学的刺激作用。化学不同于天文学和数学，它是一门只有通过逐步积累实验成果才能掌握的学科，它很少需要上升到一般性理论。事实上，早期的化学理论并没有给早期金属工匠的操作流程背后所隐含的原理增添任何有意义的说明。当从事实际工作的化学家想要某个结果时，他知道该怎么做，但他不可能知道这么做之所以起作用的真实原因。

中世纪

伊斯兰和希腊的科学知识缓慢地渗透到中世纪仍处于野蛮状态的西方。在很长一段时间内，这些科学知识在那里没有结出任何成果。起初，人们对（经阿拉伯语翻译过来的）希腊的哲学著作的需求远高于对科学的物质成就的需求。西方人一直进口东方工匠和商人所制造的产品——丝绸、钢铁、宝石、香料和药品，只是在几个世纪后，他们才试图模仿其生产工艺或寻找其源头。我们发现，这个时期只有个别学者，如阿尔伯特斯·马格纳斯（Albertus Magnus）或罗杰·培根，对科学的重要性及其人文价值做了一些暗示。在原始经济的基础上，尽管中世纪社会是一个使西方人成功脱离了野蛮状态，建立起相对稳定的社会体系的社会，但它仍然是一个以原始经济为基础的社会，因此不需要任何先进的科学，更不会给科学提供发展空间。这不是说中世纪就没有什么发明，而是说这些发明没有机会发展起来。在13世纪的意大利，就已经有

了与哈格里夫斯的珍妮纺纱机基本相似的纺纱装置，并得到了实
际使用。但很快，这项技术就被行业公会以对手工业者的生计具 19
有巨大的破坏性为由而禁止。

中世纪社会在实现稳态条件方面取得了巨大成功，而这些成功也使得这些条件变得不稳定起来。秩序和安全导致了贸易发达，贸易导致了财富的积累，而财富的积累则与封建政府的经济体制格格不入。突破首先出现在意大利，而也正是在这里，诞生了现代意义上的科学。文艺复兴时期的经济和学术之间有着非常密切的交流。贸易和制造业的快速发展虽然仍沿着传统路线，但伴随而来的却是对哲学的，顺带也是对科学的，希腊源头的重新发现。

二　近代科学的诞生——科学与贸易

这时期，理论与实践之间的致命鸿沟虽然仍然很大，但在某些方面已得到弥合。技艺高超的工匠开始得到社会的认可，甚至融入了富人的社交圈。一些有学问的人，甚至一些贵族，则开始屈身对机械工艺感兴趣。在文艺复兴时期的意大利城市，画家、诗人、哲学家、来自希腊的流浪学者，都可在银行家或巨商大贾的府上相遇。1438 年，科西莫·德·梅第奇(Cosimo de Medici)在佛罗伦萨建立了第一所现代意义上的学院。的确，这是一所柏拉图式的学园，但它确实打破了经院的种种限制，成为后来兴起的科学院的原型。这里再次具备了希腊和伊斯兰科学发端时的条件，但有一个显著的区别。西欧是一个相对贫穷且人口稀少的地区，它的统治者对财富充满了渴望，但几乎没有获得财富的天然手段。开采

贵金属、战争和与海盗几乎没有什么区别的对外贸易是最容易掌握的手段。但中世纪的基督教世界却非常缺乏古代帝国的那种人力资源。

聪明才智与学术的结合

正是在这个节骨眼上，独创性才显得格外重要。起初，这种独创性是工匠或磨坊工人的天然品质。小型矿业公司要想在不增加新的合伙人或不增加支付雇佣矿工的巨额工资的情况下提高矿石的开采量和抽水量，就只能依靠发明机器来完成这项工作。但是后来，当封建领主或富商巨贾成为矿山、铸造厂和船只的所有者后，他们自然转而向受过教育的人、学术大师和数学教授寻求帮助，或者更确切地说，是后者抓住机会提供服务。后文引用的列奥
20 纳多·达·芬奇写给米兰公爵的信（见本书[边码]第167页）可以看成一个经典的例子。他在信中提出要制造一整套新的军用机械，要管理排水和土木工程，并在信中附上了如下一段话："我能够用大理石、青铜和黏土来制作雕像；在绘画方面，我不输任何人。"实际上，他可能是因为他的美貌和他的歌声而受人欢迎。这件事本身就显示了朝臣、学者、士兵和机械师等角色是多么紧密地联系在一起，这在中世纪是根本不可能的，在古典时期也是不可能的。

技术进步

技术本身的发展必然是缓慢的，这主要不是因为个人无法改进它，而是因为他们几乎没有办法将这种改进传递给他们的继任者。保密的必要性，个人技能的无法传递性，以及因行业公会的影

响而强化的来自不太成功的对手的嫉妒，都使得技术进步的发展降到了最低点。更重要的可能是无法找到足够的资金来启动新的生产工艺流程。而在这样一些地方——这些地方拥有在哲学和数学方面受过训练的人，这些人具有全面的历史观，并得到当代最重要的赞助人的支持，并对贸易给予关注——则必然会出现全新的可能性。这些学院里的科学家从一开始就摆脱了工匠们所面临的困难，作为王侯或富人的顾问，他可以激发起后者的兴趣，使他们不顾公会的反对而推动各种计划。

建立在技艺知识上的科学

然而，在哲学进入实际生活的早期阶段，它对生产过程的影响，要比对这些过程的研究对现代科学发展的影响来得小。有学问的人不仅对自然感兴趣也对人类的生产实践感兴趣。而且这种研究并不是以古希腊人纯粹的沉思方式来进行，而是出于人类的利益，或者起码是为了他们的赞助人的利益，以此为改善这些工作的潜在意图。这种研究过程的一个典型例子是阿格里科拉（Agricola）的毕生工作模式。阿格里科拉是一位人文主义学者，他是梅兰克森（Melancthon）和伊拉斯谟（Erasmus）的朋友。他毕生致力于研究矿工的工作方式，他自己也成了一位矿主。他写了一篇关于采矿的著名论文《金属学》。它在内容的平衡和全面性方面要比它之前或之后的任何一本专业性技术手册都要好。通过对矿工和冶炼工人的古老实践的描述，他奠定了科学地质学和化学的基础，尽管历史没有记录下他对工业的兴趣是否使工业产生了任何实际的变化。事实上，16、17 世纪的科学研究成果都没有在技术上表

21 现出来，只有航海算是个重要的例外[3]。这种情形到工业革命时期才有改观。

意大利与第一批科学学会

起初，文艺复兴时期的科学家们都是独自工作的，或是以小团体——在某个大学城或是某位王侯的宫廷里偶然相聚——的方式工作。他们通过信件进行交流，由于他们的人数很少，因此他们中的任何人如果有了任何新的发现或提出了新的理论，很快就能被其他人所了解。将合作作为一种更有效和快速进步的手段的想法从一开始就存在，但不容易实现。意大利当时仍处于领先地位。除了开普勒，15、16 和 17 世纪早期的伟大的发现者都是意大利人或是在意大利接受教育的人。在一段时间内，只有意大利的大学，特别是帕多瓦大学和博洛尼亚大学，是欧洲仅有的没有浓重的经院氛围和明确的反科学倾向的大学。第一所科学院，即林切科学院（Accademia dei Lincei），于 1601 年在罗马成立，但不到 30 年的工夫，意大利就在精神上和政治上被西班牙夺走了独立性，而且在商业上失去了对北欧国家的霸主地位，这无疑也就拱手让出了其科学活动的主导地位。

荷兰、英国与皇家学会

北方各国的情况则不同。它们处在繁荣时期的开始阶段，而不是这一时期的结束阶段。由伟大的王公贵族来提倡科学的时代已经过去，贸易商和制造商的时代即将到来。荷兰和随后的英国开始关注新的知识，这些知识曾经对航海和战争有很大帮助[4]，人们希望这些知识对各个行业都同样有用。新科学的发展不能留待赞助人或大学去管；它必须是绅士科学家们自己的工作，他们应当联合起来相互支持和帮助。为此，1645 年，在英格兰首先出现了“无形学院”，在王政复辟后，它成为了皇家学会。同样，始于 1631 年在巴黎艾蒂安·帕斯卡的会客厅举行的私人会议在 1666 年被公认为皇家科学院。弗兰西斯·培根曾是这些事业的先驱者。这些机构从一开始就带有《新大西岛》(*New Atlantis*)* 的很强的实用意图。正如雷恩(Wren)起草的皇家学会章程草案所述：

> ……我们意识到，一种政体要想令人满意，最重要的莫过于促进有用的技术和科学的发展。经过周密的考察，我们发现这些技术和科学是文明社会和自由政体的基础，它们具有俄耳甫斯的魅力**，能够将大量的人才聚集起来形成城市，相互联系结成行会；因此，如果我们通过将各种技艺和工业生产方法汇集起来构成一个组织，那么这个组织里的个人就可以通过互通彼此的特殊技能来取长补短。由此，我们脆弱的生 22
> 活中的各种痛苦和辛劳就可以通过各种各样的方便措施得到

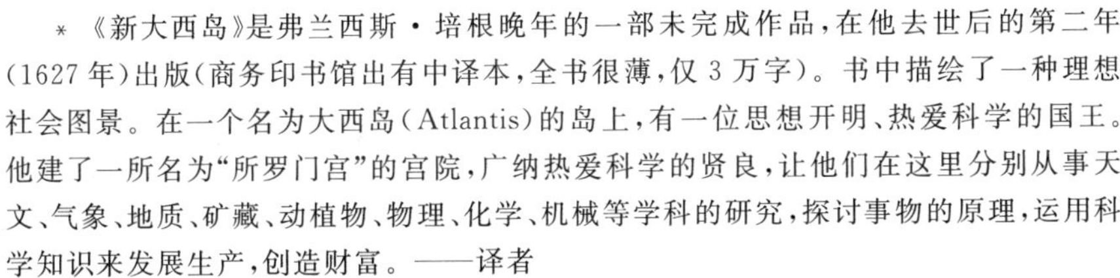

* 《新大西岛》是弗兰西斯·培根晚年的一部未完成作品，在他去世后的第二年(1627 年)出版(商务印书馆出有中译本，全书很薄，仅 3 万字)。书中描绘了一种理想社会图景。在一个名为大西岛(Atlantis)的岛上，有一位思想开明、热爱科学的国王。他建了一所名为“所罗门宫”的宫院，广纳热爱科学的贤良，让他们在这里分别从事天文、气象、地质、矿藏、动植物、物理、化学、机械等学科的研究，探讨事物的原理，运用科学知识来发展生产，创造财富。——译者

** Orphean Charm，俄耳甫斯是希腊神话中的一位人物。他的父亲是太阳神兼音乐之神阿波罗，母亲是掌管文艺的缪斯女神卡利俄帕。因此俄耳甫斯生来便具有非凡的艺术才能。在俄耳甫斯很小的时候父亲阿波罗送给他一具宝琴，俄耳甫斯一弹奏便迷倒众生一片。传说他的琴声能使神、人陶醉，就连凶神恶煞、洪水猛兽也会瞬间变得温柔和顺、俯首贴耳。——译者

补救或减轻；财富根据每个人的生产能力按适当的比例进行分配，即公平地分配给每个人。

毫无疑问，建立城市所依据的政策同样可以使城市得到滋养并发展壮大；因为上述这些使人们愿意聚居的吸引力不仅能使国家人口兴旺，而且能使国家比一个人口较多但较野蛮的国家更强大、更富有。通过增加人手，或是通过技术进步来提高劳动生产率，从而使用少数人来达到同样的产出，两者的效果是一样的。

因此，我们的理性告诉我们，我们自己在国外旅行的经验也充分证实，通过开发有益的发明——即那些有益于提高我们的生活舒适度、生产利润和民众健康的发明，我们能够有效地推进自然实验哲学的发展，特别是其中涉及商业秘密的部分。这项工作最好是由一个由聪明的和有学问的人组成的团体来完成。这些人有足够的能力掌握这类知识，并将做出发明当成他们的主要研究目标。为此目的所建立的这种常态化学会应享有一切正当的特权和豁免权。

——皇家学会成立特许状之序言；摘自克里斯托弗·雷恩先生的第一份清样和手稿。

正式颁布的特许状的序言则以更简洁、更清晰的语言表达了这些想法：

鉴于我们得知，一段时间内，众多有共同爱好热心研究的饱学之士、富有创造力的智士和名家，已形成每周定期开会的惯例，用以研讨事物背后的原因，以求确立哲学上确定的论断，修正那些不确定的论断，并通过他们对自然的研究来证明

> 他们真正有恩于人类；他们已经在推动数学、力学、天文学、航海、物理学和化学等领域的发展方面做出了各种有益的和显著的发现、发明和实验，取得了长足的进步。为此，我们决定对这个杰出的团体和这项有益且值得称赞的事业给予我们皇室的支持、资助以及一切应有的鼓励。[5]

新发现与大航海

然而，就目前的实际结果而言，皇家学会更接近于斯威夫特的“拉普塔”* 而不是培根的“大西岛”。学会对工业进行了令人钦佩的研究，但没有提出什么改进建议。17 世纪科学的伟大工作在于为接近物理和化学的基本事实扫清道路。只有在天文学上，牛顿对伽利略和开普勒的工作进行了伟大的综合而得到了最终的结 23
果。在 17 世纪，天文学对于经济发展具有特别巨大的重要性。环球航行、世界贸易、殖民地种植业都才刚刚开始，在这方面，天文学家的星表和物理学家的钟摆及平衡轮式时钟为拯救船只和货物、征服遥远的帝国提供了重要手段。英国第一个得到资助的科学机构是格林尼治皇家天文台。[6]

第一批科学家

17 世纪是业余科学家向职业科学家过渡的时期。皇家学会的大部分成员都是乡村的绅士和城里人，虽然其中也包括一些大

* Laputa，乔纳森·斯威夫特的《格列佛游记》里的一座飞岛。岛上居民多爱幻想而不务实际。——译者

贵族，甚至国王本人。对于大多数人来说，皇家学会的会议就是一种娱乐形式，也许可以从中获得有益的想法。然而，除了这些人之外，还有学会的工作人员，例如胡克[7]和他的助手们以及秘书奥尔登伯格(Oldenburg)等人。他们是依靠——至少是部分依靠——自己的科学工作谋生的，科学工作构成了他们生活的主要内容。牛顿和虔敬派贵族玻意耳基本上也是现代意义上的科学家。

牛顿时代

17 世纪的科学工作取得了成功，但却有一个出人意料的特点。那就是科学并不像培根所希望的那样立即使人类的需要得到满足。但是，主要是通过牛顿的工作，它已经确立了自身的地位，成为力学和物理学领域中一种非常有效的定量计算方法。牛顿的方法是将所有的东西都还原成受到力的作用的有质量的粒子。在当时，这种方法如同培根的归纳法和笛卡尔的逻辑几何学一样，似乎为科学进步提供了巨大的希望。不仅如此，这种方法在天文学和力学领域有着巨大优势，至少在实际工作中是这样。于是，人们开始不恰当地将牛顿方法应用于整个自然知识领域，甚至运用到神学和伦理学上。由此形成 18 世纪哲学的一个重要指导思想，即认为仅靠理性和计算就能成功解决所有的问题。这显然已经远远超越了科学思想的范畴。科学第一次成为重要的文化因素，甚至对政治也产生了影响。18 世纪成为理性时代，虔诚而保守的牛顿将成为法国大革命的先驱。然而，它对科学的直接影响是灾难性的。牛顿已经做了这么多事情，对于那些不如他的人来说，做任何事情似乎都没价值。

三　科学与制造业 24

17 世纪的科学大爆发并没有持续下去。其原因在于这种爆发在很大程度上取决于社会、政治和经济等因素的特别有利的结合，而且还取决于极个别人的天才。从 1690 年到 1750 年的这段时期是科学史上相对空白的一段时期，这段时间足够用来消化 17 世纪的伟大成就，但也足以使人在很大程度上忘却这些成就[8]。当科学再次焕发出活力时，它所处的环境已经完全不同了。实际上，17 世纪的绅士和商人太成功了。资本发展和贸易增长的坦途给了他们想要的一切。科学作为一种玩物很快就让他们厌倦了。然而，一个由小制造商构成的新的阶层正在出现。这些小制造商利用贸易战赢得的新市场及其带来的新的需求，全力推广新产品和制造这些产品的新方法。18 世纪的科学从一开始就与工业革命密切相关。现在，仅仅请科学界来研究传统的工业方法已不是问题，这些方法本身也在改进，科学必须参与其中。最初，科学并不占主导地位，因为只有在瓦解了行业公会的抵抗后，只有通过一方面积累起可用的资金，另一方面形成赤贫的工人，从而建立起资本主义制度后，科学占主导的这种发展才第一次成为可能。人类潜在的创造力的释放主要不是因为受到科学教育或启发。工业革命的早期发展——自动纺纱机的引入——很大程度上是未受过教育的工匠们的杰作，但其中的一项伟大创举——蒸汽机（它解决了关键的动力问题）——则至少有部分应归功于科学。

蒸汽机

蒸汽机的起源非常复杂。其前身可以追溯到大炮和水泵。人们很早就对火药用作动力的可能性有所认识，并尝试将火药用于战争以外的其他目的，但在证明了火药很难控制后，对动力的需求自然就会转向采用不那么暴力的火和蒸汽。然而，这种需求在起初受到了极大的限制。在大多数场合下，风力和水车就能满足需要，因此最初的工场作坊自然而然地就开设在这些能源地周围，就像今天工厂企业仍然建在原材料产地周围一样。但对于开矿来说，就没有这样的自由了。矿山必须建在矿石富集区，而那里往往缺少天然的能源，因此必须使用畜力或人力来提供动力，否则就得
25 完全停产。这时人们很自然地想到设法用火来抽水。但最初的这种尝试，如伍斯特（Worcester）侯爵的尝试，由于无法制造出能够承受蒸汽压力的材料而失败了。这时科学介入进来了。托里拆利（Torricelli）对真空的发现启发人们提出了一种动力来源，尽管装置笨重，但毕竟可以控制。经过一些科学家（如帕潘）的尝试后，军事工程师萨弗里（Savery）于 1695 年，随后康沃尔锡矿的老板纽科门（Newcomen）于 1712 年，分别建造了第一批实用的蒸汽机。这些机器可以在经济上划算的条件下把水从矿井中抽出来。有了这样一种可以在任何地方建立起来的可用动力源，工业就不受任何地域的限制了，尽管前后花费了将近一个世纪且经过瓦特的实质性改进，蒸汽机才实现了经济上的实用性。

科学与工业革命——月社

科学的这种作用和其他一些有用的应用(如 1752 年富兰克林发明的避雷针),使讲求实际的人们不仅看到了科学中所蕴含的巨大能量可以用来获利,而且认识到,为了利用这种能量,有必要深入了解大自然的秘密。到 18 世纪末,制造业开始对科学产生了很大兴趣,而科学的大部分新进展也都发生在制造业圈子里。因此工业革命时期科学扎根的地方是在利兹、曼彻斯特、伯明翰、格拉斯哥和费城,而不是在牛津、剑桥和伦敦。从事科学的人不再是乡村的绅士和教士,而是持有不同见解的牧师和贵格会教徒,科学事业的赞助人也不再是贵族和商人兼银行家,而是制造商。到 18 世纪末,英国的科学思想中心实际上不是在皇家学会,而是在位于伯明翰的月社。这个月社由博尔顿、威尔金森和韦奇伍德等人赞助,经常参加会议的有瓦特、普里斯特利和伊拉斯谟·达尔文等人[9]。同时人们意识到,不仅是工业主管需要科学,而且一线的操作工人也变得越来越需要掌握一些起码的科学原理了。因此,在制造业地区,科学无论如何都必须纳入教育计划。指望大学来承担起这个责任是不行的。因为在 18 世纪,大学已陷入懒惰、无知和偏执的深渊,比历史上任何一个时期都更糟糕。于是人们只好在新制造业地区的中心建立起机械师培训机构和图书馆来满足这一需求。第一个这样的典型机构是美国的富兰克林于 1755 年建立的费城学院。随后在曼彻斯特、伯明翰和格拉斯哥也成立了类似的机构。最后,一位类同但稍逊于富兰克林的人物——拉姆福德(Rumford)伯爵——在伦敦创立了皇家学院,它注定会成为这些 26

机构中最负盛名者。

1796 年，他提出“一项建议，要通过私人捐款在伦敦设立一个机构，以便为穷人提供食物，并为他们提供有用的就业机会，以及以较低的价格向可能需要此类援助的其他人提供食物。同时还需要设立一个机构，用以介绍和推广新发明及改进，特别是与管控热能和节约燃料有关的改进，以及其他各种用于提高家庭舒适性和节省开支的机械装置”。

拉姆福德告诉他的朋友们，他“深深地感到有必要让照顾穷人成为一种风尚”。

改善穷人境况的协会是在他鼓动的第一个建议下成立的。而第二个关于建立研究机构的建议需要与第一个建议分开考虑，因为它“太显眼、太有趣也太重要，不能作为任何其他现有机构的附属部门，因此它必须单独设立，并且具有适当的规模”。1799 年，该机构成立，并以如下名义向私人进行了募捐：“用于传播知识、促进新的和有用的机械发明及其改进技术的普及推广；并通过定期举办哲学讲座和实验课程，来传授科学上新发现的应用，以便改进制造技术，促进获得生活舒适和便利的手段。”皇家学会主席约瑟夫·班克斯（Joseph Banks）爵士出任理事会主席，拉姆福德任秘书。学院在阿尔伯马尔街买了一栋房子，其房间改造成实验室、讲堂和办公室等，还有一套公寓供拉姆福德居住。“一位优秀的厨师致力于改善烹饪技术，这是皇家学院的一个目标，而且还不是最不重要的目标。”像所有其他由社会理想主义者创办的机构一样，它的性质很快就变了，不是去实现创办人提出的核心目标，而是去兑现章程中那些让社会力量日益增强的阶级感兴趣的目标。如同十五世纪的公立文法学校的学生逐渐由孤儿变为王公贵族的子女，如同罗奇代尔的先驱者的合作运动从社团变为一个支付红利的企业一样，这个皇家学院也从一个解决贫民问题的实验室变为解决当代主流舆论认为重要的科学问题的机构。科学问题的解决最终会惠及穷人，但这只有在利用科学的实业家得到好处之后……

——克劳瑟，《19 世纪的英国科学家》(Crowther, *British Scientists of the Nineteeth Century*)，第 35—36 页

法国科学的伟大时代

在法国，18 世纪是一个从君主和封建统治向英国模式的中产
阶级共和国过渡的时代。政治和哲学是第一位的，但科学也很受 27
欢迎，特别是在制造业发达的 18 世纪后半叶。然而从一开始，法国科学就比英国科学更具官方性质，更具军事性质。实际上，第一个获得采纳科学教育的正规机构是法国的各炮兵学校。在这一时期的末期，法国伟大的数学家和物理学家，如拉格朗日、拉普拉斯和蒙日等人，都是在这些学校接受的教育，但他们中最杰出的学生是拿破仑——第一个认识到科学价值的统治者。同一时期，拉瓦锡既是社团包征所*的金融寡头之一，又是政府兵工厂的科学负责人，他的大部分重要实验都是在这个兵工厂的实验室里进行的。

* Fermiers Généraux，一个专替国王收税的小而极富的机构。——译者

巴黎人民对税收包征人的憎恨是他被审判和处决的最终原因。法国大革命虽然造成了一番当下的混乱，但仍然进一步推动了18世纪科学的发展趋势。通过设立综合理工学院和计量标准管理局，它创立了第一个由国家全额资助的科学机构。

气动革命与化学工业

17世纪事实上已经为力学奠定了科学基础。它的成果就是18世纪的蒸汽机和后来的蒸汽机车。18世纪的伟大功勋则是将化学从一种传统技术提升为一种像力学一样可以定量计算的科学。这个成就主要是由拉瓦锡和道尔顿将由气体性质导出的物理学概念引入到传统化学中而最终实现的。到了19世纪，随着重化学工业的发展，这一“气动革命”的果实在生产苏打、漂白粉和气体的工艺上表现出来。[10]

19世纪——科学成为必需

一旦工业革命得以顺利进行，科学作为文明的不可分割的一部分的地位就稳固了。不论是在工业计量和标准化方面，还是在引进经济的新工艺方面，科学都是必需的。但是，科学成为工业所必需并不意味着科学的工业基础会自发地形成。事实上，在整个19世纪，尽管对科学的需求十分旺盛，但不论在科学研究方面，还是在科学教学方面，要得到充分的财政支持都非常困难。这是资本主义扩张时期无政府主义本性所固有的症结。任何一种官办机构，特别是政府的直属机构，都没办法取得人们的信任，那些无法

直接盈利的大项目，很难筹集到资金。在 19 世纪早期，大部分科 28
学工作仍然是在皇家机构或是在富人的私人实验室里进行的。到了戴维和法拉第时代，这些皇家机构已成为国家的物理学和化学研究所。然而，尽管它为工业服务，但科研经费却始终捉襟见肘。1833 年，即法拉第做出电磁感应这一划时代发现的两年后，他感到最大的困难就是为维持研究所正常运行去筹措几百英镑。[11]

德国登场

与此同时，科学在欧洲发展得十分迅速。19 世纪初法国的科学成就达到顶峰，随后这场运动迅速从法国蔓延到德国，现在，这是它自 16 世纪以来第一次能够在欧洲文化中发挥独立作用。德国通过大学改革和从法国引进新科学（特别是化学）等准备工作，使得科学在德国得到非常迅速的发展。到 19 世纪中叶，德国科学在数量上已明显处于领先地位，而德国的制造业似乎比英国的制造业更善于同化科学资源。

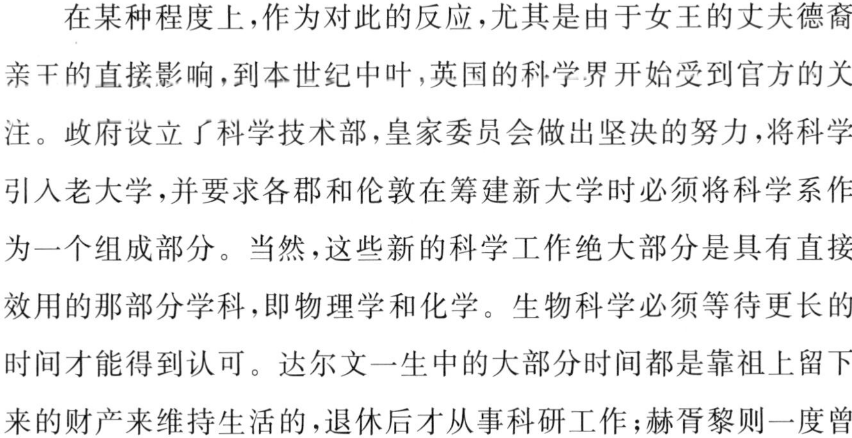

在某种程度上，作为对此的反应，尤其是由于女王的丈夫德裔亲王的直接影响，到本世纪中叶，英国的科学界开始受到官方的关注。政府设立了科学技术部，皇家委员会做出坚决的努力，将科学引入老大学，并要求各郡和伦敦在筹建新大学时必须将科学系作为一个组成部分。当然，这些新的科学工作绝大部分是具有直接效用的那部分学科，即物理学和化学。生物科学必须等待更长的时间才能得到认可。达尔文一生中的大部分时间都是靠祖上留下来的财产来维持生活的，退休后才从事科研工作；赫胥黎则一度曾靠出版《地质学调查》(*Geological Survey*)杂志谋生。[12]

科学学会的发展，纯科学概念

然而在 19 世纪，成长起一批名副其实的科学机构。皇家学会恢复并重新掌管它在 17 世纪的职能，尽管规模相对于原来要小得多[13]。1831 年成立的英国科学促进会原本是要取代皇家学会的职能，现在逐渐演变成官方的科学宣传部门。许多部门学会、化学学会、地质学会等纷纷自发成立，并有各自的出版物。一时间出现了一个由教授、工业实验室员工和业余爱好者组成的科学世界。
29 但与 17 世纪的科学世界不同，新世界声称其职能只是揭露自然奥秘，而不是谋取实用价值。19 世纪的几场大论战，如关于进化论的论战，都是在思想领域展开的。科学家声称无意于介入国家或工业发展的导向。他们关心的是纯粹的知识。这对双方都是一个令人满意的安排。实业家使用科学家的工作成果，通常支付给他们报酬，虽然额度不大。科学家则满意地知道，他们生活在一个不断进步的时代，他们的劳动以一种不需要审查的方式为这种进步做出了最大的贡献。就在这个科学本应与机器时代的发展联系最为密切的时候，纯科学的思想出现了：科学家的责任仅限于开展自己的工作，并将结果留给一个理想的经济系统去处理，之所以理想是因为这种经济体具有自然和开放的性质，允许各种经济力量自由发挥作用。这一态度至今仍然是许多科学家和外行看待科学的基本态度，尽管它与当今世界的现状很不相称。

四 科学与帝国的扩张

到1885年，一股新的潮流开始形成。很明显，制造业的发展导致了令人意想不到的不安结果。英国已经失去了制造业的垄断地位，并迅速失去了作为制造业国家的主导地位；德国和美国成为强大的竞争对手。帝国被要求通过提供新的出口市场，如生产资料、铁路和机械而不是现在的消费品，来拯救英国工业。这个偶然的机会促进了科学的进一步发展。为了解决帝国扩张所带来的新问题，大英帝国设立了帝国学院和帝国研究院，对科学教育和科研体制进行了全面改革。而在德国，工业化进程要凶猛得多；科学正以另一种规模被应用。各类技术学院正在培养出数以千计的训练有素的化学家和物理学家，他们毕业后即被工业实验室所吸纳。短短几年后，原本主要设立在法国和英国的染料和炸药等化工业就被德国的新工业拿下。德国的新工业几乎垄断了世界市场。

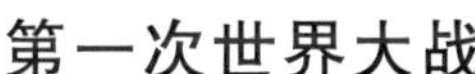

第一次世界大战

随着第一次世界大战的爆发，科学发展出现了历史性的转折。这场战争不同于以往的战争，它波及所有国家，而不仅仅是从他们那里抽调军队。农业和工业都被迫直接为战争服务，科学也是如 30
此。当然，从最早的时候起，战争艺术对科学的需求就超过了和平时期对科学的需求，这并不是因为科学家特别好战，而是因为战争的需求更为迫切。各国的君主和政府在提供研究经费方面更愿意为出于战争目的的研究提供资助，因为科学能够产生出新的装备，而这些装备所具有的新颖性使它们极具重要的军事价值。（参见本书[边码]第 171—173 页）

科学家的合作

然而，在战争后期，科学家的合作达到前所未有的程度。这不是一小部分技术人员和发明家聚在一起讨论如何应用广为人知的科学原理的问题，而是每个国家的所有科学家都被动员起来，唯一的目的就是在战争期间提高现代武器的破坏力，并设计出对付对方取得这种进步后的办法。（见本书[边码]第 180 页）最初，德国人在这方面具有优势，这不仅在于他们的科学家人数更多，而且在于他们与工业界的联系也比协约国更密切。这是一个直接见效的优势，如果不是德国人在金属、橡胶和石油等主要原材料方面存在严重短缺，这个优势很可能将起决定性的作用。对此，协约国不得不在战争期间临时组建科学和工业协调机构。1917 年，英国终于成立了科学和工业研究部；而美国则在 1916 年设立了国家研究委员会。1932 年，科学和工业研究部在该年度报告中这样写道：

> 这个计划是由我们的前任在历史上最浩大的战争中制定的。从战争一开始就可以看出，科学的应用将在冲突中起重要作用；科学工作者被征募到国家的工人大军中，起到了不可忽视的作用。那些一直呼吁英国工业应与科学更紧密地并肩前行的人所提出的要求在战争形势下变得格外有力，因为他们通过一再强调让人们看清了，迄今为止，在工业领域能够对

> 已有的科学发现加以利用的情况下不去利用，会带来什么样的后果。例如，人们很快就发现，这个国家对于一些作战所需的物资在很大程度上不幸还需要依赖于外国的资源来提供。当时我们最大的敌人则是通过运用科学手段，掌握了某些工业产品，这些产品就其规模和性质来说，已经威胁到我们国家的利益。人们普遍意识到，为了在和平时期和战争时期取得成功，我们应充分利用科学资源。战争的危险为和平提供了训诫，人们认识到，一旦冲突结束，工业界就将面临这样一种 31
> 情形：如果要使英国继续保持工业上的霸主地位，如果我国的产品在世界市场上要想继续保持自己的地位，就需要加大努力。出于对这种情形的预期，当时政府设立了科学和工业研究部。作为供其支配的财政拨款的一部分，议会投票通过给与其一笔100万英镑的资金以鼓励工业研究。我们的前任在与业界领袖协商时仔细考虑过促进实现这一目标的最有效的方法的问题，并为此制定了合作研究协会的方案。（另见本书[边码]第172页）

国家办科学

这段摘录说明了第一次世界大战是如何自然地导致人们对科学在现代工业国中的作用有了一种新的、比过去更自觉的认识的。战后人们认识到，科学不能完全没有组织，不能完全依靠古代那种捐赠或零星的捐助。人们看到，不论是在和平时期还是在战争时期——从技术角度看，这两种情形下所涉及的问题并没有根本的不同——现代工业国家的存在都取决于有组织的科学活动。自然资源的发现及其最有效的利用手段都取决于科学，也只能取决于科学。然而，正如上述引文中所指出的，人们对这一点的认识绝不是十分清楚的。旧制度和旧习惯中存在着与科学合理化相抗争的内在力量。在几乎所有国家，科学的重组都是以一种困惑的和半心半意的方式进行的。政府和工业界希望这样做，但并不准备为此付出代价；科学家们则本能地坚持战前相对独立的做派。尽管在战争中几乎所有人都毫无疑问地同意为国效力，但在和平时期，则可能存在这样的质疑：科学将自己完全置于政府和垄断行业的控制之下是否可取。几乎所有国家在这个问题上最后都是采取妥协的办法，这种妥协就其性质而言是特别不能令人满意的地方。科学活动既不是完全被置于组织之下，也不是完全独立的。有多个权威机构控制着它，管理着越来越多的经费。（见本书第三章）

战后时期与经济危机

这种困惑本身无法阻碍科学研究的巨大生产力。战争结束后，科学一经摆脱直接的技术任务，便开始活跃起来，其活跃程度为历史所罕见。尤其是在德国，德国人似乎是要表明，在和平的智识领域，他们能够取得暴力无法赢得的优势。但这种平静并没有在 1929 年的经济危机及其政治后果中幸存下来。几乎在世界的每一个地方，科学事业都因经济状况恶化而受到削弱。德国在科
32 学上明显不可逾越的地位也被纳粹的狂热所摧毁。自从 1933 年以来，无论在哪里，军备的增长都进一步限制和扭曲了整个科学结构。

科学家天生的低效率在官僚体制的发展中不是有所好转而是变得更糟糕了。科学既无法根据自身的内在倾向自由地发展，也无法被有效地导向为工业服务。在战后这个新的阶段，科研支出必然比以前要大得多，这是因为不仅仪器上的开支有了大幅度的增加，而且有组织的合作需要雇用更多的不同层级的人。然而，就能够得到的经费而言，可能除了美国到处都捉襟见肘，不能满足发展的需要。科学既不能按旧的方式继续下去，又没有找到新的有效运作方式。

五　科学与社会主义

与此同时，科学在苏联的发展则是非常不同的另一番景象。早在沙俄时代，随着资本主义的发展，科学的重要性在俄罗斯就在悄然增长，但这种重要性并未得到正式承认。然而，在 1917 年革命之后，科学的大发展开始了。在马克思主义理论中，科学始终占有重要地位。培根的利用科学造福人类的理想，实际上是马克思主义理论建设性一面的指导原则。这一理论认为，科学必须被直接用于这一目的，而不再是服务于增加利润。尽管沙皇俄国的科学资源极为薄弱，加上大战和内战带来的破坏，以及重建时期的巨大痛苦和贫困，但科学在苏联的重要性仍在继续增长。然而，直到 1927 年实施第一个五年计划时，才开始有效地将科学大规模地组织起来，作为推动改善国内状况的总体努力的一个组成部分。从那时起，无论是在人数上还是在资金投入上，苏联的科学事业都显示出一种持续的、越来越迅速的进步，它完全不受西方经济大萧条的影响。而大萧条对资本主义制度下科学的进步则起着很大的制约作用。对于像科学这样需要多年甚至几代人的共同努力才能见效的事业，我们不应指望它能够立即取得压倒性的成功。事实上，苏联科学在精确性和关键能力方面要想超越德国或英国，还需要一段时间。然而，它目前所做的一切足以表明，在这种以为人类服
33 务为宗旨的新的组织科学的方式中，完全存在着超越西方现有的脆弱且混乱的科学和工业体系的可能性。（参见本书[边码]第221—231页）

注释：

[1] 关于早期科学史在这方面和其他方面的深入研究，请参阅戈登·蔡尔德（Gordon Childe）教授的《人类创造自身》（*Man Makes Himself*）一书，以及他在《现代季刊》（*Modern Quarterly*）第2期中的文章。

[2] L. 霍格本教授在《大众科学》（*Science for the Citizen*）第777—778页中提出了同样的观点。

[3] 弹道学可能声称与航海享有同样的荣誉，但尽管包括伽利略和牛顿在内的当时所有主要的科学家花了大量时间对此进行了研究，他们的所有聪明才智对实际的炮手是否有用还是很值得怀疑（见本书[边码]第169页）。

[4] 见本书（边码）第169页。“沉默的威廉”（William the Silent）的秘书，布鲁日的史蒂维努斯（Stevinus），被认为是第一位科学家出身的管理者。他通过他的技术和经济措施为确保联合省*的独立所做的工作不亚于任何人。

[5] 亦见本书（边码）第291页的注4。

[6] 查理国王提供的援助并不十分可观。维尔德（Weld）先生在他所著的《英国皇家学会的历史》（*History of the Royal Society*）一书里，就格林

* 这里联合省是指荷兰，当时属于西班牙统治下的联合省。——译者

尼治天文台的建立作过如下评论：

“国王拨了500英镑的资金，并从蒂尔伯里堡(Tilbury Fort)运来了一批多余的砖头，以及从伦敦塔的门房拆下来的木头、铁和铅；他还进一步鼓励我们，答应提供更多的必要物资。1675年8月10日工程奠基，工作进行得很顺利，到圣诞节时屋顶铺设完毕，建筑物竣工。

“贝利先生说：‘这个天文台以前是格洛斯特公爵汉弗莱建造的一座塔，1526年由亨利八世翻修或重建。它有时是皇室年轻一代的住所，有时是宠爱的情妇的住所，有时充作监狱，有时用于防卫。约克城的玛丽——爱德华四世的第五个女儿，在1482年就死在格林尼治公园的这座塔里。亨利八世在这里拜访了他所爱的“仙女”。在伊丽莎白女王时代，它被称为米丽弗勒(Mirefleur)。1642年，改称为格林尼治城堡，成为要塞，极受重视，政府立即采取措施，以确保它的安全。王政复辟后，查理二世于1675年拆除了旧塔，并在原址上建立了现在的皇家天文台。’”(第254页)

“考虑到国王对皇家学会的漠不关心的态度，你就不会对这座天文台在如此仓促地建立起来后的将近15年里没有从政府那里得到过一台仪器的境况感到奇怪了。乔纳斯·摩尔爵士为弗拉姆斯泰德提供了一个六分仪、两个钟、一个望远镜和一些书籍；除了上述物品以及英国皇家学会出借的仪器，其他所有仪器均由弗拉姆斯泰德自费购置。‘的确是这样，’贝利说，‘他们给了他一所房子住，并且不稳定地每年拨出100英镑作为他的薪水；但与此同时，尽管他的工作相当辛苦，国王还是命令他每月给基督教堂医院的两个孩子做指导，这给他带来极大的烦恼，并妨碍到他的正常工作。’”(第255—256页)

[7] 胡克是17世纪最伟大的实验家。作为大学学监，他有义务每周为皇家学会做两个原创性的实验。除此之外，他还是伦敦市的测量官，伦敦大火之后，这个职位可不是一个闲职。他还是建造伯利恒医院和圣保罗大教堂的大建筑师。在圣保罗大教堂的建造过程中，他的贡献几乎超过了雷恩。

[8] 正如G. N.克拉克在他的《牛顿时代的科学和社会福利》(*Science and Social Welfare in the Age of Newton*)一书中指出的那样，科学家们很

清楚，这种衰落正巧伴随着经济形势的重大转折：美洲开发之后的高物价时期结束，接着是一直持续到拿破仑时代的稳定物价时期的开始。尽管克拉克教授非常小心地避免从经济学观点来看待科学史，但这一巧合是非常惊人的，尤其是因为科学的再次兴起不仅发生在新的经济形势变化时，而且恰恰出现在这种变化最剧烈的地方。

[9] 见斯迈尔斯(S. Smiles)所著的《工程师传记·瓦特传》(*Life of Watt, Lives of the Engineers*)等书。亦可见迪金森(H. W. Dickinson)所著的《马修·博尔顿》(*Matthew Boulton*)。

[10] 克拉克教授似乎对这种变化在 17 世纪没有发生感到惊讶，并将它作为一个例子来证明经济因素并不能决定科学的实际进程，尽管他承认经济因素可能会影响到科学追求的强度。但在作者看来，这正好是对相
34 反命题的一个很好的佐证。只有当采用化学方法的旧工艺——酿酒、制革、染色、漂白等——不再是小作坊或小规模经营，而是变得足够大，以至于有必要为了改进工艺而诉诸理性思考时，才可能需要化学方面的发现(见其著作第 128 页)。这种变化只可能发生在 18 世纪，因此说这种学科在当时缺乏经济上的动力。从纯科学的角度来看，解决这些技术问题所需的化学发展还需要以对机械力和物理力的分析为前提，特别是对气体特性的研究，而这本身就是蒸汽机发展的产物。因此，无论是直接地还是间接地，化学的伟大革命都是经济力量的产物。另见霍格本著的《大众科学》，第 7 章和第 8 章。

[11] 见克劳瑟：《19 世纪的英国物理学家》。对于法国的类似情形的讨论，见本书(边码)第 201 页。

[12] 这些评论充其量只能算是泛泛的定性陈述。19 世纪中叶，许多其他领域也有显著的进步。在医学上有麻醉剂和防腐剂的发现，尽管这些发现以及关于疾病的细菌致病理论在很大程度上属于化学研究的成果。在农业领域，有李比希(Liebig)和本生(Bunsen)的研究工作，不过他们两人都是化学家。地质学主要是在这一时期建立起来的，是对矿山、运河和铁路勘测研究的直接结果。然而，伟大的古生物学家欧文(Owen)在皇家外科学院担任教授，这是对赫胥黎的职业的一个奇怪的脚注。

[13] 皇家学会在 18 世纪末、19 世纪初的衰落是非常真实的。英国最具独

创性思想的思想家之一巴贝奇(Babbage)在1830年写了“论英国科学的衰落”一文,激烈反对单凭财富和社会地位来选举皇家学会会员。见霍格本,《大众科学》,第616页和第713页。

第三章　英国科学研究组织的现状

35 大学、政府和工业界的科研工作

现在我们回头来更具体地研究科学研究的现状。在英国，就像苏联以外的几乎所有其他国家一样，科学研究工作是在三个不同的管理领域里进行的：大学、政府机关和工业企业。那种在早期甚至在19世纪都十分重要的独立的科学家实际上已经不存在了。就科研工作的协调性而言，这项工作是由各科学学会来组织协调的。这些科学学会主要还负责科学成果的出版。由医学研究委员会和其他提供拨款的机构等来协调的范围则较小。

大学里的研究似乎一直是教师个人从事研究的自然结果。它主要涉及纯科学，虽然最近在一些大学里也开展了数量有限的应用科学研究。政府主管的研究有两方面的目标：一是国防性质（陆军、海军和空军）的；二是旨在改善工业、农业和医疗条件。这两种研究都是必然的，而且很大程度上属于应用性质。工业界所进行的研究几乎全属于应用性质，这是因为在英国，工业实验室里的纯科学工作不如在美国或德国那样发达。

然而，这三个领域并不相互独立。大学里的研究越来越倾向于依赖政府部门的资助和工业家的捐赠，特别是在科研方面。事

实上，大学里有很大一部分科研人员的工资是由政府或行业来支付的。另一方面，工业和政府主管的大部分科研工作都是由大学里任职的人，特别是高级专家以及由这些人组成的具有咨询职能的专家委员会来指导的。政府主管的研究与工业界的研究也是紧
密结合在一起的；设立各研究学会的全部目的就是要让工业界能 36
够利用政府所提供的集中研究设施的优势，并分担可能对政府和工业界都有帮助的研究项目的费用。一个特别重要的政府研究部门（国防科工委）与武器制造业的科研工作具有密不可分的联系，武器制造业本身只不过是重工业——钢铁、建筑、炸药和重化学品产业——的一个方面。各科学学会，特别是皇家学会，同时与这三个阵营也都有联系。学会的成员主要来自大学，它们管理着大量的政府研究基金，从而部分地成为一种政府机构，它们与工业界开展的研究工作也有密切联系。

所有这些都给人留下这样的印象：在英国，我们有一个组织良好的科研体系。但实际上，所有这些联系都是环境所逼或出于个人原因，以一种完全随意的方式发展起来的，如果将该体系简化为一张图表，我们就会看出，这些机构在很大程度上是以难以分辨的形式相互连接在一起的。[1]就现存状况而言，科学研究最有效的导向并不是由任何这样的机构给出的，而是取决于这样一个事实：在英国，少数几个重量级科学家彼此认识，而且他们中有人与科学界、政府部门和商界中的其他重要人物相熟识。科学发展计划都是以非正式讨论——当然，也就是秘密讨论——的形式形成的。然后去找富人套近乎，私下里劝说他们投资。那些认识首相的人则建议政府可以为某项特定的研究做点什么。英国的科学研究就

是以这样一种典型的英国方式来进行的。

一　大学的科研工作

大学在基础研究中占有最重要的地位。事实上，可以肯定地说，英国进行的基础研究中，大约有五分之四是在大学的实验室里完成的。这是一个非常缓慢的发展过程，尤其是在物质条件方面。只是到了本世纪，各大学才发展到拥有非教学目的的、大型设备齐全的实验室。大学在科学研究方面的地位正在迅速变化。战前，大学的大部分研究都是由教授、讲师和其他大学教职人员在业余时间进行的，尽管人们越来越意识到，对于大学来说，研究工作，不说比教学工作更重要，起码也是同等重要。

37 研究人员

自一战以来，由于研究人员的层级增加了两档，即研究生和拿薪酬的全职高级研究人员，因此科研工作的结构已日益复杂化。科学界对职位的竞争迫使资格认证方面的步伐加快。在一定程度上，由于德国和美国的影响，英国大学引入了哲学博士学位。而取得博士学位的必要条件是要有原创性的研究成果。由于对于任何想在科学界担任重要职位的人来说，博士学位都是必需的，因此大学就有了充足的年轻研究人员，他们的工作期限从 2 年到 4 年不等。实际人数很难估计。大学资助委员会列出的在科学、技术、医学和农业方面的全职高年级学生数是 1791 名，兼职的高年级学生数 936 名（他们的分布见附录一（C）），但其中从事研究的可能不到一半。我们可以合理地将初级研究人员的上限设为 1,500 人。其中一些人是靠自费继续学习；但大多数人是由大学或学院、科学和工业研究部或其他政府机构，以及地方当局以奖学金的形式提供部分或全额资助。除此之外，各大学里有一批人数不多但正逐步增加的高级研究人员，人数大约在 100 人。在大多数情况下，这些人的工资不是由大学来支付的。事实上，英国只有大约 20 个这种类型的研究岗位。大多数人依靠各种形式的研究员津贴和政府的高级研究奖金谋生。（见本书[边码]第 83 页）

研究人员在大学中的地位仍然不正常。他们没有公认的地位，而是被视为兼职学生和兼职教师。因此，长期的或职业的研究人员仍然很少。学生通常在大学里要花 2 到 6 年的时间做研究，然后再从事教学、行政或工业研究。我们将在下一章中讨论这种不正常的地位对研究人员自身及其工作的影响。

高校科研工作的组织遵循传统的院系体制。教授掌管一个系，并对该系的研究人员提出建议。也就是说，一般来说，由他提出他们应该进行的研究，并在工作过程中予以协助和批评。不过当然，对于高级研究人员来说，这在很大程度上是名义上的。在许多情况下，教授本人也在个别研究者的项目上进行合作。他会让某个人去解决他感兴趣的问题，并在实际工作中占有较大或较小的份额，与研究工作者共同发表论文。当然，这个体系对年轻的研 38
究工作者来说可能具有巨大的好处，但也会带来极其严重的弊端。

因此，大学科学研究的实际方向完全掌握在教授手中。大学的教授委员会或其同等机构，以及大学的最高领导层，只能通过对分配给各个系的资金的控制来间接地干预。他们没有足够的资格来指导实际研究，或者对该研究与其他机构的类似研究进行协调。这实际上意味着基础科学研究是在大量的（大约 400 个）独立实验室中进行的。当然，它们的重要性差别很大。其中只有少数相当于欧洲大陆的科学研究所，能够雇佣大约 20 到 40 名研究人员。大多数是一个系里只有一个或两个教授。任何实验室的重要性都取决于许多因素。只有当需要进行非常高级的教学，或需要解决某些工业上或半工业性质的问题时，才需要建立大型实验室。如果一位教授或是在科学上非常有水平，或是在更为困难的争取研究经费方面特别有能力，那么也会建立大实验室。

除了个别领域之外，科学研究在高校的地位在规模较大的大学里与在规模较小的大学里有着显著的差异。在后者中，正如所料，你可以看见众多小型实验室以及完全孤立的研究人员；同时，教学要求对研究时间的占用在这里也是最大的。有时，由于一项特定的捐助，小型高校中也会出现一所有相当规模、高度专业化的研究所，但大部分有价值的研究主要集中在大型高校中数量相对较少的实验室中。通过将大多数有杰出能力的人吸引到那些可以发挥才干的研究中心，而使得次一点的研究中心不得不进一步降低用人标准，这种情况加剧了大学之间已经存在的差距。在英国，几乎完全看不到教师和研究人员在基本平等的基础上在不同大学之间的持续交换，而这种交换却是德国大学生态最良好的特征之一。相反，人们总是一门心思想挤入规模较大的大学，并且一旦挤进去就再也不挪窝了。

没有官方机制来协调不同大学的实验室的工作。由于学科众多，大学本身除了行政上的协调外，也无法进行专业上的协调。而

不同地方的同一学科的实验室只能在纯粹自愿的基础上进行合
作,因为没有更高的行政管理权限来指导他们的工作。如果说有 39
什么协调,那也是取决于各科学学会。

科研工作的性质

在这里,我们的目的不是要描述各大学里实际进行的课题研究过程。而且令人遗憾的是,这样的描述也不存在。关于高校科研工作的性质,我们从诸如朱利安·赫胥黎(Julian Huxley)的《科学与社会需求》(*Science and Social Needs*)这样的热门著作中可以看出一些端倪。对于一所大学的情形,则以《剑桥大学的研究》(*Cambridge University Studies*)一书较为详细。当然,没有人会去描述各大学乃至整个国家的科研进展情况,但是这样的课题可能值得那些有进取心的出版商注意。决定大学科研工作的数量和性质的条件在很大程度上有其历史的和经济上的原因。之所以说它具有历史性,是因为任何一年里所做的工作一般都是前几年工作的延续,还因为新教授一般都或多或少地继承了他前任所明确的工作计划。除了其工作的重要性得到了科学界普遍承认的学校,例如卡文迪什实验室关于原子核结构的工作,高校科研的一大限制因素就是获取经费的可能性。而这在很大程度上又取决于这个系从教学的角度来看的重要性。而这种重要性则取决于该系的学生人数,也就是说,实际上取决于特定学科的学生毕业后在社会上可获得的职位数量。大学里绝大多数的理科学生毕业后所从事的职业注定在下述四种行业之一中——工程、经营、医学和教师,其中最后一种职业吸收的人数最多,而从事纯科学研究的只是极少数。

工程领域的研究

大多数大学的工程系都有点另类，就是与工业界的联系通常比与大学其他系的联系更密切。然而尽管如此，人们通常认为，在对工程师的实际培训方面，与车间的经验相比，大学课程是相对无用的。事实上，大多数工程系都处于两难境地。任何对工程基本原理的深入研究都不被认为是适合于实际的技术培训，但另一方面，系里又很少配备现代化的、数量足够多的机械设备，以使学生获得工业生产的实际经验。

物理学和化学的研究

化学工业吸纳了最大多数工业领域的科学家。它需要同时具
40 备化学知识和物理知识的人。因此，在任何一所大学里，这些系通常都是最大、最重要的，但也是最受传统束缚的院系。培养教师的需求使大学的课程变得更加枯燥无味。在物理和化学方面，大学诉求与中学教育需求之间的这种恶性循环似乎不可能打破。为了满足人们考大学的需要，大学必须培养能在中学教授学校所要求的科目的合格教师。正是这种既要与传统教学紧密联系，又要培养能够满足工业界需要的化学人才（工业化学家的工作基本上属于例行性质）的两难境地严重阻碍了大学的化学研究，使得将过去十年来从物理学引入化学的新原理的消化吸收工作变得更加困难。

医学课题研究

社会对医学生的需求支配着许多大学的生物系。植物学系、动物学系、生理学系和生物化学系的规模和重要性很大程度上取决于人们期望医学生对这些学科的了解程度。在这里，由于严格的考试制度的要求，传统教学再次得到严格执行。在研究方面，经费很大程度上来自医学研究委员会给予的资助。近年来，人们开始从生物学角度对农业的研究提出要求，但由于我国的农业研究处于混乱状态，加上它所提供的工资水平极低，使得农业研究无法以任何有序的方式发挥作用。

不平衡的科研规划

这些外部需求的结果是产生出一个不平衡的科学研究体系，那就是物理科学占有极大的优势。这种情形，不论是就其在当前或未来的相对重要性而言，还是就其内在利益而言，都是不合理的。生物科学，以及更多的处于精密科学边缘的学科，如心理学和社会学，明显得不到发展。我们从附录一(A)的列表(提供了各大学的不同学科的职位数)中可以看出这种差异的一些情况。

这种不平衡的研究计划至关重要，因为在我国，大学实际上仍提供着从事基础科学研究的唯一机会。当然，也有一些独立的科学研究机构，如皇家学院，但是很少，对总体情况没有任何影响。现在有越来越强的这样一种趋势，就是外部机构，如政府、皇家学会和洛克菲勒基金会等，纷纷资助大学校园内的研究，而不是自己建立一个半独立的机构。因此，高校科研的总体方向有效地决定
了它在全国的地位。如果大学的研究受到传统或经济因素的阻 41
碍，那么其他所有科研机构就都会受到影响。

二　科学学会

尽管大多数基础科学研究实际上是在大学里完成的，但对它的协调完全取决于自发成立的各学会——由科学家自己管理并主要由他们自己支付费用的科学团体。几乎每一个学科都有一个专门的学会。除最穷困的研究工作者外，几乎所有研究人员都是这个学会的成员。这些学会最重要的职能是发表论文。但它们也举行非正式的交流讨论，并在此范围内，以纯粹咨询的方式影响着该学科的总体发展。[2]每个人对国内各实验室在自己这个领域正在做些什么都略知一二，虽然通常了解得不是很清楚，但他可以使自己的工作适应当前的局面。然而在任何学科中，除了这一点之外，几乎没有人试图提出明确的总体工作计划或方案，让每个实验室来承担具体的任务。事实上，这种类型的合作在很大程度上取决于工作本身的性质。也就是说，比如在天文学、地球物理和气象等领域，才能有这种合作。

皇家学会

除了各学科的科学学会外，还有两个促进科学发展的一般性机构：皇家学会和英国科学促进协会。它们提供了最接近英国的科学工作者代表大会的职能。像大多数英国机构一样，英国皇家学会在其历史进程中，除了保留了原有的形式，其职能潜移默化地发生了改变。它目前所行使的那些职权要比创始人所设想的有限得多。[3]这主要是因为它的许多原始职能已被专业的各科学学会接管，而它的研究和教学职能则被大学和政府部门所吸收。它所保留的职能主要是作为负责科学交流中的礼仪事宜的礼宾机构，此外它还是负责分配比较重要的研究经费的机构，是出版社[4]和政府科学问题半官方咨询机构。然而，最近有迹象表明，它打算从两个方面扩大其活动范围：一个是纯科学方面的，通过举行定期讨论会，将相关领域的科学工作整合在一起，不过它没有考虑要制定
规划或做总体指导；另一个倾向是关注科学研究的社会影响。很 42
明显，如果打算将科学研究工作更紧密地有机统合起来的话，皇家学会将是最适合进行这一统合的机构，尽管人们可能怀疑它是否具有必要的主动性或灵活性（见本书［边码］第 399 页）。

英国科学促进协会

英国科学促进协会则有着非常不同的职能。它为作为一个整体的科学界与公众之间联系提供了唯一的组织形式。多年来，它的会议报告一直是通过新闻界向公众传达科学发现成果的唯一途径。因此，这些报告很像科学界召开全体大会所发表的大会报告。这些报告的最突出的特征，就是表达了科学家对所有更高层次的问题——哲学、生活、宗教、性和道德——的看法。社会上普遍存在的对科学知识现状的奇特印象主要来自于这些对事实真相作了双重扭曲说明的报告。然而，近年来，该协会越来越关注关于科学的经济、社会甚至政治方面。在某种程度上可以说科学家一直在受审判，于是他们就在协会的会议上为自己辩护。在协会主席的演讲中，甚至在一些专业性不太强的会议上，都有关于科学的社会价值问题的讨论，而且往往是批评性的讨论。很明显，在协会的范

围内，完全能够促进科学家和公众对科学在社会生活中的重要性产生更切实有效的认识。

三　政府部门的科学研究工作

在促进科学研究方面，政府的重要性仅次于大学。政府对科学的兴趣来自四个方面：战争、工业、农业和卫生。前两项活动是密切相关的，而卫生研究和农业研究与战争对象之间存在着间接但同样重要的关系。第七章将更全面地讨论政府的战争研究的性质和意义，目前只需说每个军种都有自己的研究部门就够了。这些研究自然主要是工程、物理和化学性质的。这些部门的开支，即使是在目前的军备扩充之前，也已达到了近 300 万英镑，这些费用至少占用于科学研究的资金总额的三分之一。然而，不进一步解释就谈论这个数字是不公平的。但也的确很难对其做充分的分析

43 (见附录四)。我们必须假定，分配给各军种的大量研究经费并没有被用于严格的科学工作，即实验室工作；而是用于战术武器和战略机器、坦克、实验船、飞机等的半大或全尺度规模的试验。

科学和工业研究部：国家物理实验室

政府主管的工业研究，在科学和工业研究部的指导下，比较容易检查。它大致分为两类：政府主管的实验室和工业研究协会。在政府所属的实验室中，最重要的是国家物理实验室。它兼有负责制定工商业所使用的各种度量单位的中央标准局的职能，和工业物理研究实验室的职能。特别是，它拥有大型水力和空气动力

设备,如建造船舶和飞机所必需的厂房和风洞。它还拥有最完整的用于在工业条件下测试材料性能的设备。国家物理实验室的工作成果已在其年度报告中充分列出。这些报告给人的印象是,常规检查工作所占比例过高,因而可以说削弱了它的其他活动的贡献。国家实验室对材料及其加工工艺的检查自然是为了发现缺陷,但实验室的积极工作似乎仅限于在实践中纠正所发现的缺陷。当然,这项工作非常重要;而且在任何应用性研究的系统中,显然都必须包含这项工作。然而我们依然可以合理地认为,像国家物理实验室这样的机构,其工作内容不应局限于这个范围,而应当对发现新的可能性给予与修补旧的缺陷同样密切的关注。实验室中与各军种的研究最为密切的那些相关部门,即空气动力学和无线电研究部,在积极发展新工艺等方面所做的工作,表明在这方面可以做得多么的好。国家化学实验室的职能更为有限。它基本上就是一个从化学角度协助商业部实现产品标准化的分析实验室。而政府在指导化学研究方面几乎没有采取什么积极行动。

燃料研究

除此之外,两个主要的政府机构是燃料研究委员会和食品调查委员会。燃料研究委员会的经费几乎与国家物理实验室的经费相同(见附录二(A)),其目标是煤炭的利用,特别是研究如何利用煤炭来生产汽油,以及如何使国家摆脱对外国石油供应的制约。 44
因此,它在国防计划中的重要性是不言而喻的。不过,值得注意的是,就政府研究与工业的关系而言,燃料研究委员会开发的煤的氢化方法,实际上不是交给政府工厂去实施,而是交给帝国化学工业去实施，政府甚至为此给予了相当大的财政补贴，例如：利用这一过程生产的汽油是免税的，而通常税赋要占其售价的五分之四。

食品研究

食品调查委员会是政府研究部门中增长最快的部门之一。它几乎只研究食品的保存方法。最初，这些研究意在帮助国内的食品生产商；但后来人们发现，这项研究引入了有效的食品保存方法，使得从遥远的国家大规模运输食品有了可能，从而利用地区差价为帝国和外国产品带来了巨大利润。关税壁垒只是部分抵消了这一利润。这类研究的一个非常引人注目的关键是，将科学应用于从前科学时代传承下来的储存和加工食物的简单过程是极为有效的。这表明，在适当的规模上运用生物工程技术方法将能产生极其惊人的结果，如果将它与新的农业生产方法结合起来，我们就可以从技术上解决世界粮食的供应问题。现在我们所缺乏的只是实现这些可能性所需的对社会和经济条件的调整。

林业产品与建筑

另外两个值得注意的研究机构是林业产品研究机构和建筑研究机构。它们的前景都非常好，但由于受到官僚体制的限制和它们所服务的行业的无政府状态的阻碍，二者的发展可说是举步维艰。这一点我们从他们自己的有关木材研究困境的报告中即可见一斑：

> 连接帝国的海外森林资源与联合王国的木材消费者的链条有三个环节。实验室的调查工作只能为其中间环节提供支

> 撑。这三个环节是:(a)关于供应和价格的信息;(b)关于木材质量的信息;(c)市场营销。……我们认为有责任借此机会重申我们的观点,以便随着帝国营销委员会的撤销,对其工作范围所涵盖的所有三个环节,能有职能机构承担起向第一和第三环节提供不亚于第二环节的充分关照。想继续帝国木材公司在普林塞斯·里斯伯勒(Princes Risborough)的工作而又
> 不提供关于供应的适当情报,就像是建造一座没有地基的房 45
> 子。如果没有一个合适的市场营销机构,就像是建造一座没有门窗的房子……
>
> ——摘自科学和工业研究部咨询委员会的报告,1932—1933 年

自那以后,殖民地森林资源开发署成立,这为消除这些不正常现象做了一些工作,但仍有许多工作要做。

在某种程度上,建筑研究站是独一无二的,它与消费者和生产者都有关系。近年来,它一直在研究住宅在外观、隔热和家庭便利性方面的改善。

研究协会

科学和工业研究部下属的研究协会是在战争行将结束时成立的,其明确的目标是要向英国的实业家证明应用研究的价值,以防止 1914 年的事态重演,当时英国工业因德国更注重科学的工业的冲击而陷入停顿。政府资助了 100 万英镑,但这笔钱是以所谓的“一英镑对一英镑”的方式下拨的,即工业企业每认缴一个数,政府都会予以等额配套。它的想法是,到这一百万英镑花完时,工业本

身就会认识到研究的价值因而不需要进一步的这种资助。事实证明，这些目标只是部分得到了实现。大约成立了 20 个研究协会，主要是在 1918 年到 1920 年之间。行业覆盖率大约为 50%。其余行业——大部分是老工业和传统工业——认为，没有科学他们依然可以发展得很好。但不论怎样，如果遇到什么问题的话，协会提供的保护性关税总是一种较好的协助，而且不需要任何费用。在头五年实行过后，政府又设立了一套减少政府补贴的系统，但是不起作用，于是引入了一套新的“基准线”系统。专家们为每个行业确定一个基准线数字，只有在该行业自身缴纳了与该数字对应的捐款后，政府才按照“一英镑对一英镑”予以资助，其资助额度的上限不超过基准线数字的两倍。因此，如果这一措施得到充分利用，政府对工业研究的投入将占到总额的三分之一。这项百万英镑基金后来全部花光，接下来就是 1932 年底的大萧条时期。如果要想使整个工业的研究不像橡胶行业研究（它曾一度中断）那样被放弃，那么除了继续实行政府资助别无他法。好在目前这种状况正在改善，但人们认为仍远不能令人满意。在截至 1936 年 3 月
46 31 日的那一年度，用于研究协会的总额为 346,479 英镑，其中 108,951 英镑由政府出资。

主要的困难是财务方面的，原因将在后面讨论。行业对协会的资助很小，而且不稳定，随贸易周期的自然波动很大。不幸的是，政府的资助往往也遵循相同的曲线。结果是协会的收入非常不确定，这妨碍了协会的长期研究规划，精力都集中用于解决眼前的问题，而且往往是相对微不足道的问题。协会的一份报告（1933 年度）对这种情况做了很好的总结：

> 经费不足继续在各方面阻碍协会的研究工作。科学上有待解决的问题并不可怕,前提是要有办法筹集到充足的经费来聘请合格的科学家。但是,由于没有足够的研究人员,并为他们提供专业上所需的工具,这些问题仍然没有解决……
>
> 在经费来源不确定的条件下,当短视的行为总占上风的时候,就不可能周密地进行计划。其结果是,那些至关重要但却不能立即产生效益的研究往往会受到特定需求研究的排挤。总之,研究协会无法有效地开展有利于工业进步所需的研究,也无法为其工作规划的重要部分制订具体计划,除非这些计划能够为科学工作者提供合理的财务保障。因此,只有确保科研人员能够获得稳定的财政支持,使他们能够在数年内坚持就长期项目开展研究,协会才有希望开展这方面的工作……
>
> 只有养成科学的思维习惯,根据现有的技术知识对生产实践进行审慎和持续的检查,才能确保工业界充分利用新进展带来的全部好处。

当然,从那时起,情况已得到大大改善,研究协会的收入,无论是来自政府还是工业界,都迅速增加(见附录二(C))。这导致了一种自满的情绪,让人以为英国工业的科学研究状况非常好。现在确实是资助工业研究的一个机会,以保护正在进行的工作免受下一次衰退的影响(见本书[边码]第 317 页和附录五)。但是,当局的看法是,不会再有另一次经济衰退,否则现有体制将无法生存下去,发生任何这种事情的可能性可以说微乎其微。

与国家物理实验室或其附属机构的研究相比,研究协会的研究具有很快见效的技术特性。它要解决的问题主要与工业生产过程中出现的困难有关，如金属在一定应力下的缺陷，或巧克力的外观在存放一定时间后失去光泽的原因等。[5]然而，对这些表面上较
47 小的问题的关注往往会带来工业成本的大量节约。例如，对炼铁用焦炭的质量进行的研究，每年可为企业节省 80 万英镑的燃料费用；对冷冻肉类表面结霜现象的研究，每年可为企业节省 30 万英镑（见附录五）。这些例子表明，即使是极为有限的范围内的工作，而且仅仅是试图解决本质上属于消除缺陷的问题，科学直接应用于工业所带来经济效益就可能远远高过对研究的投入。

现有的研究协会见附录二（C）。它们大致分为六组，其相对重要性可以通过分配给它们的经费数额来判断。重工业、机电工业和纺织工业的发展最为迅猛。造船、水泥、制砖、玻璃等机械制造业以及酿酒和烟草等行业都没有设立研究协会。不设研究协会的行业大都是古老的和传统的行业。在许多情况下，它们大都细分成大量的小公司，这些小公司没感觉到有科学研究的必要，或者是因为害怕失去商业秘密而实际上不信任这种研究。

化学工业是一个非常不同的门类，尽管它也没有设置研究协会。这里的问题主要是大的、具有广泛的国际联系的垄断工业更愿意自己搞研究，而不需要与政府部门合作。[6]

研究津贴

科学和工业研究部除了资助行业协会外，还为主要是在大学里从事研究的学生提供一些初级的和高级的资助。在这里，它直接承担起了教育部未能完成的任务。每年获得资助的人数很少，在每年 2,000 名优秀的理科毕业生中只有大约 80 人得到过资助。然而即便如此，社会对训练有素的研究人员的需求仍然很小，只有

其中的三分之一的人毕业后继续从事工业研究。但科学和工业研究部的这一资助对基础研究有相当大的帮助。尽管学生人数很少，但他们构成了学术研究的可观的后备军。不过整个资助体系的运转还大不正常，因为它既不打算协调已完成的工作，也无意将它开展的研究与工业部门提出的问题联系起来。况且补助金本身的额度很小，不足以真正解决被资助者的实际困难（见本书[边码]第 84 页），因此它是否能达到预期的目的很值得怀疑。

可以看出，借助于科学和工业研究部，大英帝国存在一个涵盖了大多数工业研究的科研体系，尽管它非常不完善。政府主导的科学研究肯定要比大学开展的研究更注重日常问题。甚至可以说，在目前的经济体制下，它代表了国家在将科学引入工业方面能
够做到的最好的工作。它的一个指导原则是对实业家采取和解的 48
态度，巧妙地向他们指出研究带来的好处，同时充分保证，在任何情况下，国家都不会与他们竞争。这样，经过二十年的发展，科学研究的意识已逐渐渗透到英国工业中较先进的那一半中。一项更直截了当的政策很可能导致失败，但如果宣称它所取得的成果已能够满足任何期望，比如国家科学机构的要求，那么即使是在资本主义制度下，这也过于乐观了。

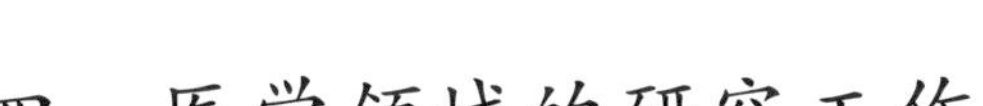

医学研究委员会

除了国防研究以及科学和工业研究部的研究之外，政府还直

接关注医学和农业领域的研究。医学研究委员会成立于1920年，旨在协调对现有的、或多或少独立行事的医学研究的资助。在行政上，该委员会与科学和工业研究部非常不同，它主要是一个咨询机构而不是执行机构，而且其支配的资金也要少得多，目前(1938年)每年只有19.5万英镑。委员会直接控制各自属下的研究所，其中最重要的是位于汉普斯特德的国家医学研究所。这些研究所的维持费用为5.85万英镑。其余拨款大部分用于资助全国的个别研究工作者。在这方面，有证据表明它在协调方面做的要比科学和工业研究部的类似方案合理得多。许多重要问题都被选择出来进行研究，在某些情况下，这些问题是通过结成合作团队来进行攻关。例如，维生素D的组成问题就是由国家医学研究所的一个由8名工作人员组成的小组给予圆满解决的。但从报告中也可以看出，有大量的工作是完全没有协调的。这些工作主要包括在常任理事看来具有医学重要性的一些资助项目。例如，剑桥大学的生物化学实验室就从这一块得到了大量补贴，做出了许多精细的工作，但它只代表了一个更全面的计划原本可以产生的成果的一小部分。

不仅如此，医学研究委员会的政策还缺乏严格的连续性。它总是面临医学研究上的两种不同观点——临床的观点与科学研究的观点——之间的冲突。第一种观点——现在在委员会的政策制定中占主导地位——认为，研究应当以直接的医疗价值为目标展开，而且应规定，研究人员要拥有医学学位。然而，格兰德·霍普金斯(F. Gowland Hopkins)爵士在1934年以委员会主席身份向
49 英国皇家学会发表的演说中，则借机指出：在缺乏足够广泛的科学

背景的情况下,过于单一的医学观点是危险的。[7]

委员会工作在科研方面的工作,即使在其发展的全盛时期,也依然会受到资金不足和缺乏全面指导的影响。[8]委员会没有足够的资金,只能对大学里相对较少的从事生理学和生物化学学科的研究人员发放津贴。因此,这项工作势必按照个人偏好和不协调的方式来进行,这一点在前面讨论大学的研究工作时已经提到。同时,所有政府资助的科学家都处于职位不安定的境地,而对于很难获得其他职位的医学研究人员来说,这种情况就更糟。[9]这增加了医学研究人员已有的要求取得医生资格的压力。这一政策的价值很值得怀疑,因为研究能力与医学实践能力非常不同,而在任何情况下,要取得医学学位,就意味着要失去 2 至 4 年的研究时间。

医学研究委员会的一个重要附属机构是工业卫生研究委员会。该机构负责对个人疾病的许多方面以及工厂、车间和矿山的工作条件进行调查。如果我们考虑到,工业劳动条件已成为营养不良之外工人生病和死亡的最大原因[10],我们就能意识到这项工作具有多么巨大的潜在重要性。由于工作性质,这个机构的职权范围受到两方面的限制。首先,为了获许对工业劳动条件进行研究,它必须保持纯属咨询机构的性质,既不能是行政部门,也不能是宣传机构(见注释 8)。它既无权调查任何工业劳动条件,也无权强制执行相关的任何行动,甚至无权将其公之于众。其次,尽管它不再被称为“工业疲劳委员会”,但它还没有完全摆脱这样一种怀疑,即怀疑它是服务于工厂主的,至少不是单纯出于保护工人的健康和提高劳动的舒适性,而是在改善劳动条件的同时提高工作速度。这种怀疑阻碍了工会对这项工作的积极配合。

私人医学研究

在此我们不妨讨论一下我国医学研究的其他方面。大学、私立医院和市立医院以及各种私人资助的研究机构都为医学研究做出了贡献。这些研究大多是在个别医院和医学院进行的，规模很小。此外，这类工作甚至比医学研究委员会开展的工作更具临床
50 意义。很难估计所涉及的资金总额，但每年不太可能超过 20 万英镑。[11]如果我们考虑到每年治疗和护理病人的费用估计为 2 亿英镑[12]，而医务人员的收入必然不少于 600 万英镑[13]，那么医学研究的总支出仅区区 40 万英镑就显得少得可笑了。而这里的基本困难是，尽管医疗对病人的价值最终几乎完全取决于医学研究，但医生的收入却与医学研究完全无关。而且，事实上，医学研究越是发展，其应用越是广泛，整个出于私利的医疗实践体系就越显得越荒谬。比这一考虑更为重要的是这样一个事实：没有足够有组织的机构来关心医学研究的发展。而医疗实践的完全个体性质和私立医院系统资金的严重不足，使得说服医生自己来为医学研究计划做出贡献几乎是不可能的。[14]政府在这方面的兴趣明显淡薄。实际上，它对（国防部）化学武器部的毒气研制的投入（20.4 万英镑）都比对医学研究委员会的投入还要高。

不用说，医学研究委员会活动范围之外的医学研究工作，不管是其本身还是它与医学研究委员会的工作的关系，实际上都是完全不协调的，私立机构的研究人员的处境相应地也更差。过去，在条件不比现在好的情况下，医学研究能够取得重大成就，甚至能为临床实践带来革命性的成果，但这一事实不应成为目前冷漠和自

满的借口。早期医学研究所取得的成就是基于细菌致病理论的发现,这一理论使医护人员能够在稍具感染和恢复机制知识的基础上对急性病症加以控制。但在现代条件下,除了营养不良以外,导致死亡的大多数属于慢性病。其发病机制的问题仍然没有得到解决,需要我们对生理学有更深入的了解。而这只有在大力发展医学研究的条件下,才能在合理的时间内得以实现。如果我们考虑到,由于缺乏医学研究,每年都造成成千上万人的不必要的死亡,使得数以百万计的人遭受疾病的折磨,那么我国的医学研究状况就不仅是一种耻辱,而更是一种犯罪。

五 农业领域的研究工作

农业领域的科研现状比医学研究更为混乱。农业科研经费来源于多个不同的政府部门、地方政府、各志愿团体和商业企业。设 51
立农业研究委员会的初衷是试图协调这些问题。这个机构的职能并非打算像科学和工业研究部的职能那样,以统一的方式来接管农业研究资金,而是只是简单地予以协调,以防止出现重复开支。农业研究工作在全国多个不同的站点进行,但每一个站点都从多个不同的来源获取资金。在这种情况下,要想提供一项统一的农业研究方案,所面临的困难实际上是无法克服的。政治和经济规划学会就这一问题所提出的报告对这一状况做了令人钦佩的概括:

> 英国在农业研究上的经费使用方式非常奇特和复杂,以至于要想充分予以描述已远远超出本文的篇幅限制。简言

之，英格兰和威尔士的农业研究被划分为由17所农学院和研究机构分管的区域，其90%的收入源自政府补助，共计159,000英镑。这些研究机构是自主的，他们的工作由一位主管负责，各种资源由他调配。

支持这些研究的经费来自于公款。如果没有公款，这些研究就不可能存在。这笔钱取决于由中央政府的五个部门——农业部、苏格兰农业部、发展委员会、农业研究委员会和财政部——组成的一方，与由地方当局和研究机构及实验室的负责人组成的另一方，通过会商所达成的决定。

虽然通过关系图可以清晰地勾勒出行政关系的大致轮廓，但各地方政府之间的关系在细节上有很大差异，给人一种相当复杂的印象。

除了资金不足的问题，农业研究现有的安排也受到各种批评。从农民的立场来看，当前的许多研究几乎没有或根本没有实际价值。因为这些研究或者是在没有充分了解实际农业生产条件的情况下进行的；或者是只涉及某个特定方面，而实际上在实施所建议的方法之前，我们必须考虑那些未考虑到的其他方面；或者是其成果是以一种普通农民无法理解的形式呈现出来的，或是刊登在某个他从未听说过的出版物上。此外还有意见认为，所采用的组织模式是如此繁琐，使得普通农民提出的问题很难得到迅速回答，除非这些问题简单到可以由顾问当场回答，而顾问显然无法充分接触到关于大量课题的最新研究进展。

人们进一步提出意见，由于责任划分复杂，已经形成了一

套相当细致的行规，以便保护有关各方的利益。其结果是，除 52
非有关人员碰巧遇上熟人，否则事情办起来要相当谨慎，并且十分地繁冗。另外，有人认为，研究经费在急需解决的动物疾病和家禽研究领域与受到充分关注的水果研究之间的分配，与有关农业产业对于国家的相对重要性，或它们需要研究帮助的紧迫性没有关系。基于同样的理由，人们也对表现在农业的基础研究与特定研究之间，或是农产品的经济性研究与病理疾控研究之间的经费分配上的不合理性提出批评。人们认为，如果这种分配有正当的理由，至少应公开说明，并一揽子提交公众审议，而不是设置这么多不同的手续，弄得错综复杂，只有头脑清楚的会计师才能搞得清楚。有人抱怨说，人们不知道向哪个部门去提出值得跟进的新研究路线的请求、建议或想法，而且可以确信这些请求、建议或想法会得到这些部门的同情和及时的审查，如果发现它们有价值，就将采取行动。

对于来自农民方面的这些意见和类似的批评，搞科研的一方可以作出回应，并补充进一步批评。例如，研究工作者可能会声称，在面临许多困难和重重阻力的情况下，他们正在做出非常重大的贡献。他可能会指出，国家每年支付给医疗和法律顾问的工资都在1,000英镑及以上，但在从事农业研究的人中，很少有人能有望超过800英镑，即使他们的工资达到了800英镑。工资水平如此之低，还要身兼教育、咨询、研究和行政等多重职能，这种现象是如此普遍，是人都能看出，收入微薄但工作负担过重的员工根本无法承担比他现在所做的更

> 多的事情。再者，我们还可以说，有效的研究依赖于敏锐和睿智的合作，而农民并不总是能提供这样的合作。在他们没花更多的精力去思考和弄清楚他们到底想要什么的时候，他们不能期望他们的需求总是能够被科研人员所理解。最后，研究主管可能会声称，他的大部分时间浪费在向一系列官方的和非官方的捐款机构申请零碎的资助上和跟踪这些申请项目上。行政人员可能也会跟着反驳说，这个制度虽然看起来很繁琐，但在现有的财力和人力资源范围内，却产生了显著的良好效果：事实上，协调是通过个人之间接触而谨慎地并持续地维持着的，虽然偶尔会发生一些摩擦，但到目前为止，还没有发明出一种组织体系可以使两个不想一起工作的人在一起工作。
>
> 没有必要再进一步列举这类论据了。以上辩论已表明，首先，现有的制度并没有尽可能顺利有效地运作，而且，任何试图将责任归咎于特定的一方的做法都是徒劳的。
>
> ——《规划》(*Planning*)，第 57 号，第 3—5 页

53 由此可见，无论是政府、农民还是科研工作者，他们对农业科研的现状都不满意。出现这种情况并不奇怪。英国的农业在很大程度上仍停滞在 18 世纪那种以营利为目的生产食品的先驱者实验的发展阶段，但在 20 世纪，这完全是一个时代错误。农业研究的基本难点不在于要完成多少项目，而在于一旦有了成果是否就可以得到实际应用。现代农业的主要趋势是限制产量以维持价格。这在根本上与任何农业研究的目标都不相容。正如丹尼尔·霍尔(Daniel Hall)爵士在《科学的挫折》(*The Frustration of Sci-*

ence)一书中所说：

无论是由于这些国家对农业的干预，还是由于与世界发展的不平衡相关的更普遍的原因，市场上所有农产品似乎都出现了过剩，这些农产品不仅仅是用于本地的销售。批发价格绝对低于生产的一般成本，人们普遍将这种价格的低水平归因于生产过剩。然而，在一般意义上，食品生产的过剩应该还是非常遥远的事。消费者对食品需求的显著特征是其对质量要求上的灵活性，即使我们假设食品在数量上能够满足所有人的需求，且不说这个假设与事实还相差甚远。家庭收入越低，膳食结构中谷物（小麦、黑麦、玉米、大米等）所占的比重就越高，因为这些作物能够以最廉价的方式提供身体所需的能量。随着家庭或社会收入的增加，膳食中的谷物就会更多地被畜产品（鲜肉、牛奶、鸡蛋等）以及蔬菜和水果所替代。肉类和畜产品本身是由谷物和土壤中生长的其他主要产出物生产出来的，因此过剩的小麦可以转化为咸肉或鸡蛋。从能量的角度来看，这种转化是一种浪费。小麦中所含的维持生命的物质是它所转化生成的肉类的5到10倍。同样，与生产谷物所需的劳动力相比，等量的劳力用于栽培蔬菜和水果，它们产出的维持生命所需的能量较少。因此，对于给定的人口，对农民的总需求——需要从土地上产出的总产量——将随着购买力和公众生活水平的提高而增加。最贫穷的阶层除了谷物其他消耗很少，这使得对土地面积和农民劳动力的需求最小；而要为更富裕阶层的家庭提供混合型膳食结构，就需要更多的土地、更多的劳动力和更多的技能。从这个角度来看，预设

食品生产过剩是不明智的。

然而，以实际需求和价格来衡量的生产过剩确实存在，为此科学界被要求停止在增加产量上的努力。就目前情况看，普遍尝试的补救办法是限制产出。目前正在签订国际协议，以限制小麦、糖和橡胶的生产。巴西一直在焚毁咖啡；美国则
54 一面将种植的棉花和烟草翻耕掉，一面屠宰小猪；爱尔兰自由州则下令屠宰小牛。从事农业科学研究的是一个人数相对较少的群体，在过去的半个世纪里，他们在各国的人数开始逐渐增多，并且对大自然有了一些控制能力，但他们发现这个世界似乎已经不再需要自己了。也许真实情况并非完全如此，因为如果世界各国都在农业上采取自给自足的政策的话，那么(例如)要在埃塞克斯种植水稻，对科学的需求就会大大增强。但是，如果我们用人口所拥有的实际财富来衡量富裕程度，也就是说，用个人所支配的世界资源份额来衡量富裕程度的话，那么就还有一种更好的方法，那就是将科学应用于世界生产力的分配和管理各国人民的生活。

一个世纪前，工厂并没有立刻取代手工织机的作坊。在农业方面，个体劳动者在为家庭生产食物的斗争中有着额外的优势。但是，最终的结果是无可置疑的：如果允许自由竞争，那么拥有资本、权力和科学的组织——换句话说，机器——则必将获胜。国家以某种形式来组织农业生产已不可避免；如果不加以“关照”，英国的许多农业机构都将灭亡。问题是，这种组织应采取什么形式？俄国的计划体制为我们提供了一个样板。它代表了力求从土地中获得最大生产率这样

> 一种农业生产模式,我们可以称之为工程师的方案,其前提是假定除土壤和气候这些不可控的自然条件外,不设置任何人为的不利条件,并在土地、劳动力和资本方面完全按计划行事。这是一种工业化生产的方法,正如我们在美国和热带国家的一些大农场中所看到的那样,只不过是将管理层级由农场主提升为完全掌控一切的国家组织,将土地规模从数千英亩提高到数百万英亩。它的目的是通过使用最少的劳力,借助于科学和机械化方法,来从土地中取得国家所需的粮食和其他原材料,从而将劳动力从农业生产中解放出来,投入到用于增加社会真正财富的其他形式的生产中。要实现这一点,就要求具有丰富的国家层面上的指导技能和管理技术水平,而这种管理技术在大战期间才开始尝试。它需要来一场没有其他国家愿意进行的社会革命。(第26—29页)

目前用于农业的直接补贴每年大约有40,000,000英镑,此外还有等量的以关税等形式给予的间接补贴。同时,还建立了一套复杂的市场管理委员会系统,主要是为了防止农民生产超过规定数量的粮食。其结果正如约翰·奥尔(John Orr)爵士所指出的那样,一半的人口没有足够的粮食吃。如果农业补贴的五分之一用于农业研究,并且运用政府权力来确保研究成果能够及时投入应用,就像在埃及等相对落后的国家所做的那样,那就能够增加足够 55
的产量,以保证现有人口的粮食供给,这样,除了小麦和肉类基本上仍需进口外,通过降低生产成本,农业在没有补贴的情况下仍是有利可图的。但是,保守思想、偏见和既得利益者的复杂结合阻碍了这一做法的实施,这可能正是营养不足所造成的死亡和痛苦远

远超出公共卫生系统失灵所造成的结果的原因。

六　工业领域的研究工作

要对工业企业的实验室中正在进行的科学工作做定量估计是不容易的。目前尚没有这方面的调查数据，由于其性质，也很难收集任何有关它的信息。然而，通过考虑工业界科研工作者的数量和工业领域科学家在科学期刊上发表论文的数量，我们还是可以得到一些印象。起初，我们面临着如何区分工业领域的科学家与技术人员的困难。许多机械工程师，以及更多的电气工程师和化学工程师，在一定程度上是科学家，但他们的工作总体上不能归为科学研究，因为这些工作主要是将已确立的科学成果转化成实用的和经济的效用。另一方面，工业界雇佣的许多训练有素的科学家恰恰在忙于这类任务，因此发表论文的数量可能比实际雇用的科学家的数量更能说明工业研究的科学重要性。一份样本分析显示，尽管工业界中科学家的人数约占所有合格的科学工作者人数[15]的 70%，但他们在科学期刊上发表论文的数量仅占 2%，甚至在技术性期刊上发表的论文数也仅占发表论文总数的 36%（见附录三(B)）。当然我们还必须加上工业企业所取得的专利中所包含的科学信息（见本书[边码]第 144—147 页）。不过，这些专利绝大多数是技术改进性质的，因此除了个别领域外，专利文献对科学进步的贡献可以忽略不计。还有必要考虑那些秘密进行的科学研究工作的数量，但要衡量这方面的重要性肯定是不可能的。不过如果我们从工业企业反对集体研究和政府的详细检查这一点来

看，其数量想必是相当可观的。

费用 56

然而，用于工业研究的资金可能比用于政府研究的资金要多。当然，我们几乎没有任何数据可用，但总额可能高达200万英镑（见附录二和附录三）。但这个总数不是很靠谱，因为它包含了花在建立半工业规模的非营利工厂上的资金，这笔资金要比科学研究的花费大得多。工业科学研究在不同行业之间和同一行业内的不同企业之间的分布非常不规律。自然，整体上依赖于科学研究而存在的新的行业在整个工业科学研究中占的比重最大，而旧的传统行业在许多情况下几乎没有任何科学研究（见附录二(B)和附录五）。在大多数情况下，各行业中只有大企业才有能力进行研究，因此，我们可以说，大部分工业科学研究可能是在极少数企业的实验室里进行的。更多的企业可能会雇佣一两名化学家从事日常工作，但真正的研究至少需要五名研究人员。因此，只有350多家雇佣员工超过1,000人的企业，加上在无线电和精细化工品等行业中规模较小的专业公司，才有能力做到这一点。由此我们可以放心地假设，研究实验室的数量在300～600之间，其中绝大多数是小实验室，主要从事常规的质量控制和产品开发。能对工业研究做出重大贡献的大企业可能不到12家，这些大企业拥有非常大的实验室，研究人员的数量在100人到300人不等。

工作性质

对于工业实验室所进行的工作的性质也很难评估。当然，大的电气公司和化工公司所属的十几个实验室足够大，可以与政府所属的实验室相匹敌，它们的工作条件也没有本质上的不同。高资历的科学家被聘为实验室主任，并完成了相当多的基础性研究工作。然而，毫无疑问，在这方面，英国远远落后于大陆国家和美国。英国的工业界有一个对科学，从而对工业科学研究的范围和自由绝对有害的传统。在过去十年中，英国的工业实验室几乎没有产生什么重要的研究成果，而德国和美国的实验室则有许多这样的成果。自一战以来，在英国的电气和化学工业行业新出现的大型联合体与国外的相应企业签订有专利共享协议，因此进口现
57 成的科学成果而不是在英国的实验室里自己开发它们，已成为一种不可否认的趋势。不用说，在外国企业为了避税而在英国建厂的地方，实际上整个研究工作都是在国外完成的。尽管政府热衷于保护英国工业的产品和利润，但似乎并未考虑到要保护其科学自主性。与 1914 年一样，这一情况只有在战争迫在眉睫时才会引起政府的注意，而且极有可能当另一场战争爆发时，我国根本无法提供足够数量的研究型科学家和技术人员。

除了形成信托基金和企业之间的协议之外，工业研究实际上不存在其他方面的协调。这本身就直接导致了效率低下，因为无法保证能够避免重复。事实上，在大部分工业研究领域，重复研究可能至少发生两次。在那里，由于政府的干预，企业协会已经形成（如钢铁行业）。合作研究是在半政府控制下，通过研究协会进行的。工业科学家和研究协会之间也有非正式的联系，但由于保密的要求，这至少妨碍了协会的工作，因为它帮助了科学家。所有协会的大部分时间都在为行业内的企业工作。因此，我们可以说，总

的来说，在这个国家，政府和私营企业在工业研究上花费的资金非常少，而且由于内部效率低下和缺乏协调，大部分花费被浪费了。

七　科研经费

鉴于上述讨论，我们对我国的科研经费构成显得极其复杂这一特点就不会感到奇怪了。此外，用于科学研究的资金来源与上面列举的科研管理的类别并不严格对应。大学的、工业的、私人独立的甚至政府的科学研究，都从相同的资金来源渠道获取经费。主要的来源包括：传统基金会的收益、新的捐赠、中央政府和地方政府的补贴以及工业界的专款资助。大学科研可以从所有这四个渠道得到资金。而工业研究的经费，如上所述，可以取自政府；反过来，政府的科研经费也可以取自工业，具体要根据各自对所研究
的内容的不同的价值判断来定。从这些资金来源我们极难估计其 58
实际总额是多少，但可以罗列一些公开发表的数据（见附录二(B)、(C)和附录三(C)）。

捐赠

出于最实际的目的考虑，我们可以忽略传统基金会捐赠的贡献，因为只有老牌大学才能真正从中受益（见附录一(D)）。这种基金的总收益确实相当可观，相当于每年 100 万英镑，但其中大部分被用于维护大学设施和教学。可用于科学研究的数额最多也就是总数的十分之一。大学的学费收入也不予考虑。因为这些学费本身甚至不足以支付教师工资，因此对研究的资助没有任何

贡献。

新的捐赠的规模相当大，但它指向的资助对象自然是极不规律的。主要受益者是大学，其次是独立的研究机构和医院。这些数据也很难获得，但有些已列在附录中。与传统基金会的情况一样，其中有多少是用于研究的还不清楚。给大学的许多经费是用来设立以教学为目的的讲座的，或是用来建造教学大楼和研究用的实验大楼。这些捐赠的数额巨大，时间往往不确定，但一般都与经济景气周期有关联。对于老牌大学来说，这种不规律性没有什么危险，因为它们有传统基金做补充。但对于其他受助单位来说，这种捐赠的不规律性可能是科研发展不稳定性和不规律性的额外原因。

政府资助

我们已经讨论了政府资助对科学研究的贡献。除了维持政府下属的实验室外，政府还以津贴的形式资助学生和研究人员，尽管这部分的总额相对较小：医疗研究每年 9 万英镑，工业研究每年 2.6 万英镑，农业研究每年 7,000 英镑，共计 12.3 万英镑。虽然这些金额很小，但在大学的开支中却不能忽视，因为它们为研究生在毕业之后到得到高级任命（如果可能的话）之前的这段时间提供了重要的生活保障。政府下拨经费的支出管理主要掌握在各大学的代表组成的委员会手中，行政机构通常不过问具体数额。地方政府承担了大学教学方面的相当大的经费支持，但它除了对农业研究提供支持外，对大学的基础研究的贡献微乎其微。正如目前的情况所反映的那样，这可能是有益的，因为地方政治对那些得不到

政府保护的研究机构的干预有时是很糟糕的。[16] 59

工业界对科学研究的经费支持在很大程度上仅限于资助他们自己的实验室。然而，除了个人捐助外，工业企业偶尔也会对大学进行资助[17]。但更常见的情况是，企业支持一些特定的研究。这些研究在大学的实验室里进行，由一部分大学的研究人员与行业支付全部工资的企业研究人员共同进行。这一体制从未变得非常普遍，因为它在某些方面对双方都不是很有利。主要问题是，从大学的角度看，这种体制将研究人员过多地约束在为企业服务上；而从企业的角度看，要想知道他们能从这种合作中得到什么样的经济回报，要比让他们自己从事研究更困难。另一个困难是保密。在大学里完成的具有商业价值的研究工作通常被认为是保密的，这与大学在研究上通常追求学术公开性是矛盾的；而在企业看来，听任自己的员工在大学这种提倡自由讨论的氛围中工作是危险的。因此毫不奇怪，化学工业中的最大企业已经逐渐撤销了对大学研究的支持，而将研究工作集中在它能够更严密监督的场所。[18]

经费管理

在大学里，科研经费的管理主要是由负责实际研究方向的同一个机构来掌握的。在其他地方，例如在政府的或工业界的研究部门，科研经费的管理是由不需要科学知识的行政官员来掌握的。科学管理委员会是在总是缺乏资金的背景下建立起来的，因此它在开支上往往过分小心，总怕陷入无法再筹集到资金的境地。科研机构很少借贷，因为它几乎拿不出什么做抵押。它们去争取获得更多资金的压力也相对较小，人们最希望的是能够维持下去，收支相抵，收入能有非常缓慢的增长就好。研究人员对现有状况可以说是毫无抱怨地接受，因为他们感到，提出更高额度的资助申请只会吓着有意捐助者，并给人留下科学家对现状非常不满的印象。筹集新的经费确实是一项非常需要技巧的工作，而且这项工作多是在一种最隐秘的气氛中通过个人之间私下接触来进行的。有时也会发起公开的呼吁，但前提是事先已经有了准备充分，私下已经
60 得到了重要的支持承诺的保证。即使是向政府施压要求增加经费时，一切也都必须是以最谨慎的方式来进行，以免引来政党政治的疑虑，认为这种诉求缺乏完全保守的正统思想基础。

财务控制

在财务控制下，政府科研部门处于受到严重掣肘的状态。在资助科学研究时，合理的方法是应允许在研究用材料和仪器设备的开支上具有广泛的波动性，同时保持研究人员的工资待遇相当稳定并有逐渐的增加。这些开支与行政部门的日常开支有很大的不同，因为后者需要事先有相当准确的估计。还有一点，除了在实行整笔拨款或津贴补助制度的地方外，每年拨出的款项必须在当年度用完。如果钱没有花掉，就意味着这个部门实际上并不是真的需要这笔钱，因此明年的开支预算就会减少。其结果是浪费性开支和工作因缺钱不能充分展开的状况逐年交替变化。毫无疑问，整笔拨款制度虽然遭到财政部的反对，但它能够大大缓解这种恶性循环状况。在实行整笔拨款的情况下，人们可以在随后几年里结转盈余或赤字。但主要问题是，管理人员不了解研究经费的用途，而是部分沿袭过去的做法，部分取决于科学主管的个人意

愿，对其采取完全武断的态度。

这些问题在工业研究的局面下表现得更加严重。理想情况下，研究不应该受到妨碍支出的财政限制。然而事实上，研究支出被视为一种装点门面的额外支出，当企业经营状况良好时，可以尽情享受；在企业不景气时就将遭到无情削减。科学仪器几乎不可能出售变现，因此只有通过解雇员工或降低员工工资才能产生有效的经济收益。

科研财务的特点

这种财务体制的结果是，当用于科研的资金数额需要变动时，它往往是不可变动的；当需要它保持不变时，它却发生了很大的变动。最深切地感受到这种影响的是科学工作者自己。在现代条件下，求职的第一项要求就是工作要有保障。因此，人们倾向于接受那些有保障的科研工作，例如在大学和某些政府部门的工作，而不愿去那些虽然工资较高，但在最难找到工作时却最有可能被解雇的职位就职。[19]在这方面，科学工作者的处境并不比大量的体力劳动者或文职人员的处境差，甚至可能还较好。但这种财务制度 61
所体现的社会不公是一种普遍的不公正，其结果不仅影响到科学工作者，而且是整个社会，因为它不但阻遏了纯科学的进步，甚至更多的是阻遏了应用科学的进步。有效的科研工作不是一天、一个月甚至一年内就能完成的工作。一个从事科研的人，从最初有想法到最后出结果往往要经过十年的努力。因此除非在这一漫长的时期里能有合理的保障，否则许多需要长期坚持的研究可能永远不会有结果，甚至更多的这类研究永远都无法开展。这种财务

体制加上其他一些倾向，使得科研人员，特别是工业科研中的研究人员，都奔着能短时间产生结果的研究项目而去。然而，这些短平快的研究的效用非常有限，而且从长远来看，也非常不经济。一般可以这么说，任何一项研究，你研究得越深入，其盈利能力就越强。因此任何一项充分成熟的科研制度都必须包括保障就业的规定。

科研开支的特点

在我们对花在科学研究上的金额有任何了解之前，有必要先审视一下这项支出的特点。研究支出的四个最明显的类别是：人员工资、仪器和实验材料、维持费用（包括实验室助理、机械师等的工资）和用房。对于不同类型的科学研究，这些项下所需的经费数额会大不相同。对于数学研究，只需要支付工资和少量的粉笔、其他文具等支出，尽管现在引进了计算机，可能使数学系的花费和其他系一样高昂。另一个极端是，农场实验站在维持费（包括购买牲畜）项目上的花费要比花在研究人员工资上的费用多得多。大致来说，研究越接近实用，除工资外的其他费用就会越高。

在应用科学的边缘地带，由于前述的将技术人员与科学家分开来、将半工业性质的工厂与科学仪器设备分开来等方面存在的困难，情况会更加复杂。因此，在公布科学支出的账目时，最好在每一种情况下都清楚说明工资占总支出的比例，这样或多或少地可对研究项目的实用性质作出某种衡量，并能够比较两项不同的科研经费拨款中所包含的科学工作的相对工作量。随着时间的推移，科研工作变得越来越复杂，在任何情况下，工资的相对比重都会缩小。因此，即使是稳定的科研捐款，甚至是适度增长的捐款额度，也有可能掩盖了科学工作的实际倒退。事实上，在经济衰退的后期，这种倒退在整个资本主义世界都是显著的，而且仍在许多国 62
家持续。

然而，在对科研活动作经济评估时，真正的困难是如何将纯科学研究的开支与应用科学研究的开支划分开来。目前这二者是混在一起的，鉴于总经费相较于过去（而不是相对于工业的预算），有了较大幅度的提高，因此人们认为科学事业得到了充分的奖励。然而，由于应用科学目前是最昂贵的，研究的费用占比要大得多，因此总经费中的大部分开支严格来说不能算是研究性支出，而是明确的、在未来有很大把握可获得回报的投资。显然，我们有必要在纯科学与应用科学之间按一定比例投入资金，但除非将这两种资金分开，否则我们不可能看清对基础研究的不那么直接的合理主张是否得到了公平对待。

八　科研预算

从上述讨论可以看出，对每年用于科研的精确金额做出评估时所遇到的困难实际上是无法克服的。只有改变大学、政府部门和工业企业的会计核算方法才能实现这一目标。而要改变会计核算方法，就要采取一些实质性的办法，例如免除研究支出的所得税，否则这种改变不太可能发生。然而，为了了解科学研究在国民经济中的地位，我们有必要掌握一些有关研究支出的可能的估计，尽管这些估计很粗略。

我们对大萧条后的1934年这一还算正常的年份尝试进行了

这样的估计，所得结果如下文的表格所示。目前(1937 年)，国防预算要大得多(达 2,800,000 英镑)，工业研究也有相应的增加，但这两项都必须被看成是异常支出，今后很可能无法维持这种状态。表中显示了两列估计值。第一列(或总的)估计包括了所有可以被称为研究的项目。例如，对于大学来说，它假定在科学、医学、技术和农业方面的所有的大学教师都拿出一半的时间用于研究，并且各系的支出中有三分之二用于研究。对于政府和工业界，它假定一切以研究名目立项的项目都被囊括进来。做净估计时(第二列数据)，采取了用总金额减去不同部门中那些其工作性质已知的那部分因素的办法。这种扣除其实不是那么剧烈，它们仍然计入了
63 大量的常规测试工作，但所得的数字必须相当接近于用于科学知识和技术进步所花费的资金数额。这些估计的准确度在不同部门自然是差别非常大。只有政府部门的数据是明确给出的。大学的数据是根据高校拨款委员会的报告以复杂的计算方式估算出来的。当然，工业界的数据最难获得。对它们的估计是依据三份材料：《工业研究实验室》给出的 35 家公司的研究支出报表，另外 45 家公司的雇佣人数估计，以及对拒绝提供细节的公司的一般性估计。(详见附录三(C))因此，这个数据最不可靠，误差可能高达 50%。但考虑到总估算的粗略性质，这一点并不重要。实际估计值罗列如下：

	总估计值(英镑)	净估计值(英镑)
各大学、学会及独立基金会	15,000,000	800,000
政府部门：		
国防部	2,000,000	80,000

续表

	总估计值(英镑)	净估计值(英镑)
工业研究	600,000	300,000
医学研究	150,000	120,000
农业研究	200,000	150,000
工业界:		
对研究协会的支持	200,000	100,000
独立进行的科研	2,000,000	400,000
总计	6,650,000	1,950,000

由此我们看出，总支出低于700万英镑，净支出低于200万英镑。这些数字只有在我们记住它们所代表的意义时才是有用的。我们取中间数字400万英镑作为对大多数情况下的英国科研支出的一般估计。朱利安·赫胥黎教授在1934年对英国的科学研究进行了一项调查，他对科研所花费的绝对金额给出了一种明智而谨慎的意见，他的估计与我们这里给出的估计基本一致：

> 针对工业需求的研究排在第一位，也就是说，将政府、大学应用科学系和私营企业的支出加在一起可以说几乎占了总数的一半。国防研究的费用，如果不计及单纯发展的费用，大约为工业研究的一半。农业、林业和渔业等相关学科的研究费用排在第二位，约占总数的五分之一或六分之一。排在第 64
> 三位的是与医学和健康相关的研究费用，占总数的八分之一甚至更少。所有其他学科分支的研究，加上所有的背景知识的研究，可能不到总数的十二分之一，尽管我承认这一项是最难确定的。至于实际金额，我不愿意给出任何具体数字，因为

> 人们经常引用粗略估计值时就好像它们是确凿的事实一样。但我可以说，我国每年花费在研究上的总费用在 400 万到 600 万英镑之间，可能更接近低值。
>
> ——《科学研究和社会需求》(*Scientific Research and Social Needs*)，第 255 页

因此，社会对能够改变文明状态的所有研究项目的贡献总额不超过 400 万英镑。这是全社会专为发展工业和文化而投入的资金数额，没有计及二者单纯的机械增长部分。这种规模的总投入只能作相对估计。首先与 40 亿英镑的国民收入相比，前者仅占千分之一。这显然是一个很低的百分比，我们至少可以说，即使将科研支出增加 10 倍，也不会显著影响到社会的直接消费，因为它仅占烟草消费额的 3%，饮料消费额的 2%，全国花在赌博上的钱的 1%。诚然，这些花钱方式，虽然其本身并不一定比追求科学更有趣，但却是绝大多数人的爱好。然而，当我们考虑到如此微不足道的开支能带来如此巨大的福利回报时，科学上的这点开支就显得可笑了。

在过去一百年里，国民收入增加了 8 倍。这一成就从根本上说是由于应用了相对基础的科学，其总成本估计不超过 1 亿英镑，可能还要少得多。任何对科学支出所带来的精确回报的估计都是不可能的，但这种回报确实是巨大的。基础科学在其成果具备商业价值之前需要经历相当长的时间，而一旦它们具有了商业价值，其效益就会迅速扩散到许多行业，因此很难对其加以检验。即使对于回报比例小得多的应用科学，其成果也足以令人惊讶。在取自政府数据的附录四中，我们展示了每年因节约所带来的收益与

研究总支出的对比，这里的总支出包括了除节约以外的许多其他问题的研究费用。投资的年平均回报率为800%。稍后我们将讨论，为什么我们现在的生产系统不能充分利用科学带来的巨大好处。但不管原因是什么，事实仍然是：我们并没有将科学运用到一 65
切方面，而只是运用到它的可能的物质效用的那一小部分。

在这方面，英国作为非常富裕的国家已经远远落后于其他国家。胡佛总统曾在1926年估计，美国每年用于科学研究的开支为2亿美元。目前还没有更新的数据，但可以预料，目前的支出可能不少于3亿美元。这个数据几乎是我们总收入的10倍，如果考虑到美国的国民收入更高，估计为50亿美元，那么它意味着科研支出占到国民收入的6‰。而我们仅为1‰。在德国，这些数据很难得到，但总数肯定与我们在同一量级（见本书[边码]第200页）。在科研支出的有效性远强于我国的苏联，其1934年的支出为9亿卢布，按官方汇率计算为3,600万英镑，是我们的总支出的9倍，即国民收入的8‰（英国仅为1‰）。英国科学发展的这种资本投入不足是根本性的短板，其总体发展相对于国家的需求来说是非常不充分的。科学投入的规模可能不到一个文明国家应具有的合理水平的十分之　。这是一种性质上完全不同于当前经济体系缺陷的缺陷。工程师研究小组在最近进行的一项名为“食品和家庭预算”的调查中声称，在不明显干预目前荒唐的分配制度的情况下，如果国民收入的增长能达到25%，或每年增长10亿英镑，那么就能够满足全国人口的物质需求[20]。与此相比，科学的需求是适度的。每年投入2,000万至4,000万英镑（占国民收入的0.5%至1%），就可使我国的科学事业得到充分的扩展和必要的一般性

重组。然而，人们可能会发现，这几年的科研支出本身就足以给国民收入带来每年增长超过 1 亿英镑的效益。

注释：

[1] 见布拉格爵士的致辞，第 66 页以下部分。

[2] 除了数量众多的地方科学学会外，《大不列颠和爱尔兰科学和学术学会官方年鉴》(*Official Year-Book of the Scientific and Learned Societies of the Great Britain and Ireland*)还列出了 60 个国家级科学学会和 15 个医学学会。这类学会的活动范围及其局限性可以从最近的最雄心勃勃的组织活动——化学理事会(Chemical Council)的组织活动——中看出来，对此菲利普教授在《科学代表什么》(*What Science Stands For*)一书中这样写道：

> 在过去两年中，化学理事会的成立为巩固化学科学和专业迈出了重要一步，该理事会的基础是以上所述的三个特许设立的组织(化学学会、化学研究所和化学工业协会)，以及英国化学制造商协会(代表重要的工商业利益)。
> 66 首届化学理事会为期七年，旨在为之前分散的组织所从事的事业提供一个联合的基础，并为此谋求产业界的支持。新知识的发表，无论是采取原创论文的交流形式，还是以对已发表论文进行摘要的形式，对于像化学这样一门迅速发展的学科都是最重要的。对每一位化学家来说，无论他从事的是什么具体的研究领域，对新观点、新发现、新应用的了解都是必不可少的，以适当的形式发表新知识确实是整个行业的一个关注点。成功地实施这一事业，对于那些依靠化学知识的应用和化学研究的推进而顺利运作和逐步发展的行业来说，也是一个至关重要的问题。
>
> 如果新成立的化学理事会能够把化学行业和化工工业联合起来，支持图书杂志的出版工作和设立诸如中心图书馆这样的具有同样广泛吸引力的工作，那么这一学科就将取得显著的进步。成立化学理事会是为了进一步巩固和统一化学行业，其措施包括获得足够的中心场所和为训练有素的化学家建立一套完整的登记册。(第 58—59 页)

[3] 因此我们发现，第一位研究学会历史的历史学家斯普拉特主教（Bishop Sprat）对学会的各种技术职业做了如下描述：

首先，他们雇佣一些研究人员来研究各国的论文等；他们还雇佣另一些人员与海员、旅行者、富商巨贾交谈；然后，他们就可观察的事物编制出一系列问题。然后，研究人员便开始与东印度群岛、中国、圣赫勒拿、特内里夫、巴巴利、摩洛哥等地通信……（第155页）

在这方面，我国主要的和最富有的商人和公民中的许多人也都来帮忙，参与劳作和帮助通信；雇用国外友人来回答询问；他们在所有国家都布置了观察点并发放礼品。（第129页）

他们提议编制一份所有贸易货物和制造品的目录……我们注意到这份目录里包含了所有实物清单或秘方、仪器、工具、手工操作规程或技法……他们建议改进挂毯制作、丝绸制造、用矿坑的煤来熔化铅矿石的方法……他们建议对英国的各种陶土进行试验，以便确定哪些土质适用于完善制陶工艺。他们比较了各种土壤和黏土，以便烧制出更好的砖瓦。他们开始种植马铃薯，并对烟草油进行了试验……（第236页）

——斯普拉特，《英国皇家学会史》（Sprat, *History of the Royal Society*），1667年

还可见本书（边码）第291页的注释和第394页的引文。

[4] 威廉·布拉格爵士在1936年的主席演讲中提到这些情况以及学会在英国科学研究总体计划中的地位：

如果我们将沃伦的遗赠纳入学会所管理的基金的话，那么学会的资金价值现在已超过100万英镑……目前，学会每年在研究上的支出约为3.1万英镑。这方面的工作占用了学会会员相当大的时间和精力，在这里我很乐意就他们自愿地为众多委员会服务向他们表示感谢。

这些款项的使用在很大程度上受到各自信托基金条款的限制。然而，学会有足够的机会来制定一项总体政策。在捐助者的意愿允许的范围内，对一般性或基础性研究予以特别强调是很自然的，也是正确的，而且捐助者所提出的条件也确实有利于这类研究。

我们注意到，许多其他机构也拥有用于类似目的资金。在皇家委员会针对1851年的博览会而公布的一份清单中，该委员会本身是最老的

委员会之一，而利弗休姆(Leverhulme)信托基金则是最新的委员会之一。名单中还包括卡内基基金会、哈利·斯图尔特(Halley Stewart)基金会、拜特(Beit)纪念基金会等知名机构。还可以在清单里找到各种城市公会。在各种着眼于特定应用前景的机构的活动基础上，自然知识促进会也随之面世。国防部的每个分支机构都有自己的研究实验室；医学研究委员会、科学和工业研究部、农业研究委员会、邮局等机构也都有各自的研究机构。

与自然知识的直接应用更密切相关的还是我国的各工业实验室。其中许多都具有很好的声誉。总的来说，在某种程度上工业实验室没有成为它本应成为的工业发展中的一个经常性因素，但近年来这方面无疑取得了进展。

67 我们在此对促进自然知识有贡献的一些机构作简要的列举主要是想提醒人们，在这方面所做工作的总和非常大。尽管它可能还远远低于我们的期望，但它已形成一种机制，开始获得某种协调性。这是一种可以作为一个整体来看待，并考虑其性质和效果的机制。它就像吉卜林的船一样开始发现自己了。

一个直接而明显的影响是出版成果数量的激增。科学学会的出版物数量翻了一番，甚至增长到之前的三倍；他们的财务主管在许多情况下很难应付由此产生的额外费用。许多工业出版物也包含特定调查的记录。我们满意地看到，在鼓励研究的氛围下，自然知识有了长足的增长。

至少在某些方面，对所获得的知识的应用也是令人满意的，尽管不同的观察者对这一点的判断根据他在一个非常大的领域中的位置会有所不同。整个国家的国民健康状况和一般生活条件有了明显改善，这种进步也表现在工业领域、贸易实力和国防实力上。这些都是最重要的事情。尽管这些进步可能只是达到目的的手段，但它们和适当的知识应用则是首要考虑的因素。

每一项研究可能都对这些应用有所贡献。即使是那些认为从事科学研究不应考虑其实用性的人也必须承认，只有非常纯粹的科学才会与其应用相交于无穷远，就像一条直线与其平行线仅在无穷远处相交一样。总的来说，可以预期，纯科学研究很快就会遇到其应用的问题，以至于其影响具有现实的重要性，必须加以考虑。学会会员个人可以将他的思想和实验保持在一个孤立的范围内，尽其作为一个会员应尽的职责。但是，学会作为一个整体，必须有更广阔的视野，不断观察科学进步与受其影响的人群之间的关系。当它承诺要管理好受托的巨额资金时，它便要承担起这份责任。在学会的早期，学会会员们就承认应履行这方面的责任，正如学会工作记录所显示的那样。许多创办人在国家机关拥有重要地位，他们的科学研究直接与国家的需要相关。在其存在的三个世纪中，共同的理想一直鼓励着学会开展活动。在某些时候，这些理想不如在其他场合有效，但它们的一般性目标从未被模糊过。因此，整个学会的工作是提高知识以期获得惠及民生的成果这一总体努力的重要组成部分。

[5] 要了解进一步的细节，读者可参阅科学与工业研究部的各年度报告。

[6] 见帝国化学工业向皇家军备私人制造委员会提供的证词记录。

[7] 弗雷德里克·格兰德·霍普金斯爵士在 1934 年 11 月召开的英国皇家学会周年会议上做主席演讲时陈述道(《皇家学会会议文集》，第 148 卷，第 24—25 页)：

所有研究活体组织的科学史都可以追溯到这样一个自然序列。首先是形态学研究上的纯描述性阶段，这种研究最终促使人们去进行分类。然后是对器官功能的研究，并设法将功能与结构联系起来。后来人们又注意到提供结构和形式的材料的性质，再后来人们又努力跟踪作为所有活性功能表现基础的分子动力学现象。现代生物物理和生物化学正忙于完成这最后一项任务，尽管这项任务不久前才开始，但已取得明显进展，而且这种进展正在加速。

我深信，最终我们将会对这些肉眼看不见的现象及其在活体中的组织有充分的了解。我们的思想将贯穿到可视化现象的表面之下。我们将从一个新的角度来看待疾病本身。我确信，即使是在今天，对于那些仅从看得见的现象来思考问题的人来说，他们对从分子水平来研究问题的人所看到的进步仍然是持否定态度的。

对于这种知识的进步，那种对完整个体的研究最多只能起到些微作用。当然，你会明白，我一直在谈论知识的进步，而不是知识的应用。

说到这里我要暂停一下。请你不要把我看作是一个纯粹的障碍；我不希望看到这一领域前进路上有障碍物的出现。因为从事物发展的本质上来说，这一领域的活动是非常重要的。我个人希望，每一所能够为
68 实验医学讲座提供适当的临床实验条件的大学都能设置这样一个讲座。而且，如果能有办法鼓励开展临床科学研究而又不妨碍实验科学的话，我希望这种鼓励能够尽可能的慷慨。我只是要求，在未来任何一项针对医学研究的基金资助中，都应适当考虑到那些寻求新知识领域的相对规模。

然而，我似乎已经感觉到，在我国和其他一些国家，已出现这样一个明确的动向，它当然不是忽视实验室，而是在分配医学研究的资金时，倾向于资助临床诊所，这可能危及未来的基础生物科学研究。我这番话的意思是，我相信，从长远来看，这样的政策会扼杀科学进步。

这里我想引用一句克努德·法布尔(Knud Faber)曾引述伟大的法国医生夏科特(Charcot)著作里的话。夏科特教授说，临床观察必须始终是为诊所本身的存在进行辩护的最高法庭，但他还说："如果不进行科学革新，它很快就会成为一种落后的常规工作，而且，就像以前那样，变得陈规老套。"法布尔说，夏科特很明白，基础科学研究是临床观察和临床分析必须始终从中获得前进动力的源头。

[8] **政治经济规划学会编写的《关于英国卫生机构的报告书》(第312页)提供了对医学研究委员会的工作的不同看法：**

临床研究过去一直与专业实践紧密结合。在外科，这是一门技艺也是一门科学，这是不可避免的。但在其他一些分科科室中，医学研究工作者和医务人员的作用可以分开来，这是有好处的。过去医疗实践和医学研究被捆绑在一起，部分原因是研究人员的报酬太少。然而，最近已经采取了一些措施，以确保全职科研人员的工资待遇保持不变，使他们愿意放弃开设私人诊所来维持生活。医学研究委员会已经在确保增加全职的高级职位和高级教学职位方面取得了一些成功，从而阻止了年轻研究工作者转向私人诊所。委员会已经在伦敦的主要医院里设立了专门的临床研究单位(见第五章)。牛津大学的纳菲尔德基金会也在推行这项政策。然而，除非是对研究工作的热爱，否则几乎没有什么能吸引

优秀学生毕业后投身于医学研究。一些分支机构在招募和培训研究工作者方面的拨款仍然太少，尽管提供了相当数量的奖学金和研究补助金。

医学研究的成果通过专业期刊传递给医学院的学生和其他人，但是对于普通的执业医生来说，要跟上最新的研究工作几乎是不可能的。然而，研究生课程的发展，以及卫生部和苏格兰卫生部的拨款，使执业医生能够参加这些课程的学习，这将有助于传播有关研究成果的知识。但正如第三章所指出的，工业卫生领域的研究人员的研究成果却没有得到企业家的应用，甚至没有被企业家研究过，这部分原因是工业卫生研究委员会因为害怕卷入纷争，故没有推广普及这些研究成果。在一定程度上说，这种纷争可能会有损于它的中立和超然的地位。

尽管存在许多缺点，但总体而言，除了与国防有关的研究外，医学研究可能比英国任何其他主要类别的研究都开展得更全面，计划和组织得更完善，人员配备也更充分，获得的经费支持更充裕。它具有强大的领导传统和团队合作精神，在许多分支机构中具有较高的人员素质。这一点在生理学和病理学的基础研究上表现得特别突出。但是，虽然我们已经从广泛的角度来看问题，但在导致各种不健康问题的经济、社会、心理和人口等问题上仍有更多的工作需要去做。最需要进行的额外研究不是纯医学上的研究，而是混合和应用性质的研究，它们主要属于卫生部和苏格兰卫生部的职责范围。这些部门最近在这方面做了一些出色的工作，例如，在英格兰和威尔士开展与社会生活条件有关的孕产妇死亡原因的调查，以及在苏格兰追踪被保险人的疾病发病率方面的调查。这类工作还有很大的发展空间，可以弥合实验室和日常生活之间的鸿沟。

医学研究的一个同样严重的弱点是缺乏一种公共关系机制，以便使公众，包括工厂雇主和工人等特殊群体，意识到许多有价值的发现正等 69
待充分开发利用。让这些涉及广泛的人类问题的研究成果埋没在很少有人阅读的技术报告中，无异于没有开展这方面工作。医学研究委员会在其1934—1935年度的报告中提出了这个问题。但仍然没有采取什么有力的措施，用公众可以理解的语言向他们通报这些与他们的健康密切相关，且主要是用公共资金做出的健康领域的发现。虽然有些事情只需

要通报给医疗行业的从业人员，虽然在哪些机构最合适向公众传递有关信息方面存在意见分歧，但是很明显，应该有人告诉公众很多关于健康的事情，而目前没有人来告诉他们。

[9] 莫特拉姆教授对委员会的财政政策有如下评论：

政治家对研究需要的看法可以从这样一个事实看出来：在英国1931年的金融危机中，不仅医疗研究委员会的固定工作人员的工资减少了10%——这也许是不可避免的，而且是可以申辩的——而且研究经费的拨款也减少了同样的数量，从而使许多有价值的工作夭折。为了每年能“节省”区区1.9万英镑，致使可能拯救无数生命的工作因经费不足而取消。因为金钱是开展研究的生命线。它虽然主要用于资助研究工作，但研究工作者的生活津贴也是必不可少的。事实上，这样的研究工作者在英国和美国不在少数——其实他们中很多人存在失业的严重危险，多年训练的成果未及丰收便烂在地里。今天，英国的医学研究进展正因财政部的节俭而受挫。

——《科学的挫折》(*Frustration of Science*)，第81、82页

[10] 库琴斯基(J. Kuczynsky)在《工资理论的新风尚》(*New Fashions of Wage Theory*)一书中就失业对死亡率的影响问题进行了统计研究。他明确地发现，死亡率的轻微下降是由于工作条件带来一些疾病的消失，这在某种程度上抵消了随失业而产生的营养不良等引起的体质普遍虚弱。

[11] 自从本书出版后，纳菲尔德(Nuffield)勋爵为牛津大学的医学研究提供了大量捐款，从而大大改善了这种状况。现在要估计这种馈赠的效果还为时过早，但它的全部价值似乎无法得到完全实现，这部分是因为牛津地区几乎没有足够充分的临床资料，部分是因为如格兰德·霍普金斯爵士指出所指出的那样(见本章注释7)，临床研究本身的价值有限所致。

[12] 政治经济规划学会，《关于英国卫生机构的报告书》第25页。

[13] 约有34,000名实际执业的医生。一名专家级医生的平均毛收入估计为1,700英镑，但专家们(人数不少于1,000人)的实际收入远远高于此(见注12)。

[14] 见克罗宁(A. J. Cronin)对医学职业刻画得细致入微的小说《城堡》(*The Citadel*)。

[15] 这里自然不包括大多数学校里那些获得大学学位的理科教师。

[16] 参见1935年牛津大学出版的学术自由会议报告文集中关于海伊先生的案例(Heffer版)。

[17] 英国-波斯石油公司就是这样于1920年在剑桥建立了新的化学实验室。

[18] 下述几位教授在剑桥大学资深教授座谈会上的发言为大学与工业研究的关系提供了一些线索。这些发言是由一项看似无害的法规引起的。这项规定要求将按惯例由教授掌握的、带有秘密性质的和商业性质的研究改置于大学的控制之下。

波普(W. J. Pope)教授说,新条例草案的第一条规定的措辞反映了古老的学术界对工商业界的不信任:这条规定要求,大学管理机构必须对这几类活动详细审查,因为它们可能有导致发生可耻的事情的危险。例如,一个年轻的研究工作者为了一些肮脏的商业目的被迫隐瞒他的研究结果。采用这种措词来陈述一条规定是令人遗憾的,尤其是考虑到过去20年来,工商界通过企业和个人向大学捐献了巨额款项,并在这些活动中表现出极大的胸襟和远见。他相信,委员会会撤销这项可能造成伤害、并引起公愤的规定。

迄今为止,按惯例一直都是实验室负责人寻求与工业企业(如商业 70
公司和研究协会)开展合作。这种合作通常包括由工业企业支付工资的研究人员来实验室解决某些问题,而相关企业还会向实验室支付一笔费用,由系领导进行适当支配,以支付实验费用。在几乎所有情况下,所进行的研究工作都是纯学术性质的,对发表研究成果没有任何限制。承担费用的企业关注的目标完全是帮助大学培养在研究方法上受到系统训练的人才,这些人日后未必会都进入学术机构从事基础研究。有时候,一家大公司的员工也会来找他们解决一些工业上遇到的问题,他们对他返回工作岗位后对所获得的信息的处置不予过问。然而,当一名企业技术人员发现在大学实验室有利于解决他的一些问题时,大学应该为此感到欣慰。

他想强调的是，以不同方式建立起来的这些合作对大学来说具有不可估量的价值。它通常为相关行业的研究工作者提供了一个机会，它在大学部门与生产行业之间建立了一种共同的情感，这种情感确保了当企业需要进人时，会对剑桥大学的毕业生作优先考虑——这也是促使企业对剑桥大学给予巨额资金支持的决定性因素。

劳里(Lowry)教授说，几乎没必要强调工商企业对这所大学的巨大支持。他认为，最近通过一个教育信托基金渠道从美国石油公司那里所获得的资金，已经与支付该笔资金的那家企业完全没有任何联系了。但当年化学系收到其史上最大一笔捐款时，情况却并非如此。这笔钱是由一家仍在经营业务的石油公司提供的。他不能完全肯定的是，提供这笔钱是不是因为在战前的一段时间里，剑桥的化学实验室已经发现了一些东西，而这些发现在战争期间为炸药供应提供了支持。他认为人们还没有普遍认识到，研究部门的高效工作在很大程度上取决于外部机构，尤其是工商企业，为研究提供的资金，而不是取决于由该项研究所在单位所提供的资金，不过美国较富裕的大学可能除外。举个例子，他有一个朋友是伦敦的一个重要实验室的负责人，每年有5,000英镑的资金可供他支配，其中部分是来自研究协会，部分来自工商企业。毫无疑问，如果他没有这笔每年约5,000英镑的可支配资金，那么他就不可能作为该实验室主任享誉世界了。正是这些资金使他可以用来进行他感兴趣的研究。

至于他自己的实验室，他认为他只需要指出一点就够了：工商企业每年在实验室上花的钱比大学给予化学系的全部经费还要多。

——《大学学报》(*Universiry Reporter*)，1934年，第24卷，第991页

在进一步的辩论中，教授委员会的其他成员表示不赞成在大学实验室进行任何秘密研究，但是最终的结果是达成一项妥协，保持现有状态基本不变。

[19] 布拉格爵士的演说，见本书(边码)第83页。

[20] 自本次调查以来，国民收入每年从4,400,000,000英镑增加到5,700,000,000英镑，但由于分配不均，所必需的1,000,000,000英镑并没有明显起到弥补投入不足问题的作用。

第四章　科学教育

一　过去的科学教育 71

科学列入教育计划较晚。它在中世纪教育中没有地位，这并不奇怪，但奇怪的是文艺复兴时期复活的人文主义几乎也同样对它不予理会。当时在大学里，人们可以学到一些数学，甚至在航海学校里也教授数学，在医科院校里还可以学到一点植物学和化学，但仅此而已。17 世纪和 18 世纪科学的伟大发展不是因为科学在教育中所占的地位，而恰恰是因为科学在教育中没有地位。到 19 世纪中叶为止的所有伟大的科学家都是自学成才的。尽管有玻意耳和牛顿的先例，但科学并没有在古老的大学里生根。到 18 世纪末，唯一对人们的科学知识进行适当培训的教育机构是普里斯特利和道尔顿所任教的英国的几所持不同教派观点的学院，以及法国的炮兵学校（拿破仑曾是那里的学生）。工业革命提高了科学的重要性，到了 19 世纪，科学逐渐进入大学，后来又进入中学。克拉克先生是剑桥大学的第一位矿物学教授，他通过讲授大祭司胸甲上的宝石知识而获得了他的教职，这是科学学科中最早的大学职位之一。另一方面，剑桥大学却拒绝了当时最有才能的英国植物学家詹姆斯·史密斯爵士在那里教书，因为他既不是大学的教员，也不是英国教会的成员。阿诺德博士的拉格比中学里存在科学的唯一证据就是不幸的马丁，他把他的书房变成了一间自然历史博物馆。[1]教授科学在当时带有激进主义的意味，特别是在达尔文的争论之后，遭遇到教会的强烈反对。

当时科学被接受仅限于两种情况：要么是作为其他学问研究的一项附属课题；要么是作为那些灵魂卑鄙、只讲物质，将科学看得比经典更重要的人所追求的另类选择。即使是有 T. H. 赫胥黎及其弟子的大力倡导，也不能将科学从这种状况下拯救出来，大概剑桥是个例外。科学按传统教学模式进入课程教学大纲的一个
72 结果是，教授科学的方法不是从早期科学家学习科学的方式——学徒制——发展而来，而是遵循人文研究的教学方法，也就是说，它基本上是以讲课或讲座为基本形式。同时辅以必要的实验室实际操作课程。

科学教学的先贤们原以为，将科学引入教育可以消除古典教学中的那种因循守旧、矫揉造作和凡事向后看的保守性。但他们对此感到非常失望。他们那个时代的人文主义者也认为，学习经典作家的原著就能够立刻摒弃中世纪经院哲学的枯燥乏味和迷信色彩。专业教师与此二者可谓配合默契，他们几乎将理解化学反应过程看成是一件如同阅读维吉尔的《埃涅伊德》一样的枯燥乏味、十分教条的事情。在教育中采用科学的主要理由是，它能够教会孩子一些关于他所生活的实际宇宙的知识，使他了解一些科学发现的成果，同时通过学习科学方法教会他如何进行逻辑和归纳思维。在这些目标中，第一个目标取得了有限的成功，但在第二个

目标上几乎没有任何效果。

社区里那些受过中学教育或公立学校教育的特权阶层人员可能对100年前的基础物理和化学有所了解，但他们所知道的可能不比一个对无线电感兴趣或是有课外科学爱好的聪明孩子了解得多。至于科学方法的学习，整个事情显然就是一场闹剧。实际上，为了方便教师和满足考试制度的要求，学生不仅没有必要学习科学方法，而且要准确掌握与之相反的方法，也就是说，要相信老师的权威，相信教科书里告诉他们的东西，并在要求回答问题时完整地将它们复述出来，不论这些内容对他们来说是否有意义。受过教育的人对诸如灵性论或占星术之类论调——更不用说对种族理论或货币神话之类更危险的论调——的反应表明，在英国或德国推行了50年的科学方法教育没有产生任何明显的效果。学习科学方法的唯一途径是一条漫长而痛苦的个人经历之路，而且，在教育制度或社会制度发生改变，使正确的科学教育成为可能之前，我们所能期待的最好结果，就是能产生少数掌握一些科学技术知识的人，以及更少量的能够运用和发展科学技术的人。

二　中学的科学教育 73

如果我们仅从一个较窄的范围来考虑科学的教育制度，即暂且不考虑科学在早期教育中发挥不可或缺的主导作用（像苏联已经在做的那样）这种远期愿望，而只把注意力集中在科学工作者的培养问题上，那么我们目前的制度仍然表现出最令人震惊的差距和低效率。除了一些专事培养极少数儿童的特殊学校外，学生在

14 岁之前很少有科学教育，也就是说，我国绝大多数儿童在完成初小学业时学不到多少科学知识。诚然，在小学教育中是有一定量的自然知识，但这被认为是对性知识的一种迂回的解释。如果假装这就是科学，那就太滑稽了。学校老师不应因此受到责备。因为即使有世界上最好的课程大纲，一次要教 40 个孩子科学知识也是极其困难的。但是这个早期教育的限制有着严重的后果。首先，在儿童天生的好奇心还没有被社会习俗所抑制的时候，不教他科学，就失去了激发他对科学的持续兴趣的最佳机会。实际上，如果教育者能花点时间研究一下如何讲授科学知识，那么其中的大部分内容是能够适合非常小的孩子的学习能力的。事实上，是有可能将物理、化学和生物学的基本知识传授给六岁的孩子的，尽管在某些情况下，他们甚至还不识字。而且已经有人做到了这一点[2]。

这一限制的另一个不利后果是，许多有前途的科学新兵就在这一阶段损失掉了。这种情形当然不限于科学。格雷和莫钦斯基的研究表明[3]，能力出众的小学生中只有 26% 成功地继续接受中学教育，而在那些没能继续接受教育的孩子中，无疑有许多人将来会成为有前途的科学家。有少数人确实在后来通过担当实验室助理而进入了科学领域，但他们只是一个极少数人的群体。大量的业余无线电爱好者和其他科学爱好者的存在证明了一个事实，即存在大量的潜在科学人才的储备。

在中学和公立学校，科学开始占有一席之地，但所讲授的科学知识只是广泛科学领域的一个非常有限的方面。最初的不利条件是，在现有的教育体制下，中学和公立学校必须为平均智力较低的孩子提供教育，从而浪费了推动真正有能力的孩子成长的机会。这种影响在大学阶段就明显地表现出来了。目前仍然存在着一种强烈的反对科学的偏见。这种偏见源于公立学校的经典教育传 74
统。开设科学课程的老师和学科学的孩子往往受到不公正的对待，就好像他们的科学兴趣使他们在社会上要低人一等似的。考试制度的惯例使得科学科的教学被限定在物理和化学上，也许还有一点点生物学，主要是为了培养有志于学医的学生。植物学内容则更是少得可怜，而且是出于某种神秘的原因——对女性的心灵具有净化作用——而设置的。现在，物理和化学已成为大学入学考试或取得中学毕业文凭所必须学习的科目，因此也已成为最令人厌恶的常规课程之一。中学与大学之间形成了一种恶性循环，任何一方要想改变课程都会遭到另一方的反对。教授科学的目的是为了让一小部分人可以去大学学习，而这些上大学的学生再将学到的知识以这样一种方式教授给后代。的确，中学的理科老师们投入了大量精力和创造力来使课程更具吸引力，但每吸引一个孩子，就注定会有两三个孩子永远地放弃理科教育。不幸的是，科学内容中最适合考试的部分是物理和化学的计量部分（如磁体之间的吸引力、碳酸氢钠和硫酸的化合量等等），这些内容对于散漫惯了的和数学不好的学生来说，是最困难的；而对于那些真正热爱科学，并想深入了解新近发现的学科中那些新的、有趣部分的学生来说，这些内容又是最令人生厌的。事实上，中学里教的物理和化学知识大都是人们一百年前就知道了的，很多甚至是三百年前就知道了。

教科学的老师们当然意识到了这一状况，并在面对冷漠和蒙

昧的阻挠下一直试图对所教授的内容进行调整。科学教师协会最近编写的一份关于普通科学教学的报告[4]与这里提出的许多批评意见颇有相通之处。这份报告包含了一个四年课程的教学大纲，这可能是第一个以科学方式构建的课程大纲。有三位老师列出了他们的学生对具有科学意义的日常事物的兴趣。另外三位教师概述了一些基本的科学概念。这两份清单是与教学大纲交织在一起的。这份报告虽然标志着一定的进步，但缺乏全面性和现代性。其中生物学部分写得很好，但没有天文学或地质学方面的资料。每学年的物理学教学被划分成 10 个单元，前两年每个单元只包含一个事实，第三学年的每个单元仅包含 19 世纪发现的两个事实。只有在最后一学年里，内容才变得更具有现代性。但即便如此，所

75 引入的内容也没有晚于 1890 年的东西。X 射线、无线电和电子并不像前面提到的那么多。化学的情况更糟糕，整个课程就没有包含 1810 年前人们所不知道的内容。整个有机化学被略去。而没有了有机化学，生物学就将变得不可理解。关于物质结构的现代思想甚至从未被提到过。然而，如果能发扬这个教学大纲所体现的精神的话，那么在英国仍有可能建立起一个有生命力的中学科学教学体系。美国现代教育委员会在这方面已经取得了进一步的发展。他们编制的详尽的教学大纲对当代科学观点进行了相当准确的概述，特别是对科学与社会生活的关系进行了详细论述。

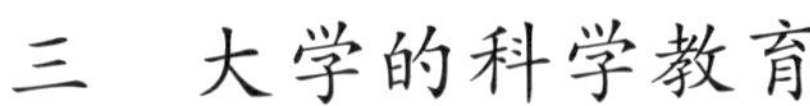

三　大学的科学教育

科学教学在大学教育中应占有什么样的位置从未被考虑清楚

过。一种明显的观念是，科学是获得文科教育之外的另一条途径。这种态度反映在一种常常被拿来向学生鼓吹的关于纯科学的理想中。然而在实践中，科学与文化的其他方面的关系却是被割裂和分离的，以至于这一概念已经完全沦为技术培训的同义语。但即使是这样，也还仍然存在许多混乱的认识。科学教学的目标就好像是要让学生能在以后的生活中将它用于某种目的。尽管没有确切的数字，但英国大学的每 100 名理科学生中，大约有 60 人日后将成为中学教师，他们只需要学会将他们学到的东西告诉下一代人；有 30 人将从事工商业或到政府机关工作，他们的大部分时间都是从事日常工作，而他们在大学里学到的大部分东西几乎没有什么用处；有 3 人留在大学里任教；最后还有 2 人则成为科研工作者，他们得费力地去清理大学里所获得的许多不准确和过时的知识，并遗忘掉其余的信息。

大学下属的理工学院的职能是多种多样的，这在牛津和剑桥就更是如此。而且这种多样性因各学院的研究对象千差万别而变得更为复杂。尽管有考试制度，但能否进入大学基本上仍然是一个家里是否供得起的财力问题，而不是学生的学习能力问题[5]。这意味着即使是优等生，面对像物理和化学这样的在中学里已经学过的课程，也必须在非常浅的程度上从头学起。而其他科目则更是要从头学起。其结果是，普通大学里头两年的课程的教学性质更适于高中阶段的教学。事实上，让人感到可笑的还不止这些， 76
在老牌大学中，入学奖学金考试的标准往往与优等生的期末考试的标准一样高，有时甚至更低。但这种做法的结果倒不一定就不好；这意味着有能力的理科学生可以放心地放松自己头两年的学

习，将时间拿来参加各种学生社团，以获得一些更广泛的文化知识和社会经验。

讲课制度

在教学模式上，各大学的传统与中世纪前辈的教学传统基本上一样。那时设置讲师岗位，专门向学生们详细讲解亚里士多德的或盖伦的难懂的文章，这是有道理的。学生们确实会发现理解这些文章有困难，同时他们也不太可能拥有相应的书籍，这就需要理发师兼外科医生兼讲师的人*具有相当的独创性，才能将解剖学的实际事实与经典文献作者的教条陈述协调起来。

所有这些都已成过去，但是这种教学方法却保留了下来，并从老牌大学传播到后来创办的新大学，甚至是技术学院。学期里每天花整个上午时间来听课是一种毫无意义的、落后于时代的迂腐做法，是在浪费时间。这并不是说讲课没有用，而是说所授内容的重点完全可以通过其他方式来更好地来实现。科学类课程的讲授往往介于两个极端之间。一个极端可能是对主题采取一种启发式的和概括性的评述方式来讲授，旨在通过阐述知识在目前所达到的限度而不是知识的既定地位，通过阐明科学与技术问题和社会

---

* 在欧洲中世纪，外科手术多由理发师来完成。参见作者的另一本名著《历史上的科学》（中文版，吴况甫、彭家礼译，科学出版社，2015 年 6 月第 1 版）第二卷，第 300 页中提及的外科医生安布鲁瓦兹·帕雷（Ambroise Paré）。据知，帕雷于 1533 年到巴黎主宫医院当一名理发师-外科医生学徒，学习解剖学和外科学，1536 年作为军医随军出征，1552 年成为法王亨利二世的外科医生，此后曾先后侍奉过 4 位法国君主。

斯蒂芬·梅森在《自然科学史》中也提到过，与古代天文学里没有多少工匠传统不同，“在医学里却存在着两个这样的传统，即理发师-外科医师的传统和药剂师的传统。”（中文版，周煦良等译，上海人民出版社，1977 年 6 月第 1 版，第 197 页。）——译者

问题之间的密切联系，来引起学生的兴趣和激发思考。这种讲授必然是很少的，而且总体上来说，由于它对考试的用处不大，因此学生参与的积极性不高。事实上，除了著名的访问学者来大学偶尔发表的讲座外，这种授课方式最好是由在科学社团里宣读论文或是由有充分讨论机会的小型研讨班的教学形式来代替。

另一个极端是教条式的讲授。在这种讲授中，所有的要点，特别是形成这些要点所需的数值结果和数学论证，都得到仔细而有条理的阐述。这种讲授方式通常非常枯燥，但很有价值，因为学生们认识到，认真听讲并记好笔记，就不可能在考到书本部分时败走麦城。但很明显，在这种情况下，将讲课内容以图表形式（其中包含所需的所有数据、公式和要点，从而形成一个有用的课本摘要）分发给学生就能更好地实现讲课所要取得的效果。实际上有些教师在讲课之外还真提供这样的图表。

当然，在这两个极端之间，还存在各种中间状态，而且在许多 77
情况下，这些中间状态的讲课形式都能发挥有价值的作用。特别是在新的和快速发展的学科中，讲座可以取代尚未撰写出来的课本。在大学里，讲授新知识仍然被认为是有风险的。一般认为，一种成熟的科学理论大约需要40年时间的沉淀期，才能保证向低年级学生讲授时内容的可靠性。因此，一个拿到了剑桥大学自然科学方面（包括物理学和化学）学位的优等生，除了偶尔听说过1900年首次提出的量子理论外，就没有听说过其他新的学科进展。为这种讲课系统辩护的另一个理由是，它提供了向学生展示复杂实验的机会，而这些实验是学生很难自己来完成的。虽然这些实验都具有一定的戏剧效果，并增强了人们对科学的兴趣，但展示它们

的条件很少能适合让人们真正领略实验技术的真谛。

讲课还辅以示范教学或实习工作。在大多数情况下，它包括进行一系列规定的实验，例如实际操作学习显微镜的使用、定量和定性的化学分析技术，以及物理测量技术等。示范确实提供了最低限度的对科学研究所需的操作技术的了解，但它们的作用很有限；即使在很高级的示范演示中，也没有超出现有的方法，更没有关于如何运用科学方法来解决结果还不为人知的问题的提示，或是关于如何运用科学方法来观察出乎意料的现象的提示。就科学作为一种动手的艺术而言，现有的教学方法不是一种好的学习方法。早期那些伟大的科学家所采用的方法比之更有效。古老的学徒制方法，即在有能力的人的监督和帮助下，通过熟悉情况（这种熟悉情况的过程是让学习者在实验室里设法解决自己的一些问题，其效率也许很低）来习得所需的科学技能的非正规方法，可能比现有的安排得最好的示范方法更有效。

正是考虑到这些不同的选项，我们才能看出，目前的讲课和示范教学体系得以保留不仅是因为虔诚的保守主义思想，而且是现实的教学成本压力使然。因为任何更有效的备选方案都必然会推高教学成本，因为它要求提高师生比，要求配备更多的科学实验设备（每个学生都要学会使用）。现在所有的大学都处于长期资源紧张的状态。它们可以通过两种方式中的一种来大幅提高教学水
78 平：或是增加教职人员，为不同能力和日后选择不同职业的学生开设不同的课程，是几门而不是一门；或是提高入学标准，只对高智商的学生准入。但是，第一种选择会增加支出，而第二种选择会减少收入。因此，在我们意识到必须为效率低下的大学付出的社会

代价之前，我们可能不得不忍受现有的教学体系。

专业化

在大学科学教学过程中不知不觉地产生出来的另一种弊病是过度的分系设置。当19世纪的大学里首次出现科学学科时，它是以自然哲学的名义出现的，但这很快就被物理、化学、动物学等各个系的设置所取代，而像医学系这样的原有的系还仍然存在，并且变得更加突出。在大多数情况下，科学科目是分开教授的，而且彼此之间没有联系。从本质上讲，这些课程肯定有一定的重叠，但由于缺乏协调，两门课的共同部分常常被重复教授，并且是以相互矛盾的方式教授。每一个学科都被设想成一个或多或少地封闭的知识体系，以图不仅与现实世界分开，而且与其他学科分开，以保持其纯洁性。这导致各门课程变得相当僵化。当然，刻板的考试模式也大大强化了这种僵化过程。

课程

除了偶尔有一位年轻而精力充沛的教授设法获得重要的教席外，任何学科的课程讲授都会随着新知识的积累和课程内容的压缩而改变，让人很不舒服。很不幸的是，从教学的角度来看，讲授科学与讲授经典的不同之处在于，前者的讲授内容总是在不断增加，而授课时间却保持不变。因此处理知识增长的第一种办法通常就是先等待一段时间，然后再将新知识纳入课程范围。其理由是，这些新知识是有争议的，可能需要在日后修正。那些老学究们不会轻易想到，其实更需要大幅度改变的是本学科的那些较老的部分。不管怎样,科学教学中的真理性内容都会被方便地限定为考试要考的真理性内容。最后,新的知识要点被接受后,就会被附加到教学大纲的末尾。为此其余的内容就将被适当地压缩,以便为新内容腾出地方。整个过程就像老农民的穿衣方法一样,每年将新的衬裙套在旧的外面,并虔诚地期待着旧的衬裙中总有一条现在已经变得太破烂不适合再穿了。其结果是,每一门课程都是新老内容的大杂烩,其中的内部矛盾教师会设法含糊过去,学生很
79 少能察觉到。例如,化学的教学是基于1784年的化学大革命的成果以及随后于1808年得到的原子论。现在,通过量子理论和现代物理学的发展,我们对化学问题已经有了一种更为理性和直接的解决方法,但我们可能还要等上50年才能有一位富有进取心和远见卓识的化学教授成功地将目前的课程内容来一个彻底更新。换上到那时已经过去了80年的"新内容"。物理学的情况也好不到哪去。例如,伦敦大学的统一考试就是基于这样一个教学大纲,其中的大部分事实都是1880年就已经知道的。其中只有顺便提及的关于X射线和放射性的内容算是有点新意,现代物理学的全部内容完全被忽略。

当然,大学当局并不是有意要维持过时的教学大纲,但事情总有一种非常自然的惯性,而且也没有规定一定要定期修订所有课程的教学大纲,或维持各学科课程之间的适当关系。在这一点上,和大学生活的其他许多方面一样,考试制度在很大程度上是罪魁祸首。一种狭隘的观点认为,教师和学生的切身利益要求考试大纲在若干年内保持不变,以便收集足够数量的标准试题,用以对应试者进行培训或指导。教学大纲的更动以及新的和不熟悉的问题

的引入，会给老师和考官带来压力，也可能增加考试成绩的本来就很大的不确定性。这本身就指出了考试制度的另一个固有缺陷：现有的考试制度往往依赖于事实性问题、死记硬背或某项技术的机械性操作。

考试

不幸的是，那些最简单的知识检验模式和那些平均而言能给出最公平结果的考试模式，从获得科学能力的角度来看，正是最没有价值的检验方法。如果对每个应试者的检验都按照他做出全新观察的能力，或是依据他能够将一些新观察到的现象进行归纳的程度来进行的话，换句话说，如果我们用研究来取代考试的话，那么我们就能在更理想的条件下对他理解和运用科学的能力有一个更可靠的了解。困难的是，这种检验不经多年的实施，就很难将人的天生禀赋与其偶然的表现区分开来。只有傻瓜能被一眼看出他没有处理明显很容易的问题的能力，有才能的科学家也可以通过他处理困难问题的能力被鉴别出来。但更多的情形是困难不在这两者的能力范围内，这些情形就将不得不被忽略。

实际上，这种检验方法被用于或应该被用于重点大学的哲学 80
博士学位的评审中。表面上看，学位的授予是对研究能力的认可，但作为一种对研究能力的检验方法，它只不过是一场闹剧。实际的论文评审是交由一两位专家来完成的，他们的判断，无论是明智的还是有偏见的，都会得到校董事会的支持。董事会对论文的内容可谓如看天书，在昏昏欲睡的夏日午后，他们坐在那里，用手支着脑袋，摆出一副恒久不变的姿态，表示同意学校再授予一个学

位，同时再收取一笔费用。

考试制度的主要弊端不在于考试本身和考试结果的不公平，因为正如人们经常指出的那样，真正有能力的人，即使参加考试也能取得成功。它的弊端在于考试的存在所诱发的整个心态。在大学还主要是富家子弟消磨几年快乐时光的年代里，人们可以轻视大学；但是，像现在这样，一个受过教育的公民从 10 岁起，其整个职业生涯都取决于他在一系列考试中的表现。因此考试已经成为受教育不当最大的影响因素。对于那些没有金钱或天赋的人来说，轻易地参加考试是很危险的。[6]对于其他人，所有的知识都必须以其对考试的价值为标准来衡量。这导致学生在最需要对那些不确定的知识点感兴趣的地方有意关闭了这种兴趣。很可能——虽然还不能证明——正是由于这一点，大学获得了一种绝对负面的教育价值，学生在进入高校之始可能比他毕业离开时具有更全面和更开明的见解。幸运的是，理科生没有受到这种制度的最糟糕的弊病的影响，因为要求他信奉的正统观念通常只是一个相当确定的事实，而不是像在人文研究中那样的传统观念。

医学教育

在大学的科学教学的总体图景中，有两个系具有特殊地位，这就是医学和工程学。由于历史和社会的原因，医学教学与科学教学的主体仍然是分离的。在学术上，前者是各门科学的大姐，因此也更充分地保存着中世纪的教学传统。在社会意义上，医学教学是一种从医者阶层的训练，而且在很大程度上具有世代相传的特征。正是这一点，使得医学生与他在大学里的伙伴们隔绝开来。

我们可以从两个方面对医学教学进行批评：首先，正如莫特拉姆教
授在《科学的挫折》一书中巧妙地表达的那样[7]，医学教学实际上
是一种非常糟糕的医学实践训练，这主要是因为它相对忽视了对
人的常见病的研究，或是对保持健康的基础医学问题研究。其次，81
即使与其他科学教学相比，它也没有将医学当作一门科学来传授，
而是当作一门传统学术和带有某种神秘色彩的艺术来传授。

坦率地说，在上述两点的任何一点上，医学训练的早期阶段都是滑稽可笑的。年轻医学生所学的物理学和化学，以及很大程度上的生物学——当然还有植物学——都是在丝毫不考虑科学方法或实用性的情况下讲授的，大多数医学生都将这些教学看作是一种必要而乏味的启蒙仪式。他们不得不花上最少的精力来学会应付这些课程，花的精力不多，所以日后忘得也快。学习解剖学和生理学的中间阶段则更糟糕。前者需要记住人体各部分的名称，其中大部分已失去临床或生理学上的意义，这给记忆带来巨大的压力。并且这种学习与有关人体各器官的功能的知识（这些知识属于生理学范畴）相分离。至于生理学，主要是由于它与医学的联系，则处于一种非常混乱和自相矛盾的状态，以至于掩盖了医学生本可以从中吸取的大部分重要的教训。用一种合理有序的形态生物化学来取代这些学科，特别是有关人体方面的知识，可能还需要多年的共同努力，并且需要顶得住医学界最激烈的反对声潮。关于医学教育的后期阶段，就没有什么可说的了：医学生一旦进了医院，基本上就永远脱离科学领域了。

工程学科

工程学系通常无法——也确实没有——要求替代实际工程所提供的实习经验。从这一点来看，一个工学院学生花这么多年时间来获取有关工程实践的一知半解的入门知识，似乎不无遗憾。与其这样，倒不如让学生在与社会和经济背景联系起来的条件下来学习数学、物理和化学方面的知识，这种社会和经济背景是他作为未来的工程师所必须面对的。不幸的是，这些在实践中对社会的新价值观最具创造性的人，在此时却被这种教育方式剥夺了获得一般文化的权利[8]。如同医学一样，工程学科也具有快速成为因袭相传行业的额外缺陷。因此，工科学生的平均能力要低于大学的整体水平。与医学生一样，他们也几乎与大学的一般生活隔绝开来。

82

四　科研工作者的培养

进入科研部门的少数大学生仍需要经过大量的培训，才能在科学发展中发挥积极作用。但到目前为止，这种培训还不是很正规。年轻的科研工作者将从他的同事、名义上的主管，以及他自己的阅读和实践中来学习他应掌握的技能。总的来说，这种科研培养体制不算糟糕。诚然，在批评方法和论文写作方面给予一定的正规教学训练是有用的，而且，一些胆怯的、缺乏进取心的科研人员已经习惯了僵化的、教条的教育体制，当他们突然离开自己熟悉的学习环境，需要自己来做决定时，他们会完全迷失方向，不知所措。然而，由于对科研人员的早期培训大部分是让他们学会敢于扬弃以前所学的东西，学会不轻易听信别人告诉他的话，以及不轻信那些用来说服他相信的论点，因此很难想象这种训练会有正规的套路。

财政困难

青年科研工作者面临的主要困难与其说是受教育的程度，不如说是在物质方面。达到研究标准的高校资助办法虽然不是很完善，而且对贫困学生来说显得不是很公平，但毕竟还是相当简便可行的。如果学生在规定的考试中达到必要的优秀水平，并向适当的教育机构提出申请，那么他将获得标准的奖学金，这笔钱甚至可以持续到他参加科研工作的第一年左右。在此之后，这位科研人员将面临一个极为复杂的问题，对此他所受到的训练根本不足以让他适应这一局面。如果在我们的大学里能开设这样一门课，专门讲解如何获取职位和补助金的错综复杂的程序，那么这肯定将是最受欢迎和最必要的课程之一。事实上，对绝大多数研究工作者来说，参加工作的头几年既是在许多方面最富成效的几年，也是物质生活上完全没有保障的几年。很少有津贴能持续三年以上，很多都是为期一年的，而且在所有情况下，能拿到津贴的要比申请者的人数少得多，因此科研人员意识到，从统计上看，他很有可能成为一名中学教师或是工厂的日常分析师，而不是大学里的教师或继续从事研究工作。事实上，一些政府官员在一次视察中，就对一名年轻的研究人员说他希望继续从事研究工作感到震惊，其吃

惊程度就如同济贫院的管理当局在听到奥利弗·推斯特*要求再来一点粥时一样。

从事科研的机会

在英国，有三种全职的研究教授岗位，其中一种属于医学研究。一般性科学研究的高级研究津贴有 51 项，平均资助金额 425
83 英镑，平均资助年限为 2.5 年；医学研究津贴有 37 项，平均资助金额 475 英镑，平均资助年限 3.5 年。这意味着，平均而言，在 1,600 名从事科研的研究生中，每年有 19 人能获得资助；在 750 名从事医学研究的研究生中，每年有 12 人能获得资助。初级研究补助金的数量自然要更多一些，其中大部分也已经由这些学生持有，但具体数据无法准确统计。1851 年，皇家展览委员会列出了每年资助的 45 项此类资助项目，平均资助额度为 186 英镑，平均任期资助年限为 2.2 年。除此之外，科学和工业研究部还提供大约 120 个资助名额(其中约有 80 个名额是每年发放的)，平均每笔资助额度 140 英镑，因此总计有 165 个资助名额，或每年有 100 个职位空缺。这个数字当然很低，但即使我们假设它再增加一半，达到 150 个名额，它也只占每年从英国大学毕业的 3,700 人的 4%。毫无疑问，提供的科研名额是不充分的，远不能令人满意。这种情况终于得到了官方的承认，但到目前为止，还没有任何措施来补救。威廉·布拉格爵士在 1936 年向英国皇家学会发表的主席演讲中这

* Oliver Twist，英国作家狄更斯的作品《雾都孤儿》(*Oliver Twist*)的主人公。——译者

样说道：

这些在经济资助的鼓励下将一生中最有创造力的年华投入到科学研究中去的人的处境，尤其是年轻人的处境，必须由那些决定着他们生活秩序的人们来考虑。帝国的一些最优秀的年轻人都是为了某个特定目标而被挑选出来的，他们无疑能够实现这个目标，工作完成得出色。而且当这些工作完成后，这些优秀的和最有用的人才就可有更大的作为。在许多情况下，令人满意的进一步工作的机会会自然而然地出现。但情况并非总是如此。有人可能就得靠不断寻找一个又一个的研究信托基金来维持生活，直到他因年龄或其他限制条件不再有资格获得新的资助为止。他的工作也许很出色，他的研究能力还是一如既往地优秀，但他发现他必须寻找新的生活来源。学术活动对他已经没有什么意义，或者说，学术研究已经与他无关了。他的职业使他走入了一条死胡同。有人告诉我，从事工业研究的人都有这样一种倾向，只要有可能，他们就会转向从事纯粹的行政工作，因为这种工作可以做得更持久，最终也会有更高的报酬。造成这个问题的真正原因是有迹可循的。我们应该将这条死胡同开拓成更适合就业的康庄大道，使之成为能够发挥就业者更大才能的职业。这些职业是什么，是显而易见的。这就是迄今为止还很少让科学界专家涉足的责任岗位。现在已经有了一个令人鼓舞的开端，但还需要时日才能使人们认识到，致力于自然科学知识的增长的人应该有机会促进这些知识的应用。他应该在会议室里 84
享有平等的权力，而不是听候召唤的下属。另一方面，科学专

家必须亲自帮助拆除形成这些死胡同的路障。这就要求他所接受的教育要远远超过使他成为单纯的实验室人员的要求。

年轻科研工作者的实际薪酬也不是足以让他过上好日子的。最受欢迎的科工部津贴为每年 120 英镑，也仅能维持最低生活保障而已（牛津和剑桥除外，它们能给予 200 ～ 250 英镑每年）。这些收入还要减扣各种税费，尽管允许减免三分之一的教学收入（在牛津和剑桥，是教学收入的六分之一）。（见本书[边码]第 406 页）靠着这样的薪水生活的科研工作者不可能扩大自己的兴趣，只能成为一个狭隘的专家，这难道还有什么好感到惊讶的呢？

如何取得成功

当然，在这一领域，和其他领域一样，也有一些久负盛名的方法；其中之一就是明智地选择自己的上司，并讨好他。最优秀的科学家并不意味着就一定是最好的研究指导者。他们中的一些人整天忙于自己的工作，以至于一年才和学生见面一次，一次也就一小时左右。而另一些人则对他们的学生非常热心，以至于他们很容易忘记这些学生还不能独立完成所交付的工作。对于一个年轻人来说，当他发现年龄和实际显赫的地位并不能保证一个人不会去攫取他人的成果来获取荣誉时，他会经历相当的痛苦。也许最好打交道的上司是那些和蔼可亲的卑鄙家伙了，他们与研究人员建立起一种共生关系，他们会谨慎地选择优秀新人来当下属，给他们配备好仪器设备让他们干活，最后在他们发表的所有论文上署上自己的名字。如果这种做法被发现了，他们就会动用各种社会关系，设法将被保护者提升到一个好的职位上去。在科学界，精神的独立并不重要。如果一位年轻的研究工作者在被评选委员会的知名教授问到他对科研合作的看法时说，他不想成为任何人的跟班，那么他就别指望得到这个职位了。而且多年之后，当他的毫无疑问的天赋和才华开始为他赢得学界的认可时，他当年的同窗，尽管能力远不如他，但已经坐在教授的位子了。

然而，这些都属于一切权威体制下所共有的弊病。一种对科学事业更有害的弊病是所有研究工作者都有责任做出研究成果，并将其发表。刚刚从考试制度的压力下解脱出来的年轻毕业生会发现，自己已经用一种奴役换取了另一种奴役，因为他未来的前途不仅取决于他所发表的论文的质量，还取决于其论文数量。对于所有没有资源可利用的研究工作者来说，也就是对于绝大多数人来说，原本应当用于学习、思考和进行表面上看起来毫无目的的实验——就像大科学家们能够做到的那样——的最富有成效的大好 85
年华被耽误掉了。其结果是创造力在最能出成果的时候，在它还没有受到行政和社会责任的负担的影响时，就被扼杀了。另一个结果则是大量无用的论文充斥科学文献，使得寻找一篇好论文变得更加困难。

科研职业

所有这些现象之所以产生，都是因为科研人员的地位本身不正常，没有成为公认体制的一部分。科学研究以前是由业余爱好者或教师在业余时间进行的。科研作为一种独立职业的观念对人们还是陌生的，人们还没有认识到科学教学能力与研究能力并不总是一致的。作为一种独立的职业，是否具有合适的研究禀赋会产生巨大的差异。这种局面也许会允许一小部分闲散的科研工作者继续走自己的路，但同时它将确保大多数严肃的工作者能够全心全意地投入到他们的工作中去，并让他们从现在这种自我奋斗的命运中解放出来。在法国，研究性职业已经得到认可并具备相应职位（见本书［边码］第201—202页和附录六）。这个事实证明，这是一个完全可实现的目标。

当今从事实际工作的科学家是目前这种选拔机制和教育体制的产物。在如今这种不同的社会和经济环境下，他们不同于那些致力于奠定现代科学基础的前辈们，这并不奇怪。在过去，一个人是否从事科学研究完全是个人的选择。只有很少的人选择了这种无用的职业，并且愿意为此承担严重后果。[9]因此，只有富人和那些可以得到富人资助的人才能从事科学研究。如今，科学已是一个明确的职业，不管怎么说，从事这一行当的都还算是过上了中等收入的生活，因此它吸引来大量的求职者。在科学教育内部进行的选拔过程，一方面有利于提高技术熟练程度和满足工业界的需要，另一方面也有利于社会的普遍和谐。科学家要想成功，就必须学会如何同富贵权势阶层相处，在这一点上他们与行政人员并无二致。但对社会问题或政治事务过分热心会带来双重的不利结果：一是会分散对工作的注意力，二是导致人们普遍认为他不可靠。科学界有个不成文的传统（尽管缺乏历史依据）：真正优秀的
86 科学家应该对社会问题一无所知，也不关心。这意味着，如果一个人表现出这样的兴趣，承认对自己专业以外的事物有所偏好，那么就会被认为他在科研工作中同样会有偏见因而不可靠。

当这种处事态度逐渐地被认为不仅适用于政治活动，而且也

适用于除自身工作领域外的几乎所有文化活动时，官方的科学界就会变得十分低调。一个科研工作者对艺术或文学感兴趣未必会受到苛责，而且确实可以作为一种无害的嗜好而得到宽容。但实际上，写作或绘画，除非他在这方面的造诣非常平庸，否则这些趣味无疑会对他的学界声誉造成损害。这种谬误在文化界和科学界都存在。双方都表现出对对方的一种无知的轻蔑。当然，科学界同其他重要行业一样，也有一些个性鲜明、真正具有文化底蕴和独立精神的人物，但他们并不能代表这个行业的整个群体。胆怯地顺从和谦卑的处世态度更为常见。科学家往往会在日常生活中尽可能地表现得平凡，并将全部精力都投入到科学专业的某一狭隘领域，来弥补外部世界不懂得鉴赏其价值所带来的缺憾。科学家的工作已经使现代世界发生了革命性的变化，但这并不是因为科学家的本性使然，而毋宁说与其本性无关。

五　科学普及工作

任何科学教育方案的效果都要通过科学在日常生活中所占的地位来体现。在这里，科学以发明的形式所做出的物质贡献不是问题，因为这些发明是提供给那些使用它们的人的，不是作为科学的贡献，而是作为存在科学之前就已存在的事物的替代或扩展而呈现的。从这个意义上说，电影只是一部更容易获得的戏剧，电话只是一种与朋友交谈的简便方式。在几乎所有这些情况下，使用这些科学所带来的用具并不需要太多的科学知识，也不需要熟悉科学方法。孩子对电台的位置设在哪里没有概念，对电波振荡更是一无所知，但这不影响他们很快找到他们想要收听的节目。不管怎样，无处不在的机械和服务项目都包含着科学原理，这必然迫使人们有一种不同于以往的科学意识。除了职业科学家外，还有成千上万的人对科学有一定的兴趣。这种兴趣的范围从实际掌握一些有限科学领域的知识，如业余无线电爱好者所需的知识，到对
87 科学奇迹的最一般的兴趣。为此已产生了大量的科学普及读物、文章、杂志和书籍，它们的影响力几乎不亚于科学文献本身。

然而，正如流行音乐与古典音乐有区别一样，大众科学与实践性的科学研究也有着广泛的区别。其结果是，人们对科学的或多或少还算准确的描述，或是以引起轰动的方式的描述，虽然传递了有关科学的零星消息，但却遗漏了完整的方法和科学精神。英国的媒体从来没有认真对待过科学；除了一两家显著的例外情形，甚至没有哪家报纸配备了像样的科学编辑。科学新闻杂乱无章，通常都是在耸人听闻和晦涩难懂这两个极端之间摇摆。杰拉尔德·赫德（Gerald Heard）先生在《科学前沿》（*Science Front*，1936 年版）一书中这样认为：

> 然而，科学新闻几乎就没有发布过，而且即使见报了，印出来的东西也像是一些支离破碎的碎片。大众报纸刊登一些有关科学发现的报道，仅仅是因为这些发现看起来令人吃惊——仅仅是因为它们似乎推翻了我们公认的观点。事实上，较为严肃的报刊在这方面做得也好不了多少，因为当它们刊登科学新闻时，它们会让某个专家写一篇有关的文章。这位专家不仅会理所当然地认为，他这篇东西是让像他这样的有知识的人看的，而且还认为，这些有知识的人与无知识的人

> 一样，看不出或不了解这个新的拼块与整个拼图——科学正在设法将其拼成一个巨大的整体——之间有什么关系。这类新闻除了能抓取最短暂的好奇心外，很难让人对其产生认知上的兴趣。在我们看清它们在不断拓宽的知识前沿的位置之前，我们很难将这些碎片记在脑子里，对它们进行分类、筛选和整理。
>
> ——《科学前沿》，第 9 页

大众科学杂志的情况较好一些，但大部分仍然包含惊人的故事和实用的提示，偶尔也会有一篇准确和严肃的文章。没有哪一种出版物其目标是要在当前经济和政治发展的背景下，用一种普遍可理解的方式来呈现科学的进步。[10]科普书籍做得最差，其中内容都是一些可能是为了出版商的利益而拼凑起来的学问炫耀和不符合要求的知识概要，还有就是业余科学家对最近的科学成果的描述（其中存在严重曲解和误读），以及科学界最知名的专家最受欢迎的说教。其中也有几本书写得既通俗易懂又准确恰当，但它们无法树立起标杆。与维多利亚时代相比，它们所占的比例要小得多。

科学对当代的影响

科学在公共事务中的价值是通过它对时代观念的自觉影响来衡量的。毫无疑问，尽管从整体上看，现代英国对科学有相当大的兴趣，但它并没有为科学提供足够的大众评论平台。几个世纪以前，甚至在人们对科学的兴趣还很少的时候，科学和大众之间的观
念交流就已出现，但现在反倒没有这种交流了。人们对科学缺乏 88

像看足球赛或赛马时的那种全神贯注和训练有素的欣赏能力。这不能仅仅用科学缺乏人们在面对经济收益时的那种狂热来解释，也不能用学科本身的艰深难懂来解释。板球或台球运动表现出来的精妙肯定比生物学或生理学上的论证有意思。然而，如果人们真的对科学感兴趣，那么他很快就会发现，以 10∶1 的赌注押 B 教授的理论战胜 A 教授的理论同样是非常有趣的。[11]

无法摆脱的事实是：科学在很大程度上脱离了大众的认识水平，结果对两者都很不利。对老百姓不利主要是因为人们生活在一个越来越是由人造的世界里，他们渐渐失去了对控制我们生活的各种机制的意识。归根到底，一个在干旱或疾病等自然灾害面前显得完全无知和无助的野蛮人，与一个在技术性失业和科学化战争等人为灾难面前无能为力的现代人之间没有太大的区别。二者都是面对未知的、令人恐惧的局面而无法理解，因此都转向求助神奇的和神秘的解释。在当今时代，占星术和唯心论等迷信的再次出现并非偶然，人们原以为这些迷信早在中世纪末就已经完全消失了。蛊惑人心的法西斯思想之所以能够产生更加危险的影响，就是利用了大众的无知和需要有一种信仰的渴求。

科学的孤立

上述事实对科学也很不利。从最粗糙的观点看，除非广大民众——包括富有的捐助者和政府官员——知道科学家在做什么，否则很难指望他们能够提供科学家的工作所需的帮助，以换取可能给人类带来的好处。然而更加微妙的是，由于缺乏大众的理解、兴趣和批评，科学家更倾向于内心孤立。这种孤立的状态通常不

是像人们想象的那样，表现为一个只有通过女性亲属的帮助才能
维持生活的另一个世界的人。这种孤立是科学的孤立，而不是科
学家的孤立。他在专业之外可能看起来就是个最普通的人，打高
尔夫球，讲好听故事，而且还是一个忠诚的丈夫和父亲。但搞专业
才是他的“本行”。而且，除了与二十来个懂行的同事谈论之外，其
他场合他一概不提专业上的事。在文艺圈里，人们几乎都假装对 89
科学一无所知。科学家也一样不能免俗。不过在他们看来，这个
圈外指的是除他们自己专业之外的所有其他学科。在社交场合，
能找到一个可以进行一般性交流的科学话题是一件极为稀罕的事
情，即使在座的大都是科学家。当年伏尔泰和杜夏特莱夫人在他
们的家庭聚会上进行哲学实验，或者雪莱以同样的热情讨论化学
和完美的道德时，情况当然不是这样。在英国杰出的年轻作家中，
只有一个人在他的作品中表现出对现代科学有所了解，而他这样
做是有着极为良好的家庭因素的。

科学迷信

科学在文化背景上的缺失进一步加剧了科学专业化的弊端，但同时也造成了这样一种更糟糕的局面：那些不知不觉地渗透到各个领域（十分具体的科学理论除外）的社会影响，不是一个审慎的文明社会的成熟反映，反而大多是当代最常见的偏见和迷信。这种结果也反映在科普作品中。虽然公众既没有兴趣接受科学训练，也没有兴趣关注科学工作，但他们仍然愿意为取得的科学成果欢呼，而且这种成果越是奇妙就越值得称道。他们愿意去听知名专家就任何主题所发表的意见。他们能够理解这些意见。因为这

些意见通常也是他们自己的意见，只不过现在经过权威批准又发送了回来。像相对论或宇宙起源这样的主题，尽管要理解其本质非常困难，但却被发现非常适合用来科普。其目的当然不是提供通俗的技术性解释，而是提供关于人类的无助和无知以及造物主的仁慈和智慧的诠释。与此同时，像量子理论这样的更为重要和更具现实意义的理论却少有人关注。

这样做的结果不仅扩大了科学家与公众之间已有的鸿沟，而且扩大了科学家和大众科学之间的鸿沟。从事实际工作的科学家对宇宙起源、生命起源或生物学中的活力论等主题的态度，与科普书籍中所表达的态度完全不同。对于科学家来说，现象的实在性正在消失的图景是如此荒谬；他知道他可以用量子理论来更好地把握物质现象，或是用生物化学和遗传学的知识来制备生物制品；他也知道他不可能让公众理解这一点，因为公众理解这些观点要比理解相反的观点困难得多。其结果是，当唯物主义获得全线胜利时，公众却误以为在科学中是唯心主义在起着主导作用。同时，从事实际工作的科学家则倾向于带着“自己有知识、公众无知而迷
90 信”的心态躲在一边孤芳自赏。

导致这种可悲状况的原因有很多。在一定程度上，科学与文化的实际隔绝是由于科学教学的缘故。可以这么说，科学在失去其业余性质的同时，也让公众失去了对它的兴趣。没有人需要自己费心来考虑科学；总有人知道这类事情。科学发现的迅速发展及其丰富多样性具有一种普遍令人困惑的作用，而科学家本身的专业细化和这样一种信念——人们越来越相信，那种认为一个人的思想能够有效把握大部分人类知识的年代已经过去了——使得

这种困惑更加强化。事实上，这一信念反映的是，进行科学阐述和交流的方法并没有跟上科学发现的进程。一个精心安排的科学出版体系（其性质将在第十一章中讨论）应能够使每一个受过良好教育的人都对科学的全貌有充分的了解，使他能够把握其中各学科发展的意义。眼下，他之所以做不到这一点，是由于科学术语的晦涩和科学出版物的无序状态所致。

前科学态度

对科学缺乏正确评价并不仅限于广大公众。它在行政方面和政治领域表现得尤为严重和危险。这种前科学态度破坏了科学技术成果原本能够带来的大部分好处。人们不善于科学地思考那些影响人类生活的最重要的一般性因素，甚至不去收集科学分析所需的材料。《政治和经济规划》在总论部分以令人称道的方式表述了这一状况：

> 在工业主义的倡导下，一种文明已成长起来。工业主义要求动员大量的知识资源，以便让这种文明能够平稳地运行而不会造成持续而令人痛苦的崩溃。平心而论，我们既不具备所需的知识，也没有为获得这些知识去做出充分的努力，尽管做到这一点并不存在无法克服的困难。我们对获取和运用知识的整个态度仍然受到前科学和前技术时代的偏见和假设的影响。长期以来，一直都是少数人在那里孤军奋战。对这里的租金和收入进行较系统的调查，在那里对心理学进行更多的研究，并对教育研究、社会研究、交通调查、医学研究等多加关注。但这种仅仅依靠少数人的孤军奋战是没有希望的。

> 问题不在于无法提供某些设备，而是要比这严重得多。在受
> 91 过教育和未受过教育的人群中，有很大一部分人还没有认识到，那些生产出电力、无线电、飞机、化肥和新的动植物品种的技术，如果加以适当的改进，同样也可以发展出我们的社会、政治和经济所急需的发明。不幸的是，虽然一流的工艺过程或产品可以由某个怪人在阁楼上发明出来，并通过相对较小的私人资本投资而获得，但一项社会性质的发明从本质上说往往需要到大众中去收集原材料。此外，企业主管已经逐渐认识到，一种产品或一种工艺不会永远持续下去，因此必须为新的生产模式和新技术作好准备。但我们对社会管理机构的运行，例如政府运作、卫生服务、交通处理或其他社会或经济问题的处理——却没有相应的意识和设备来检查和予以改进。
>
> ——《政治和经济规划》，第 17 号，1934 年 1 月 2 日

科学的需求及其抑制

然而，大众和行政管理部门对科学有所忽视并非偶然。对科学的现有态度是我们当前社会制度的基础和必要的组成部分。科学与社会生活的关系有两个方面。社会需要科学来满足当前的需求，因此，无论这些需求是什么，科学都是必需的。但是，这样呼唤来的科学必然会创造出新的需求并批驳旧的需求。在此过程中，它必然要参与到社会改造中，其作用要比最初要求它所发挥的作用更大，而且也不尽相同。17 世纪里由各国政府发起的科学运动，在 18 世纪被证明是批评这些政府形式的最有力的基础。今天的情况更清楚地揭示了这一矛盾。任何对科学成果、科学为人类

提供的可能性或科学的批评方法的广泛赞赏，都不可能不带来重大的社会和政治影响。社会中那些反对这种变革的力量必然会设法防止科学超越其原有的界限。它是有用的仆人而不是主人。因此，科学会同时受到内部的激励和外部的抑制。这一悖论在当今的德国表现得最为明显。在那里，既迫切需要科学家为独裁的经济体制和压倒性的军备提供基础，同时又将科学家贬斥为文化布尔什维克主义的潜在来源。在我国也可以看到同样的趋势。有两种针锋相对的关于科学功能的理论。一种理论认为，科学家仍可以存在，只要他做好自己的工作且不干预政治，他就享有豁免权（见本书[边码]第 394 页）。与这一观点对立的是朱利安·本达 92
(Julien Benda)在《职员的背叛》(*La Trahison des Clercs*)一书中所倡导的观点。在这本书中，学者被嘲笑为这样一群被挑选出来的文化守护者，他们屈从于迷信和暴力的力量因而失去了人们的信任。今天的世界需要科学家在这两种观点之间做出艰难的选择。但是，无论他如何选择，很明显，从长远来看，只有一个能够理解并接受科学所带来的全部影响的社会才能享有科学的好处。

注释：

[1] 如果我们知道如何对待我们的孩子的话，我们就会选中马丁将他培养成一个自然哲学家。他对鸟类、兽类和各种昆虫有着强烈的喜好，他对它们和它们的习性的了解比拉格比中学的任何人都多，也许那个无所不知的博士除外。他还是一个小小的实验化学家，他自己制造了一台电机，他最大的乐趣和荣耀就是用这台电机给任何胆敢鲁莽地闯进他的书房的小男孩一点小小的震惊。敢进他的书房可绝不是一次没有激情的冒险，因为除了有可能一条蛇掉到你头上，或是盘在你腿上，或是老鼠钻进

你的马裤口袋里寻找食物这些吓人的事情之外，你还会嗅到始终弥漫在洞口的动物气味和化学药品的气味。你还可能在许多次实验的某一次中被炸死。马丁总是在做这些实验，试图取得那个被炸死的孩子闻所未闻的最神奇的爆炸和气味。

——《汤姆·布朗的中学年代》(*Tom Brown's Schooldays*)，第 215 页

[2] 苏珊·艾萨克斯(Susan Isaacs)，《幼儿智力的发育》(*Intellectual Growth in Young Children*)，Routledge，1930 年。

[3] 格雷和莫辛斯基(Gray and Moschinsky)，《社会学评论》(*Sociological Review*)，第 27 期，第 113 页，1935 年。另见霍格本(Hogben)，《政治算术》(*Political Arithmetic*)。

[4]《普通科学教学》(*The Teaching of General Science*)，科学教师协会总委员会 1936 年 10 月的报告。默里，1937 年。

[5] 格拉斯(D. V. Glass)和格雷(J. L. Gray)对英国和威尔士大学的入学机会与财富关系进行了专门研究。(重新刊印在《政治算术》，第 419—470 页。)他们指出，大学男生中有 27% 是小学毕业生；接受过免费的中等教育也只占 22%。这表明收费中学毕业的男生进入大学的机会要大得多，超过 40 比 1。教育委员会基于不同的统计资料声称，大学入学新生中有 42% 的人来自小学(见《泰晤士报》，1938 年 7 月 5 日)，但这种数字上的差异并不重要，因为公立学校的特殊有利条件使得富人所占的真正优势要比这两个数字都大。

[6] 见克里斯托弗·伊舍伍德(Christopher Isherwood)在《狮子和阴影》(*Lions and Shadows*)一书中对考试的描述。

[7] 莫特拉姆教授本人是一名医学教师，他认为目前的教学体系中几乎没有什么可取之处：

首先，断言没有一个穷人，没有一个缺少富有亲戚支持的人，能够轻易地进入医疗行业，这么说并不过分。除非你有经济上的支持，否则你再聪明也不可能进入这个行业。一个人要想获得医学学位，必须经过五到六年的训练。即使拿到学位，他也不能立即开业行医。诚然，大学，尤其是老牌大学，都设有理科方面的奖学金。这些奖学金将帮助一个聪明的学生完成在校的多年学业。医学院也会向学习生物学、解剖学和生理

学等方面的优秀学生提供奖学金，使他能够完成多年的临床培训。但这些奖学金的名额太少了。在训练结束后他又将陷入困境。因为他要么买下一个诊所，要么寄人篱下慢慢熟悉业务——这是一个令人心碎的过程，如果他不在私下使点手段的话。一个初出道的医生在等待熟悉业务的过程中也可以兼职其他工作来养家糊口，例如写写有关医学的新闻报道，在公共卫生机构兼职等等。但这些都是不稳定的，除非你足够聪明而且极富进取心。另一方面，能力中等但富有的人则很容易找到行医的职业。如果他父亲就是个医生，那事情就更好办了。只要在学校里有人推一把通过考试，到时间就可以承其父亲衣钵行医。许多人之所以进入医学界，就是因为他的父亲是一位优秀的医生，而非他对医术有什么内在的热情。

其次，可以肯定地说，医学院学生培养方案中的基础教育部分效果 93
极差。虽然应当承认医学仍然是一门艺术而不是一门科学，但很明显，要理解和应用现代医学研究的发现成果，医务人员必须接受严格的科学方法训练。他必须树立起批判性的科学观。他在大学的这几年里在生物学、化学、物理学、生理学和解剖学等学科上所受到的训练应该能让他具有这样的鉴别能力。但我们可以自信地断言，当他进入病房后，十之八九会忘掉他所受到的科学训练。事实上，人们经常会劝他忘掉所学过的所有生理学知识。这个建议也许是明智的，因为这些知识究竟对他有多大用处很值得怀疑。虽然他想在两年半到三年的时间里学会生物学、化学、物理学、生理学和解剖学的系统知识，但实际上他只学了点这些学科的皮毛，离掌握这些学科的真谛还差得很远。他只是学到了这些学科的一些干巴巴的结论，而没有领会它们活的精神。一个人只有通过对一个主题的深入的、批判性的学习[1]，才能开始体悟到科学工作的精神实

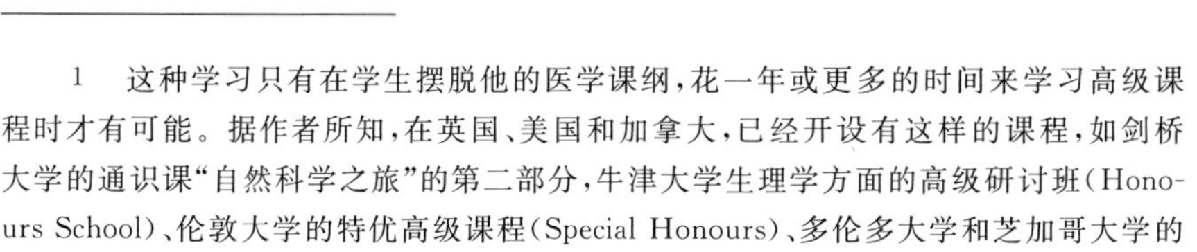

1　这种学习只有在学生摆脱他的医学课纲，花一年或更多的时间来学习高级课程时才有可能。据作者所知，在英国、美国和加拿大，已经开设有这样的课程，如剑桥大学的通识课“自然科学之旅”的第二部分，牛津大学生理学方面的高级研讨班(Honours School)、伦敦大学的特优高级课程(Special Honours)、多伦多大学和芝加哥大学的P. and B. 课程等，都是这样的课程。但有能力花得起必要的时间和金钱的学生非常少。

质。当学生学完基础课后，几乎没有人能够有能力阅读他所学的这门课程所涉领域的原始文献，并对其做出自己的判断。他也不适合独立开展任何原创性工作。

——《科学的挫折》，第 86—88 页

[8] 麻省理工学院开设的优秀的文化课证明了这一点。

[9] 关于维多利亚时代对科研工作者处境的描述，请参见索比（Sorby）在《研究的天赋》（*The Endowment of Research*，伦敦，1876 年版）一书中的文章。他的结论值得引用。他写道："只有当研究者有足够的工作时间，并且没有干扰思考的顾虑时，才能以令人满意的方式进行原创性研究。"

[10]《现实主义者》（*The Realist*）曾试图做到这一点；《科学工作者》（*The Scientific Worker*）既有一定的人气，对专业人员也有一定的吸引力；《现代季刊》（*The Modern Quarterly*）则批判性地处理这些方面。但这些都是相当严肃的出版物。我们需要的是一份出色的科普画报类周刊，尽管新出版的《发现》（*Discovery*）所做的一些工作可以弥补这一不足。

[11] 大众缺乏兴趣只是表观现象。这一点从各种形式的科学书刊和宣传品在苏联的媒体、俱乐部以及文化和休息的公园中的受欢迎程度可见一斑。见本书（边码）第 228 页。

第五章　科学研究的效率

一旦我们承认科学在社会中的作用，我们就可以问，这种作用 94
是得到了有效执行还是无效执行？所获得的结果是否为现有人力和物力资源下获得的最佳结果？然而，我们对科学效率低下程度的判断，在很大程度上取决于我们对科学功能的认识。但不管怎样，即使不对这一问题——这是本书的核心问题——作预先判断，我们仍然有可能在关于科学功能的不同假设下来讨论科学研究的效率。

科学的三个目标——心理目标、理性目标和社会目标

我们认为，科学作为一种职业有三个互不排斥的目标：让科学家得到快乐并满足他天生的好奇心；发现外部世界并对它进行综合和理解；将这种理解运用到解决造福人类的问题上。我们可以分别称之为科学的心理、理性和社会目标。科学的社会目标将是下一章的主题，本章我们关心的是另外两个目标。

显然，在任何严格意义上，我们都不可能就科学的心理目标来估计科学的效率。然而，由于心理满足在科学研究的进行过程中起着重要作用，因此在讨论科学的总的效率时，我们必须考虑心理满足的因素。

不可否认的是，所有选择科研作为职业的人对从事科学研究都感到非常满意。总的来说，人们之所以选择成为科学家，正是因为他们预见到了这种满足感。然而，这种预设并不是科学所特有的。在几乎每一项职业中，都存在运用训练有素的好奇心的机会，这种好奇心与科学研究所展示的好奇心没有本质上的不同。科学研究作为一种职业发展到目前这种规模，并不是对具有自然好奇心的人数自发增长的一种显示，而是表明科学能够为资助它的人带来价值的一种显示。心理上预先存在的自然好奇心就是被用于这一目的的。科学运用好奇心，它需要好奇心，但好奇心并不能创造科学。

95 奇怪的是，直到最近，科学家们才试图根据科学带来的心理满足来为科学辩护。最初，对科学的辩护都是基于它对上帝的赞美或是基于它能够造福于人类的考虑。尽管这些主张实际上含蓄地默认了心理上满足的正当性，但它们在表面上却将科学与神性或功利联系起来，因为在当时神性或功利被认为是人类社会的普遍目的。17 世纪的科学家们有明显的理由坚持科学的实用性，因为当时只有他们看出了这种可能性。他们需要外部的支持，而这种支持只有在向支持者挑明科学所能带来的物质利益后才能得到。他们必须坚持这一实用的观点，来反对像斯威夫特教长这样的贬低者。后者嘲笑当时的科学家们是在做徒劳无功的幻想。然而，我们没有理由认为，科学家们并不真的觉得他们的工作是有益于社会的，也不能认为他们没有意识到科学的成功可以用于任何其他途径。

一　纯科学的理想

早期的这种信念在19世纪开始动摇。当时已很明显，科学可以并且正在发挥其基本效用；它的地位被纯科学的理想主义——科学不考虑应用或回报——所取代。托马斯·亨利·赫胥黎在他富有说服力的文章中道出了维多利亚时代的科学家的感受：

> 事实上，物理科学的历史告诉我们（我们无论怎样细心地记住这一教训都不为过），对于生来就具有解释大自然的天赋的天才来说，通过运用物理知识来获得实用上的好处从来就没有，也永远不会有足够的吸引力让他们鼓起勇气去经受辛劳，并做出工作要求其承担者必须做出的牺牲。唤起他们激情的是对知识的热爱和由发现古代诗人所歌颂的事物的起因所带来的喜悦。这是一种将自然法则和秩序领域向着无限大和无限小这两个无法触及的目标做进一步扩展所带来的最高喜悦。在这两个极端之间，是我们渺小的生命竞赛。物理哲学家在这项工作的过程中，偶尔有意地，更经常的是无意地发现了一些被证明具有实用价值的东西。受惠者对此感到欢欣鼓舞。一时之间，科学成为所有工匠的守护神。但是，尽管欢呼声在回荡，尽管科研成果的余沫正在变成工人的工资和资本家的财富，但科研浪潮的波峰则依然在遥远的未知之海中向前推进。
>
> ——《方法和成果》(*Method and Results*)，第54页
>
> 因此我认为，尽管我们不曾假装蔑视自然知识的增进所

带来的实用成果,及其对物质文明的有益影响,但我们必须承认,正是我所指出的某些伟大思想,和我在我可支配的有限时
96 光里所努力追求的道德精神,构成了自然知识的真正和永恒的意义。

如果这些思想注定会——如我相信的那样——随着世界的发展而变得越来越牢固;如果这种精神注定会——如我相信的那样——扩展到人类思想的各个领域,并随知识范围的扩展而扩展;如果随着我们人类日趋成熟,人们发现——如我相信的那样——这个世界上只有一种知识,也只有一种获取它的方法,那么作为仍处在人类孩童时代的我们,就可以欣慰地感到,我们的最高职责就是认识到增进自然知识的重要意义,从而帮助我们自己和我们的后人迈向人类面临的崇高目标。

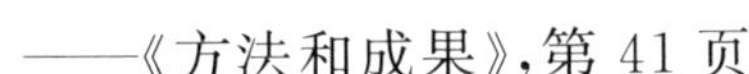
——《方法和成果》,第 41 页

从另一个意义上说,纯科学的理想是一种自以为优越的表现,是科学家效仿贵族和绅士做派的印记。一个从事应用研究的科学家必须看起来像个商人;他冒着失去业余科学爱好者地位的风险。从事纯科学研究的科学家则坚持为科学而科学,为此他不惜否认他的工作赖以维持的肮脏的物质基础。

科学作为一种逃避手段

随着战后普遍流行的幻灭感,甚至连纯科学的思想也开始失去光泽。心理学的发展似乎表明,对知识的追求不过是幼儿的好奇心在成年人生活中的一种延续。赫胥黎的孙子在描述科学家

时，让他的一位主人公说了下面这段话：

> 我现在意识到，知识分子的生活——即致力于博学、科学研究、哲学、美学和批评的生活——的真正魅力在于它的轻松愉快。它用简单的知识图式代替了现实的复杂性；用静止和形式上的死亡代替生命的令人困惑的运动。比如说，我们对艺术史有很多了解，对形而上学和社会学问题有深刻见解，这些要比亲自和直观地了解我们的朋友，要比与朋友、恋人、妻子和子女建立良好的关系容易得多。生活要比梵文、化学或经济学困难得多。知识分子的生活就是孩童的游戏，这就是为什么知识分子往往会变成孩子——然后变成白痴，最后，正如过去几个世纪的政治和工业历史所清楚地表明的那样，变成杀人狂魔和野兽。被压抑的功能不会消亡，但它们会恶变、溃烂，会回到原始状态。而同时，做一个有知识的孩子、疯子或野兽要比做一个合群的成年人容易得多。这就是为什么人们迫切希望接受高等教育的原因（当然还有其他原因）。人们奔向书籍和大学就像奔向酒吧。人们想摆脱他们对生活在这个荒诞的当代世界中所遇到的困难的认识，他们想忘记自己作为生活中的艺术家的那种可悲的低效性。有些人借酒浇愁，但更多的人则是沉溺于书籍和艺术爱好；有些人试图通过 97
> 放纵、跳舞、看电影、听音乐来忘记自己，而有些人则是通过演讲和投身科学爱好来摆脱生活的困顿。读书和演讲比喝酒和纵欲更能掩盖悲伤，而且事后不会留下头痛，也不会留下放纵后那种令人失望的感觉。我必须承认，在不久前的过去，我也是十分严肃地看待学问、哲学和科学——所有这些活动都被

> 夸张地归在“寻求真理”的名下。我认为寻求真理是人类的最高任务，而探索者则是最高尚的人。但在过去一年左右的时间里，我开始发现，这种著名的对真理的探索只是一种娱乐，一种像其他任何消遣方式一样的消遣，一种相当精致和优雅的真实生活的替代品。而那些寻求真理的人，其生活方式也变得和那些酒鬼、唯美主义者、商人和放荡儿一样的愚蠢、幼稚和腐败。我还意识到，追求真理不过是知识分子喜爱的消遣方式的一个优雅的名称。这种消遣就是用简单而虚假的抽象来代替现实生活的复杂性。但是寻求真理要比学习整个生活的艺术容易得多(当然，在生活艺术中，寻求真理会与其他娱乐活动(如滑雪和爬山)一样占据它应有的、相称的位置)。正是这个原因，使我仍然过分沉溺于信息阅读和抽象概括的恶习中，尽管这种解释未必是合理的。我是否有勇气打破这些懒散的知性主义习惯，将精力投入到更为严肃和困难的整个生活中去？即使我真的试图打破这些习惯，我会不会发现遗传才是其根本原因，难道我天生就不能过一种完美和谐的生活吗？
>
> ——摘自《针锋相对》(*Point Counter Point*)，
> 奥尔德斯·赫胥黎著，第 442—444 页

在这里，人们认识到，科学主要被少数人用于致富，但对多数人则是一种摧毁。因此，为科学进行辩护的最终理由是，它是一种非常有趣的消遣。这种态度虽然很少被承认，但实际上在科学家中非常普遍，尤其是那些处于更稳固和更舒适位置上的科学家。科学是最吸引人和最令人满意的消遣之一，因此它才以不同方式

吸引着不同类型的人。对一些人来说，这是一场与未知的游戏，人在这里只有赢，没有人会输；而对那些更在意人性因素的人来说，这是一场不同的研究者之间的游戏，看谁能最先从大自然手中夺得奖品。它具有字谜游戏或侦探故事所具有的使成千上万人沉迷的所有特质，唯一的区别是：科学问题是由大自然或偶然性提出来的，而不是由人提出来的，因此我们不能肯定能得到其答案。而且当人们找出问题的答案后，往往会发现比原来更多的问题。

如果我们从这个角度来考察科学的现状，那么我们必须承认，总的来说，科学的发展是相当令人满意的。科学家们唯一的抱怨是纯粹物质方面的。如果有足够的薪水和合理的任期保障，且没 98
有执行任何特定任务的义务，那么科学家会很满意。但根据前述，即使是这些条件对大多数科学家来说也是不可得的，不过仍然有不少科学家能够享受这个待遇。这些条件代表了一种完全可以实现的理想。如果在这里游戏性是唯一重要的东西，那么从其他的角度来看，这种游戏的主要缺陷是效率低下。而缺乏设备或信息，缺乏总体规划或方向，以及未能将科学活动与人类的其他活动协调起来等问题，就都显得不那么紧要了。实际的物质条件上的缺憾可以看成游戏中额外的障碍；克服这些障碍本身就是对科学家的教育。科学家的工作条件特别容易使他采取这种游戏的观点。但将科学视为一种纯粹的游戏的危险在于，把游戏视为一种毕生的工作通常并不会带来持久的或充分的满足感。人们需要感到他们所做的事情还具有社会意义。即使像墨菲（Morphy）这样的顶级玩家也不能从他的成功中得到满足，因为他不能容忍仅仅被视

为一个象棋棋手。*

科学与玩世不恭

尽管如此，足够狭窄的专业化和尽可能充分利用现有条件的倾向仍使得许多科学家过着一种相对快乐的生活。有些眼光更开阔的人甚至可能会有意采取这种态度。一位教授就曾说过："每当我向外看这个世界时，我都会看到如此不堪的痛苦和混乱，我宁愿埋头于自己的工作，忘记那些我无能为力的事情。"还有些人则对科学研究采取一种玩世不恭的心态，就是认为科学本身是完全无用的[1]。一些试图证明精确知识是不可能获得的，决定论甚至简单因果关系都将失效的理论就反映出这样一种态度。

最后，这一观点将科学贬低为只是多少起着一种装饰性的作用，归根到底，对文明社会的发展都是无用的。但有一点是清楚的：无论科学家们自己怎样想，没有一个经济体系愿意向科学家付钱只是为了让他取乐。像人类的其他活动一样，科学要想发展，就必须为之付出代价，尽管这种付出并不总是采取物质的形式。我们还应将科学带来的声望及其道德和政治影响考虑在内。

* 这里指保罗·查尔斯·墨菲(Paul Charles Morphy, 1837—1884)。他被认为是当时最伟大的国际象棋大师，并被推崇为非官方的国际象棋世界冠军。他从小就有下棋天赋。1857 年，他大学毕业，获得法学学士学位，但不到能够律师执业的法定年龄，于是便在叔父的劝导下接受邀请，参加了在纽约举行的第一届全美国际象棋大会，并赢了几乎所有当时的一流强手，被誉为美国国际象棋冠军。1858 年，墨菲前往欧洲计划与欧洲冠军霍华德·斯汤顿比赛，但未能如愿。不过在此期间他打败了其他一众高手。1859 年，年满 22 岁的墨菲到了可以从事法律事务的年龄，便退出了所有比赛，专事律师事务。尽管在律师界业绩平平，但他却再也没有重返象棋赛场。参见 https://www.chessgames.com/player/paul_morphy。——译者

二　科学在技术上的低效率

只有最狭窄的专业化或最彻底的玩世不恭的态度，才有可能使科学家以近乎满意的方式接受科研工作的现状。从我们的第二 99
项标准——科学知识作为一个整体极为迅猛的发展——来看，我们就无法忽视科研系统的低效率。事实上，大多数科学家的工作都被浪费了，要么是因为无法及时得到仪器或助手，要么是因为它没有与其他工作充分协调，最后还有，就是有大量的研究成果被埋没在浩如烟海的科学文献中。

糟糕的组织

如果更仔细地研究科学作为一种发现方法的低效性，我们会发现它有两个主要缺陷：首先是经费极不充足，这个我们前面已经谈到过；其次是组织上的低效性，这一点使得原本很不充分的资源也在很大程度上被浪费掉了。在科学家看来，后半句话似乎有点大逆不道。即使情况真是这样，也不应该公开说出来，因为科学界现在所得到的那么一点经费，还是由于人们相信它是有效的。一旦人们怀疑科学家浪费了给他们的钱，那么他们可能就连这么一点钱也得不到了。然而，从长远来看，这种掩盖科学界内部低效性的态度注定是灾难性的。不管这些事情被多么小心地掩盖下来，人们总还是会有疑心，并让可能的捐助者和广大公众产生一种含糊不清的不信任态度。这比公开对科学提出指控所带来的损害要大得多。同样，如果一套详尽的道德规范迫使医生在任何情况下都互相支持，从不承认存在统计上不可避免的差错，不承认在这个职业中存在不可避免的恶棍和傻子，那么这只会加深公众对正规医学的不信任，使得江湖郎中和江湖骗子得利。[2]而且更重要的是要考虑到，没有一个真正有效的内部工作组织，科学家将永远也无法让他们的职业得到他们认为应有的认可，或得到科学事业迫切需要的更多的资金。

造成目前这种科研现状的原因是不难找到的。科学活动的发展是自发的，而协调这些活动的组织并不是事先计划好的，而是随着科学本身的发展而发展起来的。这些组织的发展总是滞后于它所组织的活动的发展。这是人类组织机构发展的通病，只是在科学方面，这种通病因特殊因素而加剧。科学家们的个人兴趣极为多样化，同时这些兴趣与政府部门的兴趣也相差甚远。科学家们都本能地不愿意抽出时间放下自己的工作去解决组织协调性质的

100 问题。因此，这些工作大部分都留给了一小部分薪水很低的行政人员和由不再在一线从事科研的老科学家组成的委员会去处理。

科学研究的低效性与其说表现在程度上，不如说表现在广度上。越是接近单个科学家和他的工作，效率就越高；调查的范围越大，效率就越低。科学的实际发展是如此之快，以至于现在它正被自己的过去和现在的生产力搞得一团糟。这在很大程度上表现在不同类型工作之间的关系上，而不是工作本身。

实验室工作对人才的浪费

然而，即使是在具体工作上，也存在相当大的浪费。这种浪费在很大程度上是由于错误的节省造成的。由于糟糕的设备和缺乏

足够数量的实验室助理和机械师，使得科学家不得不将大量的时间花在机械性和常规性的任务上。他们做起这些事情来不一定非常高效，而且不管怎么说都会延误他们的正常工作。在这里，人们可以合理地提出异议，表示这未必就不是一件好事。科学家在进行重要的观察和操作这些高集中度的科学工作时精神处于过度紧张状态，适当从事一些其他工作有助于放慢工作节奏，对身心健康更有好处。当然，这些日常工作的选择应该由科学家自己决定。没有必要阻止他去执行机械性任务。但在正常情况下，不应要求他去执行这些任务。

这种情况之所以很难改善，主要是因为在投入产出方面科学工作与以盈利为目的社会要求不完全一致。一个年收入 400 英镑的科学家可能不得不浪费四分之三的时间在日常事务上，因为他无法每年花 150 英镑来雇佣一个助手。尽管这种安排效率极低，但对于有关的大学或政府机构来说，这一差额只是每年支出 400 英镑还是支出 550 英镑的问题，由于在资产负债表上无法反映科学家所做工作的价值，因此它们通常都是选前一个数字。传统上，科学工作者与其助手之间的比例早已有之，但平均而言，这个比例太低了。人们没有考虑到现代科学日益增强的机械化程度和由此带来的对科研助手的需求的日益增加。对人才浪费的批评同样也适用于机械师。他们在实验室里从未发挥过最有用的作用。这可以说是最明显的绝对浪费金钱的例子。一个实验室的机械师能够制作出实验室所需的大多数简单和特殊的仪器，而且其制作成本
几乎总是要比从科学仪器制造商那里购买的成本低得多，通常仅 101
为后者价格的一半或四分之一。事实上，真正值得从制造商那里

购买的科学设备是那些工程上或其他用途上需要而大规模生产的设备，例如所有的无线电设备（见本书[边码]第 111 页）。

虚假的节省

在经济上需要取得科学成果的地方，如在更为开明的工业实验室，通常不缺少训练有素的科研助理。但这些实验室很少产生具有基础科学价值的工作成果。这一事实往往被认为是由于聘用的助理过多，而不是由于那些在扼杀工业科研方面特别有效的个人和组织上的因素（见本书[边码]第 138 页及以下部分）。这一论调往往会伴随着对用封蜡和细绳从事实验工作的赞扬。毫无疑问，与配备众多的操作人员和助手相比，让科学家与实验材料有一定的直接接触，让其亲自克服物理方面的困难，能够更快地检验出哪些科学家工作效率高，哪些效率低。过去许多最伟大的科学实验发现都是用极其简陋的仪器做出的，这也是事实。但是，从这些事实中，我们不应得出这样的结论：早期科学家在物质上的困难正是他们伟大的原因，或者说，创造出一些困难将自动重现昔日的辉煌。随着科学的进步，它所观察到的现象的精细程度在不断增加，这就使得采用越来越精密的仪器变得更加重要。此外，随着科学的进步，普通科学工作者的学识素养必然下降，因为从事科学的人所占的人口比例比过去大多了。尽管科学的威望吸引了在以前有可能从事其他职业的有能力的人，但科学的发展速度远远超过了吸收这类人才加入带来的弥补速度。因此，期望普通的科学工作者以旧时代罕见的科学家所能做到的方式从不充分的材料中得出科研成果，是不公平的。科学上的清教主义最终将自取灭亡。

科学工作者的薪酬

我们已经讨论过一些关于科学工作者经济状况的问题，但这里有必要再次提及，因为它是导致个人工作效率降低的一个因素。很难估计科学工作者的平均工资是否足够。首先，我们不知道他们的工资有多少[3]，但总的印象是，尽管大学毕业生最初几年的工资严重不足，但年长者每年的工资通常在 300 至 600 英镑之间，与他们的最低要求相当。具有同等能力的科学工作者如果在企业的 102
其他部门工作，其工资确实有可能会增加 50%或更多，但对于这种损失，人们认为从事科研的工作者可以从其工作的愉快方面得到补偿。人们常常认为，由于财富是现代社会唯一重要的标准，因此只有当科学家的薪水是现在的两到三倍时，我们才认为科学得到了应有的尊重。但这种认识混淆了因果关系。工资是由供需规律决定的。而当今社会并不重视科学，因此没有理由给科学家更高的薪水。此外，科学家们到目前为止还没有表明他们需要更高的薪水。他们甚至没有做出任何重大举动，如利用工会来采取联合行动，或是像医学界和律师界那样形成一种封闭的公会体系，来争取这一要求的实现。不过科学工作者协会、英国化学家协会，以及各种科学机构已经都朝着这个方向迈出了步伐（见本书[边码]第 400 页）。总的来说，提高科学家的薪酬是否会对科学有益还有些疑问，因为它肯定会吸引大量的自私自利的人进入这个行业，而目前的状况对他们的吸引力很小。我们已经充分认识到经济竞争对科学造成的损害，因此不希望增大这一因素。

无论对科学家的平均收入作什么样的辩护，我们都很难证明

不同类别工种之间的收入分配的合理性。科学界上下阶层之间的收入差距太大了，尽管与一般的收入不平等相比，这种差距显得微不足道。教授的年收入很少有超过 2,000 英镑的，而提供给优秀毕业生的研究职位也很少有低于每年 100 英镑的。[4] 聘用科学家的机构以这样的比率为自己开脱说，由于他们总是能找到这些职位的申请人，所以他们真的是在为那些原本找不到工作做的人做善事。科学和工业研究部在下发研究补助金时，并不将研究生的研究工作视为有报酬的工作，而是视为对适应未来工作的一种培训，因此，只有在申请人能够证明他无法从父母处获得资助，也无法从地方当局或其他地方得到资助时，他才能够得到平均 130 英镑的少量资助。

工资差距确实存在，特别是讲师的年薪为 400 至 500 英镑，而教授的年薪为 1,000 英镑，两者之间存在巨大鸿沟。这种差距是引起科学界内部争权夺利、猎取肥缺的一个强大的诱因。更公平的工资分配制度将对科学界在其内部实行民主有很大的帮助。这
103 种民主体制将比目前的寡头组织更有能力处理其任务。

另一个更为明显的障碍是科研岗位的任期不稳定，特别是工业界的职位和所有初级职位的任期不稳定。我们在第 82 页(边码)已经提到了这一制度的弊端，但由于现行体制坚持要取得立竿见影的巨大成果，这必然导致科学界内部的低效率。有前途的科学家往往不敢从事一项只要坚持不懈，就将对未来的科学进步做出显著贡献的工作，因为他不能确定在一年或两年结束后，如果他拿不出什么成果，他是不是还能不必离开自己的岗位。使科研工作者，尤其是年轻的有前途的员工，不能专心致志，无法获得有条

理的思考所必需的平静心态的，是一般性的财务焦虑，只不过这种焦虑表现得更微妙而已。

三　科学研究所

在现代条件下，大部分科学工作是在实验室或研究所进行的，这个实验室或研究所里有 4 到 40 名科学工作者，并且有许多或多或少相关的课题。到目前为止，我们只考虑了个体员工的效率。实验室的组织对于科学的进步可能更为重要。目前，科学的组织正处于发展中的过渡阶段，即正从个体研究的总和阶段过渡到通过有目的的团队合作来推进科学进步的阶段。通过这种合作，个体科学家的贡献被吸收到总的研究成果中。今天的实验室很像一个由许多独立的工人组成原始的工厂，每个人都有自己的工具，并利用工厂提供的公共服务，如电力或材料，来进行工作。

我们可以看到各种不同类型的实验室组织形式。在一些实验室，研究者基本上处于完全相互隔离的状态。每个科研工作者都把自己的房间锁上，许多人即使工作多年，但仍不知道其他人在研究什么。在另一些实验室，则已经有了明确的分工。例如，一名员工专门负责所有的光谱工作，另一名员工负责微观分析等等。但总体而言，这些工作仅限于少数专家，大部分研究人员的工作仍然是相对独立的。

目前，内部协调的程度几乎完全取决于实验室主任的性格。一个极端是以独裁方式掌控的实验室。在那里，主任把所有的研
究人员都当作私人助理来看待，并向他们分配一系列要执行的任 104

务。另一个极端是无政府状态下的实验室，其中每个员工都完全独立，自己选定要做的课题，向主任报告只是一种形式。第一个极端的内在危险是，它遏制了研究人员的创新性的发挥，没有赋予他们任何责任感。在这样的实验室里，资深者为了自己的利益，对青年人的工作成果进行了最大程度的剥削。许多人的科学声誉几乎完全是通过机巧的合作而赢取的。经常发生这样的事情：如果室主任年事已高而且相当专断，那么这个实验室所研究的课题很可能还是30年前被认为重要的那些问题。因此我们发现，在任何一个学科中，除了常规描述和实验外，能对科学思想的进步有所贡献的实验室只占所有实验室中很小的一部分。

在另一个极端，无政府状态下的实验室面临的则是另一种不利条件。在没有任何指导的情况下，除了那些最能干的人之外，所有人都不得不面临找米下锅的问题。他们不得不过多地依赖于自己的资源。而鉴于科研工作普遍都很难对付，因此个人的本事很可能无济于事。这样的实验室容易产生科学隐士，他们相互嫉妒，互不通气地秘密捣鼓着自己的研究课题。

在这两种极端情况之间则是一种合作氛围较好的制度安排。在这种体制下，室主任和研究人员之间经常进行正式或非正式的磋商，讨论工作的总体进展，并就指派某个人去解决一些共性问题等事情作出安排。很明显，这种体制最接近于避免内耗的组织类型。但目前倡导合作研究的实验室还属个例，远没有形成大趋势。它的存在取决于有一位既具有远见卓识又愿意下放权力的领导。在科学界，这样的人仍然太少。除了极少数这种类型的实验室外，大部分实验室都没有长远的多年期全面工作计划或方案。由于无法了解实验室正在做什么或者将要做什么，因此除了浮光掠影的一般性了解外，不可能将其与其他地方的类似实验室或者同一地方的不同实验室所做的工作进行协调。因此，对许多可以通过协作攻关来解决的一般性科学问题，只能由分散的个体来尝试解决，而且所得的成果总是不完整的，必须从大量分散的资源中困难地拼凑起来。

大学实验室 105

上面所谈的情形是针对所有实验室的工作而言。但不同类型的实验室还有着各自的具体问题。大学实验室的主要缺陷是规模小、设备不足，但也有一些突出的例外。所谓用封蜡和细绳来从事科学研究的说法正是从大学实验室流传开的。研究手段的缺乏处处妨碍着工作：没钱雇佣新的助手，要等好几年才能得到一笔资助用来购买一件设备等等。最终，其结果是如此令人沮丧，以至于研究的进展变得举步维艰。可以毫不夸张地说，我国近一半的大学实验室都处于这种状态。这一趋势又因研究力量分散在众多实验室进行而加剧。这种资源上的分配是非常不经济的。由于不存在共同服务，因此各实验室不得不毫无必要地重复购置仪器，而且缺乏联系和相互启发，只是因为有科学学会才对这种状况给予了部分弥补。

大学科研的另一个特有的缺陷是教学对研究的干扰。这是一个内在的困难问题，还没有什么简单的解决办法。几乎可以肯定的是，每一位大学教师都会通过从事研究而获得好处，起码也是让他在自己和学生的眼中有了真正的科学工作者的地位。另一方面的好处是，每一个科研工作者通过一定程度的教学可以学会如何展示自己的成果，学会如何看待科学的更广泛的方面。问题是如何确定教学人员和科研人员之间的适当比例，和如何选择这两类人员，以及每一类人员投入教学和科研的时间分配。从目前情况看，高校教学岗位的数量远远超过了科研岗位的数量，因此几乎必然的结果是：那些兴趣主要在科研上的人和那些只要有可能就愿意转向科研岗的人不得不栖身于教学岗位。大学教师几乎总是倾向于要么忽视他们的教学工作，要么忽视其研究工作。他们中的许多人根本不适合教学；另一些人则感到，教学工作妨碍了他们对科研的持续思考和关注，而这种思考和关注是科学研究所必需的。高级人员中的这种情况更为严重，因为他们除了教学和科研外，还有行政管理工作要做。这种时间上的压力必然会导致人们尽可能选择日常性质的工作去做。讲课年年重复同样的内容，要比开一门新的经过殚精竭虑的准备的课程对从事科研的干扰小得多，因此革新教学大纲或改变实验室的组织几乎是不可想象的。

106 捐赠的影响

大学的研究特别容易遇到的另一个困难是由捐赠带来的。这些捐赠并非总是一件单纯的好事。除非是在一所规模非常大的大学里人们能够恰当地将这些捐赠分配得相当合理，否则它们很容易以一种十分不合理的方式使研究过程失衡。有些系营养过盛，有些系则处于饥饿状态。由于英国的富人相对吝啬，因此我们不妨从美国的情形来观察捐赠所带来的全部弊病。但捐款附带条件绝不仅限于美国。即使在我国，人们也能够明显感受到赞助人的影响。除了那些老牌大学，它们无论是在维系已有的捐赠基金方面，还是在能授予捐助者的荣誉方面，都有足够的优势，一般大学的受助政策通常不是受那些过去给予资助的人的影响，而是受那些未来可能给予资助的人的影响。大学的科研发展不仅取决于其教授和系领导的科研能力，而且还取决于其教授和系领导从地方大亨那里获取资金的能力。如果科研人员的活动可能给系里带来经济损失的话，那么即使是思想开明的领导也不愿雇用这些研究人员。[5]这些考虑在经济学研究和社会学研究方面尤其突出。对于其他学科来说，研究人员的选择和培养通常都要考虑到足以防止发生这方面的任何不愉快。而这本身就是对这种教育体系的严肃批评。

政府实验室

政府控制下的科研工作所面临的特殊困难主要是由官僚主义的行事方法造成的。针对公务员和军队的管理方法基本上不适合管理研究工作。科学研究始终是对未知事物的探索，它的价值不是用所花费的时间来衡量的，而是用新思想的产生及其检验来衡量的。有规律的上下班时间、打卡记录、每年两周的假期，并不利于创新性思维。[6]科学家的工作时间极不规律。有时可能连续几个星期都是一天工作 16 小时甚至 24 小时连轴转；而另一些时候，可能所有泡在实验室的时间都是白费工夫，这时最好是去参加聚会或是爬山。在政府实验室中，不仅工作条件不适于搞科研，而且工作本身也往往是常规性的。政府实验室当然必须做很多日常工作，但在完成这些工作的过程中，他们往往没有对人员做出任何区分，因此既削弱了有前途的科研人员的积极性，又阻碍了其他人员从事服务工作。

107 政府雇用的科学家在两方面都吃亏。他既没有学术上的特权，又没有提职晋升的可能性，在许多情况下甚至无法享有公务员所享有的任期保障。较高的职位是为拥有行政级别的人员保留的，因此许多政府机构的科研工作者都是由那些最多只有一点点科学知识的人直接管理的。将来情况可能会更糟：高级公务员的任职资格考试已经取消了有关科学常识的内容。同时，有很大一部分科学工作者不属于长聘的固定员工，而是担任临时职务[7]，或是作为从事特定调研的学生或员工临时受聘。在这种情况下，任期的不稳定性，加上其他因素，大大妨碍了科研人员在规定期限之外开展工作。

在这种情况下，难怪许多优秀的科学工作者都不愿意到政府机构去工作，他们宁愿拿着低于政府提供的薪水也愿意在大学里谋得一个教职。

四　工业领域的研究

保密

有两个因素严重影响到工业科研工作的有效性。一个是科研过程普遍的保密氛围，另一个是研究工作者个人缺乏自由。由于任何研究都是秘密的，因此它自然会限制所有从事这项研究的人与其他国家或大学的同行科学家，甚至经常是同一家公司的其他部门的同行科学家进行有效的接触。保密的程度自然各有不同。一些大企业所从事的研究具有普适性和基础性，对他们来说不保密具有明确的好处。然而，许多依赖于此类研究的生产方法都是在完全保密的条件下摸索出来的，直到取得专利方可公开。更多的工艺流程则从来不申请专利，而是作为秘密工艺保存。化学工业尤其如此。在化学工业中，偶然发现的重要性要比在以物理和机械加工为主的工业中的作用更大。有时保密的程度达到了连该项研究的一丁点性质都不能透露的程度。例如，许多企业基本上不到图书馆去借阅有关技术或科学原理方面的书籍，因为他们不愿意在图书馆留下自己的名字，唯恐其他公司的人从中嗅出他们可能在进行的研究。作为另一个例子，我们可以引用科学工作者协会编写的《工业研究实验室》中的案例。这本书编入了各工业实 108
验室的详细情况、大概开支、所雇用的研究人员等信息。在编写的准备过程中，他们向 450 家从事研究的企业发出了信息收集许可函。但只有 80 家给予了答复，其中只有 35 家提供了详细的开支情况，有 12 家甚至拒绝提供所雇用的合格的科研人员的数字。有家企业回复说：“我们实验室员工的姓名是从不公开的。”（见附录三（C））

只有当保密与那些进行秘密研究的人有个人利害关系时，这种保密方法才是真正有效的，不管它有多不道德。但这种体制却害了企业自己。有关企业对运用工业科研成果的普遍压制使得科研人员感到沮丧。无论是出于愚蠢还是出于稳固的垄断地位的考虑，如果这家企业不认为采用改进的工艺方法是值得的，那么研究人员就不值得费心去设计这些方法，或者事实上，就不值得比为他自己的切身利益更积极地去为企业操心了。科学家很少是一名董事，甚至很少是企业的重要股东。保密对他的利益而言通常仅限于保住他的工作，并确保能够适当地升职或因特定的工作得到少量或象征性的奖金。事实上，因为害怕形成一个将来必须达到的标准，表现出自己在某方面很有能力是有点危险的。经过最初的一段卖力付出后，如果研究工作者认为自己的工作没有多少社会效益或科学价值，也没有从中获得任何物质上的利益，那么他就不会费大力气去推进他的研究工作，而是更可能采取一种有效的虚张声势的做法，让企业买单。

缺乏自由

工业领域的科学家遇到的最大障碍之一是缺乏学术自由。大多数员工都是通过订立合同而受雇的。这些合同几乎完全是为了保护企业的利益，未来的雇员通常因为过于无知或过于害怕而不得不签署。于是，一个人在一定时期内的智力产出就这样被企业给买断了。他所有的发明和想法，即使是在工作时间外研发出来的，都属于企业。所有的专利都必须以每项 10 先令的价格交付给企业，即使这些专利可能为企业赚取成千上万英镑。有些合同甚至阻止员工在离职后的两年内到竞争对手的企业（也就是行业中的任何其他企业）去工作。实际上，这意味着他要受到受雇企业的长期约束，而企业则不受他的约束。最近出现的情况更加恶劣。按合同规定，研究人员的受雇年限到 30 岁或 40 岁时即告终止。你年轻、聪明、廉价时用你，到时解雇后你的就业前景将变得十分
109 暗淡。无需强调即可知道，这绝不是一种让科研人员大展身手的

办法。企业高管在科学上的无知会从两方面带来消极影响。它既阻碍了科学家得到适当的赏识或奖励,也阻碍了企业发现其科研人员磨洋工的程度到底有多严重。参观工业实验室的大学科学家常常对企业所雇用的科学家的无知程度感到震惊,这在此种环境中不足为奇,而更令他们震惊的是这种无知状况居然能瞒过企业领导层。

政府管理下的实验室所固有的所有缺点在工业实验室也同样存在。大企业在科研资金上的优势被其相应的官僚主义的膨胀所抵消。科研人员在支配工作时间和假期方面的自由同样受到很大限制,实际上常常给工作带来损害。例如,对一个工业领域的科学家来说,如果每年能去大学的实验室工作三四个月是非常有利的,但这是很难做到的,有时甚至连参加学术会议、去听学术报告的机会都会受到限制。一家非常大的企业甚至规定,大学里专门为工业科学家安排的讲座应该放在工作以外的时间进行,从而大大缩短了讲演后讨论时间,而事实上,这种讨论可能比讲座本身更有价值。还有一种自然倾向,就是日常性质的工作量过大,同时又希望工作能尽快收效。

低标准

科学家的管理能力通常都是其短板,而在指导和控制将其成果转化为应用方面,他们的能力更差。这往往导致他对成果转化这项工作缺乏兴趣。这些状况造成的结果是,行业中那些更具创造力和进取心的研究人员倾向于回到大学去搞研究,即使工资大幅降低他们也愿意这样做。那些较看重经济利益的人担任次要的管理职务，其余的则安于现状，做些日常工作，对工作缺乏热情和创新欲望。最终结果自然是，工业领域的科学实验室的工作效率非常低，特别是考虑到它们在仪器设备方面投入了相对可观的费用。因此，科学研究对企业的潜在价值被严重低估了。

鉴于工业领域科研的这种工作条件，人们在选择科研性质的职业时，将工业领域的科研工作排在最后一位，甚至比中学的理科教师的地位还低，就不足为怪了。尽管有许多杰出的科研人员出
110 于某种原因进入了工业界并留了下来，但他们属于例外情形。一般来说，工业领域的科学家不代表科研工作者等级序列中的较高等级。招聘工业领域科研人员的方法也使这种趋势进一步恶化。在大多数情况下，即使是在最大的企业里，科研人员的招聘不是由科学家决定，而是由负责招聘所有员工的人事部门官员决定。因此，外表长相、社会处事能力、公立学校学历、文体活动特长等，即使不比学术资格更重要，起码也是同等重要的考虑因素。[8]对于忽视最后一项，它的理由是，大学教学在很大程度上具有这样一种性质，即它很少是或根本不是培养学生去从事工业领域的科研任务的。因此，招聘办法和各种条件合起来就使得从事工业科研的人员必然大多是和蔼可亲的、彬彬有礼的人。他们可能很勤劳，但肯定不是很能干或有进取心的人。(见本书[边码]第 388 页)工业领域科研的现状不太可能轻易改变，因为它们是由根深蒂固的原因造成的。主要问题在于工业生产本身的性质。正如在下一章中将要展示的那样，营利性生产必然会扭曲科学的应用，从而扭曲研究的方向。它们之间的竞争和垄断直接导致了科研成果的保密和对基础研究的扼杀。工业研究特别缺乏想象力的一个更直接的原因

是，它是由纯商业气质的人控制的，这些人通常完全不了解科学，只是把它的成果当作商品来对待，把那些做出成果的科研人员当作雇佣工人来对待。我们有理由相信，这方面的情况比50年前要糟糕得多。尤其是大企业的控制权已经从他们的创始人（他们对科学有一定的了解）转移到了继承人（他们几乎不了解或根本不了解科学），而且由于垄断，科学家们实际上已经不可能自己建立任何规模的新企业。

对9家电气和化学工业企业的董事进行的一项调查分析可以看出这一趋势的一些迹象。这9家企业都是由具有科研能力的人创立的，他们控制下的工业领域科学研究超过国内总数的四分之三。114名董事中只有13人具有理工科学历，他们分散在5家公司任职，其中有5人是在同一家公司任职。在所有这些董事中，只有一人是科学界公认的有能力的人。在这种情况下，科研工作者对高级管理层的愤世嫉俗的态度是可以理解的。这不仅是因为董事们不了解科学，而且还是他们所属或希望所属的阶级的传统使然，他们总体上对科学精神是一种敌视态度。[9]

五　科学仪器 111

科研效率低下的一个重要原因是科学仪器的成本和特性。科研工作者使用的器材，除了小部分可以由实验室所属的车间制造出来外，大部分都有赖于科学仪器工业的发展。科学仪器制造业是一种依赖于科学而存在的工业，尽管它也是从两个古老的工业——玻璃制造业和制陶业——发展而来。早期的科学仪器制造者要么是专业的钟表或眼镜制造商，要么是天生热爱科学的聪明人，他们迫于生计或为了进行自己的研究不得不自己制造仪器。这些人对科学的发展做出了很大贡献。老多隆德*独立发现了消色差透镜的原理。整个现代天文学、显微镜和摄影术都是建立在消色差透镜的基础上的。瓦特原本是格拉斯哥的一位科学仪器制造商，正是他对格拉斯哥大学的蒸汽机模型所做的改进，使他有可能制造出现代蒸汽机。夫琅禾费（Fraunhofer）和阿贝（Abbe）也都是从事光学玻璃业的。

然而，在本世纪初之前，除了光学仪器外，科学仪器工业的规模一直都相对较小，而且采用的是手工制造的方法，通常仅与使用其产品的少数科学家有着密切联系。但是随着科学在工业中的普及，工业对科学仪器的需求有了极大的增加，原本只是科研用的设备（如各种形式的电气测量仪器、安培计等）现在成了工业必需品。无线技术的普及进一步推动了科学仪器制造业的发展，它意味着那些曾经被认为是最精密和最复杂的科学仪器现在有了巨大的消费市场。其结果是我们现在有了一个规模较大的科学仪器制造行业，其年营业额达到600万英镑，这还不包括电气公司生产的大量科学仪器和非专业陶瓷厂家生产的化学容器制品。由此可以看出，该行业的收入必然是从事科研本身的收入的三倍以上。因此，该行业已不再主要依赖于科学研究而存在了。

---

* 原文 the first Dollond 是指多隆德父子中的父亲 J. Dollond。他于1758年独立发明了消色差透镜（此前 C. M. 霍尔曾于1729年首先设计并制作出这种透镜，但他未公布这一发明）并将它用于望远镜。1761年，儿子 P. 多隆德又将这种消色差透镜成功运用于显微镜。——译者

大量生产

这在某些方面对科学研究是有益的。对某些科学仪器越来越大的需求已导致对它们进行大批量生产,从而降低了成本。由此实验室也在技术上实现了真正的转变。[10]另一方面,仅在科学仪器行业中过于流行的某些政策则对实验室工作非常不利。科学仪器制造现在严格按照商业法则来运营,因而容易染上一般商业活 112
动的毛病。就企业为工业的其他部门制造仪器这一点而言,标准是高的,尽管价格通常也同样是高的,但在为公众消费或非技术类用户消费而生产的过程中,大量仪表则成为不必要的装饰,而且价格更高。最明显的例子是医疗行业用的器械。当然,这里存在着双重勒索。制造商知道医生不可能判断出物品的实际价值,故以四倍于成本或更高的价格对其进行定价,同时他精心地打磨器具的外观,以便给医生的病人留下深刻印象,来表明收取相应的虚高费用是合理的。例如,拍摄一张 X 光片的实际成本,包括日常开支和折旧,很少会超过 3 先令,但一个病人一次拍片的费用能低于 2 几尼*,就是万幸了。

高昂的价格

当直接向科学实验室销售更专业的仪器时,则出现了其他困难。因为与公共市场相比,这个市场是很小的市场,企业不愿意为此付出精力。其结果是,这些专用品的价格虽然不比为容易受骗

---

* guineas,英国旧货币,1 几尼约为 21 先令。——译者

上当的公众所生产的物品的价格高，但仍足以抑制销售，使得市场规模无法扩大，由此形成恶性循环。实际上，实验室用的大多数仪器都可以在大规模生产的基础上生产，而且价格会降低到目前价格的十分之一，甚至利润并不减少。苏联的新科学工业（见本书[边码]第 227 页）已经做到了这一点，我国的无线电产业也实现了这一点。旧的局面之所以能够继续存在下去，很大程度上是因为改变这种局面不能给人带来直接利益。科学仪器必须是买来的已经成为传统，没有一所大学有足够的远见来投资建立自己的仪器厂，虽然这样做既能满足自身各个系的需要，又能赚取不少钱。几乎所有的仪器都是由各个系用资助款购买的，而且通常是以零售价购买的。其结果是，大学和研究机构正以这种方式向零售商支付巨额补贴。如果每一所大学和研究机构都通过一个采购机构以批发价购货，就很容易避免这种情况。对此也许会有这样或那样的反对意见，因为这可能会让许多人的佣金不翼而飞了。然而从长远来看，这种做法对大学和制造商都有好处，因为它能促使购买力进一步提高。目前的状态是对科学的无序发展和科学界轻视物质利益态度的一种惩罚。

113　仪器生产企业与大学之间通常有着相当密切的联系。但在英国，公司向用户赠送仪器的做法无论如何都是罕见的。因此实验室方面很少鼓励制造商去改进其产品。其结果是，特别是对于物理-化学和生物学仪器而言，实际的设计往往要落后于需求好些年。

六　研究合作的缺乏

个别研究实验室的效率低下和组织不完善还谈不上是科学研究最严重的缺陷。更严重的问题是不同科学机构之间，以及不同地方的科研人员之间，普遍缺乏协调。事实上，科学的总体组织状况及其各部分之间的交流仍然处于原始水平，远远不能满足过去50年来所发生的科研活动的大规模扩张的客观要求。科学研究在很大程度上仍然将各科学学会作为其唯一的组织形式。虽然学会对于17世纪科学最初的发展至关重要，但对于解决当今科学进步的问题是远远不够的。学会的基本缺陷在于，它被认为是一个由业余爱好者自愿组成的协会，每个人都有完全的行动上和与会的自由。他们是为了相互启迪，安排某些共同的便利（如出版期刊来代替私人间的通信）而聚到一起的。这些学会一度曾代表了一种伟大的，实际上可称得上是革命性的进步，这可以从它们所激起的巨大热情和强烈的反对态度来判断。[11]但现在，这种由有钱有闲的绅士自愿组织起学会来处理问题的想法已不能满足现代科学的组织要求。当今世界上，几乎没有哪个国家的科学工作者不是大学、政府或工业界的带薪人员。他们表面上的自由在很大程度上是由于他们对自己工作的最后结果无能为力，或是由于当权者对他们的工作成果一无所知。正如我们所看到的，现有的科学学会并不能为组织起科研活动提供足够的基础，更不可能为主动确立研究方向提供足够的基础；它们几乎已成为纯粹的出版机构和颁授各种荣誉的机构了。

非正规方法

现有的科学组织几乎都是非正式的。任何领域的科研人员之间通常都彼此认识，如果他们关系友好，那么就会在彼此之间进行工作上的安排，照顾到每个人所打算从事的工作，以及相互之间的
114 工作关系。这种模式无疑有其优点。它避免了死板的规则和官僚主义的繁文缛节，但同时也容易产生非常严重的弊端。它不能阻止人们为了个人利益而争权夺利。当然，在科学界，以权谋私的冲动要比在商界或政界少，但总是会存在一些这样的动机，因为尽管科研岗位没有丰厚的薪水，但科学家几乎都像孩童般看重其职位的头衔和声望。各种激烈的竞争，有时是个人之间的竞争，有时是不同学科分支之间的优劣之争，都是通过私下各种阴谋诡计来解决的。由于可获得的科研资金从来都只能满足一小部分人的需求，因此大家会就现有的经费不断进行幕后的争夺。所有这些交易一般都是秘密进行的，因而竞争更为激烈。特别是与富有的捐助者进行的洽谈，在作为既成事实披露之前，都会得到最严格的保密。任何能够获知内情的人都可以从中分得一份“赃款”。人们为了从政府部门或潜在的捐助者那里获得些许经费，不惜牺牲其他科学家的利益，可谓费尽心力。如果这些精力能够被有序地组织起来，将足以形成一股力量，迫使有关方面拨出足够的经费来满足所有人的需求。由于缺乏这种体制，其结果是，除了成功合作的例子，我们发现其他工作中也存在重复浪费的现象。这些现象完全是由于缺乏协调造成的。

不同学科之间缺乏协调

更重要的是,科学界缺乏强烈和自觉的驱动力。由于最近不同学科之间的关系发展得愈发密切,因此这种状况变得愈发严重。现在的这种非正规合作方法,虽然在一个学科的内部取得了一定的成功,但在处理各学科之间的关系上则几乎是完全失败的。不同学会会员之间照面的机会要比同一学会会员之间的机会少得多,而且即使见面,由于专业分离已经发展到如此程度,以至于他们的共同话题只能是科学范围以外的事情。大学也许可以为这种状况提供一些补救办法,但实际上,系与系之间的相互猜忌往往要比其共同利益更强烈,一位物理学教授对地球另一端的物理实验室的了解程度可能远远超过他对隔壁化学实验室正在做的工作的了解程度。由此造成的结果是,人们对不同学科间相互关系的认识变得严重滞后。例如,25 年来,化学家们一直未能认识到,物理学和结晶学的进步使化学学科已不仅是需要对其理论结构做出修正,而是需要对整个学科的基本结构进行彻底的重构(见本书[边码]第 253 页)。数学家们也没有认识到,生物学发展的最新成果 115
已经为数学的发展提供了极为丰富的新天地。

学科间相互隔绝带来的一个后果是,正是在科学发展最需要推进的地方,即各门公认学科之间的中间地带,科学发展受到了阻碍。每个学科都有自己的非正规但有效的筹款和物色人才的办法。但在各学科之外和它们之间,这些条件只能慢慢地建立起来。而没有这些条件,即使有了新发现,也不可能乘胜追击。人们通常认识不到这种物质资源的缺乏在多大程度上阻碍了科学进步。仪器和助手不构成科学，但没有它们，科学就会像饥饿的小动物一样发育不良（见本书[边码]第 100 页）。真正的悲剧是，在未被公认的领域中从事研究的才思敏捷的人总是得不到足够的物质支持。直到经过多年努力，他们取得了足够的成果，引起足够的关注，这种状况才有所改变，而此时他们已经过了创造力的高峰期。的确，一个有足够的创造力和决心的人即使是在最匮乏的物质条件下也能做出好的工作。如法拉第和巴斯德这样的伟大的科学家已经给出了充分证明。但即便如此，科学进步往往也会被滞后数年，而且每有一个这种成功的人物，就会有几十个有前途的年轻人丧失信心，退出这个活跃的研究领域另谋他途。

各学科之间缺乏联系还严重地延缓了每门学科内部的技术发展。如果我们明智而有序地采用物理学发展带来的新技术，那么化学分析和合成的过程就可能会大大缩短。而按照目前的常规发展过程，这种技术改进可能需要 10 到 50 年的时间，而到那时，这些技术可能早已被物理学的新技术淘汰了。这意味着，如今在化学上花费的大部分时间和金钱都纯属浪费——工作人员花了数周时间来做实际上只需几天时间就可完成的工作。

老人统治

任何对科学组织现状的批评，都会遭到这样的反驳：科学组织的有效性是由那些在科研管理层中占有重要地位、拥有无可辩驳的科学成就的专家们来保证的。在所有职业中，老人掌控的得失都是一个有争议的话题。一方面，老人的经验和相对无私的优势，确保了传统的延续，避免了草率的冒进和过多的自我宣传；另一方面，老人不喜欢变化，不能抓住机会，缺乏与当前世界的联系。然而在科学领域，科学研究就其存在的合理性而言，完全取决于对新事物的发现和形成新的联合，因此其主动性要比经验更重要，这样老年人因循守旧的缺点就显得比在其他领域更突出。特别是在过 116
去的 50 年里，基本概念的进步是如此之快，以至于大多数的年长科学家都无法理解他们所在学科的新概念，更不用说推进这些概念了。但是，几乎所有科学组织的维持以及至关重要的资金管理，都掌握在老人手里。[12]确实，在许多情况下，他们具有提拔有能力的年轻人的洞察力，但优惠和资助制度总是容易被滥用[13]，而且在任何情况下都与科学的本质不相容。对于发展迅猛的学科领域里的年轻人的能力的鉴别，其同事的判断肯定要比由老人组成的委员会的判断准确得多。还有一种反对意见则认为，在现有条件下，科学上卓越成就的取得往往是以牺牲广阔的视野和一般的文化修养为代价的。因此，官方科学机构在更广泛的科学的社会责任问题上缺乏理解和主动性，在一定程度上可归因于此。

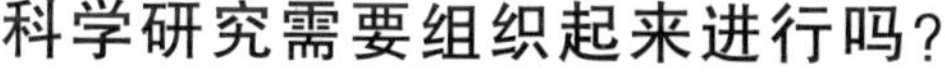

科学研究需要组织起来进行吗?

还有一种截然相反的反对科研工作组织化的反对意见是建立在这样一种认识基础上的：老年科学家掌控局面非常危险。科研工作现有的无政府状态为逃避这种令人讨厌的控制提供了许多借口。在目前状况下，如果有人反对某个委员会的政策，就会有人组成另一个委员会来主持开展同样的工作。因此人们认为，科研工作的组织化也许可以杜绝这些可能性。但是将独裁专断的管理原则移交给新组织同样是危险的，而且可能会比以往更显著地阻碍科学中的非正统学科的发展。因此这种言论与其说是反对科研的组织化，倒不如说是反对现存的对组织化原则的滥用。任何新的科研组织，如果既要生机勃勃又要富有成效，就必须实行民主原则，以确保各级科学工作者都能够充分参与到负责管理的工作中来。

科学需要进一步组织化的观点无疑会受到许多科学家的激烈反对。主张维持现状的人们通过呼吁科学家的传统自由来证明他们的态度是正确的。每个人都有权自己来判断需要发现什么，什么是最好的发现方法，而且他还应该能够掌握发现的手段，有时间去进行这些研究。但在目前的状态下，这些条件已不复存在。即使存在这些条件，与其他人进行合作，并且认识到参与合作的好处，这对合作各方的工作都是有帮助的。后面的章节将展示如何才能做到这一点。

117

七　科学出版工作

随着科学的发展，它所依据的事实以及由此建立起法则和理论的方法，越来越不依赖于科学工作者对大自然的直接观察，而是越来越依赖于其他工作者以前的观察结果和他们的解释方法。科学仪器仿佛就是先前确立的理论的物质体现。因此，至关重要的是，科学家在其工作的每个阶段都应能够以方便快捷的方式获得所有相关科学知识的最新成果。这便是随着科学自身的发展而发展起来的科学出版体系的功能。但目前，这个出版系统还是一个巨大而混乱的体系。目前世界上有不少于 33,000 种不同的科学期刊。有可能还更多，因为这个数字是在《世界科学期刊目录》(*World List of Scientific Periodicals*)的最新一版(1934 年版)中给出的。除此之外，还有很多书籍、小册子和论文。每一种期刊都能满足，或试图满足，某个国家的某一特定领域对科学信息的需求。有些期刊，如各国科学院主办的学术期刊，涵盖所有学科，并在世界范围内发行；另一些期刊则是某个高度专业化研究所的刊物，要想在其来源国之外获得这些刊物，会有很大困难。

科学出版物的生产规模早已变得如此庞大，以至于人们意识到，一个科学工作者只能阅读整个科学大厦中很窄的某一学科的一小部分论文。但是，他如何才能确保他读的那些论文是他工作中最有价值的，或者说，他如何才能确定他并没有重复别人已经完成了的工作呢？为此，近年来出现了一种庞大的摘要系统，在其中，每篇科学论文的内容被浓缩成几行文字的摘要。尽管试图做到合理化，但摘录工作仍然存在大量的重复和遗漏现象，而且摘要本身也已经达到难以检索的规模。因此，《美国化学文摘》每年出版三卷，每卷有 2,000 页，另外还出一个索引，有 1,000 页。这种情况正在迅速恶化；生物学文摘的条目数量已经从 1927 年的 14,506 条增加到 1934 年的 21,531 条。

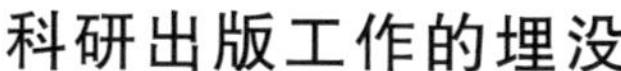

科研出版工作的埋没

结果是，一般的科学工作者不愿意把大把的时间花在阅读上，因此无法跟上自己的研究领域的进步。实际上几乎也没有人能了解整个科学的进步，即使是在最一般的意义上这也几乎不可能。与此同时，大量优秀的科学工作可能永远都无人过问，因为在它刚 118

发表时没有得到重视，随后每个人都忙于跟踪最新的文章，以至于根本没有时间去筛查过去的文献。在某种程度上，这些困难是科学产生巨大发展的必然结果，但在更大的程度上看，这是由于科学家在交流其成果的问题上缺乏周详的考虑所致。大部分的科学出版物本身就是令人迷惑的。它们的文献价值非常不同，其中很大一部分，可能多达四分之三，根本就不值得发表。它们的发表只是出于经济考虑，与科学的真正利益无关。每一位科学工作者的地位都过分依赖于其发表论文的数量而不是其质量。发表的论文往往是不成熟的，为的只是抢夺优先权，这本身就是科学界内部不必要的生存斗争的一种反映。

科学期刊的数量实在是太多了。每一种期刊在开办时都有一定的理由。其建立是为了从有别于正统观点的角度来表达一些新的科研成果。但随着时间的推移，这些区别消失了，但刊物却留存了下来。科学事业中很大一部分被牺牲在了狭隘的爱国主义或个人荣誉上。正因为如此，这些期刊的发行量都很小。而且，由于许多期刊从未被任何图书馆所收录，因此除了最重要的大学和学术团体之外，它们中的大部分也达不到自己的目的。

出版费用

大量出版物的维持本身就是科学研究的一大障碍。除了某些政府补贴外，科学出版物的费用都是由科学家自己来承担。只有很少的期刊是盈利的，其中大部分是技术性的。大多数期刊得到了学会的支持，因此学会的经费主要都消耗在出版事业上了，以至于很少能够用在研究上。期刊、书籍的订阅费用和学术团体的会费通常不列入实验室的开支，这些开支大约要占到科学家工资的5％到10％之间，因此科学家的实际可支配收入要比他的名义工资少。除此之外，出于大家都知道的原因，在目前条件下，一篇文章不可能让所有对此感兴趣的人看到，因此每个科学家都会将其发表的文章复制200份分送给他选定的人，这当然会给他带来一笔额外的开支，而且往往相当可观。这种复印件的赠送本身可看
作一个充满希望的迹象，正如下一章所建议的那样，它可能会指明 119
一种更妥善的交流方式，但目前这种交流不仅效率低下而且成本高昂，因为任何一篇论文都不存在供求关系。特别是，被认为重要的文章的复印件通常在一年后就无法再获得了。

从以上所论可以清楚地看出，目前的科学出版体系既浪费时间又浪费金钱，而且也是科学家自身的一种挥之不去的烦恼。诚然，我们正在不断努力改进它。一套报告不同科学领域进展情况的系统正在逐渐普及。摘要期刊的数量已有所减少，摘要的分类水平也有所提高，但这些改进仍然赶不上新期刊的兴起和未读论文的积累速度。我们需要的是对整个科学传播体系进行更为彻底的改造。在下一章中我们将谈到这方面的一些建议。

个人交流和旅行

科学工作者之间充分交流的障碍并不仅仅表现在科学出版工作的混乱上。在科学工作中，很多东西即使能够出现在出版物里，也无法方便地做到。在所有实验科学中，获得测量结果的技术几乎和测量结果本身一样重要。与此相似但更微妙的是除了一般的科学方法外，某些学科的心理感悟也会对科学进步起至关重要的

作用。尽管我们可以设计出最好的出版体系，但这些身心体悟通常最好是通过直接的经验来取得，这一点至今仍然是正确的。事实上，在过去的大部分时间里，这些体验都是采用这种直接经验的方式来传授的。一种新的技术，甚至一门新的学科，主要都是由外国学生访问这些技术或学科的发源地，并建立起分支学派来传播的，最后通过这些学派的影响进一步传递到个人。但是，尽管存在这种传播方式，但还远远不够。为出国旅行和在外国实验室工作提供的便利条件确实存在，但非常不充分。除了少数能够获得访问邀请或学术交流奖学金的幸运儿之外，费用对于所有人都是一个严重的障碍。对于那些仅有三四年的研究经验，但还没有取得学术地位，让他们能有在国外旅行或生活的足够资金的人来说，获取这种机会既是最需要的也是最困难的。因此，学术传播的速度比实际需要的传播速度要慢得多，而且很少能在这种学问被取代之前传遍整个科学界。在参观各实验室的过程中，我们通常会注意到，实验室里既有运用多年的出人意料的改进技术，也有一直在使用的过时技术。用过时的方法来工作往往会导致多年的努力形
120 同浪费，但除非科学工作者之间能够有效地组织起更快更直接的交流方式，否则这种浪费是不可避免的。

八　低效组织的后果

很难估计我们前面所说的组织效率低下对科学进步所造成的损害程度。但毫无疑问，它是目前阻碍科学进步的主要因素之一。如果用数字来表示，平均效率不可能超过50%，很可能只有10%。

这意味着，就目前的情况而言，50% 到 90% 的资金和致力于科学的努力都被浪费了。这并不是说，如果消除了这些低效的因素，科学的发展速度就将提高到原来的二到十倍，因为在目前这种资金和人才均受限的条件下，科学发展速度的任何巨大增长都会引起与这些限制因素之间的矛盾。上个世纪科学的迅速发展在一定程度上正是造成目前困难的原因。科学家仍然过于专注于手头的工作，以至于没有注意到他所工作的这个组织正在慢慢变得越来越复杂，而且，除非以某种形式出现的困难严重妨碍了他的工作，否则他在大多数情况下是注意不到这些变化的。

科学的巨大成功足以让公众，甚至科学家本身，看不到为取得这些成功所付出的艰辛。科学家努力工作，科学不断向前推进，相关的应用和发明接踵而来，所有这一切都是可看到的。而看不到的是，科学进步的速度原本可以远远超过目前的发展速度，而且可以在不浪费时间和智力的情况下维持下去。从外部来判断科学成就时，有三件事值得牢记。首先，科学以其给追求者所带来的内在满足感和明显的客观公正性，仍然吸引着每一代人中很大一部分聪明人。其次，从事科学并不复杂，要远比人们想象的容易。一旦掌握了它的语言，就能顺其自然地取得进步，除非是遇到某些关键性的难点。对于大部分科学工作来说，只需要具备最起码的动手能力、勤奋和诚实就够了。科研所具有的丰富的做出各种发现的可能性足以弥补阻碍实际工作的低效性。很大程度上可以说，科研就是阿拉丁的“洞穴”。一切齐备，就等你来往外掏了。最后，人们很自然会将当今科学活动的效率与人类其他活动的效率进行比较。在这种比较下，科学并不是那么糟糕，因为它在总体方向上， 121

基本上没有经济生活和政治生活中那些大的毛病：投机、蓄意设限、欺诈和腐败等等，所有这些都是旧的既得利益所造成的严重后果的症状。另一方面，科学的低效性只不过是它所处的经济体系的低效性的一种夸大的反映。在这种经济体系下，科学才发展到目前的这种状态。然而，在商业和工业领域，管理效率直接受到经济因素的激励。经营企业的有效方法，即使是在机器或人力资源方面投入较高，也必须投入，因为这样可以在其他方面节省更多的开支。但科学，尽管是工业文明最终利润的来源，但其本身却不带来利润。从商业的角度来看，科学是不值得投入的。因此，让训练有素的科学家将生命浪费在琐碎或不必要的工作上并不意味着损失，反倒是花费大量金钱来防止这种浪费被视为一种不必要的开支。科学的进步或其对人类的贡献不是商界所要关心的。鉴于科学事业如此缺乏社会或经济上的重视，令人惊讶的也许不是科学研究的低效，而是它居然还能如此有效、如此辉煌地推进。

科学处于危机中

那么，人们可能会问，既然在这样一个糟糕的世界里，科学的境遇和大多数其他事业一样，为什么我们还希望科学被另眼相看呢？这是因为，科学是人类社会的一种独特的产物，它要求（正当地要求）人们给予特殊关照。不仅是人类战胜贫穷和疾病需要依赖于科学的不断进步，而且要掌握促进人类社会发生重大变革的一切手段，也需要依赖于科学的不断进步。科学的发展毕竟还是一个脆弱的过程。我们不知道它能承受多大的限制和低下效率。在历史上，我们不止一次看到科学繁荣而后衰亡。这种事情可能会再次发生。这是科学事业和现代文明社会都承受不起的风险。

注释：

[1] 斯诺(C. P. Snow)在小说《探索》(*The Search*)中,在描述主人公最终决定离开科学事业之际,很好地表达了那些想从科学研究中获得满足的人们所面临的冲突和困难：

为什么以前我一直致力于科学？为什么我的这种献身精神消失了？我记得几年前与亨特和奥黛丽的争论。从直觉上看,他们似乎都比我聪明,尽管当时所有的逻辑都在我这边。我向奥黛丽陈述了许多为什么人们要从事科学的理由。现在我还是会说很多同样的话,只是现在我承认这里有很多偶然性。许多人成为科学家是因为当时从事科学碰巧很方便,他们搞科学与做其他事情没两样。但真正促使人们从事科学的动力仍然是存在的。这种动力似乎可分为三种,即人要为自己寻找的三种理由。一个人要想与更深刻的推动力保持一致就必须相信这些理由。这第一是,一个人从事科学是因为他相信科学可以实际、有效地造福世界。许多科学家都把这一点作为他们自觉意识到的主要理由。但对我来说,

则从来不是这样。在我30岁的时候,我觉得这理由似乎比10年前这么 122
认为更愚蠢。因为如果我真想直接造福世界,我就必须尽我所能去阻止西方文明在(比如说)20年内崩溃。这项任务比应用科学更紧迫。应用科学并没有使这项任务变得容易。而是随着科学的不断发展,它所在的这个世界将崩溃于其脚下。我自己在这两方面都是微不足道的。但是假如我的这种能力突然被无限扩大,然后让我从二者中进行选择：一个是与癌症的治疗有关,另一个是让自由、清醒和富有成果的思想在英国和法国再维持30年,那么我将毫不犹豫地选择后者。

人们从事科学是因为它代表真理。这种想法或者类似的想法是我过去从事科学的原因。每当我需要给出一个自觉意识到的理由,我就会想起这一点。但当我看到一艘悬挂着红帆的船在一个小岛和海岸之间航行时,我就想到这个理由还不够充分。科学在它自己的领域内是真实的,在它自己的限定范围内是完美的。一个人选择了他自己的数字——就像为自己设定了一组字谜——最后通过证明这些数字如何与同类其

他数字相契合来解开这个字谜。我们现在对这个过程已经有足够的了解,已经可以看清它能给我们带来的结果的质量。我们也知道,这个过程永远无法触及经验的那些方面。不管从事科学的时间有多长,由于它在开始之前就设定了自己的限定范围,而且这些限定必须保持不变。这就好比一个人对从这个城镇到下一个城镇之间的所有乡村地区都非常感兴趣,他去科学那里寻求答案。结果科学给出的答案是两城之间的一条路。在我看来,把这条路当作真理,把这种"真理"当作一种独特的理想,在某种程度上是幼稚的。

但如果认为科学在其限定范围内也不具有真理性,那同样是没理解这些话的含义。我知道康斯坦丁会同意这两种说法。但我们所不同的是如何看待这一特定的、有限的科学真理的价值。我认为,既然它的本质已经确立,现在我们又知道我们的思想如何界定了它的范围,那么它的价值只在于应用。一个科学事实并不能让我们了解所有事实的本质,在我们发现这个科学事实之前我们就知道它的意义。重要的是它给了我们一个控制外部世界的新单元。然而,在我与康斯坦丁争论的那些日子里,康斯坦丁却赋予科学事实一种超出应用价值的价值——一种几乎带有神秘感的价值,与其说它是真理,不如说它是"知识"。就好像如果我们知道的足够多,我们就会得到启示。我这样说可能对他有失公允。但至少他所说的(他说过很多话)从来没有使我重新接受科学真理具有内在价值的观点。

人们从事科学是因为他喜欢科学。自然,任何一个全心全意地相信科学的应用价值或科学真理的人都会从科学中获得快乐。例如,康斯坦丁从研究中获得的快乐要比大多数人从他们所选择的乐趣中获得的快乐简单得多。尽管他是我所知道的最忠实的科学家,但也有许多人是因为信仰科学而得到快乐。不过我认为,即使人们不笃信科学的用途,或对其真理的价值也没有什么想法,他同样可以从科学中得到快乐。许多人喜欢解谜题。科学难题就是一种很好的猜谜游戏,而且有不菲的奖励。因此,即使人们不考察也不关心科学的功能,抑或是将科学的功能视为当然,仍会有许多人像从事法律那样从事科学研究。他们以此为生,遵守它的规则,并充分享受解决科学问题的乐趣。这是一种完全正当的乐趣，你可以在其中找到一些最有能力的科学家。他们无疑会享有他们的狂喜时刻，就像我年轻时发现一个科学真理时所感到的兴奋一样。这些喜悦并不依赖于对科学价值的信仰，就像从宗教中得到的喜悦不依赖于对上帝的信仰一样。有信仰也许会使人更容易得到快乐，但我认为不信教者同样也能得到快乐。不只是信徒能获得信仰的快乐，可能许多人都能够怀有宗教的喜悦，只不过他们用不同的名称来称呼它而已。

我想也许这最后一个理由，即简单而不加批判的享受科学，是最普通的。但人们往往会在其上加上一点冠冕堂皇的修辞。几乎任何一个因为喜欢而从事科学的人，如果你问他为什么从事科学，他都会沾沾自喜地告诉你，他是在揭开大自然的秘密。我不得不承认，这是一个足够好的理由。但我并不想认可这一点，因为对我来说，在我能享受这种乐趣之前，我总得对结果抱有信心。人类的事情错综复杂，我可能正因为其复杂才对它感兴趣。但对科学问题却不是这样，除非这些问题让我感到其意义比它们本身更重要。

“这里面什么都没有，”我想。

“奇怪的不是我现在对它不感兴趣了，而是我居然说服自己相信它这么久。”

“我永远也不会再有这种奉献精神了，”我想。（第 346—349 页）

[2] 见克罗宁的小说《城堡》。 123

[3] 科学工作者协会一直在努力通过问卷调查的方式来了解这一点。到目前为止的结果表明，20—24 岁年龄组的年平均工资为 245 英镑，50—59 岁年龄组的年平均工资基本上可增加到 800 英镑，而且在各年龄段，工业企业的工资都要明显高于做学术工作的工资。

[4]《1929—1935 年的大学奖助学金报告》显示，在 1935 年度，有 669 名教授（占所有教授总数的 79%）的年薪在 800 英镑到 1,400 英镑之间；273 名高级讲师（占 73%）的年薪在 550 英镑到 850 英镑之间；1,068 名普通讲师（占 77%）的年薪在 375 英镑到 600 英镑之间；702 名助理讲师和实验员（占 82%）的年收入介于 225 英镑至 400 英镑之间。这表明工资等级的重叠程度很小。

[5] 在一所省立大学里，一位富有的大学董事会董事因为一位教员一直在积极为救济西班牙募捐，决定将该大学从他的遗嘱中划掉。

[6] 克劳瑟（J. G. Crowther）在他所著的有趣的小册子《科学与生活》（*Science and Life*）中也谈到了这一点：

最著名的政府实验室是国家物理实验室……它是欧洲设备最好的实验室之一，其工作范围非常全面。虽然该实验室做出了许多出色的工作，但很难相信实验室在科学能力和设备的资源利用上达到了最大化。

研究人员按固定的工作时间工作，英国公务员的传统也被灌输到他们身上。他们被教育得认为，服从先例，按这一传统的其他特征做事，要比发现更重要。这种情况是由于人们相信，政府的老部门所关心的问题本质上要比科学研究更重要。财政部职员的工作习惯被认为就是这些科学发现者应遵从的正确模式。

为什么科学家们要模仿完全不同领域内工作的其他人的工作习惯？

这是由于政治和金融享有优越的声望。至今人们仍然普遍认为，当代世界的政治原则与科学并没有必然的联系。人们认为，政治必然包括对人和政党的操纵，而科学只是实现这些目标的重要工具。这一观点自然是源于当前英国社会制度的哲学原则。

在下议院的六百名议员中，没有一人是从事科研工作的职业科学家。只有少数人是理科毕业。这种情况比上议院更加保守，上议院还有两三位杰出的科学研究工作者。这反映了这样一种观念：科学在现代社会中并不重要。这让许多有科学才能的人觉得科学不如政治重要。于是他们就想着如何从科研转向享有更高声望的政治工作。（第79—80页）

[7] 临时职位通常是一种委婉的说法。下面是最近出现在科学工作者协会面前的一个案例：

1918年，X先生被聘为一名“临时”助理科研人员。10年后，X先生仍然被当作“临时”科研人员。大概也就是在这时，雇佣机构制定了一项新的规定，表明该规则适用于X先生。在1930—1932年经济萧条时期，有人在不同的场合劝告X先生另谋他职，但他的主管也不时地鼓励他说，他有晋升的潜质。最后，在1934年，X先生被解雇了。而解雇他的这项规定是在他第一次被任命为“临时”助理的大约10年后才出台的。根据该规定，“临时”助理员的任期应在其达到其(那一级)最高工资的一年后终止。显然，X先生的专业能力没有问题，问题仅在规定的执行。这条规定只是在X先生第一次受聘于某一级很久之后才制定出来。而且即使在他“临时”工作了16年后，他也没有得到提升。

——《科学工作者》，第9卷，第166页，1937年

[8] 在应聘某个研究岗位的面试结束时，一位候选人有点诧异地被问道：“你会投球吗？”面试官看到他吃惊的样子后说：“是这样，你看，其实我们不需要另一个化学研究人员，而是需要一个快速投球手。”

[9] 克劳瑟在《科学与生活》中这样评论英国人对科学的态度：

大约1850年，德国人开始把受过大学训练的化学家送到英国的化
工厂工作，以学习实用的工艺。这些人回到德国后，借助他们高超的化 124
学知识改进了工艺，并创办了化学公司。因此从一开始，德国的化学工业就是由具备理论素养的化学家开办和领导的。半个世纪后，德国化工便在世界化学工业中占据了重要地位。

然而，英国的化学巨头们可以继续靠过去的垄断和积累的利润生活。他们不介意失去工业发展的主动权，他们更关心的是在英国的有闲阶级上获得一席之地。

已故的弗里茨·哈伯(Fritz Haber)是世界上研究科学与工业关系方面的最大的权威。当他被问到为什么英国工业在战争前没有找到一种令人满意的方式来处理好这些关系时，他把部分原因归于英国上层阶级的社会观。他说，成功的英国商人和科研工作者在俱乐部见面时，并不交谈业务。因此，商界人士和科学家之间很少以一种平等的地位相互结识，也从不了解彼此问题的本质以及如何合作。相反，在德国，人们见面时期望商人谈论商业，期望科学家谈论科学。这便带来了相互了解和尊重。

哈伯评论的英国社会习惯反映出成为英国有闲阶层一员的理想是多么令人向往。英国商人或科学家通常希望首先被对方称为一个悠闲的绅士，然后才是作为一个伟大的组织者或发现者。他利用成功所提供的资本来养成有闲阶级的习惯。

尽管战后英国工业对科学的利用有了很大的改善，但这种阶级态度仍然蓬勃发展，并以微妙的方式对英国科学的发展产生了深远的影响。（第76—77页）

[10] 然而，批量生产方式并不总是有利的，尤其是当这种生产方式导致生产变得缺乏灵活性的时候。例如，X射线管的设计在过去10年里之所以一直保持不变，就是因为尽管人们可以制造出更好的X射线管，但这意味着制造厂家需要进行巨大的变革。

[11] 因此，格兰维尔（Glanvill）在他写给英国皇家学会的颂词《更上一层楼》（*Plus Ultra*）中写道：

这是一个宏大的设计，由光荣的作者牢固确立，并予以明智地表达和热忱地推荐。他以高尚的情怀开始工作，以无与伦比的机智和判断力加以指导。但要将这个计划继续下去，就必须添加许多人手。这些人形成一个集体，可以相互交流他们的工作和观察结果，可以愉快地一起工作，并愉快地考虑问题。这样，就可以将那些分散在大自然广阔的原野中瞬现而清晰的现象聚集起来，纳入一个共同的宝库。这正是伟人（弗朗西斯·培根）所希望建立的一种由实验者组成的带有罗曼蒂克情调的社会。但他只能做到这些。他的时代还没有成熟到实现这一切。

因此，后来的大师们也考虑到了这些事情，他们中的一些人结合在一起，开始着手设计这一宏伟的设计。

作为对这一点的反驳，一位匿名作者提出：

《更上一层楼》

应简化为

《到此为止》

或

对格兰维尔先生所著的《更上一层楼》的某些批评的节选。

我们从这位匿名作者的文章中摘出以下引文，其观点堪与现代反科学人士的观点媲美：

在那部著名的作品中，我读到了这么多的文盲般的段落，以至于对其加以驳斥已经成为关乎我们国家的声誉的事情。我读到的一些段落其破坏性是如此之强，以至于如果我们还顾及当前王室的利益，还顾及新教，还关心每个人（不单单是商人）的收入能够确保白纸黑字地兑现的话，我们就不能保持沉默。我把我的批判分为几个部分，其中一部分代表了这些滑稽可笑的智慧，它们真的很荒谬；其余部分则要使它们受到全国人民的唾弃。我认为，在那些日子里，很少有人有耐心阅读这些冗长的论文。而且我想象得到，如果人们对这种性质的各种论述感到兴奋的话，那么这场争论将更加深刻地印在人们的脑海中…… 125

还有另一篇论文，其中展示了实验派哲学家团体的最初设想，一如坎帕内拉(Campanella)所预言的那样，并且包含了他为了将英格兰和荷兰改造成罗马天主教治下的国家所做的类似构思（这也是这两国的历史学家所主张的愿景）。文章中还给出了几位大师发表的各种实验的样本。这些材料要么是虚构的，要么是剽窃来的，但却都被吹嘘为他们自己的发明。文章还例举了这种团体继续存在下去会给所有商人带来的危险。为了进一步表明这一点，我将在这里添加一项建议案。这份议案原本是要在上次会议上提交并修订成法案的提案。它是由P. N. 爵士交给下议院的一位可敬的议员，然后由他转交给我的。这位议员在交与我时补充道：

“从中你可以看到他们打算走向何处，即他们不是要一度垄断这个或那个具体行业，而是要一次性垄断所有可能被发明出来的东西。这项提案建议，向议会提交或将要提交的这类与机械、贸易或制造业有关的所谓新发明，可由议会转交给那些铁面无私的明智的人去处理，这些人应能够向议会如实说明所提交的这些新发明的新颖性、实在性和用途等性质，以及它们是否真能起到它所说的作用。

以增进自然知识为目的的伦敦皇家学会已经组建一个机构，这个由21位成员组成的学会下设委员会，根据他们经宣誓确定的章程，忠实地处理学会所托的一切事务，并向议会报告。”

对这些人有所了解的人都知道学会的用意。任何了解我们议会章程的人都明白，为了让议会了解新发明的真实性、有用性或其他新颖性质，学会不必在自己身边之外去寻找各种有识之士；或者说，万一议会在某个时候缺乏这样的情报，该委员会就必须做出比学会的历史学家能做出的更好的报告，否则在这种情况下，求助于学会将是徒劳的。基于同样的理由，如果他们一旦得逞，就是说，那些散漫的团体或无利害关系的明智之士一旦宣称发现了商贸上的缺陷，并向大学和其他地方所有负责人事的部门推荐那些聪明、博学的人，那么事情就会变得糟糕。但我说得有点远了。我只想补充一点，我确实把这个项目的考虑和意图告诉了伦敦的商会，他们比我更了解这个项目的发展趋势和后果。

[12] 例如，在英国科学界最重要的机构之一科学和工业研究部咨询委员会里，委员的平均年龄是 64 岁，没有一位低于 55 岁。

[13] 在科学史上有许多这样的例子。例如，英国皇家学会的理事会在其大部分历史上，对面善的平庸之辈就要比对天才人物更有好感；他们对待普里斯特利和焦耳的态度就是一个很好的例子。正如戴维对法拉第的嫉妒所表明的那样，再伟大的科学家也难免有人类的弱点。如果按他们对待年轻人的态度来评判他们的话，那么可能只有巴斯德或卢瑟福这样最伟大的人物才会不受批评。

第六章　科学的应用

要对科学的应用以及决定这种应用的性质和程度的因素进行 126
叙述都注定是特别困难的。事实上，科学的应用被认为是理所当然的，以至于人们从未认真研究过这种应用的方式。大多数科学家和外行都满足于官方的神话般的描述：进行纯科学研究的科学家所做的工作中的那些可以直接为人类所用的成果，会立即由富有进取心的发明家和商人接过来加以开发利用，并以最廉价和最方便的方式付诸应用。但任何一个对科学和工业的过去或现状有过认真了解的人都会明白，这个神话没一点真实性可言。当然真相究竟如何也确实很难发现。

科学与技术之间的互动

科学的发展与物化的技术发展之间一直存在着密切的互动关系。二者谁都离不开对方。没有科学的进步，技术就会固化为传统工艺；没有技术的刺激，科学就会回到纯粹的学究时代。然而，这并不意味着这种联系是自觉的或是有效率的。事实上，在将科学应用到实际生活方面，总是存在着极大的困难。即使在当今时代，在它的价值开始被人们认识之后，这种应用仍然是以极不规律和无效的方式进行着。斯坦普(Stamp)勋爵是这样来刻画二者的互动过程的——尽管这一描述绝非是对当前状况的严厉批评：

> 所有这些发现，这些足月出生并被遗弃在社会的门槛旁的科学婴儿，都被接纳并受到各种各样的照顾，但这样做既不是根据已知的原则，也不是依据任何祖先留下来的导引。经济学家通常既不承认有任何义务要研究这方面情况，也不认为有责任指出检验其社会价值的一系列方法，更不用说指明导向新发明的最佳方法和规则。这些发明一般都是在利润和消费者需求的驱动下，在自由竞争中“产生”的。它们的出现丝毫不顾及新需求比之旧的需求有多大价值，不考虑由此带来的生产和就业的变化及其社会后果。经济学家都是在这些事情发生之后才对它们进行周密的研究，但他并不是武断地认为，考虑到它们所带来的社会动荡或其可能涉及的非经济价值的退化，这些发明根本就不该以这种方式发生。
>
> ——《社会调整的科学》(*The Science of Social Adjustment*)，第 13 页

127 科学与技术发展以及经济活动之间的关系既复杂又多变。作为理性的、显性的和累积起来的人类经验，科学要比传统的、隐性的、同样是累积起来的工匠技术来得晚一些。除此之外人类的认识过程不可能有其他方式：理解必然是一个从简单到复杂的渐进过程，但是人类的原始需求，即在他开始理解之前就必须得到满足的需求，却是处在最复杂的层次上。人类的第一项实用的技术进步是生物化学领域的食品制备，以及属于动物心理学方面的狩猎和最终的动物驯化饲养。在初民时代，人类不可能对他所做的事情做任何科学的理解。事实上，即使是在当今世界，在生存领域的

很多方面，原始的魔法仍然像科学一样，提供了对许多现象的即时有用的解释。

另一方面，可以理性地加以理解的东西必须是简单的。但除非这种东西还有用，否则就不值得去理解。因此，只有在人类社会出现了文明的城市生活这样的相对较晚的发展阶段，才开始出现最简单的科学——数学、力学和天文学。而那时关乎人类生活的主要技术都已经确定。烹饪、畜牧、农业、陶器、纺织和金属加工业的发展水平直到 18 世纪初都没有太大的变化。而科学，在新的西方文明出现之前，即在大规模机械制造工艺在和平和战争年代成为重要的经济因素之前，似乎并不具有实用价值，对比起来它似乎更具有某种法术上的有用性。到 18 世纪末，除了导航和枪械这两个涉及机械和光学科学的领域外，工业对科学做出的贡献要远远超过科学对工业的贡献。[1]但 18 世纪末是一个转折点。不久之后，化学科学作为在对大自然机制的理解方面的容易性仅次于机械和光学的学科，其发展开始影响到染色和冶金这两种古老的传统工艺。化学的下一步重大发展只是到了本世纪才开始出现，这就是通过生物化学和遗传学对生命结构的理解。这种理解现已开始影响到厨师和农民这两大仍属古老的传统职业。

科学对工业的渗透

以上简要的历史描述可以说已足以显示科学与技术之间关系的总体发展趋势，但要深入理解这种互动，就需要对当代科学研究与生产之间的互动机制进行分析。这一过程必然由社会，特别是生产的经济条件所主导。目前，在苏联以外，生产到处都是为了私

128 人利益而进行的，而科学的运用主要取决于它对利润的贡献。总的来说，只有在有利可图的情形下科学才会得到应用。

科学在工业中的应用是一个渐进过程，尽管这一过程几乎很难分出阶段来。可以说，科学是按照其运用的难易程度逐渐渗透到工业中去的。古老的传统工业，只要能在小的家庭作坊的规模上进行，那么无需科学也可以发展得很好。但即便在这里，科学也可以在一定程度上介入，例如通过量器，如家用天平或烤箱的温度计等。然而，由于经济的发展，要在更大规模上进行生产，就必然要借助于科学的力量。例如在早期，烘焙和酿造是纯粹按传统方法来进行的家庭手工业，其成功部分取决于传统检测方法的效果，部分取决于家庭主妇的个人诀窍。但要在更大规模上进行生产时，传统的质量监控方法就没有太多的用武之地了，个人不可能像以前那样对工艺采取同样的密切控制。在这里，科学以其最基本的形式——测量和标准化——的面貌出现。旧的生产工艺没有改变，但引进了各种仪表，如温度计、比重计、糖分计等，以确保新工艺尽可能地与旧工艺的生产线紧密地结合在一起。

无论是由于规模的扩大所带来的困难，还是由于希望通过使用较便宜的材料或采用较短的工时来节省资金，只要生产过程的变化是有利可图的，就意味着生产将进入下一个阶段。这种改变根据个人喜好既可以称为工艺改善，也可以称为投机取巧，但不管是哪一种情况，它提出的要求都是传统工艺本身无法应付的。于是进行某种形式的实验就变得必要了。而按照纯粹的经验法则来开展大规模试验可能是非常昂贵的。但小规模的试验则基本上是实验室实验。事实上，科学实验的整个理念就是源自这种试验或分析。正如阿格里科拉(Agricola)所指出的,这只是一种小规模的冶炼操作。因此,要改进一种工艺流程,就必须在某种程度上科学地理解它。这就是冶金工业在上个世纪所经历的阶段,而且它也才刚刚脱离这个阶段。而古老的生物化学工业现在正开始进入这个阶段。它的存在意味着需要建立一个相当复杂的工业实验室组织和一套协调的经验科学体系。

从改善工业流程来看,下一步明显是完全控制工业流程。但这只有在完全理解工业流程的性质后才是可能的。这反过来意味
着需要一种真正完备的科学理论。19 世纪最伟大的进步之一就 129
是化学提供了这样一种理论。化学工业正是借助于这种理论,沿着明确的推理路线而得到发展,而不是像冶金工业那样,通过尝试性的、浪费严重的实验来发展。事实上,这个过程从来不是这么简单。理论往往被证明是不充分的,实践有时会超前,从而需要理论赶上。科学和技术就是这样在相互促进的过程中发展。例如,尽管蒸汽机的发展遵循的是 17 世纪就已确定的弹性流体行为理论的主线,但蒸汽机的实际运行却得出了该理论无法设想的结果,特别是它揭示了人们以前所持有的关于热的性质的科学观点是不充分的,必须加以修正。而这种认识上的偏差一旦得到更正,就会带来蒸汽机的进一步改进和其他热机的发明。

然而,只有当人们对过程的基本性质具有如此广泛的知识,以至于能够发展出全新的过程,即那种传统方法根本无法想象的新过程(例如新染料或特殊药物的化学合成过程)时,工业与科学之间才可能达到最完整的融合。当纯科学领域的一种新效应被发现可能具有某种工业用途(例如电效应在电报或电灯中的应用)时,

上述融合将会变得更为直接。在这些情况下，通常会形成一个贯彻始终的科学产业，即从建立到发展全都依靠科学来推进的产业。这方面最主要的当代例证就是电力工业。不论是能源的生产和分配，还是通信的改善，都有赖于电力科学的进步。

科学在工业上不同程度的应用自然不是静态的。随着科学和工业的共同发展，科学在工业中所占的比重越来越大，而工业中传统技术所占的比重则越来越小。但是，不同行业的发展速度必然是非常不平衡的。一个行业的发展速度不仅取决于对所涉生产过程进行科学描述的内在困难（例如在烹饪和畜牧业中），而且在很大程度上还取决于相对落后的经济状况。在发展问题上，主要的考虑还是经济因素。到目前为止，在生产上——因而在科学研究上——集中度较高的仍然是重工业，因为该行业可以方便地进行商品的大批量生产。生产商在降低经营成本上的需求一直主导着消费者的需求。如果把同样的时间和金钱花在研究和改善生活便
130 利性的措施上，特别是花在食品和卫生健康方面，就现在像花在机器生产上一样，那么我们就不仅能过上更丰富的生活，而且能更深入地了解生物学问题。

科学应用的时间滞后

将新发现应用于实际目的的最显著特征是时间上的巨大滞后。这种滞后是指从科学上做出首次发现到它获得实际应用这二者之间的时间差。在科学发展的早期阶段，这种滞后可以被认为是不可避免的。因此，我们对从第一次发现真空到它以大气条件下蒸汽机的形式获得应用前后花了近百年的时间这一点不会感到

惊讶。但即使科学发现的效用得到充分认识，这种滞后性也仍然存在。例如，1831 年法拉第发现了电磁感应原理，并制造出第一台由机械力产生电流的发电机，但直到 50 年后，即直到 1881 年爱迪生建造了第一座公用供电站后，第一台商用发电机才投入使用。这种滞后现象今天依然存在。例如，冯·劳厄（von Laue）在 1912 年就首次阐明了用 X 射线分析材料性质的可能性，但在工业上这一效应至今仍未得到应用。理解这种滞后的原因是一个非常困难的问题，它涉及科学、技术和经济等多种因素。对于不同情形，解释也会有很大的不同，因为这种滞后的原因毫不相同。有时，甚至在很久以前，一项发现或发明几乎是立即就被采纳并得到迅速传播。火药和印刷术就是这样的例子。[2]

这种滞后的科学技术原因可以较快得以消除。我们甚至可以这样来看待发现而将第一种原因排除在外：所谓发现不仅是指一种新现象被观察到，而且是指这种新现象被接受为新的科学知识。举例来说，我们通常不认为 X 射线和无线电技术是在 18 世纪被发现的，虽然这些现象在那时就曾第一次被注意到，而是认为它们是在一个世纪后，即当它们在科学世界里已占有确定地位后，才算被发现。要探讨滞后的技术原因，难度则更大。一种效应从实验室的发现转换到实际利用通常涉及该效应在空间尺度和强度上的变化，并且只有在具备了满足这种尺度变化所要求的不同性质的材料时，这一发现才能有效地得到应用。正因此，所以尽管高压蒸汽机在工作原理上要比真空蒸汽泵简单，但必须等待近百年，等到能够承受必要压力的可用金属面世之后，才谈得上建造高压蒸汽机。然而，技术因素往往不是限制性因素。技术上的困难在很大

131 程度上可以通过花上时间和金钱来克服。或者更准确地说，有钱就行，因为时间就是金钱。而只有在经济因素这里，我们才能找到运用科学工作成果缓慢的原因和关于科学实际应用的一般性特征的解释。

伯恩哈德·J. 斯特恩（Bernhard J. Stern）曾将这些经济因素归纳如下：

> 文化因素中最有力的显然是经济因素：为保持胜过竞争阶层、同行业的竞争者和相关领域内同一市场中的竞争者的经济优势和霸权地位所做的努力；引进新方法或新产品的成本（这些新方法或新产品在其早期阶段通常是粗糙的和不规范的，但它们是为解决手头的具体问题而设计出的一系列创新之一）；因创新应用而引起的过时机器和货物的折旧而造成的损失；大企业的结构臃肿和僵化（它们不愿意通过限制生产去干扰已经产生利润的市场）；小企业在进行必要的资本投资方面的困难；资本主义危机带来的灾难性影响，以及劳动者在现有利润分配体系中为防止成为受害者的努力（受害的原因包括技术进步带来的失业、技能过时、生产加快和收入减少等）。还有一些政治因素的影响。这些因素因其自身的驱动力也可能会阻碍技术变革。例如民族主义的限制性影响；错误的专利法和司法判决（它们为压制技术进步赋予了一种正当性）；颁发“永久性”专营的制度；垄断性产业集团对立法权力实施控制以实现其利益，对抗危及其利益的有益创新等等。
>
> ——《技术发展趋势和国家政策》（*Technological Trends and National Policy*）*，第59—60页[3]

* 原著在下文中亦简称为 *Technological Trends*，相应译为《技术趋势》。——译者

一　科学研究的回报

必须记住，有意识地将科学成果直接造福于人类的想法是一种相对较新的思想，即使是现在，除了苏联和一些慈善组织外，还没有在其他地方尝试这样做。过去和现在所做的，都是将利用科学当作工业或农业生产中牟取利润的一种可变因素。科学被认为是一种增加产值或降低成本的手段，并按其对增加产值或降低成本的贡献比例来支付报酬的。上面已经提到，科学应用的基本困难是，科学带来的新发展的盈利性通常是不确定的并有时间上的滞后。在刚作出科学发现时，人们不可能预知，或者说，具有商业头脑的人不可能看清这一发现是否有利可图。采纳它会有一定的风险，而且新发现距离实际的商用过程越远，风险就越大，在商用
基础上推动这一发现向应用转化的可能性就越小。当然，这种风 132
险是双重的：首先，这一发现或发明可能根本就没用；其次，如果它有用的话，也可能很容易遭盗版，尽管有专利规定在那里约束可能也不济事（见本书[边码]第 144 页），这样利润就将流向其他人，而不是流向那些率先投入资金的人。

筹措研究经费的困难

这就导致了一种矛盾的情形：尽管对科研应用的投资可能比任何其他形式的投资都更能带来大的回报，但筹资却总是困难重重，有时甚至筹不到资金。虽然我们认为有组织的研究的回报率被证明可达到每年 800％（见本书[边码]第 64 页和附录五），但除

非我们想起，这样的利润对于商业是没有用的，否则这个悖论就会变得很难理解。道理上讲，为了这个回报，这个风险仍是值得一试的，但是没有人愿意做这种尝试。事实上，资本市场并不是为了像开发某个发明这样的需要长期投资的融资而设立的。实际上资本市场不但没有提供帮助，反而越来越成为阻碍技术进步的因素。下面的分析说明了为什么会是这样：

> 投资机构（银行、股票发行机构、证券交易所等）总是以纯商业的观点来看待投资。它并不能有效地服务于与商业不同的工业的需求。从长期的抱怨这一点可以看出，没有有效的机制来为工业的长期和中期发展——对工业来说，就是运用已知的生产过程（参见麦克米伦的报告）——提供资金。结果，那些生产规模不够大、产品种类不够多，从而无法从利润中拿出一部分来为自己的扩张提供资金的公司没办法获得必要的资金。更别说用于科学研究了。资本市场的运作仍然受到它与航海贸易和汇票之间的历史联系的阻碍。证券交易所是为了促进**现有**投资的交易而存在的，它也**附带地**有助于开办新的企业，但它几乎不直接参与新的投资。银行、保险公司、金融机构、信托投资机构、促销财团、股票经纪人和股票推销商等共同构成了资本市场……这些人对于投资新的科学应用根本不感兴趣，他们没有技术能力来判断任何这类提议的可行性，因此必须依靠出钱雇佣的专家来评估。因此，不能期望他们会经常资助这一领域的发展。[4]

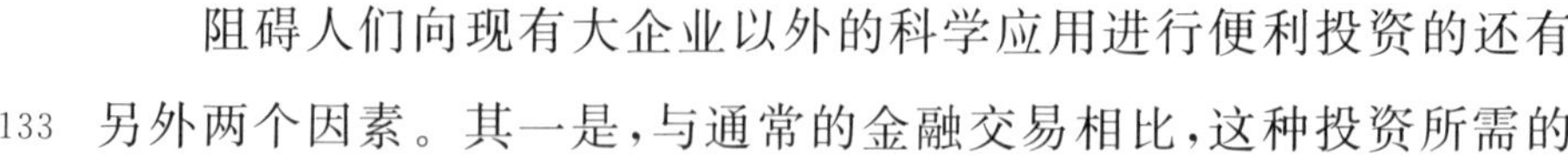

阻碍人们向现有大企业以外的科学应用进行便利投资的还有

133 另外两个因素。其一是，与通常的金融交易相比，这种投资所需的资金数额太小，最多是十万英镑而不是数百万英镑；因此，作为一种极不寻常的投资类型，几乎不值得为此花费心思，故而很少有机构会费心去考虑。其二是，值得将钱投向像科学研究这样有疑问的长期投资的时机在整个交易周期中所占的比例太小。在行情看好之时，热钱大多都用于投机。而在经济萧条时期，又没有人愿意冒险花钱。其结果是，只有现有的大公司，尤其是那些能够独自承担起解决较重要问题的大型垄断企业，才会愿意投资新的科学应用(见本书[边码]第 138 页注释)。

针对这种不情愿投资于科学概念发展的现状，我们必须指出这种投资的吸引力。正如我们已经在讨论这些发现的本身时所表明的那样，任何领域的科学进步都是该领域资金投入数量的某个函数。当然，不是说这种进步一定与投入的金额成正比，但如果没有资金投入，就不会有进展，这是事实。同样的考虑也适用于科学的应用，只是在这里，所需的资金要大得多，这是因为此时实验需要大规模展开，因此需要更大的资金支持和运行成本，还有就是前面已经提到的一些技术上的困难需要克服。要在这些条件下获得应用，就必须确保损失的风险能够由成功所带来的极大的经济效益来抵消。当这些应用的目的能够满足已经迫在眉睫的经济需求时，这种抵消多半是能够实现的。而当已知的损失原因能够得到有效遏制时，成功的希望就更大了。

取得实际成功的条件

对技术发展史的研究表明，科学概念向应用的转化通常首先是在能立即获利的领域中发生的，但这个领域往往不是这项应用最能发挥其价值的场合。例如，机械编织最先是应用于丝带编织，后来才用于织布。蒸汽动力最先是用于花园的喷泉，然后是给矿井抽水，最后才用于机械驱动。

对直接盈利的需求从一开始就阻碍了科学的应用。而这开始阶段可能是科学发展速度最大的阶段。例如，在前已引述的关于电力的案例中，在电力发现之初的前十年里几乎没有产生任何应用，因为此时电流还不能形成立即可盈利的用途。到19世纪40年代，才发展出用于电镀的直流电机。直到70年代才发明出弧光照明。首先是用于灯塔，然后是街道照明，到这时电力应用的重要
134 发展才真正开始。而家用白炽灯照明的使用才促使人们提出中心发电厂的设想，电力才第一次显示出随时可得的电流所具有的多种用途。诚然，在这段时间里，是有些技术上的困难需要克服，但公平地说，如果在1880年至1890年间，电力发展所需的努力和资金能够更早地到位，那么就可以节省下这一发展所需的一半甚至三分之二的时间。工业的技术进步也可以相应地加快。

规模问题

在事关科学发现的应用的所有这些盲目的经济发展中，都有一个内在的困难，就是所有这些应用都只能在大规模实施的情况下才能实现完全盈利。另一方面，实施大规模生产的技术难度则要远远大于小规模生产的技术难度。事实上，如果不开展大量的中等规模的工作，这些技术难题是无法克服的，而开展中等规模的应用本身通常又是高投入的，而且很少盈利。因此我们在此遇到了一种表观上的悖论：一种能源要做到经济就必须是大规模的，而

人类的肌肉却可以提供最经济的小的动力源，而且至今仍是如此。大规模生产需要大的活动部件，而这些部件在制造和高效工作方面都会遇到最大的困难。例如，第一代蒸汽机的汽缸的直径是现代飞机发动机直径的10倍还不止，而其输出功率则几乎只有后者的1/1000。就是说，它们的制造极其粗糙，工作效率极低，气缸内径误差达半英寸可谓稀松平常。在这种情况下，蒸汽机要想能够得到应用，其经济性就必须具有压倒性优势。因此，其应用的最初阶段就只能是等待，直到找到某种有利可图的中间阶段方可应用。电镀业为电力发展提供了这样一种中间阶段，给绅士们的花园浇水为蒸汽机提供了这样一种中间阶段；两者基本上都是规模小但奢华的应用。

发明的浪费和挫折

科学应用在经济上的固有困难还有另一个方面，就是这种应用总是在开始时效率最低，需要在使用中不断改进。但另一方面，最初对它的需求也是最低的，并且这种需求随着方法的改进而增强。其结果是，一个新的想法往往在糟糕的时刻被搁置，并且发展得非常缓慢。随后，当它演进到盈利的临界点后，它会突然被迫得到最集中的发展。[5]从社会的角度来看，所有这些都是极其浪费的。在早期或初创发展阶段，大部分原创性工作都已完成，但这时最大的困难就是缺乏资金，于是发明者的时间，原本可用于从事其他应用和发明的，现在被迫浪费在设法寻求设备和资金的事务中。135
事实上，了解到这一情况后，除非是意志最坚定或最狂热的人，一般人都会望而却步。几乎每一个有能力的科学家都曾甚至多次考虑过他的成果的实际应用，但都不愿意放弃他的科学工作去从事这一必然会带来的不确定性的尝试。而且一旦应用获得成功，强行改进的节奏也是一种浪费，因为由于缺乏前期准备，很难找到足够的经过适当训练的聪明人才。因此从投入资金的效用来看，这种匆忙改进所获的结果与循序而进所获结果比起来要小得多。

建设性应用和补救性应用

当然，应用本身的特性在很大程度上决定了其工业利用的难易程度和快速性。我们可以将科学的积极的或建设性应用与其消极的或补救性应用区分开来。在前一种应用中，科学展示了如何创造新事物，如发明飞机或电影院；在后一种应用中，科学被要求去消除已知的不便，如对抗金属腐蚀或蝗灾。在前一种情形下，科学为人类提供了一种新的礼物。对此经济上的问题是如何找到有效的需求来使发明渡过其早期阶段。在此，社会对新技术应用的需求是最强烈的，同时这也是在现有经济体制下实施这一应用最困难的地方。

当科学在工业或农业中发挥的是补救性作用，而不是建设性作用之时，情况就不会那么糟糕了。人们在生产中总会遇到一定的困难，或者总需要消除一定的浪费。有了公认的需求，又有开展研究的手段，这些问题往往就可以通过运用已知的科学原理来解决。事实上，在过去，科学家们正是这样才赢得了工业界对科学的认可，并且现在仍然如此。一个经典的例子是戴维灯的发明。当时的一项明确的需求是需要有一种矿灯能够在充满甲烷气的环境下使用而不引起爆炸。戴维运用简单的科学原理几乎没费什么事便找到了解决办法(尽管当时熟悉矿山的斯蒂芬森也从经验上发现了这种方法)。然而,其结果并不像预期的那样。克劳瑟认为:

> 安全矿灯使煤炭工业得到迅速发展。它并没有减少矿工
> 的死亡人数,因为它使人们可以在更深更大的矿井里工作,从
> 而大大增加了暴露在危险中的人数。戴维拒绝为这项发明申
> 请专利,因为他“唯一的目的就是为人类事业服务”。他的发 136
> 明的主要效果是增加矿主的财富,使更多的人进入矿井,使他
> 们暴露在各种危险中,而甲烷气只不过是其中一种而已。因
> 此,戴维的矿灯作为一种经济工具的重要性要远大于它作为
> 安全工具的重要性。
>
> ——《19 世纪的英国科学家》,第 62—63 页

然而,在许多重要的案例里,事情并不是那么容易。人们坚持要看到这种应用的直接的和实用的效果,结果反而使它的目标落空了。解决实际问题所需要的知识可能尚不可得,而这种不可得的知识可能就具有某种根本性。无论从科学的角度来看追求这类知识是多么有价值,对于那些为之投入资金的人来说,这种追求似乎都与当前的研究主题相去甚远。工业界大量的科学研究,可能是绝大部分,由于与其实际应用联系得过于紧密,因此在未能达到预期结果的意义上说,都是一种浪费;而且从长远来看,这也更是一种浪费,因为这类研究如果得到妥当推进,将对科学的全面发展起到刺激作用。例如,我们发现,有大量的资金用于很具体的冶金研究,而用于金属基本性质的科学研究的则相对较少。实际上,如果我们能够大力发展后者,那么就将不仅能在研究前者的问题上

节省大量时间和金钱，而且也会使合理使用金属的整个过程得到加速。[6]

大量的科学应用，是起着建设性作用还是起着补救性作用，取决于你是以技术性观点来看还是以经济性观点来看。这些应用既可以是某种生产工艺，也可以是某种材料或机械设备。从它们出现的那一刻起，它们就既具有经济上节约成本的功能，又具有技术上全新的特点。用于取代马匹的早期阶段的蒸汽机本身就是一个典型的例子，汞弧整流器的应用则是另一个例子。影响这些应用的主要障碍是，在一个处于无政府状态的生产系统中，我们很难将科学上的可能性与技术上的需求结合起来。而工业发展的最直接的推动力可能就在这里。如何将这些潜在的动力释放出来，我们将在下一章中予以讨论。

二　产业竞争与研究

许多其他因素与前面提到的因素合在一起，对科学发现成果的顺利应用起着干扰作用。在上个世纪，甚至在本世纪，英国的工
137 业生产在很大程度上是由大量小而几乎独立的单位来进行的，农业就更是这样。要使科学研究具有应用价值，总得花费个最低限度的时间和金钱。这个最低限度的数字，我们可以大致取支付给一名科学工作者的报酬加上设备和辅助设施在 5 年里的总费用，再加上一定数量的实验工厂及其运营资金来计算。总而言之，这项总支出几乎不会少于 4,000 英镑。如果研究获得成功，那么这 4,000 英镑的支出带来的节省下来的资金很可能是每年 4 万英镑。

但是，如果这项研究不成功，或是可能需要再花费 5 年时间才能成功，而此时的资金却无着落，那么这项研究可能就意味着一种净损失。其不成功的概率是不可保险的，要想得到保障，就只有扩大研究规模，从而增加费用，而这可能远远超出了小企业的资金能力。当然，按照古典经济学理论，不同的企业家应该各自承担风险，幸运的企业家应该得到适当的回报。然而实际上，研究失败的风险足以阻止大多数资本不雄厚的小企业进行任何研究。经济周期的波动使情况变得更糟。正如我们已经看到的（[边码]第 61 页），科学研究是一种长期的风险投入。在经济萧条的低谷期，一家小公司根本无力将研究进行到底，这时放弃是最容易出现的结果。另一方面，在经济繁荣时期，小公司都忙于趁着大太阳翻晒干草，根本没有心思顾及科研。

另一个考虑因素是，即使研究取得成功并导致成本显著降低，但如果研究成果必须保密，并且没有足够多的其他厂商取得类似的研究成果，从而导致产品价格降低的话，那么这种成本的降低只能带来从事研究的企业的利润增加。即使申请了专利，且不说存在诉讼的风险，就是专利权的使用费收入也未必能抵消研究的花费。所有这些因素都会阻碍企业从事研究。即使企业这样做的话，也会着重于保密，因而是一种效率低下的研究。在农业方面，情况就更糟。在农业领域，要想使研究有价值，就必须在规模非常大、成本非常高的条件下进行，并且失败的风险也相当大。因此，几乎没有哪个农场主从事过研究，只有最富有的地主偶尔会这样做。政府成立农业研究协会和农业科研站，就是为了弥补小农户 138
的这些无法避免的短板。但是，正如前已指出的，这些组织大约只

覆盖了一半的农业产业，即那些已经是最先进的行业，因此它们只能为少数企业提供帮助。鉴于科学能够为产业带来的巨大好处，很显然，在当今的条件下，竞争性产业体系是最有害的阻碍技术进步的体系。[7]

三　垄断与研究

然而，现在控制科学应用的主要不是竞争性产业而是垄断性产业。在垄断条件下，无论是单个企业，还是以价格固定和过程共享协议联合起来的众多企业，都有可能花费大量资金来进行研究。事实上，目前在英国，除了政府进行的工业研究外，大约五分之四的工业研究是由不超过 10 家的大公司来进行的。在德国，这一态势得到了进一步发展，像法尔本工业集团(I. G. Farben Industrie)这样的大型工业联合体的研究实验室甚至成为比政府或大学的研究机构更重要的研究中心。垄断的存在消除了许多阻碍小企业进行研究的经济障碍。很明显，在此总的研究成果必然归属于公司。而研究的大规模展开将确保，即使个别项目的研究未能取得具有商业价值的结果，这些失败都能够通过其他项目的成功来补偿。工业研究实验室的这种规模本身就提高了效率，因为它使合作研究成为可能。那种小型的、仅有一两人的研究机构可能是投资效率最低的研究方式。但另一方面，我们并不能说实验室越大，效率就一定越高。根据研究对象的性质以及有必要将不同类型的研究结合成一项研究的具体情况，任何应用性科学研究可能都有一个最佳规模。而工业实验室，特别是欧洲大陆的工业实验室，有时会

超过这个最佳规模。在苏联，最初的趋势是向大研究机构发展，但经过几年的工作，人们意识到由此带来的行政管理上的困难太大，而且科学合作的任务可能也占用了太多的原本可用于研究的时间。结果，目前正又回到规模较小的 5 ～ 20 人规模的研究所建制。

激励机制的缺乏

前面已经讨论过在垄断条件下产业研究所面临的一些困难，
特别是将研究部门等同于商业部门，并用官僚方法有效地予以扼 139
杀的趋势。但这些缺陷只是更基本困难的症状。在竞争条件下，对科学应用的研究充满了风险，但同时又存在进行这类研究的强大动力，因为一旦获得成功并取得严格保密，它就会转化为一种竞争优势，成为企业走向成功而非破产的关节点。另一方面，在垄断条件下，研究的风险实际上已经消失了，但研究的动力在很大程度上也消失了。[8]在这种条件下，科学研究只能成为增加利润的多种手段之一，而且未必是非常重要的手段。科学的应用当然可以降低生产成本，但是生产的合理化和加速计划也可以做到这一点，而且在垄断条件下的主要困难是如何在高价格下确保市场，而不是改进制造方法。因此，花费在广告上的钱总是比花费在研究上的钱高出许多倍。

我们很难获得这方面的详细数字。但据了解，每年仅报纸广告花费就将近 3,500 万英镑。期刊广告和海报类广告也不会少多少。其中仅专利药品的报纸广告开支就达 280 万英镑（而且大部分属于对不懂科学的人的瞒哄欺骗），超过了政府和工业界在科学研究上的开支总和(见本书[边码]第 155 页)。

资源的废弃

在垄断条件下,科学应用遇到的另一个困难,是企业规模过大和由此产生的由于过时而造成重大资源浪费的危险。科学研究必然会产生的一个影响——特别是在传统行业中——是工作效率的极大提高,并且效率提高的速度会越来越快。但这就意味着在生产发展的任何阶段建立起来的工厂肯定会在几年后过时,而且可能在它开始生产之前就已经过时了。这被认为是科技进步带来的一种非常现实的弊端。按照斯坦普勋爵的说法:

> 第二种对经济进步至关重要,但可能会因创新速度过快而被破坏的平衡,是废弃和折旧之间的平衡。几乎所有能够有效促进经济发展的科学技术进步,都必然以越来越精致、越来越巨大和越来越昂贵的方式体现在资本形态上。仪器和设备的人均生产率变得越来越高,即使考虑到从事机械制造或工艺设计的人员,随着人力投入越来越少,总的满意度还是在
> 140 不断地攀升。人们过去常说,英国的机器制造得就是好,即使过时了仍可以使用很长时间。而美国制造的机器坏得要早得多,因此也较便宜,而且它们可以立即被包含最新设计的资本资产所取代。如果能让机器的使用寿命与其更新周期相一致,那么这些资产就将获得最大的经济性和安全性。但是,如果这些作为最新科技成果价值体现的昂贵机器在没被用坏之前就已经淘汰并被更新取代,那么显然就存在着资本的浪费、利息损失以及由此产生的商业和投资的不安全性。单就机器

的物质安全因素而言，每台机器都应能够长久使用，即使做得粗糙也应耐用。因此，我们不可能完全将机器的物理寿命减少到“该淘汰”的寿命。从这一点上看，一系列过快的创新可能意味着为了获取非常小的边际收益就放弃优质资本或让其变得无利可图。富有责任感的社会主义社会会注意到每次技术革新的收益面，而竞争体制下的个人才刚刚开始感受到集体责任。假设玛丽女王号邮轮成为吸引富有阶层游客的旅游工具才刚满两年，便有一艘新的邮轮与之竞争。这艘新邮轮配备了新发明的装置，并且以略低的票价吸引走所有乘客。要说进步，这是一个很典型的事例，但是个人作为自由消费者所获得的那点微小利益却可能让资本市场付出沉重的代价：资源配置大幅错位或资本蒙受损失。而这些消费者甚至与生产者就是同一个人。

那么，如果创新带来的效益显著，并且反映在工作成本中，就是说，旧的工作成本与新的工作成本之间的差距可能大到足以支付创新所占用资本的利息，并且还可以摊薄资产置换所导致的旧设备未折旧完的那部分成本，那么采用新技术就是划算的。一辆机车可能还有许多年的使用寿命，但是一种新型机车可以通过降低工作成本来提高利润，而且所提高的利润不仅足以使人们在正常的设备更新时采用它，而且还可以弥补旧机车过早报废所带来的费用损失，那么这种置换就是划算的。然而，现在的大部分创新都不是可抵消旧技术淘汰成本的类型，不属于有序和自然的物理替换类型。

类似的论证也适用于一个地区的各种资本支出，这些资本支出可以分摊到该地区(如煤矿区)的整个经济活动中。但如果因为采用某些创新从而刺激了另一地区的竞争对手的活动而出现错位,则这些资本支出就浪费了。我们不妨设想一下这类发现对兰开夏郡产生的影响。如果我们能够在其他地方采用人工方式营造出纺纱和织造所需的湿度这种自然优越条件,甚至使湿度变得更均匀,那么这对于兰开夏郡的经济将意味着什么。

新方法的引入速率和对就业的影响可能主要取决于企业单位的规模和特征。如果某一特定市场的所有生产厂家都处于同一控制之下,或处于协调安排之下,那么引进新的省力装置的速度将由已提及的简单考虑因素控制。每更换一台旧设备,都可以运用一个更新计划,因此不会因设备过早淘汰而浪费资金。但这只适用于收益不大的革新。如果新技术的优势很大,那么采用新技术所节省下来的成本就足以抵消前述所
141 有费用。这样,在这两种情况下就都不存在任何资本浪费,对新观念的吸收就会变得有章可循。同样,在一个可以控制市场供应的寡头企业内所发生的淘汰可以被吸收到当前成本中。欧文·杨(Owen Young)最近指出:“宽泛点说,在过去50年里,至少在某种程度上说,通用电气公司生产的任何产品在投入使用之前没有不过时的。”[9]很显然,在寡头企业的控制下,这一过程可以反映为连续生产成本的一部分,我们不必假设这家企业在过去50年内会因为为淘汰设备买单而没有盈利或没有支付股息。

——摘自《社会调整的科学》,第34—37页

这段引文清楚地表明，设备淘汰给个体厂商带来的危险性因无节制的竞争而大大增加，尽管对消费者不一定是这样。一种新的生产工艺流程一经出现就可能被众多厂家迅速复制，从而迫使那些坚持采用旧工艺流程的厂商不得不淘汰他们的设备。上述通篇论证说得很明白：经济上的无政府状态在保持技术进步的同时是以大量的浪费作为取得这些进步的代价的。垄断控制的好处在于，在旧设备用坏之前，或者在生产业务扩张到需要采用新工艺并淘汰旧工艺之前，企业不存在更新设备的内在必要性。但垄断对淘汰的控制，往往会比竞争更严重地阻碍技术进步。大规模生产的方法强化了这种保守态度。对于大批量生产的工艺来说，更改具体设计是非常困难的——当新技术涉及需要变更工厂的整体布局时，这种困难就会变得更大。在英国，一个大的垄断企业每年对新设备采取50%的折旧。也就是说，除非新设备能在两年内从利润中回本，否则它不会被淘汰。如果它能够使用更长时间，那么它所创造的一切都是纯利润。从这一点很容易看出，应用科学会带来巨大的盈利能力，同时它又受到垄断的严重限制。[10]

四　对科研的阻遏

设备淘汰的危险所引发的直接反应，不是试图扩大科学在工业上的应用范围和使工艺流程合理化，而是遏制科学的发展，以避免造成旧设备工艺被淘汰的尴尬局面。这种遏制通常采取两种形式：对已有的发明采取限制使用；对尚未研制出的发明予以扼杀。自然，对于第一种情形，执行起来是非常困难的，但长期以来人们 142

一直都认为应该这样做，而且最近权威人士也这样认为。例如，亚历山大·吉布(Alexander Gibb)爵士在于诺丁汉向英国科学促进会工程学部发表的主席演讲(1937年)中就做了如下表示：

> 当然在这里，就像通常的研究情形一样，研究越是成功，对现有工艺和设备的影响就越直接越剧烈。有时这就是症结所在。固定资产投资以数百万计，但这些资产可能因新方法的应用在一两年内就被淘汰。如今，设备淘汰的速度确实太快了，新工艺用了4年就被淘汰极其平常；许多有价值的发明被既得利益集团买断后即锁在柜子里，以免它们给已经运行的工艺流程带来更大损失。因此，人们对无节制的科技创新并不总是抱有热情，并不总是积极地予以赞美，也就不足为奇了。但这是一种短视的政策。

——在诺丁汉英国科学促进会年会上的讲话，《英国科学促进会报告》，1937年9月，第158—159页

《自然》[11]已经建议对这一问题进行公开调查，但人们可能怀疑，这种调查能否比皇家委员会基于相似的理由对私人武器制造的调查取得更积极的成果。

在美国，人们更直言不讳。因此，在政府发布的《技术发展趋势和国家政策》的报告中，我们发现：

> 企业家之间的竞争，虽然引起浪费很大的无政府性质的生产和营销，但在某种程度上却刺激了人们对技术创新的追求，以期保持领先于竞争对手。但是，当垄断能在利润体系的设置中达到控制价格、制定产品标准和限制生产的程度，那么它对技术变化的警觉性就降低了，反而会对发明及其应用施

加制动。

威廉·格罗夫纳（William M. Grosvenor）在《化学品市场》一书中表达了现代公司管理层对新发明利用的看法：

“我甚至看到某些最有利于公众利益的技术进步路径被完全忽视或完全禁止，原因仅仅是它们可能会彻底改变这个行业的面貌。我们无权期望一家企业出于纯粹的慈善动机而割断自己的喉咙……一家公司为什么要花费其收益，剥夺其股票持有人的股息，去开发一些会扰乱其产品市场，或让其所有的现有设备面临淘汰的东西呢……当由训练有素、经验丰富、对股东负责的人来主管技术开发工作时，他们几乎没有动力去尝试开发那些会取代他们曾花了大价钱开发和改进了的东西的……”

路易斯·D. 布兰迪斯（Louis D. Brandeis）在1912年举行的关于专利问题的奥德菲尔德（Oldfield）听证会上就指出了垄断企业过度僵化的作风对技术发明的影响。垄断企业之所以如此是由于担心新发明会危及它的大量投资，特别是对耐用消费品的投资，并危及它复杂的运行机制： 143

“这些大的组织在体制上就不具有进步性。他们不愿承揽大事。拿我国的煤气公司来说，他们不会触及电灯照明事业。以电报公司为例，比如西部联合电报公司，他们不会去搞电话。同样，电话公司和电报公司都不会触及无线电报。你或许可以假设，在每一个这样的情况下，如果他们有美国人常有的那种进步精神，他们会立刻说，‘我们应该去发展这个。’但是他们拒绝了，在每一个这样的情况下，为了促进那些伟大

的和革命性的发明，就必须采纳全新的资本。”（第62—63页）

至于对发明的实际抑制，我们有联邦通信委员会的证据：

> 1937年，联邦通信委员会公布，贝尔电话系统为了防止竞争禁止了3400项未使用的专利。其中1307项是“这家美国公司及其专利控股的子公司为杜绝竞争而自愿搁置的专利。”公司方面宣称，其余2126项专利是由于“获得了更好的替代品”而未被使用。对此该委员会回应称：“这是一种专利搁置或专利抑制，其原因是为了抑制竞争而获得的过度专利保护。贝尔系统一直通过专利来压制有线电话或电报方面的竞争。它根据自己在电话和电报设备方面的专利，始终拒绝将有线电话或电报方面的许可证发给竞争对手，并将这一排他政策扩展到任何类型的有关有线电话或电报的结构的专利上。此外，贝尔系统还将任何可能对竞争对手有价值的专利搜罗进它的……专利库。这一政策导致它掌控了大量的专利，尽管有些专利属于贝尔系统不需要的替代设备和方法……西方电气公司与独立制造商之间的专利许可证合同中也存在着有可能抑制技术开发的条款。”（同上，第50页）

对于第二种情形，即限制研究来扼杀发明，基本上我们不可能给出确切证据，因为没有一家公司有花钱搞研究的义务。但毫无疑问，这种做法是阻碍应用科学发展的最重要的因素。如果所进行的研究有可能影响到目前投入大量资金建立起来的生产方法，那么对这种研究的限制就尤其严格。充气电灯泡照明技术的发展相对缓慢就是一个值得注意的例子[12]。这种照明技术如果能真
144 正得到有效的普遍使用，那么不仅会使达到同样亮度所需的电力

减少到三分之一或四分之一，而且会在很大程度上使得生产普通灯泡的设备投资变得无用。只有在对廉价照明提出了新的巨大需求，如对现代街道照明的改造规划或对建筑物的装饰照明提出需求时，大力发展充气灯泡照明的问题才会得到认真对待。如果当年在应用研究上投入相对较少的资金支持，那么可能在二三十年前我们就取得今天的成就了，我们就可以提前实现这一目标了。

另一个例子是直到最近才对铝和其他轻金属进行研究。这些金属的生产一直掌握在行事僵化的垄断者手中，为的就是用相对较低的产量来维持较高的价格。[13]以这样的价格，许多适宜用铝来制作的产品（例如汽车）如果用铝而不是用钢来制造的话，其价格根本无法与钢制品相竞争。要想大幅度降低铝的价格，就有必要开展从黏土等低品位材料中提取铝的研究，而不是像目前这样使用大量电力。由于这项改进迟早会打破垄断，因此这种研究一直得不到鼓励。但最近，由于各国都在进行战争准备，对飞机生产构成巨大需求，铝镁合金材料的生产被提到优先发展的位置，各国政府不得不将其生产问题作为一项迫切的国家需求来处理，因此我们可以期望，在未来几年，铝的生产方法将得到快速发展，最终铝的价格也将相应地快速跌落（见本书［边码］第 363 页）。

要对研究成果的应用实际上究竟受到多大程度的阻碍进行估计总是很困难的，因为对于一项新的应用，我们没有办法对已经花费的时间和金钱与这些投入本应能够完成多少工作之间的差距进行衡量。尽管自觉引导和促进科学成果应用的措施有了大幅度的增加，但是上述应用的滞后现象仍然存在。这一事实表明，阻滞力量也在几乎同样迅速地增长。

专利

另一个使科学应用的过程变得严重复杂化的因素是专利法。虽然专利最初的目的是保护公众免受恶意滥用新工艺所带来的不良影响[14]，但现在，专利被认为是对发明者的奖励，或者是发明者与社会之间达成协议的结果。过去人们可能一直这样认为，但毫
145 无疑问，今天专利很遗憾未能履行这一职能，它们对发明的阻碍远远超过了帮助。实际上，除了惯常的被滥用外，专利往往没有给原发明人提供回报，它们阻碍而不是促进发明的发展。[15]

专利法设想的是这样一种状态：小的独立生产者加上能够自己找到资金的发明人。对于任何一项重大发明来说，这种情形是否存在过很值得怀疑。即使是在 18 世纪，瓦特也不得不与博尔顿(Boulton)合作。在蒸汽机发明出来之前，博尔顿可谓发挥了他的全部影响力，并为此花费了 7 万英镑，而且最后所得回报甚少。现在的情况肯定不是这样了。个体发明家仍然存在，但他在寻找资金方面的困难已变得越来越大(见本书[边码]第 132 页)，而且必须忍受越来越糟糕的条件。绝大多数专利都是由公司取得的。这不仅是因为(出于已经讨论过的原因)现在只有大公司才有能力运用科研成果，而且还因为专利法本身：它现在已变得如此复杂，以至于只有那些最有钱的人才有希望保护一项专利以免受某种侵权。当然，游戏可以双向进行。大公司可能会愿意购买那些有可能阻碍他们赚钱的专利来避免引起法律纠纷，不管这些专利是否有价值。取得阻碍性专利(莱文斯坦(Levinstein)博士[16]估计，95％ 的专利属于阻碍性专利)是一种最安全的合法敲诈方式。

大公司通常规定，员工作出的所有发明其专利权都属于公司（见本书[边码]第108页）。原创发明的发明人能否得到奖励取决于管理层。奖励是一种恩赐，是例外而不是规定。如果他能从最终利润中分得一小部分，那么他是幸运的。因此，无论他是不是独立发明人，专利作为奖励发明人的目的现在很少能够实现。现行的专利法不仅不奖励发明人，而且往往对公众利益造成严重损害。即使是像斯坦普勋爵这样的保守派批评家也指出，在现代条件下，专利的保护期限太长了：

> 例如，假设发明的社会效益理论成立，那么如果专利制度能够阻止发明在商业上获得应用，这一理论便失效了。如果其他人能以（与原发明）有细微而非根本性区别来获得另外的专利，就可能导致竞争性浪费，而不会带来任何社会效益。与我的调查关系更密切的是专利的**保护期限**问题。专利的保护期限通常是14年或15年，有时甚至是20年。在过去生活节奏较慢、变革周期较长的情况下，这个期限长度被认为是恰当的。真正的问题是，如果我们在现代条件下来**重新修订**专利 146
> 法，那么我们是否应该继续选择这个期限作为理想的期限？假如在旧的条件下，一项专利在被取代之前的平均有效寿命是30年，那么这项专利有一半时间处在私人的控制下，另一半时间处在社会的控制下。现在，如果我们在不改变专利保护条件的情况下将其寿命周期改为15年，那么我们就将得出一个非同寻常的结果，即平均来看，一项发明在其整个有效寿命期间都将处在专利保护下，而社会对它的利用实际上仅限于在它被取代后的价值。如果我们不预先考虑如何适应今天

的条件，还是按照一个世纪前社会和个人之间达成真实协议条款的条件来修订专利法，这显然是不可想象的。可以说，理想的专利期限不应该是千篇一律的，而应该与所涉企业的资本投入量有一定关系。在许多不同的国家取得专利的复杂性肯定是有办法解决的。即使是想在整个大英帝国的范围内获得专利保护，也必须提交50多份专利申请。何况现有的专利法理论是在这样的条件下阐述的——那时还没有出现大多数发明是由大型工业实验室的员工做出的这一局面。美国当局就认为，现有的专利制度"允许在给定专利范围之外建立垄断，并阻止新发明用于公共利益……如果说现有设备的报废是一种浪费，那么这一决定权也不应留给垄断集团，而应留给一个能将各方的利益都考虑到的公正的权威机构。"

一般来说，纯粹的科学思想的发现者是得不到保护或奖励的。奖励只适用于想出办法使新的科学发现获得应用的发明者。

——《社会调整的科学》，第151—153页

持有专利不是为了使其生效，而是搁置起来以阻挠别人利用其生产，这是另一种常见的对专利的滥用，同样是用来让社会支付赎金。这种情况在医学领域尤为严重，在专利保护下，一项研究可能会被扼杀，真正有价值的药物的价格居高不下，并且延续数年，这实际上就是将贫穷的患者往死里逼。

对于由科学家取得专利的做法，一直以来意见分歧很大。这种做法肯定是与科学家的职业道德观相悖的。首先，人们认为，没有一个科学家能够问心无愧地宣称他对一项发现具有排他性权

利,使他可以独享其利益;其次,人们认为科学家无权以任何方式阻碍科学应用的进展。另一方面,人们又觉得科学应该为它给予社会的新价值而得到一些回报。通过由机构而不是个人来取得专利的做法,第一个困难可以而且已经得到克服,但这样做又会增大
第二个困难。在现行的设计不当且易被滥用的专利制度下,总是 147
存在着阻碍科学成果应用的危险。依然存在着不公正。科学在创造现代价值观方面所起的作用比其他任何单一因素都要大,然而科学家,无论是个人还是集体,都无法切实分享到他们所创造的财富。

五　产业研究中的合作

由于经济上的原因,大公司或小公司都没有能力充分利用科学研究的成果。这种状况促使各国政府着手发展政府主导的产业研究。政府干预研究的好处主要是它能够克服小公司在完成科研方面的困难。通过成立研究协会将各方力量联合起来,各行业的小公司就能够集中足够多的资金来实施相当全面的研究计划。

然而,为这种合作研究筹集资金是非常困难的。这部分是因为人们缺乏对任何形式科学研究的兴趣,但主要是因为如果以这种方式进行研究,研究就会丧失其重要的竞争价值。所有提供研究资金的公司,甚至在一定程度上说,同一行业中的所有公司,都从研究协会的研究成果中获得平等的收益。竞争优势几乎完全丧失。如果在这种情况下企业的成本有所降低,通常也会是以降低了的价格表现出来,因此不会带来利润的提高,除非该行业已经是

垄断或半垄断性质的，也就是说，行业内各公司之间已达成公开或默许的协议，公司之间不得采用任何改进的方法来进行竞争。目前的经济体制与为公共利益而进行的任何研究都不相容，要想说服工业界进行此类研究极端困难，这一情形在科学和工业研究部提交的几乎每一份报告中都可以看到（见本书[边码]第 46、318 页）。但反对扩大政府性研究的阻力不只来自这一个方面。许多科研工作，由国家级实验室来进行最能胜任，但现在都是由私人顾问来实施。私人顾问这一职业通常很不稳定，但回报往往很丰厚。乍一看，一个真正全面的工业研究体系对他们来说似乎是灾难性的。但事实上，这种研究体系会使科研具有更大价值，这反过来也必然会转化为他们的优势。兽医行业的从业人员就对农业研究的扩展提出过类似的反对意见，特别是在向农户提供建议的关键问
148 题上。正是由于缺乏考虑周密的研究政策，才使得这些无知的既得利益者发展起来，使得科研工作只能跟在生产组织的混乱状态后面亦步亦趋。

出于政治和经济方面的原因，政府其实也极不愿意积极参与到科研应用的研究上来。即使政府实验室取得的结果具有商业价值，它也不具备开发利用这一价值的能力，它既不能够将这一成果出售给一家工业公司，也不能够自己创办公司来使之产业化。政府主管的研究部门受到这样一条总原则的约束：在任何情况下，除非是战争时期的军事需求，政府部门都不得与工业企业进行生产上的竞争。[17] 由此带来的不可避免的结果是，政府机构对研究应用的态度几乎完全是消极的。它们缺少推广科研成果应用的动力，因此它们倾向于关注如何去满足行业的特

定需求，尤其关注那些仅为工业生产中某些公认的困难寻找补救办法的课题。因此，除了在苏联以外，政府的科研工作既不能为科学成果的新应用提供动力，也不能为现有的科研成果应用提供合理的控制和指导。

行业之间的竞争

除了产业竞争和垄断的简单影响外，影响科学应用的还有其他一些因素。即使有效的垄断阻止了整个行业内部的竞争，行业之间的竞争仍然存在。这种竞争本身有时对科研成果的有效应用有利，有时则对其不利。如果个人消费者的需求和行业的需求都固定不变，那么任何行业部门都不会有特别的动机来提高其产品的质量。在传统工业的长期发展过程中，这种平衡状态是可能最终达到的。在这种平衡状态下，不论从哪方面来说，都只有一种材料或工具是合适的。另一方面，在工业持续发展的条件下，由于各种原因，可选择的替代材料越来越多，供应这些材料的工业部门必然会相互竞争。在这种竞争中，成功取决于质量的提高或价格的降低。因此，为了从材料的竞争对手那里获得市场，或至少保持现有的市场份额，材料生产企业都有进行科学研究的动力。不幸的是，问题并不这么简单。现有的材料生产商倾向于固守其既有地位，除非出现竞争对手，一般不会考虑从事更新换代的研究。其结果是，在他们能够检查并改进工艺流程之前，就已经遭受损失，面 149
临倒闭。在上个世纪，靛蓝属植物的本土种植者，与收集和销售这些染料产品的商人正是这样迅速被苯胺染料的出现所击垮。据说有 100 万印度农业的生产者因此死于饥饿[18]。然而，随着市场营

销的合理化和对产量的生物学研究的深入，从长远来看，天然产品是否就一定会变得更便宜，这一点还不清楚。在某种程度上，人们已经接受了这一教训。例如，由于合成塑料的出现，紫胶工业已受到生存的威胁，它们正投入一定的资金来研究如何改进紫胶产品及开辟其新用途的可能性，尽管在市场下跌的局面下要维持这类研究尤为困难。

另一方面，与生产替代产品相关联的还有完全独立的金融投资方。这导致这样一种情况：为了行业利益每种产品都有增加产量的冲动，根本不考虑该产品在需求平衡结构中应处于什么位置。例如，水泥生产与钢铁生产在建筑领域就存在极其混乱的竞争，这里没有一个公正的中央机构来决定用于各种用途的钢铁和水泥产量的最佳比例。当建筑方或其他机构作出这些估计后，如果这些估计值违背了任何一个相关行业的利益，生产方就没有可能付诸行动。产业间竞争给研究带来的根本困难是，它将研究变为各部门的事情，阻碍了不同方面的科研成果应用之间的充分互动，而这种互动原本是最富于成果的研究途径。这种竞争的存在本身就是对现行经济体制的谴责，这种经济体制的本质不可能为了人民的利益而规划整个生产过程。政府的干预取代了这种规划，而且这种干预几乎总是支持竞争的一方或另一方[19]。在制定关税、配额、强制兼并、营销计划等过程的整个规划中，政府部门很少或根本没有为旨在改进产品或降低产品成本而进行的研究做准备。这一事实表明，政府在这一问题上为公共利益所作的考虑是多么的少。

六　经济民族主义与科学研究

然而，在所有这些最近的趋势中，经济民族主义的发展对科学在人类福祉上的应用最具危害。经济民族主义是利用非经济因素，特别是政治控制手段，通过保护、补贴或货币政策来保障和扩 150
大各资本主义国家的工业市场。从商业的角度来看，很明显，通过政府干预更容易获得科学研究可能取得的成果，而且对相关行业来说，还具有无需任何成本投入的额外好处。其直接效应与垄断的作用一样，都是降低了改进生产工艺的动力。不仅如此，这种做法还有更糟糕的影响。其中之一是科学研究日益转向为战争服务。关于这一点我们将单独辟出一章来讨论。还有一种不良影响就是经济民族主义干涉科学的国际交流方式。这种影响已经从应用研究传播到基础科学研究。在经济民族主义的影响下，科学研究的成果往往只是一种国家资产。

在每个国家的商业世界里，保密带来的影响已经够糟糕了，现在，这种保密已经上升到国家秘密这样一种更危险的形式。各国都在推进目标雷同的研究，即使这类研究不可避免地存在泄密，那也意味着巨大的重复劳动。在两个以上的地方完成同一件工作（两地进行同一件工作从相互验证的角度说，有其合理性），不仅分散了可用的人力，而且剥夺了研究者之间通过自由交往、相互激励和思想交流所能获得的额外好处。科研中的经济民族主义的逻辑终点是将科学家变成国家的仆人，或者更准确地说，变成国家的奴隶，科学本身也成为国家宣传的一部分。我们已经了解到有关德国物理学的状况。从长远来看，没有什么能比这种情况对科学更具破坏性(见本书[边码]第210页及以下诸页)。保密的实际弊端已经够糟糕的了，但它对科学家本身和他们的科研工作作风所造成的损害则更为严重。猜疑和谋取私利渐成风气。由于缺少出版物和自由批评的检验，最荒谬的胡说八道都可能得到官方的许可。教学将成为向人们传授神秘事物的开端，科学将退化为罗马帝国衰败时期的神秘的炼金术。研究的内容可能更丰富，其实际应用也可能得到保护，但科学研究所具有的那种揭秘未知的力量则可能会像在中世纪那样致命地丧失。

保密

随着现代科学的发展，人们对保密的概念予以明确拒绝。雷奥米尔(Réaumur)在他的《锻铁为钢的艺术》(*L'Art de Convertir le Fer Forgé en Acier*)一书中再清楚不过地表达了这一点。在书里，他公开了他在实验中发现的炼钢原理，尽管这一原理在这个行业已经是二三千年的秘密了。为此，他说了以下这段话来为自己辩护，这些话很值得详细引述：

151 所有这些我感到有必要回应的、意见完全相反的责备，都是在科学院会议之后提出来的。有人感到惊讶，认为我公开了不该泄露的秘密。另一些人则原本希望这些秘密应该仅限于那些可以利用它们的公司知道。这些公司不仅是在为自己的利益工作，也是在为王国的整体利益工作。持第一种意见的人其思维方式中所隐含的情感不够高尚，不足以让持有完全对立意见的人因此而感到自豪。这种态度难道不是甚至违反了天赋的公平原则吗？你就真的那么肯定，我们的发现就属于我们自己，以至于公众都没有权利得到它们，或者在某种程度上说，它们就不属于公众吗？难道我们不应该将为社会的共同利益谋福利作为我们的首要责任吗？任何人，在他能够做出贡献时而不去做，尤其是当他只需开口吐露真相时而没有这样去做，他都没有担起起码的职责，使自己处于一种最可鄙的境地。如果我们认可这一原则，那么还有什么场合我们可以说我们对所做出的发现拥有绝对的权利呢？

很长一段时间以来，确实有人抱怨公众都是忘恩负义的。当公众知道这些事实后，他们甚至不会对做出发现的人表示赞扬来予以回报。一个奥秘，只要还没被揭开，公众就会觉得神奇得不得了；而一旦揭开，人们就会说“不过如此”。他们会利用一切印记——从最细微的痕迹，到相去甚远的相似之处——作为证据来证明他们以前就知道这一点。这种态度为形形色色的有学问的人秘藏他们的知识提供了借口，也为其他人利用知识来谋取利益提供了渠道。他们将知识包装得很神秘，使得人们必须出高价才能获得并为此而感到高兴。即使这些抱怨是基于公众的不公正的偏见，并且像一些作者所说的那样确凿和普遍，人们是否就有理由将对自己有用的知识占为己有、秘而不宣呢？做医生的都明白，有些病人你别指望他治好之后会感激你，甚至明知有些病人就是忘恩负义的人，但在危急时刻，医生是否有权拒绝帮助这些病人呢？慰藉心灵的东西难道就不如有益于肉体健康的东西重要？得到公认的知识难道不是最确实的财产吗？我还可以说得更多。不

是尽可能清晰地发表自己的研究成果，而只是展示其中的一部分，让人去猜测其余的部分，在我看来就是浪费读者的时间。我希望人们不要钦佩那些做事不是看重其功效而是更多想着让自己出名的人……

现在来回应对我提出的第二种反对意见。有人不赞成将这本回忆录中所探讨的发现公开；他们希望将这些发现保留在不列颠王国之内，认为我们应该效仿我们的邻国的做法——保持神秘色彩，我不认为这种做法值得称赞。我们当然首先对我们的国家负有责任，但我们也对世界其他地方负有责任，那些为科学和技艺臻于完善而工作的人必须将自己看作世界公民。不管怎么说，如果这本回忆录记录的研究取得了我从事这些研究时所预想的成功，那么没有哪个国家能像本王国那样从中获得如此多的好处。将来，我们不必像现
152 在这样从国外进口优质钢材，我们自己也能生产出这些钢材。但这样做的前提是我们不再像我们经常犯错的那样忽视利用我们自己的资源，而且还必须假定我们既不会轻易地采取行动，也不会轻易地放弃尝试。

——《锻铁为钢的艺术》，1722 年版[20]

通过这一段叙述，他同时展现了一个真正的科学家和一个真正的爱国者的情怀。他所阐述的两项原则——发现者的成果属于全社会；为科学和艺术献身的人是世界公民——从那以后一直是科学与社会之间关系的指导原则，只是到了眼下才再次处于危险之中。

当然，国家科学的概念与现代科学本身一样古老。英国皇家

学会、法国科学院、普鲁士和俄罗斯的科学院都是为了培养本国的科学人才而建立的。其创办目标也非常明确：为了改善国家的贸易和制造业。但在早期，由于科学家在外国生活和工作有较大的自由，而且鼓励从事科学、鼓励公开发表研究成果会给国家的统治者带来很高的威望，因此消弭了这些危险。现在的危险是，那些被专制经济和为极权战争做准备所困扰的政府，总是以最狭隘的经济利益的眼光来看待科学的价值。开发工业原料和食品的替代品以摆脱国外掣肘的研究，已经在许多国家（不仅是德国）被认为是极其重要的。虽然这种做法在一个合理的世界经济体中毫无必要，但它代表着眼下科学独创性的不幸转移。现在，像政府本身一样，科学研究的控制权掌握在大型垄断公司手中。对于崇尚自由开放的科学传统来说，将科学研究的方向转向这些目的的压力实在太大了，难以抵抗。

国际垄断

经济民族主义的倾向在一定程度上被国际垄断的倾向所抵消。更确切地说，这些国际垄断组织就是由各国的国内垄断集团自愿发起的国际联合体或卡特尔，其合作领域通常仅限于定价、达成划出独家销售区或共享销售渠道等协议，其中最重要的是共享科学专利和生产工艺秘密。同一个垄断组织内的不同公司的实验室理应彼此交流；至少它们的成果应当是彼此共享的。但在实践中，大部分的研究通常集中在垄断组织的一家公司内，其余的公司几乎完全依赖于这家公司的结果。例如，在化工行业，大部分研究
都是由卡特尔的德国成员，即法尔本工业集团做出的。1935 年， 153

法尔本工业集团做出了555项新的专利工艺，杜邦集团承担了508项（1936年），而帝国化工集团（I. C. I）仅开发出270项专利。然而，世界范围内的国际卡特尔正逐渐被有限责任的工业集团所取代。这些工业集团在政治上与不同的强国集团有着紧密联系，在其内部有一定的科技信息交流，但随着技术保密的发展和缺乏合作诚意，各工业集团之间的竞争日趋激烈。事实上，眼下我们看到的是，科学和技术正在被动员起来，为即将到来的战争做准备。关于这方面以及直接涉及战争准备的方面，我们将在下一章中讨论。

七　产业研究步入歧途

到目前为止，我们讨论的大多数因素都是妨碍科学有效应用的因素。但这只是事情的一部分。科学研究的应用不仅在量上受到限制，而且在质上也受到限制。科学应用的整体趋势，以及科学研究的整体趋势，受到我国现行经济体制有效需求特征的扭曲。从人类福祉的角度来看，人们对生产资料的生产和重工业给予了不适当的偏重，而对消费品和一般福利的生产则重视不够。即使在进行此类研究时，其效果也常常因商业上的考虑而大打折扣。[21]

对大众消费品生产的研究尤其如此，因为大众消费品的技术含量最低，而且其消费者最容易受到广告宣传活动的欺骗。在消费者看来，商业的目的不是以最低价格向他们提供最好的商品，而是以竞争所能维持的最高价格向他们兜售最便宜的商品。当今消费品生产的主要趋势，是生产那些外表光鲜、最好卖的物品，而不是最耐用、最实惠的物品。上市的商品还必须能够尽快消耗掉，以防止市场饱和，同时以尽可能高的产量来完成更新所需的替代品生产。工业上的科学研究实际上主要是为了生产劣质和易售的商品。例如，汽车就是这样一种典型产品。在过去几年里，汽车有了巨大的性能改进和价格下降。但汽车制造业所做的远远低于新的大规模生产方法所能达到的程度，而且它所做的改进并不是那些 154
能给用户带来最大便利和最小支出的改进。生产厂商不但故意将耐用性和易维修性保持在最低水平甚至还要降低，而且为了提高行驶的平稳性和高速性能，还牺牲掉开车的经济性和效率。从技术上讲，按现在的技术手段，是能够做到用现有生产成本的一半来生产出性能是目前汽车的两倍且运行费用仅为目前的一半的汽车的。但有人认为，这种想法十分错误，这将使汽车市场陷入低谷。[22]在这种情况下，汽车生产的研究在很大程度上被误导就不奇怪了。

有一个有趣的例子可说明在满足中间生产商和一般消费者的行业中研究所面临的困难。这就是无线电电子管的生产。要保证电子管能够卖得出去，就必须保证电子管的性能良好。但这就带来一个两难问题：要提高销量，最好是所生产的电子管的使用寿命不要太长；但如果电子管的寿命不超过由它装配的无线电设备的寿命，那么无线电设备制造商就不会要这种管子，销量就上不去。由此产生的结果是，电子管制造商不能向消费大众出售大量的电子管，而是只能以非常低的价格向成套设备制造商少量供货，或者干脆自己制造成套设备。这种情况促使研究转向如何以低廉的价格生产可用的产品而不是去研究高品质的产品。

对直接消费品生产的大量研究也是如此。就专卖品而言——现在越来越多的消费品变成专卖品——由于品牌的多样性和广告的狂轰滥炸，消费者实际上没有选择余地。顺便说一下，这种发展正迅速冲击着正统经济学的最后一块基石。在这种情况下，研究本身往往成为广告的一部分，即使不是彻头彻尾的欺诈，起码也是华丽的包装。我们经常看到某个品牌的香烟或专利食品的广告以这样一幅画面呈现：一个身穿白大褂的科学家正俯身在显微镜前或专心盯着一根试管。人们常常想知道，如果允许这些研究者在公共场合开口，他们自己会说什么。然而，美国消费者研究委员会的工作表明，即使是采用非常有限的手段也可以做出些名堂。对此，这个委员会能够向其成员提供有关市场上各种产品的相对效用，以及有关欺诈性品牌的准确信息。但由于商家可以利用有关诽谤罪的法律条文来阻挠，因此这一社会效益显著的服务无法提供给广大消费者。在我们国家，欺骗公众的合法阴谋甚至更有效。

155 多年来，有害的和无用的专利药物可谓蓬勃发展，原因就在于无法以合法安全的手段来揭露它们的已知成分。[23]在法律的背后还站着报纸。报纸需要靠广告收入生存。但即使是英国医学会想刊登一则用语极其温和、不易引起反感的广告，来提醒饮用未经高温消毒的牛奶的危险，也遭到了大多数大报纸的拒绝。事实上，如果仅将目前的巨额广告费——约为所有科学研究经费的 50 到 100 倍——中的一部分用于科学研究，就能够搞清楚哪些商品能为人们带来最大的满足感，就可以在逐步降低人力成本的条件下增加人类的福祉。然而，目前这种设想还是空想。以营利为目的的生产在应用科学成果的方向上造成了如此巨大的扭曲，以至于仅仅增加应用科学的研究资金和提高组织效率本身并不能明显地改善这种状况。虽然我们习惯于将当下看作是科学应用变得日益重要的时期，但与现有的知识和人力相比，科学的应用可能比过去300年来的任何时候都更不令人满意。只有在发展科学的同时改变生产的方向，使其着力于增进人类福祉而不是牟利，这个局面才能得到改善。

八　科学与人类福祉

当然，所有这些都是基于这样一个假设：科学的快速应用可以增加人类的福祉。这正是浪漫主义反对派和保守派经济学家竭力反对的一个观点。浪漫主义反对派是完全否定当前的科学成果，因此也否定了科学本身。这种反对意见一方面是基于对当代文明带来的毫无疑问的邪恶——恶魔式的工厂、失业，和对乡村的破坏——的厌恶，另一方面则是对中世纪世界的理想化，这种理想化通常是从城堡的视角而不是从茅屋的视角来看待中世纪的。因此他们的思想陷入一种无法摆脱的混乱。自然，他们无法区分科学的必然作用和资本主义对科学的滥用。除非有人指出，否则科学遭遇的挫折和它带来的各种可能性是不容易看清的。而这方面最确凿的证据，即科学应用为人类造福的实际证据，已开始在苏联显现。但这些证据却遭到一系列的掩盖，不予宣传。然而，无论是分析还是证据展示，都不太可能影响到浪漫主义者对科学的反对。他们打心底里不喜欢理性思维，他们的感性认识往往过深，无法与

156 之论辩。如果不是法西斯主义将它们用作煽动青年的一种手段，我们可以完全予以忽略。

然而，保守派经济学家则提出了一种理性的反对意见，尽管这种观点十分奇怪：由于科学的迅速应用，工业的迅速变化正在扰乱现有的经济体制。因为对他们来说，现有的经济体制是最好的，它不可能有错，需要减少的是科学影响所带来的令人痛苦的后果——顺便说一句，这种影响也是同一经济体制的一部分。技术进步需要减缓以便适应经济体系的吸收能力。然而，要将这个问题说得如此明白，就必然会使这个制度本身易于受到攻击。因此限制技术进步的理由就必然归结为，是它造成了经济的不平衡并加重了保守的人性或社会的压力。

人们认为，过快的科学应用带来的三个主要结果分别是：技术进步引起的失业、高昂的升级换代费用和经济的不稳定。此外，有人还认为，科学应用所带来的丰富性可能是虚幻的，因为它只考虑了技术因素而没考虑到经济因素。现在，没有人会否认存在失业和经济的不稳定，而且并不存在社会财富的极大丰富，但科学的应用与这种状况到底有多大关系则是另一回事。这种状况无疑是科学对一个无法吸收其成果的社会带来的影响，但能够直接计入当代科学账上的部分实际上相对较小。

技术进步引起的失业

斯坦普勋爵几乎不可能被认为是一个主张工业快速发展的人，但他也倾向于认为科学所导致的失业被夸大了：

> 在任何特定时刻，科学的影响总是导致一些失业，但与此

同时，在旧有的影响过去后，新的建设性的就业机会就会涌现。但人们很容易夸大技术性失业的净差额。工业的不平衡有许多方面的原因，而这些都与科学无关。例如时尚的变化、资源的枯竭、人口的差分增长率、税收和关税的变化、金融和其他原因造成的心理上感觉的贸易繁荣和萧条等等，都会扰乱平衡，从而造成特定地方的就业收缩和扩大。

我们对失业问题的分析使我们认识到，像资本积累一样，失业是多种力量的结果。最近的一份官方报告指出，即使在经济繁荣时期，失业率也会达到一个相当令人意想不到的水平。我们已经知道，在一个失业率为 8% 或 10% 的地区，可能会出现所需劳动力的短缺。例如在英国，即使是在我们称 157
之为"好时光"的那些年代，也可能存在 100 万人的失业——这是我们为保住那些有工作的人的高标准生活所付出的代价的一部分。因为实际工资水平可能会很高，高到不能让所有人都以这种工资水平就业——尽管这绝不是失业的整个经济学原因。在这个数字中，大概有 20 万人在任何普通的情况下都无法就业——他们构成所谓的"硬核"。有七八十万人组成这样一个永久性的群体，其成员会不断变更工作单位。他们从一个工作岗位变换到另一个工作岗位，从一个地方流动到另一个地方，从一个行业流动到另一个行业，其就业具有季节性——这些是由多种原因引起的"摩擦性"失业。我敢说，在这 100 万人中，由科学创新这一令人不安的因素而造成的失业人数不会超过 25 万人。

这是被科学技术应用挡在门外的失业人口的最高额，除

非是在特殊时期，如战争结束后，新科学思想的日常应用被日复一日地推迟。而所有这些推迟了的应用一旦启动往往都是一股脑地铺开，全面上马。当然，在任何特定时期，根据新工艺相较于被取代的旧工艺的潜在优势而计算出来的技术性失业率似乎要高很多。但这些数字是总数，必须从中扣除掉所有因采用新技术工艺而增添的从事新产品生产的人员和因旧产品生产扩张而增添的人员。如果我们要算出在任何时候由科学引起的那部分摩擦性失业人数，那么这部分人数应当是：由于采用新工艺而减少的总人数，加上由于需求方向改变而导致的裁员数，再减去新需求所创造的总的新就业数。当我们被一台原来需要10个人操作现在仅需1个人的新机器吓坏时，我们必须记住这一点。

——《社会调整的科学》，第41—42页

25万人确实不少，但这只是好年景时失业人数的六分之一，或是坏年景时失业人数的十分之一。因此，在这方面，似乎更重要的是如何补救经济体制的重大不稳定，而不是试图阻碍科学的发展。无论如何，这25万人代表的是在不做任何努力的情况下由于技术进步而导致的失业，这里所说的努力是指在落后的旧生产方式淘汰造成的失业与新生产方式带来的劳动力增加之间进行协调。正如斯坦普勋爵所说：

我们大可假定，纵观整个社会，从快速发展中获得的整体收益足以弥补由此造成的损失。但是，社会并没有自觉地采取任何措施来调整这个变化率，使其达到收益与损失之间的最佳净差额。

——《社会调整的科学》，第45页

如果在一个合理的经济体系中，通过有序引入新的生产方法——例如采用我们将在下一章中提到的一些手段——这个问题能够得到完善的解决，那么技术性失业就可能完全消除。[24]

旧设备报废的成本损失也可以这样来考虑。旧设备的过早报废主要是由于在融资和引入新工艺的过程中的无计划性造成的。158
这些不是不可变更的，尽管斯坦普勋爵和大多数保守派经济学家并不这么认为：

> 科学家们经常这样来看待新技术的实际应用问题，好像为了体现它的社会效益，唯一要考虑的因素就是尽可能快地上马。如果垄断管理层或某个部门经理对采用新工艺说“不”，就会被认为是一种挫折。对此有人会说：“不舍得过早报废是对采用新技术的一个很大的阻碍。大公司的生产结构往往过于僵化。”假设过早报废确实是一个很实际的成本因素，那么在考虑转型时，不论是什么社会形态，即使个人的“好处”激励不起作用，也要考虑到这一点。它不能被不声不响地顺走。
>
> ——《社会调整的科学》，第42—43页

除了经济因素的变化外，有两种技术性措施可以用来在不阻碍新工艺应用的情况下“消除”过早报废带来的成本损失。一个措施是提供孵化器或试点工厂，生产技术革新可以在其中孕育、发展到可以全面生产的阶段。另一个措施是在工业设备的设计上采用柔性策略，以便在技术更新时使资本损失最小化。这两个问题将在第十章和第十二章中讨论。

即使是科学最顽固的敌人也很难将当前经济体制的不稳定性直接归咎于科学。然而，他们的责难中也包含一些事实。那就是目前的经济体制和科学技术进步不能总这么持续下去。要么是科学被扼杀，同时现行经济体制本身在战争和野蛮中被摧毁，要么是对现行经济体制进行革新，以便让科学继续发展。

不可能富足

保守派经济学家的最后一项辩护是，科学技术应用带来的福祉很可能是虚幻的；尽管技术上能够做到这一点，但它会受到科学家不容易看出的经济因素和政治因素的限制：

> 科学家们看到，在这样一种社会形态下——它能够更快认识到科学的优势，更愿意筹集所需的资金，更愿意为暂时的混乱付出任何代价，并相应地调整社会结构——技术进步将发挥出巨大的潜力。我们可以为这些潜力准备一份长长的清单。毫无疑问，随着适应变化的心态的调整，社会能够更快地前进。但是，一旦决定采用某种方法，那么在可采用的各种方法之间，还是存在着明显的区别。另外，如何更彻底地采用新技术也面临更大的问题。我们能够在多大程度上提高现有创
> 159 新分量的影响，我们就能够在多大程度上应付更大数量或更快速度的问题。除非大多数科学发现恰好发生在盈利动机的范围内，并且值得某人为社会提供这些科学发现，或者除非社会能够具有充分的科学意识，将这一特殊需求纳入其一般的商业需求中，或者用它来取代其他需求，否则什么事情都不会发生，潜力永远不会成为现实……

科学家们非常清楚地看到，如果政治家们更睿智，如果商人们更无私，有更多的社会责任，如果政府的胆量更大一些、更富于远见而且更加灵活，那么我们的知识就将更充分、更迅速地被用于大大提高生活和健康的标准——技术应用对科学研究的长时间滞后就可以避免，我们就能够为社会福祉而工作。正如朱利安·赫胥黎博士所说，这意味着“目前社会上的那些不负责任的金融控制机构将由对社会负责任的机构所取代”。而且，它显然涉及社会结构和社会目标的巨大改变，以及个人的职业和所关注的事物的巨大改变……

可以设想，采用社会主义性质的社会组织形式，应该可以消除那种由于对收益的依赖和对吸收新技术风险的承担不出自同一个主体而导致的失调。并且可以在理论上制订出一套方案，能够在考虑到投资资本、技能和地方利益的前提下，使对技术革新的吸收率达到最高效益。可以说，这需要一种极富想象力的假设：这种社会形态能够在不严重损害经济发展的中心特征——即个体消费者能够按照自己的意愿来进行选择——的情况下发挥作用。并且同样重要的是，社会组织和政治智慧要达到完美的程度。但在仅凭科学发现本身就可以充分发挥作用的国际关系和对外贸易领域，它要求这种社会形态具有远远超出目前可达到的水平的能力。

——《社会调整的科学》，第48—52页

这些论据足可以证明，目前的资本主义社会不可能实现财富的极大丰富。但要将这些论据当作反对社会主义制度下能够实现富足的论据，那么苏联的实际经验就已经驳倒了这些论调。前述的困难也许会使社会主义制度不能很好地运作或立即起作用,但这种制度能够克服这些困难,并且已经做到了这一点。斯坦普勋爵不同意科学的应用能够实现社会的富足这一观点,其基本论点是,有效需求不会大于目前的生产供给量,而且随着人口的减少和海外销售点的关闭,这种需求势必会越来越小。他的观点隐含了这么一个假设:现行的经济体制和社会制度会不断延续下去。我们看到,目前的有效需求特性正是现行体制使然。人们想要的东西很多,但现行体制不让他们赚钱去购买。人口下降是因为人们看不到什么希望,对未来充满恐惧。实现丰足的障碍确实存在,但它们都属于政治上和经济上的障碍,而不是技术上的障碍。只要有决心并了解原因,这些障碍都可以克服。

160 **注释:**

[1] 这在 17 世纪被认为是理所当然的,以至于科学家当时关切地宣称,科学在未来可能对工业有用。为此,玻意耳写了一篇题为《博物学家对各行业的探索可以增加人类财富》(That the Goods of Mankind May Be Increased by the Naturalist's Insight into Trades)的论文。我们可以从中摘取以下内容:

> ……我将通过观察得出结论,我希望你们会对此感到满意:通过对各行业的考察,实验哲学不仅本身可以得到推进,而且也可以推动各行业进步。所以它对各行业的良好影响绝不是博物学家用它来促进人类王国发展的最不起眼的方式。由于对不同行业的适当管理显然事关公众的利益,因此英国颁布了各种现行的法规来对制革、制砖以及其他机械等行业进行规范。在这些行业条规中,法律制定者们不遗余力地制定出非常具体的规定和指示。
>
> 如果我有时间的话,我可以再提出一些理由来说明为什么我十分看好这样一幅前景:到那时候,在博物学家的帮助下,农夫也许可以通过某

种治疗手段来提高自己的种植和养殖水平。这种治疗手段不仅可以扩展到饲养的家禽牲畜,扩展到蔬菜瓜果栽培,而且可以扩大到对土地本身的土壤改良(就治疗这个词的广义而言)。因为如果自然哲学家的睿智发现了土壤贫瘠的原因,以及水土不适于发展植物栽培或动物养殖的原因,我不明白为什么这些缺陷不能通过合理运用(自然哲学的)原理和适当措施来消除。这种做法与我们在看到各种其他无生命物体(紧密坚固的金属物也不例外)不合用时予以修理的道理是一样的。

博物学家可以利用各个行业来增加人类的力量和需求,这样做不仅可以使那些已经被发现的东西变得更高级,而且可以引进新的东西,其中有些是绝对意义上的新发明,有些属于当地不知道而由他引进后成为当地需要的东西。我们不妨想象一下,如果自然赠予的财富和人类的勤奋都枯竭了,那么这对于自然和人类来说显然都是有害的。但如果我们不断运用哲学头脑来做出新的发现的话,那么它们就将为各行各业提供新的就业机会。这里我认为,在许多情况下,行业的实践不同于实验。这种差别不仅仅在于二者的性质有别,更主要的是前者属于发现有幸得到人类的运用,或成为一群工匠为谋取利润而从事的职业,而对于实验本身来说,这些功能是外在的、偶然的。我们举个例子来说明这一点。将硝石、硫黄和木炭混合之后可产生闪光的爆炸。但当这一实践还没有走出僧侣的实验室时(据说这项发明是僧侣做出的),它仅仅是一项实验。但一旦人们注意到它具有巨大(尽管不幸)的用途,从而工匠们决心将它作为他们的职业和业务而加以改进和应用时,这个单一的实验便产生出许多行业,例如火药制造、火炮制造、炮手(包括火炮和迫击炮),以及枪械制造等;而每个行业又由几类工匠组成,如制造步枪的、制造手枪的、制造普通枪管的、制作螺纹枪管的以及其他无需在此列出的诸多技术类别。

磁针具有指向南北极的性质的发现促成了制作航海罗盘的工艺的出现。在伦敦,制造航海罗盘已发展成一种特殊而独特的行业。像这样的例子可谓不胜枚举,特别是在将机械工具和装置与对大自然运动规律的发现相结合的情况下。因此,历史上不止一次出现过,在仪器的发明和手工艺者的实践推动下,若干零星的数学推理,或不多的物理观察,最后发展成如我们所见的一个个行业。从事机械加工的工匠掌握了屈光理论后，世界上便有了制作眼镜的制造商，有了制造性能优异的装置、望远镜和显微镜的制造商。

[2] 吉尔菲兰(S. C. Gilfillan)在一篇非常有趣的关于“发明预测”的文章(见美国政府的《技术趋势》报告)中，对应用滞后的平均时间作了估计：

> 以 1888—1913 年推出的 19 项最有用的发明为例，平均滞后时间分别为：从这项发明最初被想到，到第一项有工效的模型或专利，用了 176 年；随后，到第一次获得实际使用，用了 24 年；再到商用成功，又用了 14 年；到成为具有重要用途，又花了 12 年。也就是说，这项发明从第一次实际工作开始直到成为重要用途，总共用去了 50 年。同样，《最近的社会趋势》对 1930 年前的最近一代最重要的发明的研究表明，从“概念形成的时间点”(相当于前述例子中第二个阶段的起点)到商业开发成功的时间点之间，有 33 年的时间滞后。要想寻找例外的情形，我们发现很难
> 161 找到一项发明，从它获得专利授权开始到变得重要，或被用作完全等效的替代品，其间的时间不会少于 10 年，只有其中很少一部分用了不到 20 年。因此，本项研究的一个很可靠的预测法则确立为：只需对已经产生的这样一些发明进行预测，其物理可能性已被证明，但通常还不实用，其未来的意义也未得到普遍认识。(第 19 页)

[3] 有关经济因素制约技术进步的深入研究，请参阅斯特恩(Stern)在《科学与社会》(*Science and Society*, U. S. A.)上的文章，见第 2 卷，第 3 页。

[4] 通用汽车公司副总裁兼研究部主管查尔斯·凯特林(Charles F. Kettering)在 1927 年对此也做了如下说明：

> 由于技术革新给工业带来了迅速变化，因此银行家们认为这类研究是最危险的，也会使银行业面临危险。(《技术趋势》，第 63 页)

[5] 人们很了解这种情况，但很少或根本没有采取任何补救措施。詹姆斯·亨德森(James Henderson)爵士于 1936 年在英国科学促进协会发言时作了如下评论：

> 一般认为，各行业都在寻找新的发明，但他们最感兴趣的是那些能够降低其工作成本，并通常会导致失业率上升的发明。这几乎是自大战以来唯一有需求的发明。工业本质上是一种商业性的行业，它的领导者

是商业人士，他们感兴趣的是红利，是如何节省资本，除非这些资本可以增加他们的产出。

一项发明发展到商用阶段后，就不难找到资金来支持它。为商用开发找到2.5万英镑或更高的投资要比为基础性研发找到5万英镑容易得多。然而，开发一项成功的发明所获得的利润是巨大的，仅出售外国专利授权就可以使投资人获得多倍的回报。

在战前，有许多富人成为发明的推动者。但自一次大战以来，可能由于重税或其他原因，这样的投资者已变得非常稀少。新一代资本家已经出现，但他们还没有注意到这种利润丰厚的投资机会，要不然就是缺少看出其中可能性所必需的经济眼光。

[6] 见布拉格(W. L. Bragg)于1938年3月和4月在皇家学会所做的“有关工业科学的若干问题”的演讲。

[7] 美国政府的《技术趋势》报告谈到了缺少联合研究机制的小公司的困难处境：

在大萧条时期，人们一般认为小制造商的高压设备的开发工作取得了进展……小制造商由于缺少测试高压设备的设施而遇到很大障碍，他们缺少购买检测设备的资金。那些负责维护高压线路的人自然希望在设备使用之前对所有部件进行严格的测试，但小制造商没有办法上马昂贵的测试设备，因此他们一直是在相当大的障碍下工作。(第279—280页)

[8]《技术趋势》对大公司的研究实验室未能在技术进步的生产中发挥作用这一点有如下评论：

人们经常认为，大企业和卡特尔建立了实验室和研究协会，就证明了对大工业缺乏灵活性的指责是错误的。但这些为数不多的研究部门却使得大企业有了更大的控制权，使其能够控制可能会给市场带来干扰的技术创新。根据格罗夫纳的说法，在1889年至1929年间出现的75项最重要的发明中，只有12项是大公司的研究部门开发的。(第63—64页)

[9] 通用电气公司在申克内克塔迪(Schenectady)召开的五十周年会议。

[10]《技术趋势》中公布的估计数字表明，美国存在严重的设备淘汰问题：

1934 年,行业杂志《电力》对 454 座“优于平均水平”的工业发电厂进行了一项研究。它们占工业原动机总容量的近 10%。研究发现,有 62% 的设备使用年限超过 10 年,25% 的设备使用年限超过 20 年。一些较旧的设备可能被认为是应急备用设备,但大部分旧设备被认为是过时的,完全可用最先进设计的设备来予以替换,平均而言,在工业用发电厂的旧设备上每花费 1 美元,如果采用新设备就可以节省 50 美分。1935 年,《美国机械师》杂志对金属加工设备的陈旧程度进行了研
162 究,得出的结论是:由于机械设计的快速更新,金属加工设备如果不是在过去 10 年内生产的,通常都是过时的。这项调查对这些机器的使用年限进行了盘点,发现美国 65% 的金属加工设备的使用年限都超过了 10 年,可能都已经过时。州际商务委员会的记录显示,美国 61% 的蒸汽机车是 20 多年前建造的。这些数字表明作为资本投入的设备的陈旧程度。

机械及相关产品研究所在 1935 年对所有行业的潜在机械需求进行了估计,进一步揭示了这种资本过时的程度。该研究所进行了广泛的调查,抽样调查了占所有行业 85% 以上的行业需求,并在此调查的基础上估计出,所有行业的潜在机械需求价值超过 180 亿美元。其中由新设备取代旧设备(大部分已经过时)的更新需求超过 100 亿美元。

上述对设备过时的调查清楚地表明了这些资本的过时程度。但对设备过时所带来的社会影响的研究还很少,仍有一系列问题有待回答。当设备过时因而失去价值时,谁会遭受损失?设备过时是涉及社会成本还是仅涉及企业成本?资本陈旧是工业失调的原因吗?大量过时设备的存在是否妨碍了更好的工业技术的应用?在不妨碍采用更好的技术的情况下,能否降低资本过时的风险?资本陈旧造成的损失应该在整个行业中分配吗?由于我们对资本过时带来的工业活动的实际影响知之甚少,因此无法回答这些问题。然而,这些问题是由于技术的快速更新而强加给我们的,值得我们进行最仔细的研究。如果要想了解当前技术更新趋势的全部社会意义,并且要应付技术更新所带来的问题,就需要广泛研究资本过时及其所涉及的一切问题。(第 12—13 页)

[11] 吉布斯(A. Gibbs)爵士在演讲的结束部分提请听众注意这样一个事

实:研究所取得的成就越大,它对现行工厂和设备的影响就越直接和剧烈。他说:“人们必须将数百万元资金投入固定资产,而这些资产可能在一两年内就被新方法的发展所淘汰。”他还宣称,许多有价值的发明已经被既得利益集团收购并雪藏,为的是避免给现已运行的生产设备带来更大的损失。由于人们经常提出这些言论,因此我们很难不信其中所含的合理性。然而,由于缺乏有关发明一经买断就被雪藏的具体实例的数据,因此很难评估国家因此而受到的损失,以及今后可能受到的损失。

——《自然》,第140卷,第438页,1937年

[12] 第一个电气照明灯管可以追溯到1744年。见克劳瑟,《著名美国科学家》(*Famous American Men of Science*),第67页。

[13] 1937年,美国司法部长办公室指控说,“铝业公司凭借其100%的优势地位垄断了美国氧化铝和原铝的生产和销售。它收购并保持着对氧化铝、纯铝、铝板、合金板材、基本制造产品等生产和销售的垄断控制,并通过这些产品控制着下游产品的制造和销售(州际间的贸易和对外贸易),而且有权制定专断的、歧视性的和不合理的价格,有权扩展和永久保持所述的垄断控制权,并排除掉除上述垄断控制集团以外,在铝土、氧化铝、原铝以及相关的铝制品的生产和销售方面与铝业公司存在竞争关系的其他厂商。由于希冀进入铝业领域的新企业要受到控制着重要原材料的强大公司的支配,由于冒险进入一个完全由铝业公司及其全资子公司垄断的行业必然会有巨大风险,因此上述垄断控制已经并将继续对州际贸易和国际贸易中出现的、由从事铝土原料、氧化铝、纯铝以及由此而起的铝制品生产的其他厂商带来的生产和销售上的竞争局面造成直接且当即见效的抑制和阻碍作用。这对公众利益是有害的。”

——《技术趋势》,第55页

[14] 见斯坦普勋爵的《社会调整的科学》一书。

[15] 美国法院已经在一些司法判决中批准废止专利。在评估美国的技术变
革阻力时,这些判决具有根本的重要性。1896年,法院判决专利权人 163
“可以保留其发明或发现的专有使用权……他的专有权具有排他性,而

且宪法对私有财产的规定非常明确，他可以自己不使用其发现，也不允许他人使用它。”1909 年，法院对这一判决作了再次确认，并宣布，“公众无权强行使用一项受到专利保护的装置，或强行使用一项虽不受专利保护，但这种使用明显与财产不受侵犯的基本原则不一致的装置。”因此，技术进步变得不可分割地取决于某种财产所有权，而这种权利是根据与社会利益相对的个人权利和特定行业的权利来解释的。实际上，这种解释有利于大公司。因为发明家们一贯的经验是，在由这些公司把持的领域中，他们无法独立地推行他们的专利实施。当然，主要障碍是缺乏实施推广计划的资本，他们发现自己卷入了一场代价高昂的侵权诉讼，并受到干预流程的干扰，这迫使他们不得不将专利卖给资本资源集中的大企业。这样做也给了大企业将专利束之高阁的机会。专利联营通常将专利的收益维持在几家公司的小圈子内，限制与它们无关的其他公司使用，从而阻碍了广泛的技术进步。垄断集团对技术变革的垄断立刻让人觉得这与中世纪公会的限制作用如出一辙。

——《技术趋势》，第 3 页

[16] 列文斯坦（Levinstein），《英国专利法，古代和现代》（*British Patent Laws, Ancient and Modern*）。

[17] 医学研究委员会通过赞助化疗研究，部分打破了这一规则，并因此激起了相当大的反对意见。反对理由是，这是化学品制造商的专属领域。

[18] 见克劳瑟，《科学与生活》，第 33—34 页。

[19] 政府在制定关于从煤炭中提取油产品的相对价值的政策上的快速变化说明了这一点。

[20] 原注是对正文法文的英文翻译，故略去。——译者

164 [21] 朱利安·赫胥黎在《科学研究和社会需求》一书中提到了这一点：

我国正在进行的大部分研究都是从生产的角度组织起来的，也就是说，组织和规划这些研究是为了提高技术工艺流程的效率，降低生产商或国家的成本。我们应该多从消费的角度——针对个体公民的需求，即作为个体的需求和作为公民的需求——来组织研究……当然，从消费的角度提出的研究还是有的。由科学和工业研究部属下的研究委员会所做的大量工作就属于这一类，例如在建筑或无线电方面的大量

研究。当然，还包括大量的医学研究。但是由于研究工作普遍偏向于解决生产中提出的问题，因此其他问题根本就没有解决，或者只是零星地触及。(第256—257页)

[22] 诺顿·伦纳德(Norton Leonard)，《明天的工具》(*Tools of Tomorrow*)。

[23] 见《事实》(*Fact*)第14期，其中首次有力地曝光了关于专利药品的丑闻。

[24] 温特罗布(D. Weintraub)在《技术趋势》第78页及以下的篇幅中，提出了一项有趣的尝试，用以估计美国技术性失业的程度。他估计，因技术原因而失业的工人数量在不断变化，在萧条时期，失业人数会上升到就业人口的14%。

第七章　科学与战争

165 科学知识在战争中的应用是如此重要，以至于需要单独来考虑。科学家和广大公众最近开始认识到，科学研究的很大一部分努力正在被用于纯粹的毁灭性目的。现代战争的性质由于科学发现的应用而变得比以往任何时候都更可怕。例如，我们知道，在英国，政府每年花在战争研究上的资金约为 300 万英镑，相当于所有其他类别研究经费总额的一半以上。而且其他类别研究中也有许多具有直接的和间接的军事价值。具体来说，仅用于毒气研究的资金数额就几乎相当于政府对医学研究的全部投入。几乎在每个国家，科学家都被要求为军事工业服务。如果战争来临，他们还会被划归到不同的军事部门。所有这些似乎都是新出现的可怕进展，但科学与战争的联系绝不是一个新现象；新的情况在于人们普遍认识到，这不是科学应有的功能。

一　历史上的科学与战争

科学与战争一直是极为密切地联系在一起的。事实上，除了19 世纪的某段时间外，可以公平地说，大多数重大的技术和科学进步都直接源于陆军或海军的需要。这并不是因为科学与战争之间有任何神秘的密切关系，而是出于更基本的考虑，即战时需要的紧迫性。这种紧迫性表现为愿意承担开支，比任何民事需要更为迫切。在战争中，新发现极为重要。技术上的改变导致生产出新的或更好的武器，这可能成为决定胜负的关键。从最早期的战争起就是这样。我们知道巴比伦人的军事工程的精妙之处；而且最初工程师这个词实际上暗指的就是军事工程师而不是其他人。在技术发展相对落后的希腊，数学的军事用途受到重视，尽管这在某 166
种程度上受到限制，正如柏拉图的那段话（见本书[边码]第 12 页的注释）所述。

在亚历山大时代，科学在战争中的应用变得更加自觉。亚历山大博物馆*专注于生产改进的攻城机械和抛射器，传言阿基米德取得过发明可引起远距离燃烧的镜片的成就，不论这件事真假与否，就一个数学家服务于城市统治者去完成其所期望的任务这一点来说，都很能说明问题。无需赘言，科学提供了战争需要的助力，反过来战争也有助于科学进步。这种帮助主要是通过提供资金来维持科学家的生活，其次，战争还提出了需要科学去解决的问题，使科学家能够集中注意力并在实践中检验科学的推测。

* 亚历山大博物馆是世界上最早的博物馆，也是 Museum 一词的源头。这个词的原意是缪斯神庙（Mouseion），即众女神活动的地方。这 9 位女神中除了 7 位文艺女神外，还有一位主管历史的女神和一位主管天文的女神（后来衍化为自然科学保护神）。由此，博物馆跟科学扯上了关系。而当时的科学活动就是研制枪炮云梯等军用器械。据称，Museum 一词为欧里庇德斯所创。有关亚历山大博物馆的更多信息请参见乔治·萨顿著，《希腊化时代的科学与文化》（鲁旭东译，大象出版社，2012 年 5 月第 1 版），第二章“亚历山大博物馆”。——译者

火药

在中世纪末，随着火药的引入或发现，科学与战争之间出现了一种新的重要联系。火药本身是人们对盐类混合物进行半技术、半科学研究的产物。火药的引入对战争艺术产生了显著影响，并通过它对经济发展产生了巨大的推动作用。而经济的发展则直接引发了封建制度的解体。战争变得越来越费钱，需要更多的技术技能，而这两种需求都被市民和他们支持的国王所掌握，用以对抗贵族。从理论上讲，职业军人并不喜欢火药。弗鲁瓦萨尔(Froissart)对克雷西战役的叙述为此提供了一个有趣的例证。在初版中，原文是这样描述的：

> 英国人仍然没有动静，只是放了几发他们拥有的炮弹来吓唬热那亚人。

但在后来的版本中，弗鲁瓦萨尔为了寻求英国宫廷的支持，将所有关于轰炸的文字删去了。他觉得，这些描述有点显得英国人不够光明正大。这个版本称颂了英国弓弩手的美德，并通过我们的学校课本流传下来。从中我们可以看出，军人阶级对技术人员抱有轻视的态度并不是什么新鲜事。

火药在许多方面都促进了科学进步。改善火药质量、提高枪械制造和射击精度的需求，不仅为化学家和数学家们提供了施展才能的机会，而且由此提出的问题也成为科学发展的焦点。爆炸的化学过程引发了人们对燃烧的性质和气体性质的研究，而正是这些研究构成了 17 世纪和 18 世纪现代化学理论的基础。在物理方面，爆炸现象推动了对气体膨胀的研究，从而促成了蒸汽机的出

现。当然蒸汽机的出现的更直接的原因是人们看到，既然气体的 167
巨大的力量可以将炮弹从大炮中驱赶出来，那么它同样可以用于土木工程等不那么剧烈的事情上。大炮的制造对金属冶炼和采矿业产生了巨大的刺激作用，并相应地带动了无机化学和冶金学的发展。15世纪里，德国南部和意大利北部的技术发展很大程度上就是由于战争对枪支和贵金属的集中需求所致。机械工业、资本主义经济和现代科学的建立都出现在这些地区。[1]

火炮与文艺复兴

受炮弹飞行的启发，至少在力学方面出现了革命性的新思想。在火炮出现之前，现代意义上的动力学根本不存在。以前人们认为，物体只有当被平稳地推动或自然下落时，它才会移动。在大炮出现后，这种想法第一次被打破了。当时布里丹（Buridan）认为，炮弹被注入了一种新的力量，或称为"活力"。众多炮兵和数学家则进一步发展了这种思想，其中就包括两位最伟大的科学家：列奥纳多·达·芬奇和伽利略，他们都直接参与过军事事务。列奥纳多写给米兰公爵的求职信可作为科学家与战争之间必然联系的典型例证：

> 最显赫的先生，我已经看过并考虑了所有自称是发明战争机器的技术大师的实验，发现他们的工具与一般用途的工具没有实质性区别。在此我向阁下告知我自己的某些秘密，简要列举如下：
>
> (1)我设想了一种建造非常轻巧、便于运输的桥梁的方法。这种桥梁可用于追击敌人，迫使其逃跑。我还设想了一

种较坚固的桥梁，它既能防火，又能抵御刀剑的砍斫，而且很容易升降。我还知道一种如何破坏敌人的桥梁的方法。

(2)如果要攻克一个地方，我知道如何排去护城河的水，如何建造云梯和其他类似设备。

(3)此外，如果敌方的据点十分高大坚固，无法通过炮击攻克敌阵，那么我也有办法通过埋雷来予以摧毁，只要敌人要塞的地基不是岩石砌成的。

(4)我还知道如何制造易于运输的轻型火炮。这种火炮能够喷射出易燃物质，其释放的烟雾会在敌军中造成恐怖、破坏和混乱。

(5)此外，通过悄无声息地挖掘狭窄曲折的地道，我能够构筑一条通往难以到达的地方的通道，甚至可以在河床下面穿过。

(6)此外，我还知道如何建造安全的有篷货车，把枪支弹药运到前敌战线上而不受任何密集炮火的阻拦，步兵可以毫无危险地跟在后面。

(7)我可以制造出大炮、迫击炮、喷火枪等枪炮，其形状既实用又美观，而且与现在使用的不同。

(8)或者，即便是在无法使用大炮的情形下，我还可以改用投射器和其他目前不为人知的、令人钦佩的投射武器来代替它们。简而言之，在这种情形下，我能够设计出无穷多种攻击手段。

(9)而且，如果战斗是在海上进行的话，我有许多极为强大的攻击和防御手段；能造出可防枪炮攻击和火攻的船只；能造出各种火药和易燃物。

(10)在和平时期，我相信我在建筑、公共和私人纪念碑的建造，以及运河的开凿方面不亚于任何人；我能够用大理石、青铜和黏土来制作雕像；在绘画方面，我可以和任何人一样出色。特别是，为了永远纪念您的父亲和斯福尔扎(Sforza)家族的显赫，我愿意为此铸造一匹青铜马。如果您认为上述事项中有哪一件是不可能的或是不可行的，我可以在您的公园里或阁下选择的任何其他地方进行尝试。我愿以谦卑的态度推荐自己。

——《大西洋古抄本》(*Codex Atlantico*)，第391页以下

不论列奥纳多的主要兴趣是否在军事方面，尽管在他的笔记本中有很大一部分内容都是关于军事的，这都不重要。重要的是，他只是靠着这些声称的军事才能，便获得了如此重要的职位。伽利略本人是帕维亚大学的军事科学教授，他之所以能够把他发明的望远镜卖给威尼斯人，正是出于望远镜在海战中的价值[2]。然而，早期的科学家们对这种知识的滥用有时也会感到不安，奠定弹道学基础的塔尔塔利亚(Tartaglia)在他的《投弹技术原理》(*L'Art de Jecter les Bombes*)一书的序言中就这样说道：

1531年，当我住在维罗纳镇的时候，我有一位密友是老城堡的一位军械大师。他是一个经验丰富、技艺高超、素质过硬的人。有一天他问我如何瞄准才能使火炮的射程最大。虽然我对炮兵一无所知，因为我这辈子从来没有用过火器、火绳枪、火炮或发火枪射击过，但我不想让朋友扫兴，于是我答应他会很快回答他的问题。(接着他讲述了如何着手解决问题

等。)

169 为此,我打算写一篇关于投弹原理的论文,并通过有限次的具体实验,使之达到在任何情况下都能够指导发射的完美程度。因为正像亚里士多德在《物理学》第七卷第 20 节中所说的那样,“具体的实验是普适性科学的基础。”

但从那以后,有一天,我陷入了沉思。我觉得这是一种对邻居有害、对人类具有破坏性,特别是对那些连年持续进行战争的基督徒具有毁灭性的技术,而我却打算使之完美。这真是一件应当受到责备的事情、一件可耻的和野蛮的事情,会受到上帝和人类的严惩。于是,我不仅完全放弃了对这件事的研究,转向其他工作,我甚至将在这方面的计算和所写的一切东西都撕碎烧掉了,我为自己花时间干这件事感到羞愧和懊悔,并决定决不将那些违背我意愿但却留在我记忆中的东西写下来,既不去取悦朋友,也不拿这些事情去教导学生,因为这些内容是一种严重的罪恶,是灵魂的堕落。

但土耳其人对意大利的入侵迫在眉睫。这次入侵恰是在最具基督教色彩的法国国王陛下的煽动下发动的,这使他改变了主意:

然而今天,看到凶猛的恶狼正准备袭击我们的羊群,看到我们的牧师们已团结起来共同御敌,我觉得不应该再隐瞒这些知识了。为了基督教徒的利益,为了使所有人在攻击共同的敌人,或是保卫自己不受敌人攻击时处于更为有利的状态,我决定部分以书面形式,部分通过口头方式,将这些知识予以公布。我现在非常后悔放弃这项工作,因为我确信,如果我坚持下去,我会找出最有价值的东西,正如我希望的那样……我希望阁下不要不屑于接受我的这项工作，它将更好地指导我国最杰出的炮兵们掌握战争艺术理论，并使他们在实践中变得更加得心应手。

实际上，塔尔塔利亚和当时几乎所有弹道学理论家的工作对于火炮实践的用处不大，但对力学的发展却是有着非常大的推动作用。后来是牛顿将这种由炮兵实践所产生的新的动力学思想与天文学的问题结合起来。当时，出于航海方面的需要，天文学本身正处于积极发展的状态。因此其价值部分是军事性质的，部分是商业性质的。科学不仅在当时通过天文学和动力学与战争联系在一起，而且在当代，现代物理学中的很大一部分也应归功于真空技术和摩擦起电学说的发展，而推动这两门学说发展的正是在三十年战争中担任古斯塔夫·阿道弗斯*总军需官的奥托·冯·居里克**，他能够利用自己的职位进行大规模的实验。[3]

战争与工业革命 170

科学与战争之间的联系一直延续到近代。现代化学之父拉瓦锡(Lavoisier)当年是法国兵工厂“火药库”的负责人。在18世纪，法国炮兵学校是唯一系统地教授科学的地方。18世纪末和19世

* 古斯塔夫·阿道弗斯(Gustavus Adolphus)，17世纪的瑞典国王。在他的支持下，德国北部信奉基督教新教的各邦与信奉旧教的奥地利进行了长达30年的战争，史称“三十年战争”。——译者

** 奥托·冯·居里克(Otto von Guericke，1602—1686)，德国物理学家、政治家，出身于马德堡贵族家庭，就读于莱比锡大学、耶拿大学和莱顿大学。在1646—1676年间担任马德堡市市长。在此期间，他一面从政，一面从事科学研究。1650年，他发明了活塞式真空泵，并于1654年进行了著名的马德堡半球实验演示，向公众展示了大气压强的巨大威力。——译者

纪初的大多数伟大的数学家和物理学家都是在这里接受训练的。这些学校的另一个产物就是拿破仑。他是第一个受过系统科学教育的军人,这个事实与他后来的成功不无关系。18 世纪和 19 世纪的重大技术发展,特别是用煤进行大规模炼铁,以及对蒸汽机技术的引进,都是出于规模日益庞大的战争需要(对火炮的需求)。蒸汽机汽缸的精确镗孔技术使瓦特能够发明出高效的蒸汽机。这种蒸汽机与早期的大气压下工作的蒸汽机在实用上有很大的不同。而这种精确镗孔技术则是威尔金森根据他在火炮炮膛钻孔方面的经验提出的改进。在同一领域,拉姆福德(Rumford)发现了热的机械当量,这为所有热机制造提供了基本理论。

19 世纪

19 世纪初的长久和平削弱了战争对科学的相对重要性(虽然绝非绝对重要性)。例如,机车引擎就是当时为数不多的、与军事需求没什么联系的几项主要发明之一。染料的发展被证明对化学的刺激作用与炸药一样重要,尽管两者的化学性质密切相关。然而,到 19 世纪末,特别是在普法战争和帝国主义竞争发展起来之后,战争与科学的关系又开始变得越来越重要。重金属工业越来越多地依赖于制造枪支和建造战舰的订单,与此同时,人们建立起新的化学工业,以便能以前所未有的规模来提供炸药。钢铁的大规模生产直接起因于战争需要,同时这种技术的发展也使现代机械文明成为可能。1854 年,克里米亚战争开始之际,贝塞麦(Henry Bessemer)发明了一种来复线大炮,但他找不到强度足够大的钢铁来抵御炮管的形变,为此他开始了对钢铁生产的研究并获得成功。与此同时，通讯和运输、电话、无线电和汽车运输等技术的改进，尤其是飞机制造，使得同时协调和指挥数百万人行动成为可能。而粮食储存方法和医疗服务方面的改进，则能够使这数百万 171
人长年不受饥荒和疾病的蹂躏。

直到经历了上一次大战后，人们才意识到这些技术进步对战争的意义。在此之前，尽管一些有远见的科学家意识到他们的工作将为人类带来怎样的前景，但大多数人都满足于这样一种想法：科学已经使战争变得如此可怕，再也不会有一个国家梦想着参与战争了。热的机械当量的发现者焦耳(Joule)对于科学对战争的贡献几乎不抱什么幻想，但他对自己国家的态度本质上与塔尔塔利亚的一样：

> 这些都是科学的合法目标。令人深感遗憾的是，又有一个最没价值的目标被引入科学，并且其影响逐渐地、令人震惊地突显。这个目标就是对战争艺术的改进，制造互相毁灭的工具。我知道有些人认为，这些改进会使战争更具破坏性，从而结束战争。但我不能认为这种观点是基于常识。我相信这只会使战争更具破坏性，而且会以更猛烈的方式进行下去。个别战役毫无疑问将是短暂的和决定性的，但这必将导致一些国家迅速经历兴衰并带来边界和宪法的不稳定，最终必然使文明本身败坏，使和平变得不可能。因此，科学服务于一个不恰当的目标，最终将会是自掘坟墓。在这个问题上，如果有人滥用科学来达到扩张个人和国家的目的，我们也只能感到遗憾。其结果是弱者被摧毁，较强大的民族在其废墟上进一步得到确立。在作上述评论时，我是指一般的战争，我无意贬

低为确保大不列颠的完整和自由所作的努力。这些都是我们不得已的。值得庆幸的是，我们对欧洲目前的军事事态不负有责任。

——克劳瑟，《19 世纪的英国科学家》，第 140 页

世界大战中的科学

虽然为第一次世界大战所做的科学技术准备可谓巨大，但随着战争的进程，人们发现这些准备远远不能满足战争的实际需要。在大战期间，科学家们第一次发现自己不是奢侈品，而是各自政府的必需品。诚然，刚开始时，各国政府对科技人才的使用很是不当。莫塞莱（Henry Gwyn Moseley）本可以成为本世纪最伟大的英国实验物理学家，但他却被允许出国去加利波利，结果被杀。英国的一位著名的物理学家主动提出为军队组织气象服务，但他被

172 告知，英国士兵能够在任何天气条件下战斗。直到英军在佛兰德的泥泞之中遭到骇人听闻的重大伤亡之后，军方才开始上马这种服务[4]。然而，随着战争的继续，科学家们在国内被用来完善现有的战争手段，发展新武器，以及用来应对敌国的新发展。空战和化学战是战争时期由科学产生的两大福音。但是战争条件下进行的科学研究是极其浪费的。经常要在材料和准备工作都不充分的条件下在几周内设计出新工艺并付诸实施。由此而来的自然是极大的物质浪费和大量的生命损失。协约国为了发展毒气生产来对抗德国人生产的毒气，根本不顾化学家和工人的死亡或残疾，项目都是仓促上马。同样，飞机的发展也取得了巨大进步，但在材料和人力上却都付出了巨大的代价。[5]尽管如此，很明显，在战争的刺激

下，科学应用的速度要比和平时期在诸多限制条件下的研究应用速度提高许多倍。这表明，科学的进步不是受到任何内在因素的制约，而是受到外部经济和政治因素的制约。

战争创生了国家层面的科学研究

很快，除德国以外的国家，其科学的发展，特别是训练有素的科学家的数量，完全不足以应付军备的需要。尽管自然资源少得多，但德国人能够在战争的大部分时间里在技术上和军事上采取主动。值得注意的是，德军与协约国军的阵亡人数之比为 1∶2，战损飞机比为 1∶6。因此，只有战争，才使得各国政府认识到科学研究在现代经济活动中的极端重要性。在英国，这一认识体现为成立科学和工业研究部。这个部门的成立在很大程度上是出于和平时期军备的需要。因此，在关于 1933 年工作的报告中我们看到：

> 战争的环境使那些呼吁——要求英国的工业与科学更紧密地携手前进——变得更加有力，因为它们空前有力地证明了，如果科学发现没能及时在工业领域获得应用将会产生什么样的后果。例如，人们很快就发现，我国对于战争行动所需的一些物资在很大程度上依赖于外国。当时我们最大的敌人通过科学的应用，已经掌握了某些制造业产品，而这些产品在程度上和性质上对我国的利益构成了威胁。人们普遍意识到，为了在平时和战时取得成功，我们必须充分利用科学资 173
> 源。战争的危险为和平时期提供了教训。（另见本书[边码]第 30 页）

在和平条约中，获胜的协约国试图通过将德国人的科学成果据为己有来确保其权力的永久性。然而，由于政府官员和实业家将科学更多地看作一种神奇秘方的总合，而不是一种对经济结构产生最广泛影响的活动，因此他们所做的只是获取一些制造染料和炸药的秘方，而且为了让协约国自己的科学家省去科学发现的麻烦，他们让德国科学家去承担科研项目任务。结果，德国人通过对研究工作的投入，很快改变了协约国通过武力取得的军事平衡。

二　当今的战争研究

在战后年代，人们越来越关注如何为未来一场迫在眉睫的战争做好科学准备。在所有国家，科学都被政府视为一种有用的军事辅助手段。在有些国家，这种辅助手段实际上成为科学的唯一功能。这一点反映在政府和工业企业对战争研究的相当巨大的预算拨款上。目前行业规模足够大、垄断程度足够高、能够承担得起足够大规模科学研究的行业只有三个。这就是重金属行业、化工行业和电气行业，前两个行业主要而且越来越多地与军工生产有关。可以公正地说，英国用于科学研究的资金中有三分之一到一半是直接或间接用于战争研究的。其他国家的情形很可能也是这样，甚至更多，虽然具体数字更难找到。这只是和平时期的情形。在战争时期，很明显，几乎所有的研究都会被用于战争目的。

什么是战争研究？

要严格区分什么是战争研究，什么不是战争研究，现在几乎已变得不可能了。当然，在仍允许自由表达和平主义观点的国家里，政府会将战争研究的开支降到最低。这通常是采取这样一种方式来实现的:向公众指出某些军事目的的研究被证明具有商业价值,并最终对社会有益。[6]关于这一点,我们已经给出了一些过去的例子。现在可引用的例子包括炸药的研制对矿山和采石场的爆破的用途,以及毒气研究对于消灭害虫的用途。俗话说,剑偶尔会被打
成犁头,但这只是事情的一半。同样正确的是,民用研究显然也可 174
以转为军事用途。事实上,我们正从那种战争只影响到社会上一小部分人群的专业化任务的时代,回到了整个社会、部落或国家的每一个成员都是战士的时代。在现代工业化的条件下,战争不再仅仅是战场上人与人之间的拼杀,而且拼的是整个国家的工业综合体系。这种参与的间接性质是一种非常方便的伪装,因为它能使和平主义者将攻击矛头转向可能是战争中最不重要的部分——前线的实际战斗。然而,对科学在现代战争中的直接应用和间接应用做出区分不失为一种方便的处理。

战争的机械化

第一次世界大战中出现并在此后得到大大强化的一个特点,就是战争形式的机械化。其结果是,要进行战争,就需要物资装备,其中不仅包括老式战争中所用的步枪和大炮,而且还包括机枪、坦克和飞机。与这些武器配套的还相应地需要更多的炸药、汽油和毒气供应。要提供这些武器,需要有比以往任何一次战争都大得多的资本支出。而要在战争条件下保证这些武器供应能够维持一段时间,就必须有一个活跃且高效的工业体系来保证供应,其

雇用的人员远远超过战斗部队的人数。由此我们立即可得出结论：只有高度工业化的国家才能有效地进行一场现代战争。但这一事实可以通过代理人战争——雇佣别国国民参战，并不断向其提供现代武器弹药——的形式来掩盖。玻利维亚和巴拉圭之间的战争就是一个例子。这两个国家本身没有能力生产任何有效的军备。发动这场战争，部分是作为竞争对手的英美两国为了争夺经济优势，部分是为了给武器制造商带来利润，还有部分原因是为了检验现代武器在战争条件下的实际效能。西班牙内战则提供了另一种图谋的例证，即试图通过向强硬的少数派提供武器来改变一

个国家的政府。而可悲的阿比西尼亚战争*则见证了，当一个高度工业化的国家与一个既没有工业也没有另一个工业化国家支持的国家之间交战时会发生什么。因此，一个国家在战争中能否取
266 胜取决于它在和平时期的工业规模和效率。事实上，在这方面，世
175 界上只有 7 个国家——美国、苏联、英国、德国、法国、日本和意大利——可以被认为是真正有效能的，尽管程度不同。任何有利于加强国家的工业水平、提高其生产效率和经济成果的东西都会增强其军事实力。从这个意义上说，国家层面的所有工业研究都是潜在的战争研究。这一点已经在德国非常清楚地显现了。在那里，将整个民用工业研究机构转变为公开的"战争目的"的研究机构，仅需要进行最小程度的变革（见本书[边码]第 217 页）。

---

* 阿比西尼亚(Abyssinian)即现今的埃塞俄比亚(Ethiopia)。这里所说的阿比西尼亚战争是指 1935 年 10 月爆发的意大利入侵埃塞俄比亚的战争。——译者

三　科学与军备

重工业

当然，并非所有的工业部门都均等地参与战争准备工作，但参与战备的主要工业部门则属于国家的重点行业——重金属行业、机电工程行业和化工行业。这些行业也是吸纳科研人才和经费最多的行业。我们已经看到，在过去几年里，欧洲的重金属行业几乎完全依靠战备订单才从萧条的深渊中走出来。[7]制造枪支、战列舰和坦克都需要大量使用钢材，这为金属性质的研究提供了最大的激励。暂不论个别公司所进行的研究，仅英国钢铁联合会在合作研究方面的支出，就从 1932 年的 5,000 英镑飙升到 1936 年的 22,500 英镑。

飞机生产

在机电工程行业，特别是运输业，战争需求的压力同样明显。某些重型运输工具，如卡车、拖拉机等，实际上可以无差别地用于战争或和平目的，而且很难评估用于制造这些重型运输工具的研究中有多大比例可归因于战争需要。但对于飞机来说，情况则完全不同。几乎从一开始，对飞机的研发和扶持主要就是为了用于战争。即使是在目前的重整军备热潮到来之前，英国的五分之四的飞机都是军用飞机[8]。在德国这样的被禁止拥有军用飞机的国家里，民用航空业得到专门的扶持发展，目的是为了能够在适当时候改为军用。因此，航空研究几乎在每个国家都具有直接的军事重要性。有迹象表明，不同国家之间在航空研究方面的任何程度的合作都面临着越来越大的困难。当然，表面的合作还是有的，但这是为了宣传新的机型设计，以便抬升其威望，而最先进的设计都只能等到它们实际上已经过时之后才会面世。因此，每一个国家
176 都希望在战争开始之际能比其他国家领先几年。从上述意义上讲，飞机工业几乎完全是一个科研产业，并且还处在快速发展阶段，所需的研究投入远远高于任何一个老牌行业。事实上，我们发现，在大多数国家，航空研究是所有形式的工业研究中发展得最先进并且得到充分资助的门类。因此在英国，除了军用航空研究站（它在 1937 年的花费是 72.75 万英镑）之外，国家物理实验室的很大一部分力量都用在空气动力学研究上。甚至在大学里，空气动力学研究也占有重要地位。[9]

化学工业

化学工业在现代战争的准备和进行过程中占有越来越重要的地位。但在化工领域，如何区分哪些研究属于民用哪些属于军用尤为困难。化学工业提供或可以提供的军用物资包括炸药、毒气、橡胶、汽油和其他机油等。如果战时这些物资的供应量不能远远超过和平时期的供应量，那么任何战争都不可能持久。[10]所有这些物资都有其他用途，唯独毒气主要用于战时，和平时期的用途相对较少。采矿和采石作业，以及许多土木工程都需要用到炸药。橡胶和汽油乍一看似乎很难属于化工行业的范畴。但它们是天然产物，其来源分布极不均匀。例如，在大国中，美国和苏联都缺乏

橡胶资源，而英国和法国则缺乏汽油资源，德国、意大利和日本则这两种资源都缺乏。因此，自一战以来，科学界一直在抓紧研究如何通过人工合成来生产这两种物质。在任何一个组织合理的世界里，由于在种植园中能够方便地生产生橡胶，因此生产合成橡胶就变得很不经济，用煤来提取汽油也是如此。当然，在花费了数百万英镑进行研究和实验后，人们可能会找到制造这些物质的某种新方法，其制造成本可与天然物质开采相当，甚至可以生产出优于天然产物的新材料或燃料。在此我们只是想指出，有太多的科学研究力量被转移到某个方向上，这些研究表面上看是商业性的，但它们的存在几乎都是出于战争的需要。[11]

炸药和毒气

制造直接用于战争的化学品——炸药和毒气——所需的工艺 177

和材料并没有什么特殊之处。炸药的主要成分是硝酸和硫酸、煤焦油的衍生物（如甲苯）和各种纤维素材料。所有这些材料在和平时期都有相当大的用途。但是，为了储备战争物资，各国都希望获得足够多的这些原材料。这种需求一直是研究产出这些资料的替代方法的一个非常有力的动力。最初，制硫酸所需的硫是从高品位的硫矿石、黄铁矿或天然硫矿床中获得的，但这些天然来源都太受限于局部地区，不能成为安全的战时来源。大部分直接开采的硫黄矿地处意大利、西班牙和美国。因此，人们开始努力寻求低品位矿石来源，例如从分布广泛的石膏中提取硫。鉴于目前所使用的工艺，任何一个工业大国现在都不会缺少硫酸。而硝酸的供应问题曾一度十分严重。由于硝酸盐矿石几乎完全来自智利，因此只有控制了海洋的大国才能在战争期间获得硝酸盐。然而，由于哈伯(Fritz Haber)在一战期间发明了利用空气中的氮来合成氨的方法*，从而使这一状况得到了彻底扭转。通过这种方法，不仅在大战期间，而且在战后都可以生产出大量的硝酸盐，以至于在一段时间内天然资源的开采因竞争被迫完全停产。当然，硝酸盐除了在战争中的用途外，在和平时期作为肥料有着极有价值的用途，但由于农业生产者买不起，因此其供应远远大于用作肥料的需求。要让合成硝酸盐工业重新振作起来，唯有发生一场真正的大战。[12]

毒气的情形也大致相同。所需的天然原料除上述物质外，还需要氯。而氯可从盐或海水，以及砷中来获取；这些都是非常容易获得的材料。毒气生产过程的中间产品都是常见的贸易品，因此为了制造毒气，只需研究在生产过程的最后阶段如何转向军用即可。毒气制造商完全可以依靠普通的化工生产经验来处理生产过程的其他几个阶段。化工行业比其他行业更具军事性质的另一个特点是，它可以相对容易地迅速从和平时期的民用生产转为战时用途。制造大炮和战舰的机器不可能快速地临时制造。即使是制造大量飞机所需的材料，也需要几个月的时间来准备必要的工具、夹具等等，但化工行业则可以在两三周内就转入战时生产。

因此我们可以看到，每个现代化国家的三个主要工业行业，即
178 重金属行业、各类工程行业和化工行业，都与战备生产密切相关，

---

* 弗里茨·哈伯，德国化学家，1868 年 12 月 9 日出生于德国的一个犹太人家庭。1909 年，他发明了从空气中合成氨的方法，为此荣获 1918 年度诺贝尔化学奖。一战中，哈伯任德国化学兵工厂厂长，负责研制生产氯气、芥子气等毒气用于战争，造成近百万人伤亡，因此遭到协约国科学家的强烈谴责。——译者

我们不可能在技术上将这些行业中的军品部分和民用部分分开。这个问题不仅阻碍了反对通过战争获利的善意努力，而且也给各国政府采取措施带来不便。[13]当政府试图降低军火生产商索要的生产成本时，他们总是发现，这些成本都可以转嫁到与同一托拉斯关联的许多中间产品生产商的头上，以至于实际上不可能带来任何节省。同样，我们很难严格鉴别任何意在改善重工业现状的基础研究或应用研究是否具有相当的军事价值。

四　国家粮食供应

然而，着眼于战争需要的生产力发展并不仅限于工业。在现代战争中，维持粮食供应也具有几乎同等的重要性。自上次战争以来，每个国家都不顾一切地努力确保在自己的疆域内尽可能获得长期战争所需的粮食供应。这一趋势正好与 19 世纪的发展截然相反。19 世纪的发展趋势是大量人口向工业区集中，而这些人的粮食供应则依靠欠发达国家或多或少机械化的农业的剩余产品。自由贸易理论背后的想法是，每一种产品都应该在最适合其生产的地区生产，无论是出于气候条件，还是出于某些工业技术的先进性的考虑。偏离这些最佳条件的任何改变都意味着劳动要素的不经济的配给。事实上，要满足供应，在行政上只能通过施行高关税和补贴，在社会上只能通过阻止工业化国家的人民在和平时期享有足够的粮食或其他必需品来实现，这样他们才可能有希望在战争期间保有足够的生活必需品。新的发展趋势则要求科学执行一项重要的辅助任务，即在多少有些不利的条件下设法增加动植物产品的数量。例如在英国种植甜菜[14]，或是把山坡地改为牧场，以便将原来的牧场改种小麦。粮食的存储问题也受到极大的关注。但对此研究的结果却与最初的预期不同。研究表明，虽然增加种植面积有助于国内粮食生产，但也使从遥远国家进口粮食变得更加容易，而这又迫使政府不得不实行进一步的关税和配额。

然而，正是在要求实行国家粮食自给自足政策最迫切的国家
179 里，有三个强有力的因素与之背道而驰，并在很大程度上抵消了这一努力的影响。首先是强大的经济因素，不从不发达国家购买粮食会对这些粮食输出国的经济产生影响，使它们无法向工业国购买工业品，从而造成工业国的利润递减和失业，进而大大抵消了国内生产的潜在的军事优势。即使是在纳粹政权统治下的德国，也不得不进口大多数中欧小国的剩余粮食，以便为自己的制造商提供市场。第二个抵消因素是对殖民地的依赖。殖民地主要生产的是粮食和其他原材料，这必然带来与宗主国国内生产发展之间的竞争。这一点从大英帝国身上就可以清楚地看到。在大英帝国，一方面想支持本国的农民利益，另一方面又想维护整个帝国的利益，由此产生的混乱同时也扰乱了保守派的思想。第三个抵消因素主要是政治上的。真正有效的粮食生产不仅需要对农业进行科学研究，而且需要对农业的实际经营进行合理的组织，这就必然意味着对古老的农业运作方法进行彻底的改造。而这种做法既打击地主，也打击小的独立经营的农民或佃农，他们可是世界各地极端保守政府的主要堡垒。这些抵消因素造成的结果是使得国家的支出最大化，并引起思想混乱，而实际效果却最小。大量的补贴最后落到大地主和大农场主的口袋里。研究工作开展了，但没有付诸

实践，人们付出较高的价格得到的却是较少的食品。尽管如此，虽然用于粮食生产研究的资金与支付给低效生产者的补贴相比微不足道，但它们在整个科学研究可用资金中所占的比例却相当大。农业、生物学、生物化学，甚至医学研究都从中受益。

生物学研究的进展及其在世界许多地区的粮食生产中的应用，特别是在苏联和爪哇的甘蔗种植园中的应用表明，从技术上讲，粮食生产问题已经得到解决。但要真正实现，还有待于经济和政治改革。我们甚至能够开发出食品集约化生产的科学方法（虽然这是对研究资源的一种极大的浪费），并在一定程度上与人造食品相结合（见本书第十四章），从而使得像英国这样的处境不利的国家生产出全部人口所需的粮食。但这种可能性现在却被扭曲成 180
认为科学的进步已使国际主义变得不必要了，还有人则据此错误地主张实行国民经济的完全独立和文化隔离。持有这种观点的不仅是法西斯，甚至连霍格本教授也受到小英格兰激进主义思想的影响而鼓吹这样一种观点，认为通过放弃世界贸易所必需的所有海外国家利益，就可以消除战争的根源。

> 如果我们想避开感情用事的国际主义的迅速回击，那么就必须实行一种一以贯之的政策，就是把这个国家的进步力量凝聚起来，完成社会重建的任务。正如我们贵格会教友们所说的那样，排除掉战争的可能性。如果我们逃避不了这种报复，那么唯一有希望生存下来的政党，将是那个秉持让战争变得不必要的政策并为之奋斗的政党。合理的做法是，激发起谦逊而富有的人们对自己的周围环境和亲属所怀有的那种健康的情感，并将所有可用的科学知识资源社会化，共同努力

建设这个国家，使英国逐渐与欧洲和帝国隔绝开来。怀有这种计划的进步党最有希望得到大部分工薪阶层的支持。对工薪阶层来说，对破产的产业实行国有化的前景并不具有吸引力。反之，如果我们不实行这种政策，那么自由党人和社会党人就会继续竞相鼓吹国际友善，迫使我们陷入一场毁灭性的、后果难以想象的世界性灾难，同时让我们很容易成为独裁者的牺牲品。即使天然位置学说是一种永恒的真理，但在我们这个时代，民族情感的增长仍然是不容争辩的事实。我们必须在这两种选择中作出抉择。我们可以利用这种情感来调动人们的普遍意愿，将私营企业未能开发的技术资源社会化，以提高社会财富。我们也可以看到，这种情感——正如希特勒所利用的那样——被用来驱使我们一头扎进野蛮和战争的歧途。

——兰斯洛特·霍格本，《从理性退却》(Lancelot Hogben, *The Retreat from Reason*)，第40—41页

不幸的是，在实践中，推动国家自给自足的政治力量恰恰是推动陆军和海军最大限度扩张的政治力量，在当今世界的政治结构中，一个国家依靠自身资源生存的能力只能被看作战备的一个方面，而且还绝不仅仅是战备的防御性方面。

五　研究转向战争用途

通过对政府在研究方面支出的分析，可以清楚地看出战争因素在决定科研方向上的相对重要性。如果我们先计算一下科学和

工业研究部在1936—1937年度的净支出，我们会发现，最大的一笔支出10.5万英镑专门用于国家物理实验室。其下属的三个最 181
重要的部门——冶金、航空动力学和无线电——或多或少都具有直接的军事重要性。从他们的报告中也可以明显地看出这些部门是最活跃、运作最好的部门。第二大支出里，2.2万英镑用于燃料研究，主要用于用煤来产氢和生产汽车燃料，这些研究同样具有直接的军事意义；3.8万英镑用于食品研究，主要是关于食品的保存方法的研究。因此，在该部的总支出(46万英镑，不包括对研究协会的补助金)中，大约有16万英镑，或者至少超过三分之一，可以划归到战争目的，并且与可能的战争用途有着相当密切的联系。然而毫无疑问，正是这些工作得到了政府部门的最大关注，并具有最大的快速发展前景。[15]

军事研究

准确地说，军事研究不仅仅是指通过提高工业效能和不依赖于外国物资来增加战争潜力的研究。它还包括设计和试验进攻性和防御性武器，正是这方面吸纳了本章开头提到的大量资金。[16]有两个特点可将这种研究与其他科学研究区分开来。首先，它具有明确的社会目标，即寻找出最迅速、最有效和最可怕的致死和毁灭手段；其次，这种研究是在极度保密的条件下进行的。这两个特点都可将军事研究，至少是和平时期的军事研究，与科学研究的主体分开。在生产新武器时的考虑与生产新机器时的考虑截然不同。技术的完善和经得起恶劣条件下使用的性能比任何经济因素都重要。因此，在某些方面，军械设计师在琢磨并实践新想法方面要比民品设计师自由得多。但尽管资金不是问题，时间却是大问题。除非以最快的速度研制出新武器，否则就有可能落后，从而浪费以前用于研究的所有资金。在普通日常的工业中，很大程度上存在着设备和工艺的老旧过时的问题。在这里情况更严重，并导致研究经费的更严重的浪费。过时问题不仅因为军工生产条件自动产生，而且还因为武器买卖的军火商的活动而大大强化。在商业上，如果一项发明有可能导致工厂的大量有价值的设备被废弃的话，那么这项发明就会被束之高阁。但在军备上，由于支付成本的是纳税人，因此报废得越多越好。每一种新设计都意味着制造
182 商的新订单，因此政府有责任处理过时的军用物资，例如将它们卖给落后国家用于国防。当然，也有相反的影响在起作用。军事当局传统的顽固性和保守主义思想会对新武器的研发形成制约，但一旦有一个重要国家被说服使用新武器，其他国家就必然会跟进。另外，军工企业的主管与陆军和海军高级将领之间的密切联系往往会减少他们对创新的厌恶。[17]

战争研究呈现出一种比最糟糕的工业研究更加扭曲的匆忙、浪费、保密和重复劳动的景象。因此，它在和平时期不仅效率低下，而且不能吸引最优秀的人才，而这又导致其科研效率进一步降低，就一点都不奇怪了。即使是在那些科学被强行转向为战争服务的国家里，比如当今的德国，我们大可怀疑有相当数量的暗中破坏活动。只有当科学家们认为他们的工作最终有可能造福人类，他们才会以自发的或新颖的军事发明方式创造出成果。事实上，肯定有成千上万的有创造力的科学家能够很容易地想出办法对现有攻防措施作巨大改进，甚至可能他们私下里已经这么做了。但

他们更愿意将自己的想法隐藏起来，这要么是出于人道主义的原因，要么是因为他们对本国政府有看法。

战争中的科学家

当然，在战争时期，通常是能够说服科学家，让他相信他的国家所从事的事业是正义的，因此他可以毫无顾忌地致力于改进战争技艺。由于政府可以采用将其投入监狱或更加令人不快的办法（例如直接服兵役）来使之就范，因此这使他更容易做出选择。回想起来，科学家们在上次大战期间的态度似乎是最可悲的。他们没有表现出一丝一毫的科学国际主义精神。科学家们不仅帮助造成物质上的破坏，而且还诋毁敌国的科学家，甚至诋毁敌国的科学。1915年，当时最杰出的化学家之一，已故的威廉·拉姆齐（William Ramsay）爵士在《自然》杂志的一篇社论中写道：

> 科学的目的是获得关于未知事物的知识；应用科学的目的是改善人类的命运。德国人的理想与真正的科学家的理念相去甚远；对所有有头脑的人来说，他们提出的实现他们所认为的人类利益的方法，都是令人厌恶的。他们的这些观点并不仅限于普鲁士的统治阶级，尽管这些观点在他们身上得到了积极的表现：这些观点是这个民族的灵魂……
>
> 协约国的座右铭必然是“永不再来”。我们不仅必须消灭 183
> 像毒瘤一样侵入德意志民族道德观念的、危险的和无法忍受的专制主义，而且绝对不允许其复苏。用这个国家的一位杰出代表的优雅的言辞来说，就是一定是让这个国家“血流干净”。

> 科学的进步会因此而受阻吗？我不这么认为。科学思想的最大进步不是由德国人取得的；早期的科学应用也不是以德国为起源的。就我们目前的情况来看，对条顿人采取限制，将使世界从平庸的洪流中解脱出来。他们以前的名声很大程度上要归功于居住在这里的希伯来人。我们可以放心地相信，这个民族会保持活力并坚持学术活动。
>
> ——《自然》，1915 年，第 94 卷，第 138 页

这本身就是一个令人不安的征兆，因为在过去的所有历史中，科学都被认为是超越冲突的。例如，在拿破仑战争期间，英国最伟大的化学家戴维不仅获准访问法国，而且还得到了拿破仑本人的接见，尽管他的某些工作具有军事用途。

全面备战

我们目前的状态是介于和平与战争之间。世界各地都在进行日益紧张的战备工作。备战支配着经济和政治生活。西班牙战争已经蔓延到欧洲。战争研究的问题已成为最紧迫的问题，越来越多的科学家被征召来研究这些问题。但是科学家们不仅被要求参与战争研究，而且在战争本身的进程中也被赋予了新的使命。现代战争不同于过去的所有战争，甚至不同于上一次大战，因为它要求全体人民参战，而且所有人都面临着同样的危险。空袭不放过任何人，在保护平民免遭这种攻击的新任务中，人们期待科学家们参与实际的防御工作，特别是防御毒气方面的工作。这一要求比任何其他要求都更能让科学家直面当前的战争现实。科学家要保护自己及同胞，就必须花费时间和智慧来对付这种因为有了科学

才出现的危险。这本身就显得十分荒谬和可怕。进一步考虑，他会认识到，防御空袭的问题不仅是军事和技术问题，而且也是经济和政治问题。正是政治和经济方面的考虑，才使得它与其说是可怕但却必要的措施，倒不如说是一种可耻的欺骗和伪善。

空袭防御

空袭防御问题可分为主动防御和被动防御两个阶段。主动防御是指阻止飞机达到目标空域，或在其达到目标空域后阻止其返回。它包括将袭击敌方机场或平民作为报复手段，以及用战斗机、 184
高射炮和气球阵予以拦截等形式。大多数军事专家倾向于认为，对于两个在军事实力和工业实力上大致相同的大国之间的轰炸袭击，单独或综合采用这些措施都只能在一定程度上起效。飞机相对容易制造，而热衷于驾驶飞机的年轻人也几乎同样容易找到。西班牙的战况表明，鼓吹这种防御有效所依据的两项军事假设是毫无根据的。有人认为，在未来的战争中，空袭将仅限于军事目标，当然还包括工厂。但现代空袭的目标却毫不留情地包括居民点，目的就是为了制造心理恐慌或恐怖效应，[18]他们不仅轰炸这些居民点，而且用机关枪扫射逃离的平民。人们原本希望，空袭造成的重大伤亡会阻止进一步的袭击，但实际情形并非如此，尽管空袭成功的频率有所降低。

对平民的保护

尽管科学家们几乎参与了现代空中防御的每一个环节，但最需要他们参与合作的并不是这种积极防御。人们认识到，要想在未来战争中取得胜利，就必须能够最为持久地保持其国民的工作能力和士气。此外，虽然不可能完全防止空袭的发生，但可以将其造成的损害降到最低。然而，各国——特别是德国和英国——提出的防空措施却非常清楚地表明，要防的基本上是军事目标，而且设计这些防空措施的人的等级观念极为狭隘。[19]到目前为止，被动防御是以一种极为混乱的方式发展着，它没有考虑到现代空袭所包含的相对风险。高爆炸弹的危险性最大，而毒气弹的危险性则最小，但现在，几乎所有的防空措施都是针对毒气弹预防和救治因毒气受伤的伤员而设计的。这些措施甚至不能有效地对付那些高浓度毒气，而实施毒气战，唯有高浓度毒气才有效。对高爆炸弹则没有提供任何保护措施，对燃烧弹也几乎没有应付的办法。为防空拨出的金额为 3,200 万英镑，而用于制造潜在的进攻性武器的拨款则近 20 亿英镑，通过数字对比就可以看出政府对平民百姓防卫的重视程度。此外，暂且不论这些拨款是否充分，单就其受益面来说也是有失偏颇的：它对贫困人口造成的负担最重，同时为他们提供的保护最少。这些人离攻击目标——工厂和运输中心——
185 最近，而且，正如在西班牙和中国所发生的悲惨经历所表明的那样，他们还被故意选为牺牲品。他们没有能力建造私人避难所，也没有办法开车逃往乡间别墅。人们想当然地认为，只要有钱人能得到相对安全的保护，作战士气就能够保持下去。

实际上，被动防御的技术问题并不是无法解决的。完美的防御当然是不可能的，但是在战争期间，我们可以将大多数妇女和儿童全部撤离到乡村地区，可以在夜间疏散大部分剩余人群，并为留下的人员提供防火、防炸弹和防毒气且有通风设备的避难所。然而，任何看重私有财产权的国家都不可能采取这种预防措施，因为这要求将住房、食品和交通工具都交由社会统一管理。必须承认，在持久空战的阴影下，生活的前景不会令人愉快。只有付出巨大的社会代价才能获得相对的安全。在这种条件下，人们是否能够长久地维持文明的生活方式是值得怀疑的。然而，目前的方案虽然付出了几乎同样巨大的成本，却不能提供这样的保障。现代战争的危险并不是像畅销书作家所描述的那样，所有文明的生活突然遭到全面摧毁，而是一场攻防力量大致相当、需要长期坚守的拉锯战。在此期间，饥饿、露宿、疾病，以及随之而来的士气低落，会像突发的灾难一样有效地摧毁文明。政府自然不会告知人民这些可能性。所有的计划，无论多么无效，都会给人一种印象：空袭是可以承受的，不会带来太大的不便。科学家们被要求大力宣传这种普遍的欺瞒做法。那些站出来反对这一做法，并揭露所提供的防御措施毫无根据的人，则被谴责为恐慌制造者，他们的声音被官方言之凿凿的保证所压制。[20]

六　科学家面临战争问题

然而，无论是参与还是反对这些防空计划，科学家们都更密切地面临和平与战争的问题。那些在以前被认为是正确和恰当的，无人反对的意见，现在也开始受到质疑，甚至遭到谴责。在上次大战中受苦的千百万人都明白，他们的痛苦在很大程度上是由于科
学的发展直接造成的。科学非但没有给人类带来好处，反而证明 186
了它是最可怕的敌人。科学本身的价值已经受到质疑，科学家们

终于不得不重视这一呼声。尤其是在年轻的科学家中间，那种认为将科学应用于战争是对其职业的最严重的亵渎的看法开始冒头，并且日益增强。科学与战争的问题，比任何其他问题都更能让科学家们将目光从自身的研究和发现领域转移到为这些发现寻找社会用途上来。

由此造成的结果之一便是科学家比以往更不愿意参与军事研究，并强烈感到这样做在某种程度上有违科学精神。这一认识之所以尚未遍及所有科学家，主要是由于缺乏有效的科学工作者组织，用以宣布全面抵制战争研究。在当前的国际形势下，这种政策是否会有好的结果也是令人怀疑的，因为它的第一个结果就是使民主国家在与法西斯国家斗争时处于不利地位。不过目前能够做而且正在做的是，把科学家作为一切和平力量的积极伙伴联合起来。特别是在法国和英国，许多科学家，包括一些最著名的科学家，都正在积极参与旨在防止战争的民主运动，以便形成不使战争发生的条件。

科学家为和平而组织起来

1936 年，国际和平运动科学委员会在布鲁塞尔举行的大会上向前迈出了一大步。来自 13 个国家的科学家们聚集在一起讨论了科学家面对战争形势的责任。议题主要集中在科学家参与战争或战争准备的问题上。很明显，这里有三种不同意见：一种是将国家利益放在首位，或是认为科学家不必关心自己工作的后果，因而在任何情况下都应参与备战；第二种是在任何情况下都不会参与战争工作或战备工作；持最后一种意见的人数最多，但也最不确定：是否参战或参与战备工作视战争性质而定，即要看这场战争是促进还是阻碍总的和平事业。越来越明显的是，各国都面临着这样一种选择：是要在日益沉重的军备支持下制定一种纯粹的民族主义政策（最终走向法西斯的政策），还是联合起来，通过集体行动来实现和平。两种选择都需要采取军事应对措施或至少是有所准备。许多不愿意支持第一种选择的科学家愿意无条件地为第二种 187
选择提供服务。但大会通过的决议（见附录九）并没有走得这么远，只是表达了和平主义和非和平主义科学家的共同点。决议并没有呼吁所有科学家都拒绝参与战备，而只是要求支持那些这样做了而受到迫害的科学家。这次大会最积极的作用是研究和宣传。大会认为，需要对战争的起因和科学在战争中的确切作用进行研究，应当向科学家和广大公众进行宣传，解释这类研究的结果。自大会召开以来，各国都在按照这些方针开展工作。英国成立了一个全国委员会，伦敦、剑桥、牛津和曼彻斯特都有活跃的地方团体开展活动。但必须承认的是，面对日益恶化的战争局势，这些努力显得微不足道。事实上，由于本书后面要探讨的原因，科学家本身不太可能对和平事业产生很大影响。诚然，他们是具有至关重要的地位，但他们最不可能利用这种地位。他们太过分散，太容易受到周围社会力量的影响。在科学家们采取任何有效的反战立场之前，有必要让科学家们对他们与他们所生活的社会之间的关系有比目前更广泛的理解。除非人们对战争的社会和经济性质有充分的了解，否则就无法有效地抵制战争，而科学家们离这种理解还差得很远。另一方面，除非公民及其选举产生的机构能够更清楚地了解科学在和平与战争中实际发挥的作用，以及如果组织

得当科学可以发挥的作用，否则就不可能将科学的建设性和破坏性分开。

注释：

[1] 阿格里科拉（Agricola）和比林古齐奥（Biringuccio）都是16世纪早期采矿和冶金领域的主要专家，他们都非常重视产品的军事价值。

[2] 对此，我们在他的书信集第一卷1609年8月24日写给总督莱昂纳多·多纳托（Leonardo Donato）的信中，以及1609年8月29日写给他的朋友贝内代托·兰杜奇（Benedetto Landucci）的信中，都发现了相关的进一步评论。

在致莱昂纳多·多纳托的信中是这样写的：

“我制作了一个望远镜，一件用于海上和陆地作战的东西，一件无价之宝。有了它，人们就能够发现比通常更远的距离外敌人的船帆和舰队，这样我们就可以在敌人发现我们之前两个小时或更早的时间发现他（敌人），并通过辨别船只的数量和质量来判断其战斗力，从而决定是出击、迎战还是退避……在陆地上，也可以用它从远处的有利位置来观察敌人的广场、建筑物和防御工事，即使是在开阔的乡村，也可以看到并辨别出敌人的兵力调动和准备。除此之外，它还有许多其他用途，任何有判断力的人都能清楚地认识到其价值。因此，我认为它值得尊贵的阁下您接受并看重其用途，我决定将它献给您，并请您对这一发现做出决定——由您斟酌决定是否制造。”

而在给贝内代托·兰杜奇的信中写的是：

188 “我知道这种仪器在海军和陆军的作战中会有多大的用处，而且看到您非常希望得到它，因此在4天前我便决定到宫中去，将它免费献给总督。”

结果他得到了1000块钱的津贴，并被授予终身教授的职位。

霍格本教授在《大众科学》一书中把这个故事和我同时告诉他的另一个故事混淆了。另一个故事说的是伽利略提出一种利用木星的卫星来测定经度的方法。后来他对这个方法加以改进，并于1616年在致西班牙国王的一封信中首次公开了这个方法，内容如下：

“简言之，这是一项伟大而卓越的事业，因为它涉及对航海艺术进行完美描述这样一个非常崇高的主题。这项工作所采用的方法令人钦佩——它利用一种仪器对星球各方面运动的观察结果，而这种仪器极大地完善了我们最重要的感官。在这件事情上，我做了上帝允许我做的一切。其余的事不是我的事，因为我既没有港口，也没有岛屿，也没有省区和领地，甚至没有船只可以去那里。这是一个伟大君主，一个有着真正王者气派的君主的事业。他通过对此事的关心有望为自己不朽的英名增光，并使其名字被写在未来几个世纪里的所有海洋和陆地的地图上。当今世界上没有哪个国家的国王比西班牙国王更适合从事这一伟大事业了。”(1616 年 11 月 13 日，书信编号 1235)

他开出的条件是不可接受的——他要求被授予大公爵爵位并得到一大笔钱。在他晚年，他又在致荷兰国会的一封信中推荐了同样的发明——同样没有结果。这封信试图用民主情感来打动荷兰人，因此与前一封信形成有趣的对照。

1637 年 6 月，致阿姆斯特丹的雷亚里奥(Realio)：

“我选择将它献给这些杰出的先生们，而不是献给某个专制的君主。因为当君主自己不能理解这台机器时(通常几乎总是这样)，他就不得不依靠别人的建议，而这些意见往往不是很聪明。因为人的头脑中总有这样一种情感，不情愿看到别人高高在上。结果，被误导的君主总是鄙视前来敬献者提出的设计，而敬献者从中得到的不是奖励和感谢，而是麻烦和轻蔑。但在一个共和国里，当审议结果取决于多数人的意见时，少数人，即使是一个有权势的统治者，也会对所提议的方案有适度的了解，从而使其他人有勇气表示认可并一致同意支持这项事业。”(第 14 卷)

[3] 见克劳瑟，《科学与生活》，第 44 页。

[4] 正如《自然》杂志在一篇社论中引述的那样，正是由于科学家自身的压力，而不是军事当局对他们服务的要求，导致了他们在战争中的利用：

已公布的过去 10 个月的伤亡总数应当使全国人民相信，这场战争是一场我们无法退让的战争；必须将所有的科学创造力和科学组织的力量集中用于军事行动上。我国还有成百上千的科学家，他们的精力和专业知识没有得到有效利用。我们应该有一支由科学家组成的队伍，既有人在前线也有人在后方从事研究，而不是仅依靠一两个委员会来向官员提出可能的攻防建议。像弗莱明(J. A. Fleming)教授这样杰出的科学家都会说，就像他在6月15日的《泰晤士报》上所说的那样，在过去10个月的科学战争中，他从未被要求在任何实验工作中给予合作，也没有机会将他的专业知识交给皇家军队使用，尽管他急于提供这样的帮助。很明显，当局还不能理解科学力量的价值，因而被他们置诸脑后。天天都有科学工作者来问我们，他们该如何才能将他们的知识用于国家的需要，可我们无法回答。将我国的科学人才组织起来非常必要，但在实现这一目标方面几乎还没有采取任何行动。

在考虑如何满足国家的需要时，似乎有必要将开发新的攻防方法的工作与增加高爆弹药供应的工作分开来，后者在报纸上已经占了很大篇幅。这场战争所采用的技术的新颖性和方法的非常规性，使第一个问题超出了海军和陆军工程师以往的工作模式；解决这个问题需要军民共同努力。现在有必要对整个科学领域进行调查，以找出我们可以运用的破坏方法，我们不仅需要用它来对付敌人，也需要用它来保护我们的人。政府只召集一位科学专家就已经发生的事情提供咨询意见是不够的；政府必须准备好随时应对突如其来的情况。

——《自然》，1915年，第95卷，第419页

189 [5] 因此，我们在《科学的挫折》一书里克劳瑟的文章中看到如下一段话：

战争期间取得的巨大技术进步与航空费用增加的关系合理吗？1914年，有记录的最快航速为126.5英里/小时，1920年为188英里/小时。1914年，飞机在空中待的最长时间为24小时12分钟，1920年的最长时间记录是24小时19分钟。1914年，有记录的最高飞行高度为25,756英尺；1920年为33,113英尺。最长的直线飞行距离从646英里增加到1,940英里。飞行速度提高了61.5英里/每小时，持续滞空时间延长了7分钟，飞行高度提高了7,357英尺，直线距离增加1,294英里，这些成绩与全世界为此付出的高达10亿英镑的开支是否相称呢？”(第34页)

[6] 见《自然》中有关民主管理联盟的小册子《爱国主义有限公司》的通信讨

论,《自然》,第 133 卷,1934 年 2 月和 4 月。

[7] 从 1932 年至 1937 年间,维克斯公司的净利润从 529,038 英镑增至 1,351,056 英镑,而其股票价值则从 1933 年的 6 先令 1/2 便士上升至 1937 年的 32 先令 9 便士。

[8] 早在 1935 年就可以说:

> 航空工业现在已变成了一个军工产业再无其他了。1933 年出口的 234 架飞机和 40 台发动机大部分都是用于军事。现在,在我们的新计划下,军工职能成为压倒性的主要职能。今年实际生产的新军用飞机(1,500 架)要比现有的全部民用飞机(1,200 架,包括运动和娱乐飞机)还要多。
>
> ——《曼彻斯特卫报》,1935 年 5 月 24 日

[9] 因此,1935 年在剑桥,著名的飞机制造商约翰·西德雷爵士(Sir John Siddeley)就捐赠了 10,000 英镑用于航空研究。这引起了一些争议,因为当时人们认为——尽管当局否认了这一点——这是对大学的战争研究的资助。

[10] 化学战药剂的制造需要存在一个重化工工业,它在这方面比精细化学工业更为重要。这些重化学物质包括硫酸、硝酸和盐酸、液氯漂白粉、烧碱和纯碱。

> 本文件在其他地方提供了这些材料的制造细节,但在此应说明的是,其主要原材料是:煤、石灰石、盐、硫黄或硫化合物。有了这些原材料以及生产酒精所需的农业资源,我们不仅可以生产重要的市售化学品(包括有机类和无机类),而且能够产生出大多数重要的军用毒气。在这个清单中,唯一能使其完全用于战争毒气制造的物质是白砷和溴。
>
> ——见民主管理联盟向调查私人武器制造和交易的皇家委员会提供的证据,证据记录编号:7 和 8,附录,第 182 页

[11] 例如在英国,经过多年的试验,以耗资 300 万英镑的投入于 1927 年建成了一座煤的氢化工厂。但它只能在政府大量补贴的扶持下运转。合成橡胶已在苏联、美国和德国成功生产出来。

[12] 在和平时期,硝酸生产过剩导致田纳西河谷管理局将属下马扫滩(Muscle Shoals)工厂从生产硝酸盐改为生产磷酸盐。但在战争时期,

它很容易转化为硝酸盐生产。

[13] 这些困难在关于私人武器制造和交易调查的皇家委员会会议记录中有很好的说明。这几段记录是对帝国商会代表提出质询，见记录第2712—2756段。

[14] 丹尼尔·霍尔爵士在《科学的挫折》一书中说(第25—26页)：

……所有证据都表明，与温带地区的甜菜相比，热带和亚热带国家的蔗糖生产具有更高的经济效益。然而，欧洲国家却通过复杂的财政安排来维持和扩大甜菜的种植，甚至连英国也在不惜重金建立这一外来产业。根据现有证据，这一产业没有经济前景。

[15] 杰弗里·劳埃德(Geoffrey Lloyd)先生在1937年11月16日的演讲中，反对非官方的科学人士对空袭防御计划提出的批评。他的演讲反映出战争研究的面铺得有多广：

我想强调的是，政府在这件事(防御毒气)上不仅仅依靠他们自己的技术顾问，尽管这些技术顾问是很称职的。因为我认为了解这一问题的可敬的委员们会同意，到战争结束时，帝国国防委员会的化学防御
190 研究部会被认为是全世界最有效率的部门。但是，除了这些专家，政府还听取了100多位杰出的外部科学家和化工技术专家的建议；事实上，我认为，我国在这一领域的主要科学家都是化学防御委员会的成员。

[16] 各军种的详细开支见附录四。有人试图将代表科学家工作的那部分费用从2,800,000英镑的总预算资金中剥离出来。这部分费用不会少于1,535,500英镑。其中只有一小部分工作是对科学知识的贡献。如果将这笔资金和聘用的842名科学家都转向民用研究领域，那么几乎可使现有的科学潜力翻一番。这是衡量科学事业在和平时期为战备付出代价的一种衡量尺度。

[17] 私人武器制造的最严重的一个弊端是政府官员和军火生产商之间的勾结。政府公务员与军火商之间的这种联系，既因为政府是国内的唯一买主，又因为出口需要政府签发许可证，因此是体制固有的弊端。

政府官员所掌握的情况显然对军火工业有很大用处。众所周知，战斗部队和其他行政部门的官员通常退休后会到这些公司来任职，或在退休前就进入公司任职。(见民主管理联盟提交的证据声明，第198

页）

我确实认为，一种制度，如果总是让那些负责合同或工程设计等等的人在以后习惯性地转到军火公司任职，那么这肯定是一种非常不可取的制度……

任何允许一个人处于其职责和利益可能发生冲突的位置的制度都是一种不好的制度。因此，我们提请你们注意这种状况，我们认为，这种状况继续存在下去是非常不可取的，而且我们认为在某些情况下，它已经引起了麻烦。（第 140 页，威廉·乔维特爵士（Sir William Jowitt））

——摘自 1935 年 7 月 17 日，星期三，皇家武器制造和贸易委员会收到的第 7 号和第 8 号证据记录。

[18] 即使他们不是故意轰炸平民区，也有可能像在上海所发生的悲剧一样，容易误炸到这些区域。

[19] 首先，我们必须有一支强大到足以维持空战主动权的空军；第二，我们必须拥有一个能得到探照灯和其他现代探测手段支援的高射炮群，其数量要比我们在上次大战中任何一支高炮部队所拥有的数量多得多，其射击精度也要准确得多；第三，地面防空体系应能够实现两个目标：第一，确保国内免于恐慌；第二，确保国内的各项服务能够继续维持，没有这些服务，文明社会就将不复存在。一支在这两方面都得不到保障的空军，肯定敌不过在这两方面都得到支持的空军。如果没有有效的高射炮和探照灯系统以及地面组织的支持，空军即使拥有与敌国相同数量的一线飞机，要它防止国内出现恐慌，并保障文明生活得以持续，做起来要比不处于这种劣势的空军困难得多。

除此之外，它还将在执行其战术和战略任务的每一个环节上都受到阻碍。如果没有有效的地面组织，当空袭发生时，每个居民点就不可避免地都会强烈要求给予防卫，这样空军就将忙于在这个或那个工业中心或人口集中地的局地防御。我记得很清楚，当我在空军服役时，空军战略的先驱特伦查德勋爵（Lord Trenchard）反复对我说："如果一支空军被束缚在忙于地方防卫的事务上，它将无法保持其主动性和战略。这注定是一支输掉空战的空军。"我认为，一支不能得到地面组织支持的空军，几乎不可避免地会被束缚在局地防御上，并且会发现自己处于一种与得到地面支援的空军相比极为劣势的地位。因此，我们现在非常有必要制订一个尽可能完整的、关于建立地面组织的全面计划。通过组织起来，我们将能够走得更远，并保证国家不受到恐慌、保证国民生活不会陷入停顿。我们将能够使战斗部队维持其适当的战术和战略。(塞缪尔·霍尔爵士，1937 年 11 月 15 日，下院)

[20] 剑桥科学家小组关于这个问题的结论载于《保护公众免受空袭》(*Protection of the Public from Aerial Attack*，Gollancz，1937)和最近出版的《空袭保护：事实》(*Air Raid Protection: The Fact*，见期刊《事实》(*Fact*)，1938 年，第 13 期)，以及霍尔丹(J. B. S. Haldane)著的《防空》(*A.R.P.*，Gollancz，1938)。

第八章　国际上的科学

一　过去的科学与文化 191

科学的国际主义是其最独特的特征之一。科学从一开始就是国际性的，在这个意义上说，即使在最原始的时代，具有科学气质的人也愿意向不同部落或种族的人学习。文化在各个阶段的广泛传播表明了这种文化接触机制的有效性。在后来的时代，当自然屏障将文明分隔开，或当宗教或民族仇恨将文明世界划分为敌对阵营后，科学家与商人便竞相去打破这些壁垒。现代科学的主流的历史，从巴比伦人到希腊人，从希腊人到阿拉伯人，从阿拉伯人到法兰克人，显示出这个过程是多么有效。在中国的耶稣会教士发现，最容易让朝廷接受的是他们带来的天文学和数学。然而，直到 18 世纪和 19 世纪，人们才自觉地将科学实现为完整的国际概念。科学的发现，无论是思辨性的还是实用性的，都应当由所有能够利用它的人支配，而不应作为私人的或国家的机密加以保护，这一观念标志着现代科学的出现。在已经引述的段落（见本书[边码]第 151 页）中，雷奥米尔很好地表达了这一观点。当时唯一表现出来的民族主义是，各宫廷都希望尽可能多地网罗著名的科学家,来为国增光并为我所用,而不管他们的国籍是什么。出现在18世纪的德国和俄罗斯的科学是从法国和荷兰的科学那里移植过来的。当时的科学交流非常自由,而且在和平时期和战争时期都可以同样便利地进行。

当今国际科学

在整个19世纪,科学的国际主义得到了维持,甚至有所增强,但到了本世纪则变得明显倒退。科学虽然仍是国际性的,但已经开始受到普遍出现的国家层面的排他性趋势的影响,科学世界的统一正受到严重威胁。本章试图勾勒出当代科学的这方面的图
192 景,描述科学在不同国家的划分及其发展水平。要充分进行这样的描述,可能需要写一本专著,而且还只能由在许多国家有过长期工作经历的人来写。本人谈不上有这样的经验,只是一个对欧洲科学中心有一定的经验,但对中心以外的科学发展知之甚少的英国科学家。因此这里所要尝试的只是对其他国家的科学发展作一个概述,而且还是较为肤浅的概述。欧洲以外国家的科学只能通过其发表的文章和与来访科学家的交谈来判断。本章不是,也不声称是对全世界的科学发展所面临的问题、困难和成就作的充分的描述或评价。

限于这些条件,即使只是为了修正和补充人们对科学的组织和应用所做出的描述和批评,也仍然值得我们尝试来讨论当代世界不同地区的科学发展。应当指出,这些描述和批评几乎完全是来自英国的科学界。我们有必要考察这些结论在多大程度上超出了有限的应用范围,提出的问题在多大程度上也是英国科学界乃

至整个科学界所面临的问题。对答案的主要特征提出质疑无论如何都不过分。英国的科学在许多方面堪称一个大工业国推动科学发展的典型。科学史表明，科学的发展主要遵循经济发展的大方向，追求科学的程度和规模与商业和工业活动大致成正比。世界上的主要工业国也都是科学大国。资本主义和社会主义这两种对立的经济和政治制度之间的巨大分歧，也反映在科学与苏联国内的社会和生产企业，以及与苏联之外的社会和生产企业这两种截然不同的关系上。但是除了这一重大区别外，科学工作还存在着民族特色。这种特色不仅取决于经济的发展，还取决于更纯粹的历史和传统等因素。

二　语言问题

将科学划分为若干相对隔绝的区块的一个决定性的因素是语言的障碍，尽管在科学界内部，这些区块之间仍是可相互理解的。这种因缺乏共同语言而造成的问题在很大程度上既决定了科学的划分，也催生了现代各民族国家的诞生。科学的完全国际主义只 193
在 16 世纪和 17 世纪初新科学诞生后才实现过。当时，尽管出现了各民族国家和中央政府，但学术界仍然保持着相当大的同质性。拉丁语提供了一种公认的通用语言，除了交通上的不便外，几乎没有什么能阻止一个出生在基督教世界任何地方的人去任何一个宫廷出任重要职位。当时有几所重要的地方性科学学校，如建在帕多瓦或博洛尼亚的各院校，但所有欧洲国家的居民都能够平等地到访这些学校。在那时，哥白尼、维萨留斯和哈维本质上不属于他们各自的国家，而是属于以意大利为中心的国际科学界。然而，就在这个科学发展的伟大时期，民族主义开始出现。伽利略的主要政治著作不是用拉丁语写的，而是用通俗的意大利语写的，这对他遭到审判和谴责显然起着重要作用。斯特维努斯（Stevinus）通过引入荷兰语作为科学的理想语言，彻底打破了旧的传统，而笛卡尔则促成了科学与法国的高雅文学的结合。英国人比较保守。牛顿仍然用拉丁语写作，尽管他的著作一出版几乎立即就被翻译成了英语。在德国，科学起步较晚，而且从一开始就强调民族特征。莱布尼茨不仅对将科学传入德国不遗余力，而且对于将德语发展为科学语言的运动给予了热情支持。在此之前，德语只是用于宗教文学。

因此，在科学开始起步，最需要一种良好的共同交流手段时，民族因素上的考虑已经摧毁了这种可能性，拉丁语的使用几乎被废除。另一方面，即使是采用所有的欧洲语言也很难有效地书写科学文献，因为大多数欧洲语言的范围都太狭窄，几乎没有形成自己的文学作品。这促使当时出现一些跨越国界、以科学发展最突出的国家为中心的科学区域。它们起着学术交流中心的作用。在这些中心的周围则形成一些较小的、新的科学中心，它们位于较小、较落后的欧洲国家，并且最终越出了整个欧洲的范围。这样，世界就被划分成若干个科学区域。在这些区域内，用一种共同语言交流起来相对容易，但这些区域之间却有了越来越大的分离趋势。但这种分离仍然相对较小，因为科学的学科专业化超越了国家边界。各学科的科学家组成的国际性协会与各国家设立的囊括所有学科的国家科学院具有同等重要的地位，在某些情况下前者甚至更为重要。但是，语言障碍仍是一个非常严重的障碍。科学家必须花大量的时间来学习多种语言，否则他将不得不放弃阅读 194
许多原著。他要想读到这些著作就只有等到以后它们被翻译过来才行了。这一困难在不同时期向许多人暗示了国际科学语言的必要性，其可能性将在后面的章节中讨论。

三 科学界及其交流圈

语言和文化上的条件导致了科学交流圈的形成，其数量必然少于语言种类的数量，并且是由世界上主要的工业化国家来领导。这些圈子并不是固定不变的；而是随着各国的政治和经济命运而变化。目前，这些交流圈处于一种极不稳定的状态，这是由于在最近这个阶段，德国出现了侵略性的国家社会主义及其对科学的直接影响。然而，为了便于描述，我们很难将这些快速变化考虑在内。下面的内容主要适用于1920年至1933年期间的科学版图。

世界上主要的科学圈是英美科学圈和德国科学圈。在它们之后是法国和苏联的科学圈。英美圈子在英美双方之间显示出明显的分歧，但这种分歧远不如它与其他圈子的分歧来得大。英美圈子不仅覆盖了大英帝国和美国，还包括斯堪的纳维亚半岛的一部分、荷兰、中国和日本。与其他国家的圈子相比，德国科学圈不论在现在还是过去都要紧密得多。在德国圈内，不仅有信息交流，而且有相当大的个人行动自由，因此教授职位可以一视同仁地授予德国国内外的任何公民。这些国家不仅包括德国和奥地利，还包括斯堪的纳维亚半岛的大部分区域、瑞士和其他中欧国家。曾经在科学界占主导地位的法国科学圈，现在在相对重要性上已经萎缩了很多。它实际上仅限于法国、比利时、瑞士的一部分地区、波兰和南美洲。俄罗斯，或者更准确地说，苏联，则是一个新的创造。革命前，俄罗斯科学是德法科学的一个小分支，现在已经完全独立。苏联的科学出版物产量已经大大超过法国，并迅速接近德国圈的规模。把它说成一个圈似乎不是很准确，因为到目前为止这
195 个圈仅限于苏联。但苏联内部的发展不仅是俄罗斯科学的发展，而且还将科学引入到组成联盟的所有其他民族。不幸的是，在苏联科学圈，语言困难最为严重，这阻碍了它与其他科学圈的交流。学习俄语的困难极大地增加了现有的政治障碍，阻碍了外界对苏联科学成果的充分认识，使其很难能够在国际科学发展中充分发挥作用。意大利科学的地位有些另类。它本身的重要程度不足以与其他圈子相提并论，但主要是由于内部的政治原因，它不愿意加入任何现有的圈子，甚至不愿意像苏联那样，在外国期刊或意大利的外文期刊上发表论文。

科学传播圈的存在只是部分地克服了科学民族性的困难。出于教育的目的，对于其所用语言不同于 4 种主要语言中任何一种的国家，要想提供可理解的科学知识，就必须有一整套由本国语言文字书写的科学文献。因此，例如日本，除了在英文或德文期刊上发表论文，以及在日本出版的外文期刊上以英文或德文发表论文外，还有大量的纯日文的科学文献。这些文献几乎完全无法被外界所理解。用本国文字发表论文的做法在日本或波兰等这样的科研成果丰富的国家是正常的，但在欧洲小国，这种做法就变得有些荒谬了，因为对这些国家来说，需要翻译成本国语言的外文文献数

量实在太多，远远超过了本国科学家的能力。

科学的民族特征

到目前为止，我们讨论的是国际科学的划分。这些划分很大程度上是人为的，是出于语言上的需要。更重要的是科学的民族性，以及在不同国家，科学与社会之间存在的不同关系。正如已经说过的，这些内在的特征是非常复杂的，但经过分析可以看出，它们在相当大程度上能够被分析为一系列可区分的原因的结果。如果像法西斯教育部长们所做的那样，以神秘的方式将它们归因于民族的灵魂或种族的血统，那完全是蒙昧主义的做法，根本无助于我们理解这些不同的特征会以何种方式结合在一起，共同推动整个科学的发展。

我们可以在不同的国家间区分出不同的科学发展水平。首先，我们可以将有着悠久的科学和工业历史的工业化国家的科学
归为一类，这些国家既包含像英国、法国、德国和意大利这样的世 196
界强国，也包含如斯堪的纳维亚半岛、荷兰和瑞士这样的在历史上具有在知识领域同等重要性的地区。其次，是最近才实现大规模工业化的国家的科学，这些国家包括美国、日本和苏联。最后，我们必须注意到欧洲和亚洲的落后的、主要人口是农民的国家的科学发展。实际上，由于资本主义经济和社会主义经济中存在着完全不同的科学与社会之间的关系，因此我们将苏联从这一分类中去掉，留待单独处理，会比较方便。

四　老工业国的科学

英国的科学组织是历史悠久的工业化国家的科学组织的典型。在这些国家里，科学和工业是在不知不觉中一起成长起来的，结果形成一个极其复杂的关系网，看不出任何有序的迹象。它通过其传统以及科学界、工业界和政界之间的个人关系和阶层关系，来弥补其在正规组织中的低效率。这些国家的科学从传统中受益，因为人们几乎是本能地遵守某些行为标准，从而避免了对科学发展而言始终是一种危险的行为，即个别科学家的过于自信和自我吹捧，而这些行为很容易使其变成学术骗子。另一方面，对科学的传统态度有一种非常有害的扼杀效果。那就是将年龄和经验看得比热情和进取心更重要。所有这些国家的科学发展的控制权都掌握在那些人数相对较少、与现代发展脱节的老科学家手中。但必须指出的是，积累下来的宝贵传统，各学科中不同学派的存在，以及科学家个人所享有的远离经济或政治压力的相对自由(在德国，这种自由只是他们过去曾享有过)，这些因素仍使得这些国家成为绝大多数新的、有价值的基本科学发现的发源地。它们仍然是科学进步的中心，其他欠发达国家的科学家要想建立自己的学派，就必须到这些国家的实验室来学习。在第一梯队中，每个国家的科学都有其自身的特点，这些特点取决于历史、社会和学术因素的复杂关系。其中的差异必然是极其难以界定的，但它们在科学
197 的发展中都起到了非常重要的作用，每一种具有特色的科学传统都对科学的普遍进步作出了宝贵的贡献。

英国的科学

可以看出，自17世纪以来，英国科学的特点一直得到保持。与德国或法国的科学相比，英国科学主要偏重于实用和类比。在英国，人们比其他国家的人更注重通过感知而不是思考来从事科学研究。英国人的想象是具体的和形象的。法拉第用力管的概念来思考，这些力管被想象成类似橡胶制成的东西。卢瑟福在探索原子时是将实验过程想象成乡村集市上的投掷椰子的游戏：向原子投掷某种粒子，看看有什么碎片会掉出来。对这位英国科学家来说，最大的问题是“它是如何起作用的？”在英国科学的三位伟大的理论家中，只有牛顿是英格兰人。他既是一位理论家，又是一位注重实际的实验家。麦克斯韦是苏格兰人，而狄拉克，三人中最纯粹的理论家，是法国人。英国科学之所以能取得如此巨大的成功，很大程度上正是这种实用的偏好和强健的常识。不管怎么说，按我们直到最近的理解，大自然的运行方式被证明至少和人类工人的劳动一样简单。那些将大自然看得神秘而微妙的人不过是在自作聪明、作茧自缚。英国人的一个缺点是几乎完全缺乏系统的思维。在他们看来，科学研究就是对未知世界的多次成功的突袭。他们给不出连贯的图景；他们对理论持怀疑态度，而且不鼓励抽象的思辨。这些缺点在现在比在上个世纪更加明显。英国人的方法能够非常成功地处理大部分简单的科学问题并且做到了这一点，而当今的大部分科学研究则需要运用抽象思维和明显有别于粗糙的常识的工作方法，力学模型对这些方法几乎没有多大帮助。对于眼下的这场物理学大变革，除了狄拉克一人之外，英国已经远远

落后于其他国家，尽管这场革命的基本经验基础主要是在英国奠定的。然而，由于德国难民的大量涌入，他们也许能够把处理更困难的理论问题的能力传授给英国人。

我们已经讨论过英国科学的物质基础和组织结构的特点。在这里重温这些内容只是为了与其他国家进行对比。事实上，相对于英国在世界事务中的财富和重要性，它在科学上的花费很少，对潜在科学家的利用也比其他任何大国都少，英国的19岁到21岁
198 的年轻人上大学的比例要比欧洲其他大国都少，更远低于美国，这一点可从下表中看出。苏格兰在这方面表现得好多了。

国　别	学生数(全日制)	尽可能同时段统计的19—21岁男女青年人口总数	百分比
英国和威尔士	40,465 (1936年)	2,100,000	1.9%
苏格兰	10,064 (1936年)	260,000	3.8%
德国	116,154 (1932年)	3,000,000	3.9%
德国(见本书[边码]第217页)	67,082 (1936年)	3,000,000	2.2%
法国	82,655 (1932年)	1,900,000	4.3%
苏联	524,800 (1936年)	10,000,000	5.2%
美国	989,757 (1932年)	6,600,000	15.0%

英国科学有着伟大的传统和崇高的成就。它仍然充满朝气，但存在这样一个危机：除非采取步骤在足够大规模的现代条件下发展，否则它将远远落后于其他大国和新兴国家。

纳粹执政之前的德国科学

在纳粹夺取政权之前，德国科学也许有充足的理由宣称自己处于知识世界的领导地位，或至少能够与英国科学争夺这一地位。我们至少希望，那些赋予德国科学这一地位的永久性特征并没有被摧毁，而仅仅是被目前对科学的严格管制所掩盖。为了与英国科学进行充分的比较，我们必须选取纳粹统治前的德国科学的数据。德国的科学，尽管博大精深，但其发展相对较晚。尽管德国的技术发展在15世纪时已经领先于欧洲其他国家，但由于宗教战争，德国无法统一。而英国、荷兰和法国等强大的商业和政治国家在其科学诞生时就享有这种统一。因此，那时德国的科学只能局限于空洞的神学论证和空想的炼金术理论。即使是在18世纪初，我们仍然可以说，整个德国科学院，仅莱布尼茨一人而已。德国科学的诞生是在腓特烈大帝的大力支持下从法国引进的。这种引进的印记现在仍然存在于德国科学中，是其强弱的根源。德国科学从一开始就具有官方性质，但是，当其他国家的大学在19世纪还在鄙视科学时，德国的大学却允许科学发展，并在这种发展中创新了许多组织方法。现在这些方法已经传播到整个科学界。研究院和研究所、大量的实验室技术、专业学科期刊的出版，这些都主要得益于德国的首创精神。

德国科学在19世纪的巨大发展，很大程度上得益于其与德国 199
学术传统的联系，以及官方认可给科学家带来的巨大威望。在英国和法国，这种认可都是要通过争取才能获得的。官办科学的这种强有力的系统发展有好处也有缺点。缺点是：首先，是它的不厌

其烦且有点迂腐的学术传统，对有记载的事实旁征博引并对其评论连篇累牍；其次，像科赫（Koch）、欧姆（Ohm）或夫琅禾费这样的具有独创性和非正统思维的天才会遭受更大的困难。德国科学的最大优势出现在19世纪末，这与其工业革命的延迟发生是一致的。在英国，甚至很大程度上在美国，讲求实际的商人是非常鄙视从事纯理论研究的科学家的。但在德国，实业家非常尊重科学家并能够充分利用科学家的才能。尽管经历了战争和萧条，德国的化学工业仍然是世界上最重要的工业，它的大发展依赖于实业家与新化学理论家之间的密切联系。其中还包含国家利益。正是在德国，科学在战备中的全部价值首先得到实现，军人阶层对科学的强烈反对并不妨碍1914年的德军成为唯一一支拥有有效科学支持的军队。因此，科学有很多理由需要得到官方的支持，其形式与其说是大笔拨款，不如说是发展出一个有效组织起来的初级的和高级的科学教育体系。到1914年，德国人在科学上的投入数量远远领先于世界其他国家；在质量上，他们至少与其他国家的水平相当。正是由于这一发展，德国才能在与世界其他国家的对抗中坚持这么久。在这一时期，化学上的两项主要应用——制造炸药所需的哈伯固氮方法，以及现代战争的主要新武器，毒气——均起源于德国。

战后，战败挨饿的德国再次在不稳定的国际社会中占据一席之地。这段时期成为德国科学史上最辉煌的时期。它在物质方面的损失因其倡导的从事新研究的自由和人们的充沛干劲而得到弥补。战争刚一结束，爱因斯坦的相对论就得到了令人信服的确认。这项成就实际上使德国科学从战争年代所遭受的协约国的诽谤中恢复过来，但具有历史讽刺意味的是，取得这项成就的科学家后来竟被驱逐出境并被剥夺了公民身份。相对论无疑是伟大的，但它 200
只是物理学思想革命的一部分。这场革命的顶峰是 1925 年诞生的新量子力学。而这一成就很大程度上应归功于德国科学，尽管英国和法国都在其中发挥了各自的作用。如果说，魏玛共和国没有别的什么东西值得记取，那么唯一值得人们记住的是，正是在这个政府的领导下，才有了这些和许多其他重大的科学发展。

在大萧条摧毁这个被战争和无法解决的社会斗争蹂躏得体无完肤的社会之前，德国在有组织的科学研究方面一直处于领先地位。然而，德国在科学上花费的总金额相对较少。据估计，在 1930 年，[1]直接来自帝国政府的为 10,000,000 马克。来自各州政府的科研经费（不包括军事研究）约为 20,000,000 马克。如果按当时马克对英镑的汇率 20∶1 计算，这相当于政府总拨款 1,500,000 英镑。而在英国，以同样方式计算出来的政府科研投入大约为 1,200,000 英镑。如果我们单纯地假设，德国在工业研究上的花费是政府拨款的两到三倍，那么总的科研投入共计在 4,500,000 英镑到 6,000,000 英镑，这与英国的科研投入差不多。但是德国的国民收入是 700 亿马克，即 35 亿英镑，因此用于科学的占比可能在 0.13% 到 0.17% 之间，大约是英国的一倍半。

也许比这种由国家支持的做法更重要的是，在大萧条之前，德国就开始了一种将科学与重工业联系起来的做法。这种做法的重要性似乎可以与大学在科学发展中的重要性相媲美。这些联系的原型可追溯到柏林和在其他地方设立的威廉皇帝学会研究所（Kaiser Wilhelm Gesellschaft Institutes）。虽然这些机构是在战前由一个由工商界人士组成的协会创办的，但从一开始它们就显示出工业对科学的广泛需要的把握。这些机构致力于基础研究，而不是像英国的研究协会那样局限于狭隘的工业目的。除此之外，大的化学和工程公司也在筹建各自的研究部门，其配备的实验条件是任何大学都无法比拟的。这些研究部门所雇用的不仅仅是年轻的研究人员，而且包括具有国际声誉的教授。研究所只要求这些教授将一部分时间用于有利于公司的项目研究，其余时间可用于基础研究。对于那些既不了解自由政权的政治不稳定性，也不了解大资本垄断体系在经济上的不健全特性的人来说，德国似乎为科学的应用指明了一条最富有成效的发展道路。然而，在两三年内，所有这一切都被一扫而光，有一半最杰出的科学家被流

201 放、降职或监禁，大多数实验室都被琐碎的工作或战备任务所占据。

法国的科学

法国科学有着辉煌的历史，但却很不平衡。它在 17 世纪与英国和荷兰的科学一同发展，但却始终更具官方色彩和集中化的特征。在早期，这些特征并不妨碍它的发展。即使在 18 世纪末，它仍是生机勃勃的，尽管在大革命中失去了拉瓦锡，但它不仅幸存了下来，而且还借大革命之机进入了它的最辉煌时期。成立于 1794 年的巴黎综合理工学院（L'Ecole Polytechnique），是第一所教授应用科学的机构。在拿破仑的资助下，这所院校在民用和军事研究两方面均具优势，造就了一批才华横溢的人，使得法国科学在 19 世纪初无疑处于世界的前列。但这种进步没能得以持续。与

其他国家的科学发展相比，法国科学变得越来越不那么重要了，虽然它培养出不少杰出人才。究其原因，似乎主要在于资产阶级政府狭隘和吝啬的官僚作风，无论是王国体制下的政府、帝国体制下的政府还是共和体制下的政府，均是这样。尽管存在这些弊病，法国的大科学家们也非常清楚这些缺点，但他们依然取得了成就。例如，巴斯德和居里夫妇一生都在争取为研究提供足够的支持而奋斗。[2]而且在这整个时期，法国科学从未失去其独特的特征——极为清晰和优美的表述。它所缺少的不是思想，而是使这种思想产生富有成效的成果的物质手段。在20世纪的前25年，法国科学已经下降到第三或第四位，并遭受到一种内心的沮丧。世界大战在人力和资源上都给了法国一个沉重的打击。科学在老人统治下的局面在法国比在其他任何地方都要严重。

但在过去几年里，法国科学出现了一种向好的趋势。首先，实业家们开始意识到，现代科学是一个必须在更大规模上进行的事业，无论是在人力资源上还是在物质保障方面，这种规模都远远超过迄今为止的水平。于是新的研究所建立起来了，这为取得重大进展奠定了基础。大萧条在经济和政治上对法国科学的影响与对德国的影响正好相反。法国科学家出于德国的前车之鉴和他们自己对法西斯主义的体验而变得警觉，他们开始参与当时的政治运动，但他们并没有因此而减少科学活动；相反，他们要求科学在创造一个自由的和人道的世界中占据应有的地位。他们的活动为人民阵线登上政治舞台提供了帮助，反过来，人民阵线的登台则为科学发展创造了更加有利的条件。在居里·约里奥(Curie Joliot)的 202
协助下，一个由资深科学家、民主党人让·佩林(Jean Perrin)负责

的新的科学委员会成立了。他们不仅在短时间内增加了可用于研究的资金，而且使研究本身成为一种职业，而不仅仅是教学的附属品（见本书附录六）。但变化远不止行政方面。科学工作者本身，在他们新的工会合作中，已开始意识到社会对他们的需要和他们在社会中的作用。鉴于这些变化是发生在前所未有的战争和政治动荡的威胁之下的，我们不可能不从中看到科学复兴的强大动力。

荷兰、比利时、瑞士和斯堪的纳维亚的科学

欧洲一些较小的国家——瑞士、比利时、荷兰和斯堪的纳维亚半岛国家——的科学研究传统可以追溯到17世纪的伟大时期。虽然它们中没有一个大到足以在科学思想上占主导地位，但他们相对来说不受那些在大国中扭曲科学的政治偏见的影响，这使他们具有较连续的传统和持续的高标准。这一点，加上所有这些国家都享有高水平的普通教育，使得这些国家能够做出一些具有重大价值的科学工作，其科学家占人口的比例远远高于各大国。这些小国的科学家是社会中受人尊敬的一员，如果他享有国际声誉，那么其重要地位可能高于国务政治家，这在大国是不可能的。如果对这些国家的科学工作没有较深入的了解，就很难描述其特点。由于国家小，因此这些特点就必然比大国更依赖于科学家个人的性格。科学工作者个人一般都会受到这个或那个较大的大陆学派的影响，并将这个学派的印记带入自己国家的工作中。总的来说，除了比利时以外，在这些国家中，德国学派的影响占了主导地位，但这种影响基本上不含其官方特征和深奥的哲学性质。然而，这

里需要特别提及丹麦的科研经费筹措方式。在此我们遇到一个可能是独一无二的例子。一家大公司——嘉士伯啤酒厂——的创始人雅各布森父子(J. C. Jacobsen,Karl Jacobsen)共同将公司资产作为遗产捐赠出来设立基金会,以支持科学研究和艺术。这个基金会每年的收入非常可观。用于科学研究的资金达 1,310,000 克朗,相当于 58,527 英镑。对于这样一个小国来说,这是一笔不小的数目。

奥地利和捷克斯洛伐克的科学

旧奥匈帝国的科学不可能与德国科学截然分开。这两个国家之间在思想上和人员上总是有着十分全面的交流,而且占据优势地位的教会的影响在近几年里已不再对科学具有任何有效的阻碍作用。不用说,奥匈帝国的科学在组织上和获得的资金上都无法与德国相比。但是奥地利的科学有自己的辉煌,它在一个贫穷的小国中一直保持着自己的卓越地位。5 年来,它一直是德国传统的自由的科学研究的最后代表。现在,它也像德国科学一样受到摧残,而且被摧残得更迅疾。几天之内,就有 88 位教授和 168 位研究工作者被解雇、流放或监禁,奥地利几乎一夜之间失去了所有赢得国际声誉的科学界人士。

203

旧的传统现在只在捷克斯洛伐克还继续存在。在那里,迫在眉睫的战争和纳粹促成的内部分裂都对它构成威胁。

波兰、匈牙利和巴尔干半岛的科学

在东欧国家中,只有波兰拥有自身的科学文化。其他国家的科学都是德国科学的弱小分支。只要这些国家仍然是在少数军事统治集团统治下的农业国家，科学就不可能发展。即使是在波兰，科学的追求也是与民族和革命的愿望联系在一起。科学研究现在明显在政治上受到怀疑，在经济上受到抑制，而且还受到国内的反犹主义思潮的干扰。

西班牙和拉丁美洲的科学

欧洲其他国家的科学状况也不景气。意大利科学的现状将在讨论法西斯主义对科学的影响时进行梳理。尽管意大利的科学有着古老而卓越的传统，某些科学家显露出出众的个人才华，但它对现代科学界的影响力却微乎其微。西班牙的情形要糟糕得多，但却有更大的希望。在许多世纪里，西班牙一直处于教士的统治下，从不像欧洲其他国家那样有过发展科学的机会。西班牙教会断定，而且是正确断定，对科学兴趣的增长是自由主义的一种征兆，于是在 19 世纪里通过不明朗且不愉快的斗争成功地对其予以压制，尽管有像卡扎尔(Cajal)[3]这样的杰出人才冲破了阻碍。不过在本世纪，教会的控制力有所减弱。在一群英勇的先驱者的带领下，西班牙开始了一场明确的科学发展运动。在君主制解体之前，它甚至获得了官方的承认，例如马德里大学城的创建。但这所大学城最近被自封为西班牙文明救世主的人给摧毁了。幸运的是，
204 那些没有为自由而战的科学家们被安全地疏散了。我们可以确信，西班牙共和国的斗争一旦取得成功，新的进取精神和它所保持的希望将会使西班牙的科学得到大发展。[4]

直到最近，拉丁美洲的科学与其母国的情形一样残缺不全。

在殖民地时期，特别是在开始的时候，拉美国家在自然史和采矿业方面做出过一番成绩，但这种兴趣很快就消失了。随后，在19世纪的大部分时间里，发生的革命和内战对科学的发展更加不利。但在本世纪，在美国和复活的自由主义思潮的影响下，一场科学复兴正在兴起，人们可以从中看到很多希望，特别是墨西哥和阿根廷，已经在医学、生物学和考古学方面取得了显著进展。

五　美国的科学

一个没有在美国生活和工作过的人试图对美国科学的组织及其有效性评头论足是不恰当的。下面的评述仅仅是为了指出美国在科学界似应占据的地位。在18世纪的晚期，17世纪的伟大进步已明显趋缓。这时活跃的物理科学的复兴应归功于一位最伟大的美国人——本杰明·富兰克林（Benjamin Franklin）。当时，科学的发展开始偏重实用性和功利性，而这正是富兰克林的灵感影响的体现。富兰克林不仅是18世纪英国各类科学协会的鼓动者，也是法国科学协会的鼓动者。然而，早期的美国人还有许多科学之外的事要做，因此在19世纪初，当他们忙于建立各州并向西拓展疆域时，美国科学没有出现在世界科学的前沿就不足为怪了。[5]另一方面，美国在科学应用方面的贡献非常显著。世界上大多数基本的机械设备都是美国企业最先设计建造的，例如缝纫机、收割机和打字机等。美国人不仅具有英国经验主义的特点，而且视野更开阔，从事实用研究的干劲更足。美国人的创造力无疑与他们具有丰富的自然资源但却缺少劳动力的特点密切相关。然

而，到 19 世纪下半叶，当先驱者们的事业的成果开始在财富的增加和大规模工业化的发展过程中显现出来后，美国的科学也发生
205 了相应的变化。这在一定程度上得益于两个因素：广布各地的美国教育体系，包括众多免费大学的设立[6]；来自几乎每个欧洲国家的那些最有活力的自由主义者移民的作用。在某种程度上，美国科学的发展必然伴随着美国学术的发展。在上个世纪，美国科学有一种模仿欧洲模式特别是德国模式的趋势。在独特的美国学派出现之前，美国的科学代表了一种英国和德国的实践和理论的混合体。美国曾有过杰出的科学家，特别是伟大的威拉德·吉布斯(Willard Gibbs)，但直到本世纪，美国才开始建立自己的科学学派。[7]

美国做出具体贡献的机会是伴随着如下这种变化而来的，它几乎影响了科学的所有方面：越来越庞大的工作单位和对昂贵仪器的日益增长的需求。在美国各州工业建设的发展过程中，有一部分财富聚集到少数人的手中，随后这些财富又流向了科学。因此，在本世纪，美国的科学经费毫无疑问是目前世界上最充足的。与此同时，美国也不乏能够利用这些资源的能干人才。尤其是在天文学领域，要想在太空领域做出新的发现，就必须装备有最大和最昂贵的望远镜，而美国很快就在这方面占据优势地位。高投入带来新发现这一模式的成功很快在物理学的许多其他分支，在医学、细胞学、遗传学和动物行为学等学科领域得到广泛应用。与此同时，新的大工业公司也着手从事技术研究，在这方面只有德国可与之匹敌。这些公司雇佣了一些同时从事基础研究工作的杰出科学家。工业界从事研究的想法可以说确实起源于美国，因为是爱

迪生的门罗公园实验室最先进行了这方面的实践。但这个实验室从事的基本上仍属于应用研究。通用电气公司在斯克内克塔迪(Schenectady)的实验室可以说是工业界从事基础研究的实验室先驱。

然而，正如人们所料，由于美国科学的发展带有特别明显的个人主义特征，因此其科学状况表现出许多不协调的迹象，这些迹象在英国的类似规模的科学研究上也可以观察到。对此美国进行了一些改革尝试，如设立国家研究委员会，以便在一定程度上对特定领域内的研究项目进行积极的协调。但它只掌控一小部分研究资金，在其他方面仅具有咨询能力。另一个重要的协调机构是美国科学促进协会(American Association for the Advancement of Science)。它是英国科学促进协会的对应机构。由于各主要科学 206
学会的年会都是在它的主持下召开的，因此它的重要性要更大一些。至于科研经费的筹措和研究方向的确定，更主要的是由像洛克菲勒基金会、卡内基基金会或古根海姆基金会这样的大的研究基金会来把控。从国外来看，这些基金会的运作在某种程度上似乎为如何明智地在科学上投入树立了典范。尽管如此，它们还是会因为某些原因而受到批评。首先，基金会作为纯粹的慈善机构，人们不能对它提出任何要求，而只能是请求，这使得那些貌似合理的研究资助申请人受到重视，而在吹牛拍马方面能力较弱的申请者或机构就显得吃亏。现在有一个很明显的趋势，就是把钱花在宣传得较多或较容易引起注意的科学领域，从而滋生出一套相当错误的价值观。最后，这些研究资助的确定显得武断而不安全。无论是对研究项目的资助还是对人的资助都不能指望超过5年，

而 5 年时间对于科学思想的发展来说是非常短暂的。但主要的反对意见是，尽管许多管理委员会由科学家控制，但经费的分配并不是由科学家的有组织的共识决定的。毫无疑问，尽管这些机构的拨款为科学发展提供了巨大的帮助，但资金的浪费比几乎任何其他形式的科学开支都要大。

美国在科学上的投入非常巨大。如果我们以前面引用的数字（见本书[边码]第 65 页）为例，应该不会有太大的误差。学术机构、政府和工业研究的年度支出为 3 亿美元或 6,000 万英镑。这是英国科研开支的 10 倍，可能比除苏联外的其余国家的开支总额都要多。但很明显，收益递减规律在这里起作用。无论美国科学的贡献有多大，它对科学进步的贡献却不能说是英国或德国科学的 10 倍。这种差异可能部分是因为研究人员的薪酬更为丰厚，再者就是花在设备和基本建设上的费用较多。但有些问题必须从美国科学自身找原因。科学家的地位不能不受科学之外的现有价值观的影响，特别是那种为成功而奋斗和注重宣传的价值观。尽管美国科学家中少数佼佼者不受这些影响，但从美国发表的大量研究论文中可以清楚地看出，这些影响并不是没有。美国出版物的篇幅要比相应的德国出版物还稍大一些。在德国，研究性文章的篇幅大是因为要将问题说得较透彻，而在美国，人们觉得文章的篇幅 207 大可以抬高其地位。而且，对研究工作进行宣传可说是典型的美国特色。但这对科学并不是坏事。英国公司往往认为，遵循传统方法是它们的一个明显标志，为此它们甚至在某种程度上对外隐瞒了他们所做的研究工作。但在美国，从事科学研究对公司和承担研究项目的大学来说都具有广告价值。这使得大量直接效用价值很小的纯科学工作得以完成。另一方面，这种做法无疑突出了具有很高宣传价值的科学分支，例如天文学、原子内部结构、生命的本质或治疗较可怕的疾病等等，以至于对其他同样重要的科学分支造成了损害。总而言之，我们可以说，在一个由私营企业和垄断混合而成的社会体系中，美国科学可能代表了科学所能做到的最好程度。它可以取得伟大的成就，但只要这一制度存在，它就永远无法取得与投入的人力或物力资源相称的成功。

六　东方的科学

在19世纪末之前，从事科学研究几乎完全只是西欧人的事情，他们要么在其美洲的殖民地，要么在其国内。古老的东方文明其实不乏博学的人，但他们遵循的是既定的传统。这些传统在很大程度上与文艺复兴初期欧洲的传统相同。在这里，科学是与更强大的工业文明的其他标志物一起被突然引入的。因此欧洲以外国家的科学发展因帝国主义列强的政治和经济的控制程度的不同而有很大差异。印度和日本的科学可看作这种差异的两个极端。在印度，科学的传统可谓源远流长，但最近这种传统在式微。印度数学家曾经对数学的一般性发展做出过显著贡献。随着英国的统治，新的思想和教育方法被引入，但它们与原有的学问是对立的，因此从一开始便导致传统知识和外国知识之间存在更明确的分野。此外，从英国引进的教育在性质上更偏重于古典学术和文学而不是科学。

印度的科学

实际上，印度的科学只是在20世纪才开始出现。我们可以肯定地说，在印度，科学发展有着巨大的潜力。拉马努扬（Ramanujan）的数学、玻色（Bose）和拉曼（Raman）的物理学已经表明，印度
208 科学家可以达到一流水平。然而，只要印度科学所面临的困难还存在，它就不会有任何大的发展，特别是科学对印度的文化很难产生任何重大影响。在科学上，如同在生活的其他方面一样，印度人必然会感到有必要提高其民族自尊，但这种态度总是表现为一种局促不安的情绪。首先，印度科学家必须通过英国人的渠道来学习科学，并且要忍受英国人对其治下种族的习惯性的傲慢和侮辱。长此以往，印度学者便养成了一种顺从和傲慢的混合心理。这种心理不可避免地会影响到科学工作的质量。同时，印度科学一方面以其独创的许多概念和实验过程而闻名，同时又以其在开展工作时的极不可靠和缺乏批判精神而遭人诟病。

不用说，印度的科学，就像印度的一切方面一样（除了驻印度的英国公务员和军队），都缺乏资金。印度每年可用于科学研究的总额可能不超过25万英镑，相当于人均1/50便士，或者相当于可怜的国民收入17亿英镑的0.015%。然而，世界上几乎没有哪个国家比印度更需要科学的应用。为了使印度人民中发展科学的巨大潜力释放出来，就有必要将印度变成一个自力更生的自由国度。也许今天印度科学界的最优秀的工作者不是科学家，而是正在为此奋斗的政治宣传家。

日本的科学

日本的科学状况提供了一个非常显著的对比。日本人很快就掌握了西方列强的军事技术，以及足以支撑其军事优势的机械技术，因此能够在欧洲人自己发起的侵略和掠夺游戏中击败它们。讲求实际和理性的日本人明白，西方人是通过科学而获得这些极为宝贵的力量的，因此日本必须拥有科学。但是，仅仅通过模仿来生产科学的尝试只取得了有限的成功。诚然，日本工业界和政府所开办的实验室和研究所可能比世界上任何其他地方都更大，资金更充足，组织得也更好，但这些机构所做工作的价值却值得怀疑。日本确实已经产生了许多著名的科学人物，例如野口英世(Noguchi)*，但日本的大部分工作似乎都具有德国和美国科学的缺陷，且有过之而无不及。它过于繁琐、迂腐、缺乏想象力，不幸的是，在许多情况下，它还缺乏批判精神并且不够精确。为此而责怪 209
日本科学家是不公平的。在一个危险思想受到越来越严重的迫害的国家里，科学的独创性很难得到重视。在这个比欧洲更公开、更露骨地将科学用于战争研究，并试图找出工厂工人仅维持生命的绝对最低限度的食物量的国度里，不太可能将最优秀的人才吸引

* 野口英世(Noguchi Hideyo，1876—1928)，日本医学生物学家，生于福岛。1900年赴美宾夕法尼亚大学工作。在美期间，他与弗莱克斯纳(Simon Flexner，1863—1946)一起最早确认了由德国微生物学家F. R. 绍丁(Fritz Richard Schaudinn，1871—1906)发现的梅毒病原体——苍白螺旋体，并最先从出现麻痹症状的梅毒病人的中枢神经系统中分离出梅毒病原体。此外，他还在狂犬病、小儿麻痹症、沙眼、黄热病等的疫苗研究和抗血清研究中做出过贡献。1927年赴非洲加纳研究黄热病，翌年5月21日，因感染该病毒不幸去世。——译者

来做最好的科研工作。近年来，有一种值得注意的私底下反对这种官办的和军事性质的科学的思潮。年轻的日本科学家开始意识到他们工作的社会意义，并在思考如何跳出帝国和军人神话的神道(Shinto)，或其更暴力的现代形式——皇道(Kodo)——的束缚。如果说，在威胁东西方的革命中，日本人民能够获得我们所期待的和平或自由的话，那么日本的科学工作的质量也会有很大的提高。

中国的科学

近几年来，中国开始独立自主地发展科学。纵观有史以来的大部分时期，中国一直是三大或四大文明中心之一。在这个时期的大部分时间里，中国一直是政治和技术发展最快的国家之一。但有意思的是，现代科学的出现和随之而来的技术革命不是发生在中国，而是发生在西方。也许这是在农耕生活与受到古典教育的统治阶级之间，在生活必需品和奢侈品的充足供应与生产这些必需品所需的劳动力之间，取得了一种非常令人满意的平衡，使得中国不再需要在某一方面发展技术进步。然而，一旦西方在技术上取得了进步，中国文化要想在不经过彻底改造的情况下来产生自己的科学，实际上是不可能的。事实上，作为一种防御措施，中国在与西方接触后的第一个反应就是加强了中国文化的保守主义。在整个19世纪，西方通过贸易战争、争夺租借权的斗争以及破坏有秩序的政府等方式来干涉中国，有效地阻止了中国科学的发展，正如它阻止了印度的发展一样，尽管两者的方式完全不同。

中国人从没有像日本人那样享有足够的独立性来大规模引进

西方的技术和西方的科学，即使他们有这个愿望。直到1925年国民党上台后，中国才出现了在教会学院外建设本民族科学的运动。在许多方面，中国的新科学只是美国科学的一个分支，这是由于美国政府对庚子赔款的开明态度的缘故。到目前为止，中国科学还 210
很少有人取得过具有重要意义或独创性的成就，但是中国传统工艺的极高质量是其希望所在。在目前的这场毁灭性的战争中，侵略者曾专门将目标指向科学和学术中心[8]。战争已经使最优秀的人才转到其他任务上，但是从已经做了的事情来看，中国的文化传统经过适当的改造后，能够为科学工作提供一个非常好的基础。事实上，鉴于中国文化在其他文化形式上所表现出的谨慎、稳重和平衡感，我们有理由相信，中国能够对科学的发展做出即使不是比西方更大，至少也是一样大的贡献。

伊斯兰国家的科学

伊斯兰世界也有科学复兴的迹象。在最初的6个世纪里，伊斯兰教是传播和发展希腊科学的主要推动者。但在它仍可能大发展的时刻，蒙古人和突厥人的入侵阻止了这种发展。与中国一样，在西方科学的冲击下，其直接反应便是保守主义的增强。这种保守主义在大多数独立或半独立的穆斯林国家中至今仍然存在。然而最近，在埃及、叙利亚、土耳其和苏联统治下的中亚地区，出现了明显的变化迹象。在土耳其，人们正以无情的改革精神推动着科学进步，其态度之坚决如同进行其他更为壮观的加齐(Ghazi)改革一样。土耳其的旧大学得到了改善，新的大学成立了。土耳其排在英国和美国之后成为德国犹太学者的主要避难所。但在最近的民族主义浪潮中，这些大学中的大多数外来者又被驱逐出去了。现在评价这项政策的结果还为时过早，但如果它成功了，它必将对整个穆斯林世界产生非常大的影响。一旦它被证明能够与民族解放相容，或者能够更好地帮助民族解放，那么保守的神学力量将不再能够阻挡它的前进。

七　科学与法西斯主义

对目前已提到的国家的科学状况所作的调查表明，它们的组织模式在某种程度上的一致性远远高于其差异性。富国的科学较发达，穷国的较落后。但是科学本身作为一种共同的文化形式的出现，标志着西方文明得到了普遍接受，已经成为一种世界文明。科学随着工业的发展而发展，与垄断资本主义和国家经济体制的
211 联系变得越来越紧密。而且到目前为止，这种情况并没有对科学的内在发展产生任何激烈的干扰，也没有对科学活动的基本原则——自由探讨和自由发表——进行任何攻击。但这种状况已不再普遍存在。随着法西斯主义的出现，这些原则已经受到直接攻击。如果允许这种攻击蔓延开来，它将威胁到科学的进步，甚至威胁到科学的存在。

法西斯主义本质上是试图通过将暴力和神秘的蛊惑宣传相结合来维持一种不稳定的和不光彩的私人或垄断生产体系。这两个方面都涉及科学。法西斯主义的理想是将国家，或者更确切地说，是将种族和帝国变成一种囊括未征服领土上居民的方便形式。为此特别需要培育民族经济和民族精神。如果科学能做到这一点，

那么它就是有价值的；如果科学不是增强而是削弱了这种民族性，那么它就将遭到扭曲或破坏。在这方面，法西斯主义只是要在逻辑上将在所有资本主义国家都可见到的经济上和文化上的民族主义倾向贯彻到底。科学家的首要职责不再是发现真理或谋求人类福祉，而是在和平与战争中为国家服务。和平越来越简单地成为战争的准备阶段。

法西斯意大利的科学

法西斯主义最早在意大利兴起，但不像后来在德国贯彻得那样彻底。在意大利，科学是被利用而不是被改造。出于国家利益的考虑，意大利科学家受到宽容，甚至得到了帮助。通过建立主要是为国民经济服务（主要目的是使国家在战争时期能够不依赖于外国物资）的技术研究所，意大利科学在物质上取得一定进步。而且，至少是在人文科学的范畴之外，科学思想的交流受到直接干扰的情况相对较少。当然，历史学已经被扭曲，强调人道主义而不是军国主义的倾向已经被颠倒。在社会学和经济学中，唯有保守主义大行其道。为了教会和国家的利益，所有进步思想都受到压制，只是没有像德国那样用明显可笑的东西来代替它。对科学家的主要影响是他们变得与世隔绝。除了一些精心组织的国际会议外——其目的是要给外界留下墨索里尼关心科学进步的印象——意大利科学家基本上与国外的科学家断绝了联系，部分原因是当局认为科学家在政治上不可靠，部分原因是缺乏旅行的经费。另一个困难是语言障碍。为了维护国家声誉，意大利的科学成果必须以意大利语出版。但意大利语已经不再是一种大众熟悉的语 212

言，因此这一限制有力地阻断了人们可充分利用的仅存交流渠道。[9]其结果是，意大利科学一直处于本世纪早期的相对较低的水平，而且看不见有重新夺回其旧时传统的希望。在镇压自由主义的过程中，法西斯主义成功地摧毁了与自由主义密切关联的科学精神。

纳粹的科学

意大利的科学状况仅仅展示了科学遭遇的破坏性过程的第一步。而在今天的德国，我们看到的是这种大规模破坏的全过程。德国科学所遭受的破坏，如果再持续几年，可能就会构成文明发展的一大悲剧，因为德国科学与意大利科学不同，前者在文明发展过程中占有十分重要的地位。这不是说德国科学家处于知识发现的前列，而是说德国在过去一直承担着将所有科学知识系统化和法典化的任务，因此人类知识进步的记录基本上掌握在德国人手中。已经取得的成就不可能被丢弃，但要想在其他国家很快整理出全面透彻的科学进步记录机制并非易事。比这更严重的可能是对德国科学精神的破坏。正是本着这种精神，人们才看重对世界结构的耐心而精确的确定，才信仰纯科学真理的内在价值。

与意大利不同，德国是一个工业大国，从品质上说是世界上最重要的工业国。它的人民有着爱好思考的传统和追求自由的趣味，尽管他们没有多少机会来充分运用这种自由。导致法西斯主义出现的经济和政治危机在德国要比在意大利严重得多，因此德国的法西斯必然具有更为暴力和反动的性质。对德国法西斯的领导人来说，为了获得和保持权力，对人民仅仅采取物质上的控制是不够的，还必须控制和改造其思想。因此他们要征服的不仅是德国这个国家，而且是德国人的灵魂。纳粹夺取政权所依据的全部主张显然是不合理的，经不起科学分析。但要维持这些主张，那就只能将非理性置于理性之上，让科学批判变得无能为力。然而，仅有这种消极的处理是不够的。对显而易见的真理作单纯的否定只会留下精神上的真空。因此必须大力宣传，采用前所未有的暴力来宣传那些明显的谬论。不幸的是，在德国，人们确实可以找到能够代替理性和科学的一整套信仰。德国思想界一直有一股神秘 213
的、非理性的强大暗流。的确，理性主义本身就是从法国输入的一种自由主义舶来品，具有讽刺意味的是，它还是由纳粹崇拜的大英雄腓特烈大帝推行的。从德国的神秘主义者到18、19世纪的哲学家，一直都有将晦涩与深奥混为一谈的倾向，但促成这种混淆的通常都是一种仁慈和温顺相结合的心理，尤其是在事关国家的问题上。纳粹就是抓住了这种思维模式，或者更确切地说，是不加思考的心理，让它朝着美化种族和战争的双重理念的方向发展。德国人受到他们自己的垄断寡头的悲惨奴役，需要一种心理补偿。办法就是让这些垄断者屈从于其他国家那些竞争对手，并向德国人灌输：他们天生优越，如果他们愿意在这段时间内服从必要的纪律、做好必要的准备并经受斗争的考验，他们就注定要统治世界。

实际上，他们所做的就是要保留资本主义的物质和经济形式，并通过摧毁工会、使雇主成为其工厂的说一不二的主人，同时又轻蔑地抛弃那些被用来证明其存在的合理性的理想来强化这些形式。为了支持资本主义，他们不得不抛弃自由主义理论，而这种理论曾是资本主义存在的正当理由。他们不得不走得更远，公开否定两大理想：博爱和个人尊严。而这两大理想是自伟大帝国出现以来在第一次提出后就一直为世界所公认的价值观。为了维护少数人的贪婪和对权力的欲望，他们推翻了不仅是自由资本主义社会，而且是基督教社会赖以确立的价值观。[10]取而代之的是血统论和领土扩张理论。* 由于这一理想缺乏科学依据，因此有必要改造科学，为其提供依据。现在我们必须承认，过去那些被认为是科学真理的东西，在很大程度上是由科学家自己从他们的文化环境中吸收了非理性偏见构成的。而科学进步的全部意义就在于发现并驳斥这些偏见。地球运动和物种起源的发现就是理性和实践战胜感觉的重要例子。试图扭转这一进程，并以国家的名义要求恢复旧的偏见以取代新的发现，则完全是另一回事。任何接受这种指令的科学家实际上就等于给自己签了处决令。然而，这正是纳

* 纳粹（“德国国家社会主义工人党”的首字母缩写的汉译名称）党纲的第三条内容是关于领土要求的：

“第三条：我们要求国土和领土（殖民地）足以养育我们的民族及移植我们的过剩人口。”

第四条至第八条是关于德意志公民的权力的：

“第四条：只有德意志同胞，才能取得德意志公民的资格；凡属德意志民族血统，不论其职业如何，方为德意志国民。因此犹太人不能为德意志国民。

第五条：凡在德国的非德意志公民，只能视为侨民，应按治理外国人的法律对待。

第六条：只有德意志公民，才享有决定德意志国家领袖和法律的权利。因此，我们要求一切公职，不论是何种类，不论它是联邦的，还是各邦的，或是市区的，都必须由德意志公民担任。我们反对腐败的议会制度，因为议会政治只根据党派利益，任用私人而不顾及品德和能力。

第七条：我们要求国家应将供给公民工作及生活作为其首要任务。如果国家不能养育其全部人口，则应驱逐外国人（非德意志公民）出德国国境。

第八条：禁止非德意志人迁入德国。我们要求将 1914 年 8 月 2 日以后迁入德国的一切非德意志人应驱逐出境。”

由此看出，这些纲领公开叫嚣领土扩张和对非德意志民族的歧视。——译者

粹要求德国科学家履行的义务。刚正不阿的人不是没有，但其言行必然是秘密的和反纳粹的，而且经常会面临着被秘密警察逮捕和破坏的危险。应当承认，对于纳粹来说，取得科学家们的忠诚或 214
至少是服从并不难——事实上，这要比取得教会的忠诚容易得多。究其原因，主要在于科学家的性格和他所受到的训练；他们太专注于自己的工作，与国家和工业界的联系太过紧密，太容易听信被灌输的爱国主义。此外，由于纳粹将犹太人和社会主义者挑选出来作为攻击目标，他们被很巧妙地分化了。[11]

对犹太人的迫害

自然，即使采用纳粹的迅速而残忍的.手段，德国科学的精神也不可能一下子被摧毁。对它的攻击有几种形式，第一种也是最耸人听闻的是将犹太人驱逐出科学界。犹太人特有的悲剧是，每当他们受到宽容的时间足够长，使他们能够将自己的才能用于对社会有益的工作时，他们迟早会成为他们所生活的国家的所有不幸的替罪羊。犹太人在历史上一直经受着激烈的斗争，所得机会非常有限，加上其尊重学问的传统，这使他们在从事有学问的职业方面具有一定的优势。其结果是，在从事有学问的职业中，犹太人对非犹太人的比例要大于犹太人占全部人口的比例。即使在德国，这一比例也并不意味着犹太人在这些职业中就占据着主导地位，但是他们很突出，使得那些较愚蠢和不成功的同事不喜欢他们。原本在德国，就像在英国等国家一样，人们出于常识，以及职业圈内外大多数人的宽容，这些偏见会受到约束。但现在，它却变成了一种官方的信条，并且得到了整个法律界和听信反犹和反共宣传的黑衫党徒的暴力支持。

尤其是在科学方面，犹太人取得了令人尊敬的重要地位。对他们的驱逐是对德国科学的一个直接而沉重的打击，尽管这种做法最终可能会转化为其他国家的科学优势。但是，对犹太人的攻击正越来越变本加厉。纳粹决定不仅要迫害他们，而且要攻击他们的思想。犹太人的思想几乎包括了所有形式的清晰思维。如果犹太人在逻辑、数学或物理学上所做的一切都一定是错误的，那么整个科学大厦就必须拆毁，然后用贫乏的和不协调的材料来重建。这正是纳粹哲学家们现在正试图承担的任务，但在外界看来，他们今天取得的成果显得可笑而令人厌恶。

215 对此，资深的反犹太主义者，当今德国科学界最受尊敬的代表斯塔克(Stark)* 在《自然》杂志上写道：

> 当我在下面谈到物理学中两种主要的心理类型时，我的意见是建立在经验基础上的。我探究了过去的大物理学家之所以能做出发现的心理特征。我在 40 年的科学生涯中，对许多或多或少取得成功的当代物理学家，以及一些理论和著作的作者进行了观察，试图找出他们工作成果的主要源泉。基于这种广泛的经验，我认识到，在物理学领域的工作者有两种主要的心理状态。

---

* 约翰尼斯·斯塔克(Johannes Stark，1874－1957)，德国实验物理学家，1913 年在研究处于强电场中的阴极射线时发现了氢谱线的展宽效应，即原子谱线会在外加强电场下发生能级分裂的效应(斯塔克效应)。1919 年因此荣获诺贝尔物理学奖。斯塔克在政治上是一位种族主义者，在纳粹上台后被任命为德国物理技术研究所所长。二战后被判处 4 年劳役。——译者

一种是实用主义的心态。无论是过去还是现在，具有这种心态的物理学家都成功地做出了重大发现。这是一种面向实际的研究心态，其目标是确定已知现象的规律，发现未知的新现象和新客体……

而另一种教条主义学派的物理学家在物理领域的研究方式则完全不同。他从最初的他自己大脑中产生的思想出发，或是从符号之间关系的任意定义出发。当然在此之前他得先给这些符号赋予一般性的物理意义。然后通过逻辑和数学运算，将它们结合起来，得出以数学公式展现的结果……

爱因斯坦的相对论就是建立在任意定义的时空坐标或其差分的基础上的，是教条主义精神产物的一个同样明显的例子。另一个例子是薛定谔的波动力学理论。通过物理和数学演算上一种惊人的推演，他先得到了一个微分方程。然后他琢磨方程中出现的函数有什么物理意义，为此他提出了一个设想，即电子是被任意涂抹在原子周围偌大的空间区域的。而其他教条主义物理学家（玻恩、约当、海森伯、索末菲等）则以一种独特的方式赋予薛定谔函数另一种教条主义意义，这与经验的基本定律完全背道而驰。他们让电子以不规则的方式绕着原子跳舞，并允许它在外部活动，就好像它同时存在于原子周围的每一点上，其电荷与它在每一点上停留的统计时间相对应……

我之所以反对德国的教条主义精神，是因为我能够反复观察到这种精神对德国物理学研究发展的严重的破坏性影响。在这场冲突中，我还努力反对犹太人对德国科学的破坏

> 性影响，因为我认为他们是教条主义精神的主要倡导者和宣传者。
>
> 这使我想到了科学研究者的精神面貌的民族特性。从科学史可以引证，物理学研究的奠基人，以及那些伟大的发现者——从伽利略和牛顿到我们这个时代的物理学先驱——几
> 216 乎都是雅利安人，主要是日耳曼人。由此我们可以得出这样的结论：实用主义的思维倾向最常见于日耳曼人。如果我们考察现代教条主义理论的创始者、代表和宣传者，我们就会发现其中犹太裔占优势。如果我们还记得，犹太人在神学教条主义的建立上曾起着决定性作用，马克思主义和共产主义教条的作者和宣传者大部分也是犹太人，那么我们就必然会确立并承认这样一个事实，即教条主义思想的自然倾向在犹太血统的人中出现的频率特别高。
>
> ——《自然》，第141卷，第770—772页

他在黑衫队的机关报《黑衫队》(*Das schwarze Korps*)上的原文中说得更加直言不讳：

> 特别是在这样一个领域，即科学领域，我们可以遇到形式上最露骨的“白种犹太人”精神。对此，“白种犹太人”的观点与犹太人的学术和传统之间的共同点可以直接证明。清除科学上的犹太精神是我们最紧迫的任务。因为科学代表着这样一个重要位置：知识领域的犹太主义总是可以从中重新获得对国家生活的各个方面的重大影响。例如，在德国医学面临新任务，等待在遗传学、种族卫生学和公共卫生学等领域取得决定性成就的时期，我们的医学期刊竟在6个月内，在总计

> 2138篇文章中发表了1085篇来自外国作者的文章，其中有116篇来自苏联的俄国人。这些外国人写的文章很少涉及我们认为需要亟待解决的问题。在“经验交流”的幌子下，隐藏着犹太精神一直宣扬的科学国际性原则，因为它为无限的自我美化提供了基础。（1937年7月15日）

对犹太人的迫害在国外产生了极大反响，而学术界的共产党人、社会党人、和平主义者和自由派人士的命运就更为凄惨。对他们来说，不仅是丢掉工作，而且在许多情况下还会被投入集中营。

对科学的镇压

这些措施本身就足以削弱德国的科学，但事实上，它们的影响范围要广得多。但凡有一个研究工作者或教师真正受到迫害，肯定就会有许多人不敢继续坚持纳粹国家所憎恶的客观标准以免暴露自己。大学和技术学院的标准化（Gleichgeschaltung）也呈现出同样的趋势。不仅从校长以下所有经选举当选的官员都被纳粹党提名的官员取代，而且政府高层也被安插进一个纯粹的纳粹官员，这种人的科学知识很贫乏，而且通常是从小就轻视智力活动的人。217
德国科学家的一大优越感——认为自己是社会上重要并且受人尊敬的人——现在已经不复存在。科学工作在很大程度上是按照其自身的惯性在进行；科学家还在继续工作，直到有人出于种族或政治原因而反对他或阻止其工作为止。这种做法的第一个后果是破坏了科学工作的自发性；独创性已变成一种危险。

然而，只有等到下一代科学家走上工作岗位，这种体制的全部后果才会显现出来，因为纳粹国家对科学教育实施了最具体的干预。首先,学生的数量已经大幅度减少[12],除此之外大学还对犹太学生实施了限制。学校进一步强调了学生的出身基本是中产阶级和上层阶级,使得大学里的工农子弟减少到屈指可数的程度。此外,纳粹对大学实施的改革使得在校学生的有效学习变得越来越不可能。多年的义务劳动和服兵役已经剥夺了潜在的学习时间,而且即使是校内教学,重点也都放在体育课和德育课上,而不是放在智育课上。

> 国家必须把教育机器的全部力量放在培养孩子们绝对健康的身体上,而不是知识上。智力的发展是次要的。我们的首要目标必须是培养品格,特别是意志力,并做好承担责任的准备;科学训练应放在很靠后的位置。
>
> ——希特勒,《我的奋斗》(*Mein Kampf*),第 542 页

一个好党员"一听到有人提及领袖的名字,眼睛就闪闪发光",他能够进行军事训练,并能够为了自己的荣誉以老牌的普鲁士风格进行决斗。这样的人才称得上理想的学生。知识分子的倾向,特别是客观的批评方法,都是进步的必然障碍。如果这样的教育体系持续实行一代人的时间,就肯定会彻底摧毁德国伟大的科学传统。

一切科学都是为了战争

似乎更简单的做法是,甚至根本无需在科学面前装模作样。很明显,从血统论和领土扩张哲学的角度看,科学根本是不必要的。但对知识分子蓄意采取野蛮行为,将欧洲文化传统作为非德意志传统而有意予以否定,这些只是纳粹运动的一个方面。另一

方面，而且日益占主导的方面是德国称霸世界的力量的发展。这
两个方面的矛盾在科学领域表现得最为突出。如果德国的年轻人
仅凭赤裸裸的力量就能够藐视世界，确立自己的优势，那就太好
了。不幸的是，今天的战争需要机器和强大的经济作后盾，而要实 218
现这两点，科学是必不可少的。纳粹正陷入一个悖论，即必须通过
使用他们所鄙视的方法才能维持自己的力量。因此德国科学的生
存取决于这个军事和经济大国对这方面工作的需要程度。但要达
到这一目的，到底需要多少科学和什么样的科学，这成了最大的困
惑。多年来，德国的技术一直是世界上最先进的技术之一，但它是
建立在科学基础上的。如果只是为了维持自身，这些技术应用就
不需要进一步依靠科学。但另一方面，要想在军事上取得成功，使
国家能够不依靠一切外国的物资供应，那就不仅要保持，而且需要
改进和创新技术手段，而这离开科学是不可能的。但它可以将科
学研究的范围严格限定在实现这些目标上。为此，纳粹出台了一
项深思熟虑的政策：把科学研究部门变成国防的一个部门，鼓励那
些具有直接或间接的军事价值的研究，而且只鼓励这些研究。这
一点从一开始就是元首的目标，我们从《我的奋斗》中就可以看出：

> 在科学上，种族国家也应该看到培养民族自豪感的方法。不仅是世界历史，而且整个文化史都必须按这个观点来教授。一个发明家的伟大不能仅从发明家的角度看，而且应当从作为国家共同体的一员来看。对每一项伟大事业的钦佩都必须转化为民族自豪感，即看到这位幸运的成功者属于自己这个民族。
>
> 学校的课程必须按照这些方针来系统地建立，教育必须

> 做到这样：离开学校的青年人既不是半和平主义者，也不是民主党之类的人，而是一个全心全意的德国人。（第473页）
>
> 让我们从小就教育德国人民只承认他们自己国家的权利，并且停止用“客观性”来玷污孩子的心灵，即使是在涉及保护他的人格的事情上。（第124页）
>
> 种族国家必须将毕业了的青少年的心理训练和体育训练视为自己的任务，并通过国家机构来加以实施。就其主要内容而言，这项训练已经是在为以后的兵役做准备了。军队将被视为国民教育的最后和最高级学校。在这里他必须学会沉默……如果有必要，还应学会在沉默中忍受不公。（第458—459页）

法兰克福大学校长恩斯特·克里克(Ernst Krieck)博士说得更清楚：

> 大学教育的目的是什么？我们大学训练的目的并不是客观科学，而是战士、激进分子和战争科学所需要的英雄科学。
>
> ——《论希特勒式学校与外国学校》(*L' École Hitlerienne et l' Étranger*)，1937年版

219 因此，在大学的物理课程中，最重要的不是关于空间或原子结构的基本理论，它们被谴责为犹太人的学说，而是弹道学和力学。化学很自然地要适应提供炸药、毒气和替代原料的任务。而对于生物学，发展德国种植的粮食作物成为最重要的实际目标。[13]

在战争科学的掩护下，许多真正的研究确实在悄悄地进行着。少数几位优秀的科学家确实从同事的被压制中获得了实实在在的好处，但年轻人短缺，而且总是有一种日益加剧的焦虑气氛。

科学的扭曲

这种被战争扭曲的科学主要影响到精密科学。在其他学科领域，受到的扭曲尽管不同但更具破坏性。纳粹种族优越论和军事斗争必要性的伟大神话必须在科学上有一个基础，因此整个生物学、心理学和社会科学就都需要被改造了来为此服务。对于这些学科，公认事实的扭曲程度必须达到足以彻底摧毁这些科学的程度，然而仍然有一些受人尊敬的德国科学家愿意为这些谬论背书。这些谬论是由其他国家更反动的科学家提出的，这一点不假。事实上，纳粹的绝大部分思想都是外来的，他们的最基本的观念——优越的和天定的种族观念——纯粹是从犹太人那里拿来的。过去50年来，德国在人类学和社会学方面所取得的大部分进步实际上都被抹杀了。为了替纳粹的野蛮刑法以及恢复使用惩罚性刑罚作辩护，就需要有更为粗暴的解释。而这些都是由新的种族科学来提供。以下引用的几段话便是这一新科学的权威论述：

> 血统与土地，作为生命的根本力量，却是国家政治观点和充满英雄气概的生活方式的象征。它们为一种新的教育形式做了准备……血统对我们意味着什么？我们不能满足于物理学、化学或医学的教学。从种族刚出现开始，这种血统，这条朦胧的生命之流，就具有了象征意义，并引导我们进入形而上学的领域。血统既是身体的建造者，也是民族精神的源泉。血统中隐藏着我们祖先的遗产，血统就是种族的体现。人的性格和命运来自于血统。对人类来说，血统是隐藏的暗流，是生命之流的象征。人类能够从这里站起来，并上升到光明的、

精神的和知识的领域。

——E. 克里克,《国家政治教育》(*National-politische Erziehung*),莱比锡,1933年版

220 国家社会主义的特点是对存在的一切问题采取一种英雄式的态度。这种英雄式的态度源于一种单一的但却决定一切的信仰,即血统和品格。种族和灵魂只是同一事物的不同名称。与之相应的是一种新科学的兴起,这是一种新的科学发现,我们称之为种族科学。从一个足够高的角度来看,这门新的科学被认为只不过是为达到日耳曼人的自我意识而进行的一次意义深远的尝试。

——A. 卢森堡,见罗伯特·布拉迪(Robert A. Brady)在《德国法西斯主义的精神和结构》(*The Spirit and Structure of German Fascism*)一书的引用,第60页

阿道夫·希特勒的思想包含了所有可能的科学知识的最终真理……国家社会主义为人们在德国科学地进行工作提供了仅存的可能性……在我们看来,德国法学史家像所有科学家一样,只可能有一个出发点,即将德国历史想象成德国国家社会主义的史前史……我们认为,每一项科学工作(其目的毕竟是为探索真理服务)的成果必须与国家社会主义的出发点相一致。因此,国家社会党的纲领就成了一切科学研究的唯一依据……真正的阵线精神比科学讨论更重要……

——1936年10月德国法学家领袖弗兰克部长在图宾根作的报告

在所有这些领域都出现了一个新的困难。在国内,压制和歪

曲科学相对容易，但德国还需要维护和提高其在国外的威望。很明显，如果扭曲科学的过程能够取得合乎逻辑的结论，那么德国科学家与国外科学家之间就不会有共同语言了。纳粹对这一难题的回答是典型的简单而粗暴。他们不满足于在自己国内歪曲科学，还要在国外进行歪曲。例如，在最近举行的刑法学会议上，他们通过让德国代表充斥会议，设法在会上让与会者对德国的刑法学理论投赞成票。而且，如果可能的话，他们会利用在德国境内或境外举行的所有国际会议来美化纳粹国家。有一个例子可以证明，即使是在国外，他们是怎样来做到这一点的：为了阻止最著名的生物化学家宗德克（Zondek）教授出席在阿姆斯特丹举行的一次大会，他们便威胁说要撤离整个德国代表团。在这里，纳粹的政策是攻击科学的最根本之处。但是到目前为止，科学家们出于国际间礼貌的传统，还没有对有关客观性的世界科学传统进行任何有效的反驳或辩护。

科学处在危机中

法西斯主义的存在对科学是一种双重危险。凡法西斯所到之处，科学都受到摧残。奥地利的悲剧已经向我们清楚地表明了这一点。但除此之外，它的思想影响还蔓延到其他国家。他们到处 221
强化蒙昧主义力量，并对科学精神加以戕害。在欧洲的每个国家甚至美国，反犹太人主义的思潮正在增长，随之而生的是科学上的民族主义思潮。科学在法西斯国家的发展清楚地表明了，科学的理论和应用与资本主义经济和政治的发展趋势之间根本不相容。资本主义在其晚期阶段是无法经受客观检验的，科学家必然成为批评家。但批评则是不能容忍的。因此，科学家必须保持沉默，否则就会失去其职位。但如果他保持沉默，他实际上就不再是一个科学家了，也无法传播科学的传统。但如果他不这样做，科学也必将更快地走向终结。对于一个仍然生活在资产阶级民主制度下的科学家来说，他很容易怀着极大的恐惧来看待法西斯主义统治下的科学所遭遇的一切。但是在他自己的国家里，科学的命运目前仍然是个未知数，它取决于科学本身之外的因素。除非科学家意识到这些因素，并且知道如何利用自身的力量来影响这些因素，否则他的处境就如同待宰的羔羊。幸运的是，人们对这种状况的认识正在增强，其结果我们将在下一章中讨论。

八　科学与社会主义

科学与社会的关系从根本上取决于社会本身的组织原则。到目前为止，在讨论所有国家的科学时，都有同样的基本社会假设，即资本主义社会制度。除了或多或少起限制性作用的国家机构，其职能基本上是维持经济体系，人们的生活和人与人之间的关系主要取决于通过工作来谋生的需要或雇用工人来牟利的可能性。在这一结构中，宗教、文学和科学的自发传统已经成长起来，但它们最终还是取决于是否符合总体规划。它们都必须切实地付出各自的代价。我们考察了科学与这种社会环境的关系，并说明了科学发展的主线是如何由需求，即是由那些为营利而生产的人的需要决定的，而不是由广大人群决定的。必须承认，这种动机使我们关于宇宙的知识比以往任何社会形式下所产生的知识都增长得更

多、更快。但也必须认识到，科学和技术本身的发展为我们展现了 222
进一步改善人类生活的可能前景，而这种前景是现有制度体系无法实现的。同时它也带来了现有体制能够被轻易用来造成人类毁灭的可能性。

苏联的科学

在过去的20年里，盛行的社会制度已经不再是遍及全球的唯一制度了。世界上已经有一个国家，其基本生产方式和社会关系与其他国家有很大的不同，因而其科学与社会的关系也大不相同。苏联不同于以前所有的文明，它在很大程度上是预先设计好的，是人类第一次有意识地塑造自己的社会活动架构的结果。这些思想的基础是马克思、恩格斯、列宁在过去一百年里对资本主义发展的批判。马克思是在19世纪迅速发展的科学传统中成长起来的，他看到了科学给人类带来的各种可能性。但与其他人不同的是，他了解这些可能性在什么情况下是不可能实现的，以及为什么不可能实现。马克思主义国家理论的基石是利用人类的知识、科学和技术直接为人类谋福利。因此，当列宁设法建成了这一国家，并在这个国家建立后最初的关键几年里保卫它不受世界其他国家的攻击时，首先想到的就是如何在实践中实现科学的这种运用。马克思比当代科学家们更清楚地认识到科学理论与它们在生产实践中之应用的关系有多密切。[14]他看出了理论和实践之间的这种无意识的联系如何才能变成自觉的联系。而如果要使两者都得到充分发展，就需要将这种联系变成自觉的联系。恩格斯是一位毕生都在研究当代科学的学者，他对这些思想作了更全面的阐述[15]。列

宁在流亡期间，花了大量时间来分析和批判后来的科学发展。[16]因此，即使在内战和与饥荒的斗争结束之前，新生的苏维埃政权就已经开始按照自觉的方针和规划来建立科学事业了。

革命前的科学

困难是巨大的。自叶卡捷琳娜女皇第一次将科学引入俄罗斯以来，科学一直是沙皇国家中一个特别奇特和不可比拟的部分。对于大多数人来说，它根本不存在。人们总是怀疑它是自由主义的东西，它之所以能在一定程度上得到当局的容忍和鼓励，全是因为能够向军政系统提供最低限度的保障，并向欧洲其他国家展示，

223 拥有一所科学院的俄罗斯的文明程度不亚于任何其他国家。伟大的俄罗斯科学家，如罗蒙诺索夫、门捷列夫、科瓦列夫斯基或巴甫洛夫，都是各自独立地完成了他们的工作，而不是在官方的组织下完成的。俄罗斯的科学对国外的科学极为依赖，尤其依赖德国和法国的科学。俄罗斯不仅雇佣了许多外国科学家和技术人员，而且实际上所有科学仪器都是进口的。诚然，就在第一次世界大战前，俄国新兴的资产阶级开始需要科学，他们甚至建立了一所教授科学的免费大学。许多第一代苏联科学家都是从那里毕业的。但这场运动对整个国家没有明显的影响。[17]当然，世界大战、革命、内战和饥荒更不可能改善这一状况。一些年长的和保守的科学家逃离了这个国家，其他人则死于疾病或饥饿。许多人拒绝与新体制合作，或者采取半心半意的、不理解的合作。苏联不得不在废墟上，在几乎没有外援的条件下，建立起一个新的、更宏大的科学事业。

早期斗争

幸运的是，当科学家们看到新政权打算给予科学一种前所未有的广阔空间和重要性，并且让他们第一次真正自由地实现了他们愿望时，他们用自己的精力和热情弥补了人数上的不足。他们一开始就面临双重任务：创造苏联的科学和苏联的技术，同时帮助解决紧迫的国家重建问题。资金和人员都由他们调配。但在许多情况下，所需的仪器无法购买，而且这些新上岗的人员完全没有受过训练。苏联在 1917 年至 1927 年间所取得的成就，以及如何取得的这些成就，将是未来最值得仔细研究的课题。因为它将揭示，在科学水平高得多的国家，一旦科学摆脱了所受到的限制后，将迸发出怎样的生命力。在接下来的一个 10 年里，科学进步有了保障；科学的发展与工业发展齐头并进，并与工业形成了一种密切相关的关系。新的大学和学校开始培养出训练有素的科学家，或者至少是经过部分培训的科学家，其人数之多远远超过以往。[18]开展新的工作而不仅仅是延续旧的研究已成为可能。苏联科学第一次开始为世界科学的某些分支做出显著贡献。

苏联科学的规模

在本书的范围内，我们无法充分展示苏联科学的起源和成就。好在我们已经有了一两本研究这个专题的著作[19]。但我们仍然需要了解这个组织与其他国家的组织有什么不同，它在过去和现
在必须面对的困难，以及世界上其他国家的科学组织可以从中吸 224
取到什么样的教训。苏联科学的第一个显著特点是其运作的规

模。1934 年的科学预算是 10 亿卢布。我们不必估计这一数额的购买力，它至少占当时该国国民收入的 1%。相对来说，是美国的 3 倍，英国的 10 倍。

这说明他们形成了一种非常实际的认识，即科学不再是一种奢侈品，而是社会结构的一个重要组成部分。事实上，在苏联，科学在每一个阶段都与生产过程密切相关，但这种联系方式却与其他国家的大不相同。苏联科学的主要实践目标是直接或间接地满足人类的需要，而不是日益增加的生产利润。对人类需求的关注必然涉及生产过程的改进。因此苏联的科学总是倾向于缩短这些过程并降低人力资源的有效成本。但在这样做的过程中，它与资本主义经济中科学应用的方式截然不同。首先，工人本身就是生产过程任何改进的一个组成部分。他的健康和舒适不因采取了明显更经济的工作模式而受到影响。[20] 比这更重要的是，他们鼓励工人们以各种方式积极协助将科学应用于工业。在资本主义制度下，理论与实践的结合仅限于做学术的科学家与工程师之间的合作；工人只是执行命令的手，不用他思考。工人们也没有这样做的动机，因为改进带来的剩余价值将落到雇主的腰包，而他们自己可能工作起来反而会因此变得更加困难。在苏联，伟大的斯塔哈诺夫运动就是一个令人印象深刻的例证，它证明工人自己能够在工业过程的改革中发挥主导作用（见本书附录七）。

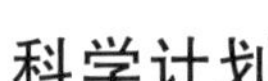

科学计划

另一个主要区别是：苏联的科学是完全统一的。遇到问题不是单独面对，而是作为一个相互联系的整体来处理。苏联科学的发展是按照计划来推进的，而这个计划本身只是更广泛的物质和文化发展计划的一部分。自然，与生产计划相比，科学工作的计划具有另一种明确的程序。科学工作的领域包含了太多的不确定性，它不可能预先估计出将要发现什么，什么能做或不能做。克服这些困难的方法不是对那些无法预期的科学成果进行计划，而是 225
对那些能够有望取得有价值结果的特定领域的研究进度进行计划。这种计划的主要特点是，按一定比例在各学科分支之间以及各研究机构之间分配科学资源。无论是从直接改善生产的角度来看，还是从苏联科学得到更充分发展的长远角度来看，这种做法似乎都能够产生最佳的结果。由最高管理机构苏联科学院制订的未来几年的工作计划，我们可以看出苏联科学家目前所面临的问题的性质：

> 科学院近期的工作是协助国家计划委员会制定第三个五年计划。科学院各研究所的主要工作将是解决去年3月的会议上所概述的10个具体问题。（显然，这些问题并非科学院的全部工作。但就目前而言，这些是最主要和最亟待解决的问题。）科学院在第三个五年计划中要集中解决的10个关键问题如下：
>
> （1）发展地质、地球化学和地球物理方法，以便寻找有用的矿物，特别是锡、稀有金属和石油。
>
> （2）在科学的基础上，通过建立全苏统一的高压电网来解决电力传输问题。
>
> （3）优化并扩大天然气和工业厂矿副产品油气的使用（尽管苏联的天然气资源比美国多，但开采量仅为后者的1/50）。

(4)寻找内燃机用新型燃料(对连锁反应和爆炸过程、内燃机和电动汽车进行研究)。

(5)优化化工和冶金工艺流程,制订科学手段,提高设备利用率,提高产量。

(6)为进一步提高土壤肥力打下基础,帮助实现全国粮食产量从70亿普特(pood)提高到80亿普特(1普特大约等于36磅)的目标。(这将涉及良种选育、土壤化学、植物学、肥料和农业机械化等研究。)

(7)建立发展畜牧业和渔业的科学基地。

(8)通过理论物理学的应用,发展远程控制力学(机械的远程控制),并在工业中推广自动化过程。

226 (9)编制苏联国民经济资产负债表,为第三个五年计划提供科学依据。

(10)研究苏联各民族的历史。

通过对这十大问题的研究,科学院将为国家计划委员会制定国民经济统一规划提供科学依据。作为国家最高科学机构,科学院有责任根据国家当前面临的重大问题来确定研究的大方向,并负责将各研究所的计划与国家的总体规划协调起来。

这并不意味着科学院将试图为其所属的40个研究所和由各级人民委员会所属的800个研究所制定详细计划。研究也不局限于所列的10个问题。然而,这确实意味着,次要项目的研究将服从对整个国家至关重要的问题研究。

——《英苏期刊》(*Anglo-Soviet Journal*),
第1卷,第5期,第14页

这项计划显然是技术性的，但随着它的实施，也将在电学、固体和液体结构、化学反应性质、动植物生理学等方面进行较为广泛但尚不明确的基础研究。

组织架构

苏联科学的组织架构有点复杂，还没有固定下来。在早期阶段，苏联建立了许多临时机构，其中有些保留了下来，另一些则被撤销。目前的结构在很大程度上仍然是灵活的。整个联盟的科学工作的总方向掌握在科学院手中。但科学院下属的研究机构只占全国开展研究的机构的一小部分。大部分研究是由大学的研究实验室和由不同政府部门——如重工业部、轻工业部、食品供应部、卫生部、农业部等——所属的研究机构进行的。最初，苏联科学院是按照法国的和普鲁士的科学院模式建立的，是一个由杰出科学家组成的荣誉机构。但苏联科学院扩大了工作范围，不仅是增加了院士人数，而且让每一位院士负责一个或多个本专业领域的研究所。因此虽然院士只有 90 人，但科学院下属研究所的科研人员却有 4,000 多人。

大学和技术学院的主要职能当然是教育，但每个学院都有自己的研究实验室。这些实验室与科学院的实验室联系非常紧密。然而，更重要的是附属于工业部门的研究机构，例如各金属所、硅酸盐所、纤维所等。这些研究所不是狭义的工业研究机构，而是从 227
事与工业有关的各种基础性问题的研究，其中拥有杰出的科学家。处于另一个层级的是数不清的工厂实验室和田间农业实验站。这些研究所和实验站的经费筹措责任落在各部委身上，正是它们的

需要决定了要进行的研究方向。从科学的角度看，工农业的研究机构与科学院有着密切的联系，这在学术研究与工业应用研究存在很大程度上分离的英国基本上是不存在的。

科研组织背后的理念是：所提出的问题与其解决方案之间应该是双向流动的。如果这些问题是由工业实验室提出的精密制造方面的技术问题，就交给技术研究所去解决。只要它们的解决方案属于现有技术知识的范畴，问题就在那里解决。但如果问题被证明属于一些更基本的物性原理方面的问题，那么就将转给科学院。因此，工业为科学研究不断提供新的和原始的问题，同时大学或科学院做出的任何基础性发现又都会被立即传送到工业部门的实验室，以便转化为有用的技术性成果在生产实践中尽快得到应用。瓦维洛夫的种植业管理局就提供了一个这种密切结合的工作方式的漂亮例子。在那里，为了能够培育出满足苏联不同地区的多种气候和土壤条件下植物生长所需的品种，遗传学原理得到了非常充分的发展。并且通过对栽培植物的野生品种的调查，在为人们提供许多新的植物品种和杂交优势品种的同时，还发现了遥远的史前文明时期的驯化中心和当时的文明状况。我们还可以给出许多类似的案例，它们大多数都可以在克劳瑟的《苏联科学》中找到。

科研体制的运作

在苏联，科学研究、仪器设备、实验室等的具体运作与苏联以外的国家没有根本的区别。但在仪器设备的生产方面有一个有趣的发展，就是仪器的制造不是交由个别公司去进行，从而造成价高量小的局面，而是由研究所本身集中起来生产。这样不仅可使生产合理化，从而使科学仪器的生产成本低廉但产量倍增，而且可使苏联在几乎每一个领域都不依赖于外国的仪器设备。考虑到在革命前这个国家实际上没有制造过科学仪器，这一成就就更显得突出了。

但在人事管理和科研工作的内部管理方面，其方法与国外的方法完全不同。几年来已经发生了不少变化，现在的内部组织架 228
构是苏联所有事业单位通常进行的改革的结果。根据科研工作的特殊性，它采用的是个人负责和集体协商相结合的机制。研究所所长负责研究所的日常工作，包括财务和行政。即使这后两项职能是由其他人来承担，最终决定也仍然需要所长来拍板。研究所的主要工作计划是由全体职工在职工大会上讨论决定的。这些职工不仅包括科研人员，而且还包括在其他国家算作机械师和助手的人员。年初讨论该年度总的工作计划，然后由主任或代表根据其他部门的计划或工业或教育的需求加以修改。经过一系列商讨后，便形成了一个短期计划，并确定了预算。当然，这种计划有些含糊，特别是在任务完成的时间方面。但会要求有关方面对已完成的工作和仍要做的工作给出某些说明。[21]根据作者的经验，在领导和职工都发自内心愿意合作的情况下，这项计划一般都能得到很好的完成。但在其他情况下，它可能会带来摩擦和效率低下。幸运的是，在苏联科学高速发展的背景下，那种科学家之间因不同性格或信仰而出现的不可避免的个人斗争，不会导致像其他国家所发生的那样的痛苦。因为科学的迅速扩张，受委屈或误解的年轻人总有机会去其他地方建立自己的研究舞台。

科学教育与文化普及

然而，苏联的科学绝不仅仅是一个如何做研究的问题，甚至主要不是科研领域内的事情。马克思主义者总是设想要建立一个处处讲科学的社会。在这个社会里，科学成为教育和文化的基石。因此，在苏联，最引人注目的事情之一就是科学在教育中的地位，以及它在大众兴趣中的地位。学校从一开始就向学生讲授科学的理论和实践方面的知识，尽管在基础教育阶段，学生的文科教育所占用的时间比较长，但在高级教育阶段，科学教育则占据主导地位。大学在科学和技术方面的教学是非常深入和有效的，大学生的人数显然是革命前无法比拟的，而且与技术上更先进的国家如英国或德国相比，苏联大学生占总人口的比例要高得多。建立这种教育体系的困难是巨大的，因为能够找到的少数合格的教师也

229 是从事更直接的科学和工业研究任务所需要的。在早期阶段，这种需求是如此之大，以至于许多大学生在经过短期授课和非常不全面的培训之后便被派出去从事科研工作。但这种情况现在已不再发生。实际上，国家已按照英国教育的标准将培训时间延长了。学生在完成五年的大学课程后还要再进行三年的研究性学习，才能获得最终的学位。苏联教育相比于其他国家(除了美国外)的教育有着巨大的优势。它能够从全体人民中，而不仅仅是从一部分根据财富任意划分的人群中，来选取人才。毫无疑问，一旦这个制度执行了足够长的时间，我们将拥有一批世界上其他地方都无法与之匹敌的聪明的科学工作者。

然而，比教育体系更引人注目的是成年人对科学的极大兴趣。

这一点的标志是(暂不考虑其他),科学类书籍畅销不衰——不仅是科普读物,而且是实用的和严肃的科学著作和技术手册。前者的主要目的并不是像我们的那样让读者思考宇宙的奥秘,而是展示人类如何利用科学与自然抗争,改善自身的条件。[22]几乎每一本重要的科学书籍,无论多么深奥,都被翻译成俄文,而且销路很广。例如,狄拉克《量子力学》的第一版在俄国几个月内售出3,000册,而其英文版在3年内仅售出2,000册。有关科学发现的新闻或科学大会的议事录,就像皇室新闻、犯罪新闻或足球比赛新闻在英国一样,受到同样的重视和关注。休闲公园里只要一有科学方面的展览,人们总是竞相光顾,每一个来苏联的游客都会注意到,人们对任何技术或科学性质的东西都表现出永不满足的好奇心。有两个因素促成了这种心态。首先,过去人们对科学一无所知,现在突然感受到科学的力量和好处,因此这种影响不亚于早年学术传统从埃及人转移到希腊人手中,以及从希腊人转移到阿拉伯人手中的情形,甚至有过之而无不及。另一个原因是,资本主义国家中工人头脑中存在的对科学的潜在敌意在这里完全消失了,他们不需要再担心科学会被用来简化生产,使他们失业,或者设计成武器来摧毁他们。这已成为他们自己的科学,供他们自己使用。

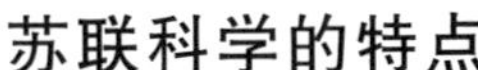

苏联科学的特点

现在谈论苏联科学的特点或成就还为时过早。苏联自己培养的第一代科学家,即那些从一开始就接受苏联哲学和培养目标训 230
练的科学家,至今还没有时间为世界科学做出贡献。苏联目前所取得的成就还是在旧政权下训练的人在新政权的条件下的工作成果。这里我们必须指出，尽管物质条件和技术条件十分不利，但社会给予他们的工作空间却要大得多。只有少数富有远见的老科学家能够看到这个广度并充分利用它。他们组织了大规模的研究工作，并且能够以这种方式做出一些孤立的研究者不可能做到的事情。但是这样的学者很少。因此，苏联的现代科学在性质上是很不平衡的。在某些领域，特别是在巴甫洛夫学派的动物心理学、动植物育种学、地质学和土壤科学、物理化学、晶体物理学、空气动力学和数学等学科分支，苏联科学家已经在世界科学界崭露头角。但在其他方面，尤其是在化学科学领域，他们仍然落后。[23]

定性来说，苏联科学工作的特点主要是它的独创性，特别是在问题的选择上。这种独创性可以直接归结为结合经验来选题的新趋势。苏联科学能够发现并阐明科学以前从未触碰过的共同经验的各个方面。这不是因为这些经验困难或晦涩，而是因为它们超出了科学的传统应用范围。例如，雷宾得（Rehbinder）的工作表明，硬度是一种由介质属性决定的表面现象，这只不过是给新石器时代以来就熟知的技术过程找到了一种科学解释，但在此之前却没有人想过要将科学应用到这方面。[24]

另一方面，苏联科学最大的弱点是缺乏足够严格的批评，但这也是意料之中的。批判性态度是具有长期经验和历史悠久的学派长期熏陶的结果，缺少这种批判性是热情的年轻人的缺点之一，只有通过长时间的积累和经验打磨才能纠正。[25]苏联科学曾长期与世界其他地区的科学隔绝，而且政治、金融和语言上的障碍至今仍然使它在很大程度上存在这种隔绝，这些因素也在此起到一定作用。只有通过对不同地方的众多科学家的工作进行比较，才能形成一种成熟的批判态度。

辩证唯物主义与科学

苏联科学有一个方面是外部观察家最不理解的：它与哲学的关系，特别是与辩证唯物主义的关系。在其他国家，科学似乎在没有哲学的情况下也能过得很好。特别是在英国，哲学，就像上流社会的宗教一样，很少有人将它与科学联系起来。任何学习科学史 231
的学生都会看到，这仅仅是因为现代科学的基本哲学是在 17 世纪的暴力年代被研究透彻了，并且从那时起被默认为经验进步的良好工作基础。

苏维埃国家的建立是马克思的工作中对这一哲学挑战的结果。很自然，17 世纪的哲学和西方科学是不可能在苏联被全盘接受下来的。然而，关于科学，目前还没有其他的经过深思熟虑的哲学解释。诚然，马克思、恩格斯和列宁曾勾勒出这样一个哲学体系的轮廓，但尽管他们研究过科学，他们却并不是科学家，而且作为革命家他们实在是忙得不可开交。其结果是，苏联的科学在其成长过程中一直在探索其哲学基础，这是一个生机勃勃的、有时甚至近乎暴力的过程。[26] 由于年龄较大的科学家自然对新观点不理解甚至敌视，而年轻的科学家又缺乏足够的科学知识来有效地阐明他们的论点，这一事实使情况变得复杂起来。

在这里讨论这些论点是不可能的。只有那些研究过这个问题的人才能看出，在新方法中，有多么丰富的富有启发的思想以及用于研究和系统化的新工具有待于我们开发应用。我们希望苏联的科学家，也希望其他国家的科学家，对科学进行这些重新评估和其他的改造工作。毋庸置疑,辩证唯物主义在任何意义上都不能替代科学,它不是通向知识的坦途。归纳和证明仍然像以前一样保持有效。因此,苏联的批评者的指责——认为马克思主义是强加在科学研究成果之上的教条,它歪曲了科学发现——显然是荒谬的,因为任何一个潜心研究过马克思、恩格斯或者列宁的著作的人马上就能看出这一点。而且另一方面,辩证唯物主义可以做两件事:提出可能特别富有成果的思想方向;将彼此有联系的不同学科的科学研究,以及与其所形成的社会进程结合成一个整体并组织起来。人类对苏联的科学工作最感兴趣的,是它如何将当代科学转变成既包含科学又超越科学的体系。

注释:

[1] 波拉尼(M. Polanyi),《德国国民经济》(*Deutsche Volkswirt*),1930 年 5 月 23 日。

[2] 他关于筹建实验室的呼吁被《箴言报》(*Moniteur*)拒绝,但在 1867 年以小册子形式出版。这标志着人们已经认识到需要对研究进行资助:

> ……他写道,最大胆的思想,最合理的推测,也只有在观察和实验的结果得到认可之后才会拥有形体和灵魂。实验室和科学发现是相关联的。把实验室取消了,自然科学便无法取得成果,变成僵死的东西了。它们将只是有限的、无繁殖能力的、教条的科学,而不是进步的、有前途的
> 232 的科学。把实验室还给科学,那么它的生机、它的成果、它的威力就将重新迸发出来。在实验室之外,物理学家和化学家就像是战场上没有武器的士兵。由这些原则推出的道理是显而易见的:如果这些对人类有用的成就能让你心动的话,如果你对电报、达盖尔照相法、麻醉剂和其他许多令人钦佩的发现的惊人效果感到困惑的话,如果你想让你的国家可以宣称在促成这些奇迹的过程中拥有一份功劳的话,那么就请接受我的恳求,对这些称为“实验室”的神圣场所表现出兴趣。请让我们增设这些场

所并加以修饰。让它们成为人类的未来、财富和福祉的殿堂。这是人类成长、壮大和变得更加善良的地方。她在这里学会了如何阅读大自然的作品，学会了如何取得进步和与万物保持和谐，否则她的工作往往就会带有野蛮、狂热和破坏的作用。

在过去30年里，德国拥有大量装备齐全的实验室，而且每天都有新的实验室诞生。柏林和波恩建成了造价400万的两座'宫殿'。这两座宫殿都是用来进行化学研究的。圣彼得堡为一个生理研究所花费了300万。英格兰、美国、奥地利和巴伐利亚都做出了最慷慨的拨款……意大利也迅速走上了这条路。

那么法国呢？

法国还没有开始行动。……

当我宣称在公共教育预算中，没有为物理科学的进步划拨一分钱给实验室，作为教师的学者们只能通过虚构和变通的行政手段，才能在教学开支的名义下领取微薄的个人劳动收入时，谁会相信我呢？

——摘自雷内·瓦勒里-拉多的《巴斯德传记》

(Rene Vallery-Radot, *La Vie de Pasteur*)，第215页

他的呼吁取得了一些结果。而居里夫人的女儿伊芙(Eve)在《居里夫人传》(*Life of Madame Curie*)一书中则生动地列举了法国在本世纪里仍然需要做的很多事情。

[3] 关于他与蒙昧主义的斗争，请参阅S. 拉蒙·伊·卡扎尔(S. Ramon y Cajal)《我一生的回忆》(*Recollections of My Life*)。

[4] 西班牙科学家仍在努力工作。尽管战争、空袭和一切必需品短缺，但他们仍在继续研究，甚至发表他们的成果。除了那些希望留下来的科学家之外，所有的科学家都被先从马德里疏散到瓦伦西亚，然后又被疏散到巴塞罗那，并且当局为他们提供了继续工作的条件。他们发表了许多论文。例如，巴拉纳伽(Barañaga)教授在数学方面、莫莱斯(Moles)教授在化学方面、迪佩里耶(Duperrier)教授在物理学方面，以及苏卢埃塔(Zulueta)博士在遗传学方面，都发表了大量论文。

[5] 但是，请参见克劳瑟，《著名美国科学家》。

[6] 几乎不可避免的是，这些学校的标准非常低，而且由于要承担的总的教

学任务过重，因此研究工作受到严重阻碍。但目前人们正在努力纠正这种状况。见弗莱克斯纳(Flexner)，《美英德大学》(*Universities, American, English, German*)和《关于大学课程的报告》(*Report on Academic Curricula*)。美国另一个特别的发展是深受大众欢迎的博物馆，它们不仅开展研究，而且向世界各地派遣重要的探险队。

[7] 克劳瑟讨论过其原因(见前注)。

[8] 破坏的程度可以从以下事实看出来：在不宣而战的 6 个月后，有 20 所大学和 80 多所中小学被轰炸摧毁，7 万名学生被迫逃往内地。同时，在整个日本占领期间，在仍保留的教学点，整个课程都已经被修改以符合日本主人的要求，学生们被要求去庆祝日本战胜本国同胞的胜利。

[9] 语言问题在很大程度上属于人为性质这一点，可以从意大利人参加一项国际科学出版活动的事情上看出来。意大利人提出的与会条件是，要么同时采用意大利语以及德语、法语和英语，要么放弃法语以确保平等。

[10] 在罗马神学院和大学圣会秘书于 1938 年 4 月 13 日给红衣主教鲍德里亚的信中，列举了 8 种要求教师予以驳斥的错误说法：

1. 人类由于其自然的和不可改变的特性是如此的不同，以至于他们中最卑贱的人种与最高贵人种之间的差距要比前者与最高级动物物种之间的距离还要远一些。

2. 必须用一切可能的方法，保存和培养这个种族的活力和血统的纯洁性；一切能够导致这一结果的事情都是值得赞扬和允许的。

233 3. 人类所有的智力和道德品质都主要来源于血统，血统是种族特征的根源。

4. 教育的主要目标是培养种族性格，激发思想，以对自己种族的强烈热爱为至高无上的善。

5. 宗教本身依赖于种族法则，而且必须适应这一法则。

6. 所有法律制度的首要来源和最高原则是种族本能。

7. 宇宙是唯一的存在。它本身就是一个生命体，所有的事物，包括人，都只是这个宇宙存在的多样性和不断变化的形式。

8. 每个人都仅仅是通过国家而存在，而且是为了国家而存在。他所拥有的一切都只是国家的施舍。

[11] R. A. 布雷迪(R. A. Brady)在《德国法西斯主义的精神与结构》(*Spirit and Structure of German Fascism*)一书中讨论了德国科学家为何能够如此轻易地向纳粹屈服：

一般来说，当纳粹接管德国的政治机器时，德国科学界的情况就是这样。1933年的学术界和科学界的态度与当局要实行的协调各领域的思想、组织和活动的计划是完全吻合的。因此，就范围和方法而言，没有什么需要做根本性的改变。他们只是利用当前的趋势，坚持要求在不同的研究和实践领域建立起更紧密的工作联系，并协调所有活动，以符合纳粹国家的宗旨。

但是，如果这种"协调"真的是像上面描述的那样，是一种似乎与科学本身的技术、标准和情绪背道而驰的协调，为什么科学家们没有集体反抗呢？答案就在于这样一个事实：就科学的社会应用而言，典型的科学家，无论是他所接受的训练使然还是他的职业使然，如果遇到的问题超出他自己狭窄的研究领域，他都不比街头最无知的外行更能坚持科学的法则和分析方法。此外，资本主义国家的科学家和学者中，愿意将自己的利益与"普通人"和有组织的劳工的利益联系起来的人屈指可数。范布伦(Veblen)的观点可算是著名经济学家所表达的最天真的想法之一。他认为，工程师和科学家对工艺和效率的兴趣，会使他们自然而然地，即便不是必然地，与劳工的兴趣——实现产出最大化和提高生活水平——结合起来。没有丝毫的理由可以相信资本主义国家的所谓"工程师苏维埃"会比最保守的商人俱乐部更进步。

如果要深入探讨为什么这是一个如此不幸的事实，我们将不得不适当延长这一讨论。但值得指出的是，纳粹运动的性质和目的就是要充分利用各个领域普遍接受的基本科学标准的严格性。当一个人从较为成熟的自然科学学科物理学和化学，通过生物学、心理学，最后到达所谓的"社会科学"，其间变量的数量在增加，相关事实的范围变得越来越广，关键问题变得越来越复杂，从而导致有偏见的动机和先入为主的观点的影响也稳步增长。正是在自然科学领域，纳粹对改变科学和科学家最不感兴趣——因为这里的应用都是面向重工业、战争和军事化的技术和装备，以及自然资源的利用等。另一方面，他们更感兴趣的是

心理学和社会科学等学科。对于这些学科，他们可根据预先设想的计划来对各学科的研究成果进行限定、切割、篡改、重塑和解释。如果真实的情况与之相反，那么就与公认的科学惯例和思维习惯的冲突而言，情况就会完全不同。

但即使在这里也隐藏着一种对科学家的普遍误解。他毕竟是人而不是超人。即使在最好的情况下，你也不能指望他一定是个头脑清醒、实事求是地寻找“客观真相”的人，是一个在其专业范围之外仍能够冷静分析问题的专家。当他越出自己的专业范围的边界，他就谈不上有多少所谓的“智力转移”，也没多少运用科学思维的习惯。在最近出版的所有带有哲学意味的文献作品中，没有比爱丁顿、金斯、密立根、普朗克和其他著名科学家在他们的著作中更朴素、更天真地接受民间传说的神话了。即使在希特勒出现之前，德国科学家就如同当今的所有其他科学家一样，已经是这样了。简言之，当人们动辄指责科学家放弃了科学时，是他们自己变得如此粗心，以至于认为一个**在某个领域试图严密思考**的人会自动地对他遇到的任何事情都进行严密的思考。实际
234 上，这时科学家和街上的任何人没有什么两样。如果他情不自禁地想去概括他所不**知道**的事情，那么他只不过是在放任自己放弃**理性的标准**，转而支持**未加批判的信仰**。未加批判的信仰从来不是科学，它总是偏执的近亲。

他的研究领域越窄——这一点在现代科学比以往更加普遍——他就越可能在自己的专业领域之外接近偏执。正是在自然科学领域，纳粹遗留的干扰最小。而且也是在这个领域，随着研究的深入，研究范围的收窄是最明显的。由此产生一个悖论，即物理科学家按照他们所受到的训练和性格而言，似乎应该是最不易受情感诉求的影响的，但偏偏是他要比其他人更容易受到狂热者和偏执者的甜言蜜语的影响，因为他会不加批判地认为别人让他相信的东西是绝对真实的。

因此，科学家本身可能是现代社会中所有受过专门训练的人当中最容易使用和“协调”的人。纳粹的确解雇了许多大学教授，并解雇了许多研究实验室的科学家。但是，这些被解雇的教授主要是社会科学领域的教授，而不是那些被认为思维最严谨的自然科学教授。这是因

为，前者对纳粹计划的意义有着更为普遍的认识，并给予了更为持久的批评，而在后者，被解雇的主要是犹太人或上述概括的例外情形——那些同样不加批判地接受了与纳粹哲学背道而驰的信仰的人。

因此，纳粹在“协调”学者和科学家方面相对要容易一些，从而表面上让人感觉到他们精心策划的宣传得到了德国学术界的大力支持。他们甚至能够不太费事地从正规大学和类似的圈子里抽调人员来充实他们的“种族科学”研究所——他们成功地从在大学里加入了国家社会主义工人党的青年中精心挑选出了他们需要的人，并通过强行改变相关的科学标准来满足他们的特定目的。

——《德国法西斯主义的精神与结构》，第 76 页

[12] 下表显示了德国大学的学生人数是如何减少的：

招生人数

冬季学期	学生总人数	工程学	数学及自然科学	化学	医学
1932—1933	116,154	14,477	12,951	3,543	32,437
1933—1934	106,764	13,452	10,852	3,504	33,482
1934—1935	89,093	10,310	7,943	3,006	30,123
1935—1936	81,438	9,293	6,493	2,696	28,383
1936—1937	67,082	7,649	4,616	2,058	22,797
变动百分比（以 1932—1933 为 100%）	57.8 %	52.9 %	35.6 %	58.0 %	70.2 %

——哈茨霍恩（E. Y. Hartshorne），《自然》，142 卷，175 页

（还可参看作者的著作《德国大学与国家社会主义》

(*German Universities and National Socialism*)。）

[13] 学校的教育可以教授给年轻的“种族传承者”（Rassenträger）一些知识，这些知识对于他以后作为“武器承担者”是有用的。用马蹄钉同样可以学习制作表格，对数知识将在弹道学中找到最美妙的用武之地。世界大战为地理知识的学习提供了无限多的课题。历史教学可用到极为丰富的战争政治实例。化学既可以用于日常粮食生产的斗争，也可以用于军事上的毒气战。物理学的问题既可以用马达来说明，也可以用坦克来说明。生物学关系不仅源于人们的迁徙，也源于各个国家在过去被强行组

成的方式。外语教学与军事政治的讲解关系尤其密切。在德语课上，既可以引用格林的童话，也可以引用伟大的毛奇(Moltke)将军的话。

——《军事教育》(*Wehrerziehung*)1935 年 11 月号，转引自《纳粹德国的教育》(*Education in Nazi Germany*)，第 17 页

[14] 所谓的 1848 年革命，只不过是一些微不足道的事件，是欧洲社会干硬外壳上的一些细小的裂口和缝隙。……

的确，这个社会革命并不是 1848 年发明出来的新东西。蒸汽、电

235 力和自动走锭纺纱机甚至是比巴尔贝斯、拉斯拜尔和布朗基诸位公民
更危险万分的革命家。……

这里有一件可以作为我们 19 世纪特征的伟大事实，一件任何政党都不敢否认的事实。一方面产生了以往人类历史上任何一个时代都不能想象的工业和科学的力量；而另一方面却显露出衰颓的征兆，这种衰颓远远超过罗马帝国末期那一切载诸史册的可怕情景。

在我们这个时代，每一种事物好像都包含有自己的反面。我们看到，机器具有减少人类劳动和使劳动更有成效的神奇力量，然而却引起了饥饿和过度的疲劳……甚至科学的纯粹光辉仿佛也只能在愚昧无知的黑暗背景上闪耀。我们的一切发明和进步，似乎结果是使物质力量成为有智慧的生命，而人的生命则化为愚钝的物质力量。现代工业和科学为一方与现代贫困和衰颓为另一方的这种对抗，我们时代的生产力与社会关系之间的这种对抗，是显而易见的、不可避免的和毋庸争辩的事实。有些党派可能为此痛哭流涕；另一些党派可能为了要摆脱现代冲突而希望抛开现代技术；还有一些党派可能以为工业上如此巨大的进步要以政治上同样巨大的倒退来补充。可是我们不会认错那个经常在这一切矛盾中出现的狡猾的精灵。我们知道，如果社会的新生力量很好地发挥作用，就只能由新生的人来掌握它们，而这些新生的人就是工人。工人也同机器本身一样，是现代的产物。

——摘自卡尔·马克思 1856 年在《人民报》创刊纪念会上的演说*

* 译文引自《马克思恩格斯选集》(第三版)，北京：人民出版社，2012 年 9 月，第三卷，第 775—776 页。——译者

[15] 随同人，我们进入了历史。动物也有一部历史，即动物的起源和逐渐发展到今天这样的状态的历史。但是这部历史对它们来说是被创造出来的，如果说它们自己也参与了创造，那也是不自觉和不自愿的。相反，人离开狭义的动物越远，就越是有意识地自己创造自己的历史，未能预见的作用、未能控制的力量对这一历史的影响就越小，历史的结果和预定的目的就越加符合。但是，如果用这个尺度来衡量人类的历史，甚至衡量现代最发达的民族的历史，我们就会发现：在这里，预定的目的和达到的结果之间还总是存在着极大的出入，未能预见的作用占据优势，未能控制的力量比有计划运用的力量强大得多。只要人的最重要的历史活动，这种使人从动物界上升到人类并构成人的其他一切活动的物质基础的历史活动，即人的生活必需品的生产，也就是今天的社会生产，还被未能控制的力量的意外作用所左右，而人所期望的目的只是作为例外才能实现，而且往往适得其反，那么情况就不能不是这样。我们在最先进的工业国家中已经降服了自然力，迫使它为人们服务；这样我们就无限地增加了生产，现在一个小孩所生产的东西，比以前的100个成年人所生产的还要多。而结果又怎样呢？过度劳动日益增加，群众日益贫困，每十年发生一次大崩溃。达尔文并不知道，当他证明经济学家们当作最高的历史成就加以赞扬的自由竞争、生存斗争是动物界的正常状态的时候，他对人们，特别是对他的同胞作了多么辛辣的讽刺。只有一种有计划地生产和分配的自觉的社会生产组织，才能在社会方面把人从其余的动物中提升出来，正像一般生产曾经在物种方面把人从其余的动物中提升出来一样。历史的发展使这种社会生产组织日益成为必要，也日益成为可能。一个新的历史时期将从这种社会生产组织开始，在这个时期中，人自身以及人的活动的一切方面，特别是自然科学，都将突飞猛进，使以往的一切都黯然失色。

——恩格斯，《自然辩证法导言》*

[16] 我们知道，如果不恢复工业和农业（而且必须不按照旧方式来恢复），那

* 译文引自《马克思恩格斯选集》（第三版），北京：人民出版社，2012年9月，第三卷，第859—860页。——译者

么共产主义社会是建设不成的。必须在现代最新科学技术成就的基础上恢复工业和农业。你们知道，这样的基础就是电；只有全国电气化，一切工业和农业部门都电气化的时候，只有当你们真正担负起这个任务的时候，你们才能替自己建成老一代人所不能建成的共产主义社会。你们面临的任务是振兴全国的经济，要在立足于现代科学技术、立足于电力的现代技术的基础上使农业和工业都得到改造和恢复。你们完全
236 了解，不识字的人实现不了电气化，而且仅仅识字还不够。只懂得什么是电还不够，还应该懂得怎样在技术上把电应用于工农业上去，应用到工农业的各个部门中去。你们自己必须学会这一点，而且还要教会全体劳动青年。这就是一切有觉悟的共产主义者的任务。

——摘自列宁在俄国共产主义青年团第三次代表大会上的讲话。*

[17] 物理学是沙皇俄国发展较好的科学的典型代表。俄罗斯科学界的一位老前辈约飞(Joffe)教授对当时的物理学曾有过如下描述：

革命前的俄罗斯可以因为有众多在物理学史上留下光辉事迹的学者而感到骄傲。除了著名的物理学家兼杰出的化学家门捷列夫(D. I. Mendeleyev)外，列别捷夫(P. N. Lebedev)、斯托列托夫(A. G. Stoletov)和格利岑(B. B. Golitsin)都是名垂千史的人物。这三个名字与物理学里的光压、光效应和地震学等的重要成就联系在一起。然而，革命前的俄国学者通常是单打独斗，他们既没有留下科学学派，也没有留下明确的研究路径。他们自己的研究课题往往是从国外引进的，是与法国或德国的学者合作的结果。俄罗斯学者往往加入到西欧的某个学派，在那里进行与该学派主题相关的研究，然后以硕士学位论文的形式提交他们完成的工作。这一主题的进一步发展就成为他们博士论文的主题。因此他们很自然地保持着外国思想中心的倾向。独立的俄罗斯学派并没有出现。

唯一的例外是莫斯科大学著名的彼得·尼古拉耶维奇·列别捷夫科学学派。然而，1911 年，卡索** 的政策把这个学派赶出了这个避难

---

* 译文引自《列宁选集》(第三版)，北京：人民出版社，2012 年 9 月，第四卷，第 287 页。——译者

** 卡索：Kasso，1865—1914，俄国国民教育部长。——译者

所，而列别捷夫本人也在不久后去世……

在列宁格勒大学，在革命前，这里的物理学的状况相当糟糕，一直没有出过什么像样的成果。缺乏重要的创新性研究路径，加上令人沮丧的硕士研究生考试制度，使得大学里最有才华的物理学家（如格尔顺(Gershun)、米特克维奇(Mitkevich)、列别金斯基(Lebedinsky)等）望而却步……

在革命前，物理学几乎只在大学和一两所高等技术学院得到发展。物理学博士的人数不超过15人。在职物理学家的总数大约为100人，但对于其中绝大多数人来说，科学工作与他们主要的教学工作比起来是次要的……

列别捷夫学派和列宁格勒大学的几位物理学家的工作具有相当大的科学意义。然而，其大部分科学成果算不上丰富了科学世界。这些工作只能部分算是"地方性的"，例如有些描述了观察事实而没有给出任何理论解释，有些只是国外工作的变种，有些属于对各种常数的测量等等。在列宁格勒大学，研究生的"科学工作"被简化为对外国期刊上最新一期所发表的实验进行重复验证。

即使是俄国物理学家最出色的工作也都是些断断续续的研究，既没有形成明确的科学路径，也没有给自己设定深刻的问题或任何技术目标。可以断言，在革命前的俄国，几乎不存在技术物理学，也不具备形成这一学科的条件。由于所有技术都是借自国外的现成技术，包括施工图纸，因此俄罗斯的技术不需要自己的科学基础，也没有这样的科学基础。大学物理学自认为是与任何实际应用无关的东西。大学保持着科学的"纯洁性"，并谨慎地保护它不受技术的影响。

因此，尽管有几位伟大的学者，但俄国的物理学在革命前一直是世界科学当中最落后、最薄弱的分支之一。

[18] 苏联政府已经批准了将1937年下学期从国立大学和其他高等教育机构毕业的12,520名青年专门人才分配到人民委员会的各部门和其他机构中。毕业生包括各专业的工程师7,190人，农艺师1,049人，动物技术专家1,115人，医学博士1,274人，物理学家、化学家、生物学家等专家1,087人，兽医342人，经济学家298人，其他专家165人。在这些青年

专家中，有2,083人被派往各加盟共和国的重工业部，2,527人派往农业部，1,238人派往公共卫生部，760人派往教育部。

[19] 例如，见J. G. 克劳瑟的《苏联科学》(*Soviet Science*)；以及平克维奇(A. P. Pinkevitch)的《苏联科学与教育》(*Science and Education in the U. S. S. R.*)。

237 [20] 见《没有资本家的英国》(*Britain without Capitalists*)，第459页。

[21] 有关如何规划工作的进一步细节，见《苏联科学》，第87页及以下部分。

[22] 一个绝好的例子是伊林(V. Ilin)的著作，特别是《人和山》(*Man and Mountains*)。

[23] 有关苏联科学近20年的成就，见《自然》(*Priroda*)1937年10月号和《先驱》(*Vestnik*)1938年1月号。

[24] 见《苏联科学》，第29页。

[25] 巴甫洛夫在写给学生的临终遗嘱中，生动地表达了苏联科学的需求和可能性：

对于我国献身于科学事业的青年男女，我的希望是什么呢？

首先是——坚持。这是进行富有成果的科学工作的重要条件，我总是不能不带感情地来谈论。坚持，坚持，再坚持。从你一开始工作，你就要训练自己，使自己在获得知识方面严格做到坚持。

在你尝试攀登高峰之前，先学习科学的基础知识。在没有掌握前面的东西的情况下，永远不要去做后面的事情。永远不要试图掩盖你知识上的漏洞，即使是采用最大胆的猜测和假设来掩盖。这样的泡沫可能会让你因其色彩斑斓而愉悦，但它总免不了会破灭，那时你除了感到困惑将一无所获。

训练自己保持冷静和耐心。学会做科学所包含的繁重工作。研究、比较、积累事实。鸟的翅膀无论多么完美，如果没有空气的支持，它永远不会使鸟飞向高处。事实就是科学家的空气。没有它，他永远飞不起来。没有事实，你的理论都是徒劳的。

但在研究、实验和观察中，尽量不要停留在事实的表面。不要把自己变成博物馆里的事实保管人。要试着去洞察它们起源的奥秘。坚定地寻求支配它们的法则。

第二件事是——谦虚。不要以为你已经知道一切。不管你多么受尊重,始终要有勇气对自己说:"我无知。"

不要让骄傲占据你。因为当你需要与人协调时,它会使你固执。它会使你拒绝有用的建议和友好的帮助。它会妨碍你采取客观的视角。

在我领导的集体中,一切都取决于气氛。我们都有一个共同的目标,我们每个人都尽自己的力量和可能性来帮助实现这个目标。对我们来说,常常无法区分什么是"我的"和"你的"。但我们的共同事业会因此而受益。

第三件事是——激情。记住,科学需要人用一生去从事。即使你有两条命也不够。科学要求人类有高度的专注和深厚的感情。希望你在工作和研究过程中充满激情。

我们的祖国为科学家开辟了广阔的前景——这是你的未来——科学在我国将得到极大的发展。

我该如何评价年轻科学家在我国的地位?这里不是一切都很清楚了吗?给他的很多,但对他的要求也很高。对年轻人来说,对我们来说,做到不辜负祖国对科学的高度信任是一件光荣的事。

——摘自《巴甫洛夫及其学派》(*Pavlov and His School*),医学博士 Y. P. 弗罗洛夫教授著

[26] 例如,在过去两年里,在遗传学基础的问题上有一场非常重要的争论。瓦维洛夫和李森科等人都参与了这场争论。由于苏联境外有关这场争论的信息很少,因此这场争论便在境外放大了。据说,当局坚持认为,遗传并不能决定物种的进化或家养动植物的发展,这是魏斯曼-拉马克关于繁殖和环境相对重要性的争论的复活。事实上,没有人提出这种极端的观点,但是遗传学家被批评把所有遗传性状都归因于染色体上特定的单一因素,而忽视了细胞分裂和环境因素,这些因素的重要性可能被批评者夸大了。欲了解详情,请参阅海利克斯(Helix)和海利安瑟斯(Helianthus)在《现代季刊》第 1 卷第 4 期上的文章,见第 370 页。

第二部分

科学能做什么

第九章　科学家的培养 241

一　科学的重新组织

从科学与社会的关系角度来考虑科学的现状，就足以表明，如果科学要履行其职能，或者即使保持其作为一项重要的人类活动的地位，就迫切需要进行重大变革。科学重组所遵循的路线是从对其目前的缺陷的审查中得出的。然而，仅仅将这些缺陷移除是不够的。这种零零碎碎的改变很容易导致无法取得有用的成效。这部分是因为所做的不同改变之间是不协调的，不会起到相互配合的作用；部分是因为其他后果可能会单独或总体上阻碍科学的发展，有违改革者的初衷。科学的任何重组都必须是一项综合性任务，既不能由科学工作者自己单独承担，也不能由科学以外的国家机构或经济组织来单独承担，而只能由所有人朝着确定的方向共同努力才能成功。因此，科学是否可以重组的问题，不仅仅是科学家的事，甚至主要不是科学家的事。这是一个社会和政治问题。科学工作重组的任何一个方面都与社会的经济和政治结构有关。不能将科学家的招募和培养、研究经费的筹措和研究成果的应用简单地看作科学问题。如果要对这些问题进行有益的讨论，我们

必须采取某种社会的态度来对待科学。在现存社会中这种态度是什么？它对科学的破坏作用是怎样的？这些问题我们已经在本书的第一部分中说明了。因此，要改变这种状况，要允许科学为了人类的利益而能够自由发展，其前提就是社会本身需要变革。但就我们目前的目的而言，我们没有必要详细规定这种变革应该是什么样的。我们只需假定，这将是一个积极渴望科学发展并造福于人类的社会，一个准备为这种发展以及为使其成果得到最有效的社会利用而提供手段的社会。

扩张的需要

有必要强调一点，科学需要的首要变革是扩张，而且不是小规
242 模的扩张，而是非常大的扩张，其规模应达到目前规模的 10 倍量级。换言之，目前科学规模不足的问题是比其效率低下更为严重的问题。从社会方面看，即使做最粗略的估算也可知，科学的年度预算需要增加到目前预算的 10 倍左右。这个要求似乎有点过分，但考虑到目前预算的实际规模，增加的数额将完全无法被察觉；它仅相当于不到国民收入 1% 的税收，而且是在一次性实行全部改革的情形下才需要这么高的预算。事实上，在科研经费的增长率达到实际可能的最大限度时，几乎可以肯定的是，在一个能够充分利用科学技术成果的经济体系中，科学的净支出，即其总支出减去直接归因于这一支出的效益的余额，将在不到 5 年的时间内减少到零。科学运作将变成一种盈余不断增加的事业，而且其净支出在任何阶段都不会超过国民收入的 0.5%。

组织性与学术自由的保持

然而，科学家面临的问题要困难得多。这个问题是如何做到在保持和提高科学工作效率和协调性的同时能够增大科学工作的强度和范围。同时，我们也不能因这种规模和效率的增加而降低科研工作的标准或扼杀科学研究的自由和独创性。科学活动的整个体制，即从科研人员的招收、培养及其内部组织结构，到科研成果应用的强度和效益，都需要扩展和完善。这是一项只有科学家自己才能完成的任务。只有他们才能理解问题的困难程度和不明智的改革可能带来的危险。因此，许多科学家，尤其是那些老一辈的科学家，在面对这项任务时会变得束手无策就不奇怪了。他们宁愿让科学处于一种低效率和默默无闻的状态，只要它能被保留下来成为少数幸运儿的自由活动场所即可，而这些幸运儿则是由于出生或性格等偶然因素而得以进入这个领域的。对他们来说，本章所给出的建议是令人厌恶的。只有这样一些人才会接受这些建议——他们看到，科学是一种需要加以利用以便为人类提供充分的物质文化享受的礼品，如果科学不是这样被应用，那么科学本身就将最先遭殃。

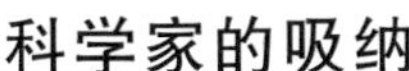

科学家的吸纳

科学要发展，首先必须最大限度地利用人类现有的物质条件。在今天，对于大多数国家，当然英国也是这样，这就要求完全重新制订招聘科研和教学人员的方法。这个问题本质上与更普遍的教育改革问题有着内在的联系。教育改革的方向是通过消除一切以经济地位为基础的障碍，为人的能力的发展提供充分的机会。我们已经讨论了现有制度在这些方面的不足之处。但仅有这种一般性的变革是不够的，还需要伴有教育体系各个方面的质变，使科学渗透到整个教育结构中，而不是仅仅作为一种后添加的和不协调的附属物出现。只有当科学渗透到教育中，并通过教育渗透到人们的人生观中，人们才有希望理性地选择科学作为其终身职业。我们不希望人们选择成为科学家仅仅是因为从事科学的薪酬很高，或者即使薪酬不高，但能提供一种不受商业就业的许多令人恼火的限制的工作机会。科学的吸引力，一部分应该发自人们内在的好奇心，另一部分则应源自这样一种认识：通过从事科学事业可以为社会做出重要和无私的贡献。只要有更多的可供选择的人才，只要人们对科学具有更广泛的理解，就能够提高进入科研行业所需的能力标准，同时也可以增加从事科学研究的人数。

职业选择

然而，我们从一开始就应认识到，从事科学需要的不是一种而是多种不同类型的能力。在一个井然有序的科学活动中，除了需要有从事较纯粹研究性质的工作的人才外，还需要有从事科学管理和教学工作的人才。这将是一个如何发展现有的基本职业选择方法，以确保在任何时候都能按适当比例选择到这些具备不同类型的科学能力的人才的问题。很明显，随着科学的发展，这些比例会有明显的变化。这部分是因为随着时间推移，科学组织的复杂性不断变化，我们可能需要更多的具有组织才能的人，还有部分原因是由于在过渡时期，需要建立一个比以前更大规模的科学结构，因而在这一过程中，科学教学将受到很大重视。

必须记住，科学的任何显著发展都只有在与其他社会和经济变革同时发生时才是可能的。而所有这些变革都对人才提出了相当大的需求。要满足这种需求，很大程度上只有通过实行真正民主的教育制度，才能使迄今未被利用的人才潜力得到极大的释放。但是，即使在没有战争和社会斗争等消极因素的情况下，我们也不可能确定这种人才潜力在最初阶段的释放速度是否与需求相匹配。这种过度的需求必然会在一段时间内使许多在正常情况下被吸引来从事科学的人才无法进入科学行列。因此，我们更有必要确保充分利用现有的人才资源。

拓宽进入科研的渠道

为此目的，我们应当广开才路。没有任何理由认为，要从事科学事业，就只能通过传统的小学、中学和大学教育体系来培养。科学应该回到它的早期阶段，就像文学一样，是一种自由职业，任何年龄阶段的人都可以从任何其他职业转入。在科学发展的全盛时期，人们特别重视将积极从事实际工作的人吸收到科学队伍中来。现在这一趋势已逐渐消失，需要恢复。应当提供有效的教育上和经济上的便利条件，并使之广为人知，以便使从事各种工业、农业或文书工作的人在经过几年的培训后，都能从事积极的和负责任的科学工作。

这类新兵中能够立即投入科学研究的即是实验室助理员。他们在实际的科学工作中已经完成了大量的但不被人注意的工作。让他们投身科研的办法既可以通过消除研究人员与实验室助理之间的界限来实现，也可以通过扩大目前很不充分的使他们成为正规的科学家的手段来实现。

我们需要发展业余科学社团，使它们不再被认为是在玩科学，而是在科学的发展中起着积极作用、能负起责任并得到承认的一部分。这一点即使在目前的状况下也可以很容易地做到。有大量的问题可供由业余爱好者组成的社团来解决。他们通过相互配合观察就能够解决一些问题，其效果一点不比研究所的研究人员所做的差，如果不说是更好的话。当然，在天文学和气象学领域，已经是这样做了。这种做法很容易推广到其他大多数科学领域。

我们还有另一个尚未开发的科学人才资源，这就是对科学感兴趣的退休人员。而且这种资源将趋于增加。在科学研究中，有大量的需要重复进行的、艰苦的观察工作，以及各种分类和协调工作。这些工作虽然很重要，但其性质却让活跃的年轻人感到烦躁，而对于那些不想改变毕生工作而是更希望对其加以总结的人来说，这可能是一种令人愉快的工作。在文献和目录学领域，大量的这类工作已经有人去做了。但是在科学领域，到目前为止，我们还缺乏一个组织来调动这种自愿的援助力量。应该能够做到以相对较少的费用，来确保所有这类具有相应能力的人能够进入实验室
245 和图书馆，在他们自己家里使用其工作所需的仪器，而且确保他们所做的工作得到应有的承认。

对入门者的引导

到目前为止，科学界吸纳人才的安排在很大程度上带有偶然性质，或者交由诸如大学任命的委员会这样的不协调的机构去处

理。作为合理的科学组织的一部分,我们需要有一个负责招聘科研人员的机构。这个机构当然要与教育当局密切合作。只有在经济学家的教科书中,才会出现任何职业的招聘都应该由该职业的要求自动决定这样的理想化设定。事实上,由于对就业前景看不清,再加上就业的周期性波动,供需之间总会有一定的滞后。某些部门的劳动力长期处于过剩状态,而另一些部门的劳动力则短缺。我们不能期望一个对社会没有经验的学生具有前瞻性,但一个权威机构可以做到。它不仅能够调查科学的现状,而且能够了解其未来发展的所有计划。当然,由于科学发展的不可预见性,这种权威机构在科学领域完成这项任务要比它在其他任何职业行当做起来更费劲。但这个困难可以通过灵活变通来克服,特别是在可以适当采用职业替代的方面。在任何一门科学的快速发展过程中,人员短缺可能是一个制约因素。事实上,许多人忽视了潜在的人力资源,认为现有人手只能做到这样了。因此,招聘机关应提供一项宝贵的服务,即能够相当准确地指出在不同门类和不同学科中可能存在哪些可用的人员,从而防止所制订的计划因无法预见的人才短缺而受阻。

二　改进科学教育

我们已经强调了改变整个科学教学方法的重要性。我们不仅需要在教育的每一个阶段对科学给予更多的关注,而且还需要彻底改变现有的科学教学方法以及与之相关的其他课程的教学方法。科学教学的目的有两个:提供已经从自然界获得的系统的知

识背景；有效地传授获得和检验这些知识的手段。但这两件事并不是独立的。如果学生不知道现有的科学知识是如何获得的，并
246 且不能够以某种方式亲身参与科学发现的过程，那么他就完全不可能对现有的科学知识进行充分的描述。现在的科学教学正是在后一方面表现出最明显的失败。通常在教授科学方法时——即使在实际的实验室教学中——似乎它只涉及测量和简单的逻辑推理。如何发挥想象力、如何建立和检验假说几乎从未有人在教学中尝试涉及过。其原因就是我们在前面所描述过的，部分是传统因素，部分是经济因素。我们希望看到的是将研究作为科学教学的一个组成部分，这对于那些将在日常生活或教学中利用科学知识的人来说，要比那些日后打算从事科学研究的人来说更重要。

三　中学的科学教育

在教育过程的不同阶段需要有不同的改变。在中学阶段，最主要的是需要普遍改变对科学的态度。科学从一开始就应当是课程教学大纲中的一个不可分割的部分，而不仅仅是附加的部分，而且通常还是选修性质的课程。科学不仅应该作为一门课来教授，而且应该渗透到所有课程的教学中。应该指出并说明它在历史和现代生活中的重要性。必须打破过去的那种将科学和人文学科截然分开，而且往往是对立起来的传统。我们需要用一种科学的人文主义来取代它。同时，科学教学本身也需要人文关怀。需要改变那种枯燥的、就事论事的陈述，但这种改变不是借助于神秘的理论，而是通过强调科学进步本身的生动性和戏剧性特征来实现。

在这里，科学史的教学不是像现在这样孤立地进行，而应与普通的历史教学密切联系起来，这样将有助于纠正现有的科学教条主义氛围。同时它也将表明，在对自然过程的控制方面，科学的征服作用是多么的可靠，而在研究的每个阶段所提出的理性的解释、理论和假设则是多么的不可靠。无论这些解释、理论和假设是多么必要，它们毕竟都是临时性的。仅了解科学过去的历史本身是不够的，我们不能因为科学的最新发展还没有经过时间的检验就将其排除在外。绝对有必要强调这样一个事实：科学不仅过去在变化，而且一直在不断变化。它是一种活动，而不仅仅是一系列的事实。总之，科学的社会意义、它赋予人的力量、人类可以利用科学做什么以及实际上已经做了什么，都应该通过与日常生活的直接经验联系起来加以说明和体现。[1]

随着科学的进步，撇开它对离日常生活较远、较隐晦的那部分
(如天空或化学之谜)的解释不谈，科学变得越来越能够应付日常 247
活动了。这些活动是人类最早从事的活动，但却是最晚被理解的。只有沿着这些路径，即让学生自己在他们已经接触到的事物中去发现新的关系，而不是让他们在人为简化了的和不必要抽象出的实验中去发现新的关系，我们才可能向学生传授实用的科学方法(见本书[边码]第 74 页)。在摄影和无线电等爱好中，以及在自然史的所有领域，不仅有机会进行观察，而且有机会进行实验和做出发现。全新的实验生物学技术可以很容易通过改造来适应中学的需要，并使其朝着生理学、心理学和社会学的观察和分析的方向发展。过去那种中学只教授精确科学，而只有物理学和化学才算得上是精确科学的旧观念必须废除。但是，在这样做的过程中(这一

过程已经在进行中），要防止一种危险，即防止从严格求证的学术转向模糊的、往往带有感情色彩的描述性学术。但通过运用统计学，生物科学可以变得与其他学科一样的实用和精确。

生动的课纲

关于详细的课程大纲或确切的科学教学方法的问题超出了本书的范围[2]。相比于实践的和说教性的教学方法，我们不能简单地肯定形式化的和循序渐进的教学方法就一定有相对的优势，如果这个问题确实只有一个答案的话。但是不管怎样，毫无疑问，在过去 20 年里，特别是最近 10 年的科学发展中，随着物理和化学中的量子理论，以及生物学中的基因学说和生物化学理论的发展，已经出现了一种描述性的一般意义上的系统知识，而且它们比以往任何一种基础性描述都更容易掌握。在任何重建科学教学的过程中，我们都必须加入这些新知识，而不是像以前那样，等上 50 年到 100 年的反复考验后再将其纳入教学内容。

我们需要成立一个由积极从事研究的年轻科学家和经验丰富的科学教师组成的常设委员会，以便能够经常性地审查科学门类的教学，并对教学不断提出改进建议并予以实施。[3]反对这样做的势力总是存在的，如考试制度的维护者和教科书的编写者等巨大的既得利益集团。人们逐渐认识到，目前存在的考试制度不仅束缚了整个教育系统，对应付考试的学生产生了严重影响，而且在测
248 试考生的相对能力这一表观目标上也极不可靠。当然，困难在于，考虑到优秀的考生有金钱回报，因此主管部门将太多的注意力放在了防止一切形式的作弊和虚假分数上，而不注意让应试者获得

发挥才能的机会。由于考生人数众多，大多数学校的考官都是些雇来的工作人员。所有改革的尝试都因为要增加额外开销，因为无法取得统一的成绩（除非回到最刻板的考卷）而遭到反对。[4]然而，考试制度的改革还受到其他多方面原因的推动。这就使人们更加认识到要求改革的呼声不无道理，即只要考试制度保持不变，我们就永远不会有一种合理的科学教学。

面向全民的科学知识传授

就科学而言，教育的目的是使每个人不仅能够从现代知识的角度对世界有一个大致的了解，而且能够理解和运用这些知识所依据的论证方法。科学对这方面的特殊贡献是创造了定量的推理方法，并让人能够理解各种现象是如何由不同的原因引起的，以及每一种原因在一定程度上所占的比重。学校应该培养出懂数学的公民，但不是像现在这样，仅仅把数学当作一种计算英镑、先令和便士的手段，而是将它作为思考问题的一般方法。学生对图、相关性和统计分布等概念的熟悉程度应该达到像运用四则运算的程度。[5]只有具备了这种能力，才有可能去解决我们这个时代的经济和社会问题。此外，他们应该知道，当面临某个超出他们直接经验的具体问题时，该向何处求助。因此，我们不必掌握所有的科学知识，但要知道去哪里可以找到相关的科学知识，并且要有足够的理解力能够看清它的一般意义。最后，我们需要广泛普及对科学重要性的一般性认识，这一方面是因为科学只有在这样一种观点的支持下才能得到充分的发展，另一方面是因为这是我们防止一切神秘的狂热和反理性倾向的唯一有效的保障，否则的话，这种情绪

和倾向就会被反动势力所控制。

四 大学的科学教育

从总体上讲，大学理科教育的改革应遵循与中学相同的方针。但在这里，由于必须为学生打下更丰富、更牢固的知识基础，因此我们必须更详细地研究改革的具体措施。首先要改革的是教学方法。正如已经指出的那样，大学教育甚至可能比中学教育更容易
249 成为一成不变的讲授和实习。当然，摆脱理科教学的这种现状只是大学教学方法总体改革的一部分。讲课制度必须精简和改革。可以只保留一定数量的讲课，内容是关于新的科学分支，或是老的学科分支的新进展方面。这些课大多应由研究人员自己来讲授，同时，还应在授课中启发学生并提供其他方式无法获得的信息。有些学生会觉得听课比自己阅读更容易吸收知识。应当为这些学生保留一定数量的固定讲座，当然，这些讲座完全是选修性质的。[6]除了课堂讲授外，我们还应当大力扩充个别指导和小班指导等授课方式，以及更重要的小组讨论会的学习方式。其规模应大大超过剑桥大学或牛津大学现有的规模。有时，理科授课中所用的演示也可以放在这样的讨论中进行，甚至可以永久性地放在对学生开放的博物馆中，供学生观看学习。其内容应选取那些学生由于费用昂贵或缺乏经验而无法自己完成的实验部分。

研究作为一种教学手段

同时，实践教学至少也需要大幅度改革。目前，几乎所有的实

习课程不外乎工件准备、进行测量，再不就是予以描述。所有这些操作当然都是从事科学所必需的，但仅仅掌握这些基本技能是完全不够的。为解决特定问题去选择所需的仪器，解释实验结果时面临困难，这时都需要运用智慧。而这种智慧的运用与操作熟练和测量准确一样重要。解决这一问题的唯一有效方法就是在很早的阶段就引入研究性学习。对于某些技术，例如定量分析和玻璃吹制或断面切削，仍然需要一些正规的课程训练，但这些课程可以安排在研究性课程的早期阶段同时进行。恢复较原始的学徒制教学制度也有一定的作用，让学生跟着一个研究人员学习一两个月，再跟着另一个研究人员学习一两个月，以便亲眼看到科研人员是如何去解决真正的科学问题的。不管怎样，每个学生在毕业之前都应完成至少一年到两年的研究工作，这一点对那些毕业后将要执掌教书的人要比对那些毕业后进入研究领域的人更有用。对于一个教师来说，了解一项科学研究工作是如何完成的，要比积累大量的知识更重要，这些书面知识在他将要执教的学校里总是找得到的。还应当教学生如何阅读和写作科学文献。例如，学生应有能力查找出有关某一课题的所有相关文献，并就原创性论文或他人的工作报告写一篇综述性文章。当然，如果科学出版物能够像后文所述的那样得到彻底的合理化，那么上述第一种劳动在很大 250
程度上则是不必要的，但即使在这种条件下，每个学生仍有充分的机会积极参与整理科学出版物的工作。培养一个学生最重要的是令其获得独自探索问题或通过合作来追求知识的能力，而不是单纯地积累事实。

科学与文化

但是，仅仅培养出一个良好的科学工作者，或者至少是能够鉴别什么是好的科研工作的毕业生，是不够的。同样重要的是，在大学里，他们不仅应掌握较具体的科学知识，还应当清楚地看到他们的工作与一般社会活动的关系。在这里，科学史的学习同样应占据最重要的位置。学生不仅应当通过课程教学，而且应当通过实际的观察体验——如果可能的话，通过参与工业实验室或野外试验站的工作——来弄清楚与每个科学分支相关的工业的整体结构或人类活动。同时，必须努力恢复古代大学的那种让不同学科相互联系在一起的精神。这种相互联系在很大程度上可以通过由科学家、历史学家、经济学家等组成的一般性协会以非正式方式来进行，让他们坐在一起来讨论以不同方式影响到他们所有人的当前问题。

当然，所有这一切都需要大学增加工作人员，在一定程度上还需要添加仪器设备，从而增加开支。但人们可能会发现，如果与研究工作进行适当的协调，并且以更大的规模进行的话，实际的费用将远远低于目前的估计数。

职业教育?

问题还在于，大学是应该开设一门科学课程，还是应该根据学生日后的不同职业开设多门科学类课程？也就是说，是否应该为日后打算从事研究或进入教学行列或从事工商业的人开设不同的课程。当进入大学更多的是基于智力而不是财富时，那么这些课程设置上的区别，除了显示出某些基于智力的差异，比如目前采取的以及格和优秀成绩来标示的智力差异外，似乎没有多大意义。如果指望学生在刚进入大学，或是在离毕业还很远的时候就决定将他们对科学的兴趣转向各种职业选择，那将是非常不公平的。当然，教学和科研岗位确实需要一些特殊的训练。但最好的解决办法不是通过调整课程，而是在后几年里引入专门的教学类和研究类课程，并为那些希望日后从事研究的人提供更大程度的专业化训练。

专业化 251

当然，要对如何开设专业课的问题作全面阐述是非常困难的。按照目前的做法，实行专业课程教育特别容易弄巧成拙。一些必修课——化学、生物学等——的课程开设得过于密集，使学生没时间去修文化通识类课程。而且这些必修课的种类繁多，内容的深度却不足以让学生获得任何具体的能力——学生要获得这些能力，只有到研究生阶段才有可能。因此，一个较好的计划似乎是开设一门内容较广泛的普通课程以及所谓的“样本”课程；在学生即将进入实际研究之际，为他们开设专业性更强的专业课。牛津大学现在也实施了一项类似的计划，效果很好。最好是在学生的大学生涯中，能够选修三四门而不是一门这样的“样本”课程。而且这些课程不应该集中在一个领域，而应当尽可能分散在三四个领域。这样总的效果是，大学培养出的学生不仅能够做好科学工作，而且能够理解他们所从事的这个学科究竟是关于做什么的，以及如何在实践和理论上使科学造福于人类。

较高层次大学

现代大学的求学年限本身已经变成一个严重的问题。随着科学范围的扩大和研究的深入，传统的三年制学习已经完全不够了。在其他国家，学制已经延长到5年甚至7年。这里的困难既有经济上的，也有学术上的。在目前的条件下延长大学学制，等于推迟了学生进入挣钱谋生阶段的时间，并使他在与学历较低的竞争对手相比时处于劣势。如果没有足够的生活补助金制度，这只会使贫困学生生活更艰难。总之，这类较长学制的后几年必须被视为研究型学习年限。发展较高层次大学也有很多值得说道的地方。这些大学相当于现在的本硕连读学制，但地位和组织形式更为明确。在这些院校中，工作人员同时又是学生、合作者和教师：他既研修某些高级课程，也从事自己的研究并在讨论组会上介绍自己的工作进展，或者与其他研究工作者，有时甚至包括大学的学生进行座谈讨论。这些院校与普通大学的另一个不同之处是，前者的工作被视为一种职业，或者至少是一种见习职业，研究生从事研究工作是有报酬的。顺便说一句，研究生在求学期间可以被允许结婚，苏联的大多数这类学生就是这样。对他们来说，这要远比英国实行的提供政府生活补助但禁止结婚的做法所产生的效果好得
252 多。自然，这些院校在工作安排上也非常灵活。学生不会总待在一个地方。做研究的地方不仅在大学里，也可能是在其他地方的技术研究所。

研究与教学

研究工作在目前并不是一个完全得到认可的职业。在大学里，大部分这类工作是由从事教学的人来完成的。教学与科研的适当比例关系尚未理清。目前对科研人员的划分是两类：一类是利用较有限的业余时间来从事科研的大学教师，一类是偶尔讲课的科研人员。毫无疑问，目前的这种状况是不能令人满意的。教师应该有更多的时间从事研究工作，研究人员应该做更多的教学工作。由于性格和气质上的根本差异，这两类人始终有别。因此，在实践中不需要将二者融合为一，只需每隔几年让研究人员和教师角色互换一次即可。

法国已经实现了教学和科研人员的行政分离，同等级别的教学和科研人员处于同等地位，并且在每个阶段都有交换工作的充分自由（见附录六）。

五　课纲的修订

到目前为止，我们已经十分概括地讨论了大学的科学教学问题。但是，对于大学教育的不同科目的课程所需进行的改革有必要做详细讨论。人们对现有课程的主要批评是内容过多、较乱且过时。因此，目前所需进行的一项基本改革是内容的更新和修订。我们必须缩短科学上涌现出的一些新知识或新方法与它们被纳入大学教学之间的时间差。我们必须做到这一点，同时又应始终强调科学知识的暂时性和进步性，以避免出现这样的批评意见：任何知识在未经时间考验之前不应教授。为此,科学史的教学应该是最有价值的。此外,我们不仅要将新知识增加到现有课程中,而且应该以连贯而灵活的方式将其有机地纳入。显然,任何人都不可能为大学科学教学的现代化做出一项全面计划。像中学教育一
253 样,这里提出的要求是建立一个常设的课纲修订委员会,它不仅可以获得科学进步的知识,而且可以借鉴大学教学中的最佳经验。完全没有理由认为采用统一教学的做法是可取的。相反,教学上应允许教师在一定范围内对所教授的内容灵活取舍,以便通过实验和竞争摸索出最佳的教学方法。下面粗略地勾画一下我个人对最急需改革(事实上已经有点晚了)的大学科学教学课纲的看法。

物理学

在物理学的教学中,总的目标应当是将我们对极其广泛多样的现象背后所共有的数理关系的认识与对现实世界的微小结构的描述结合起来。在讲授有关运动、能量、平衡、惯性、振荡和波等一般概念时,不应仅通过(甚至主要不是通过)现有的相当枯燥的经典力学的例子来讲授,而是应当与当代物理学的整个现代应用,例如与量子力学或无线电工程联系起来讲授。应破除那种旧的将物理学知识历史地划分成热学、光学、声学、电学和磁学的做法,而将它们融合成一幅统一的物理过程图景。一些科普读物甚至一些物理教科书已经采取了这种做法。[7]另一方面,在强调物理学的确定性事实的同时,还有必要强调其中的不确定性。学生需要熟悉宇宙的基本结构单元,应熟悉原始粒子、光子、电子、中子等,以及它们在原子核、原子和分子中的复合物。在大学物理教学中,本世纪

的全部伟大的研究成果应该具有比以往的知识更重要的地位。这些基本粒子现在已经不再是令人怀疑的或神秘的东西，我们不仅可以谈论它们，而且可以通过实验来感知它们。这些实验几乎与我们用平时较熟悉物体所进行的实验一样容易。实验物理学可以在这一领域进行更多的研究。许多电学仪器和光学仪器现在都成了真正的工具。在讲授如何使用这些仪器时，采取实践的方法，即通过让学生选择仪器并搭建成一套实验装置来解决某个特定的准研究性问题，要比仅仅用它们来执行常规测量好得多。这些问题可以分级，但每个问题都应该是真正的问题，而不是无聊的练习。

化学

在化学教学中，所需进行的变革比物理教学更深远。从形式上和理论上讲——虽然不是从历史的或实践的角度来看——化学现在可以看作应用物理学的一个特殊分支。所有的化学机制和结构单元——原子、分子等——只有用现代物理学的术语才能得到
充分的描述。此外，新的物理学研究方法，如光谱学方法或晶体分 254
析方法，提供了比旧的、较复杂的化学分析逻辑更直接的信息。这些概念目前正在使化学发生革命性的变化，但化学教学还有待于变革。尽管这种转变需要进行得非常彻底，以至于老的化学方法会被改得几乎无法辨认，但它将被证明是值得的。因为用现代的知识来理解化学过程，不仅比旧方法的理解更有条理，而且理解起来也更容易。化学现在已经不再是一套必须死记硬背的各种属性和结果的账册，而是成为一门逻辑上自洽的学科。如果没有这门学科，当今的化学家——大学经常培养出来的就是这类化学

家——就不得不艰难地探索问题的解决办法。而如果采用新方法，我们可以直接给出答案。但是，这种转变实现起来很难，主要是因为化学领域与工业界有着密切联系，而且人员众多。这使得化学教学的变革要比规模较小、专业性较强的学科更难推动。当然，没有人建议放弃独立的化学研究的实践，甚至放弃几个世纪以来所阐述的有价值的化学反应和药剂制备方法的教学，但这种经验需要在实践中，而不是在该学科的理论教学中，找到自己的位置。化学的实践教学也一直处于停滞状态，只局限于最容易大规模讲授的那部分，即定性和定量分析以及简单的有机制剂的制备。大学所教授的实用化学知识与工业中最重要的化学操作几乎没有联系。实用化学需要扩大范围，将真正的现代分析方法，如光学和结晶学等新物理学方法，和现代化学实践中最重要的方面，即催化剂的使用、高温高压化学以及许多较简单的生物化学技术囊括进来。[8]化学在生活的诸多方面要比物理学更重要，但迄今为止它仍然是一门过于封闭的科学。化学家的兴趣通常比任何其他学科的科学家都狭隘。这在很大程度上应归咎于化学教学的方法。化学在地质学、生物学、工业和日常生活中所起的作用，应该成为每一门化学课程内容的一部分。

天文学与地质学

宇宙科学——天文学、地球物理学、地质学和矿物学——在经历了长期的相对被忽视状态之后，现在才开始在大学教育中发挥应有的作用。在很大程度上，由于其学科的严格性，天文学一直被
255 认为是一门不适合本科生学习的学科。但天文学的大部分难点都

在于对观测结果的必要的归纳——尽管这些现在在科学上已变得无关紧要。天体物理学本身并不比物理学的许多其他分支更难，但内容上却比物理学的许多其他分支更有趣，这从有关天体物理学的科普书籍的畅销中就可以看出。因此，它可以成为应用物理学的一个主要分支，在大学里进行学习，或者至少可以将它纳入各种具体的光谱学的学习教材中。

考虑到地质学在经济上日益增长的重要性，在大学教育中普遍忽视地质学很难说是合理的。中学不教地质学这一事实不能成为大学不开设这门课的理由。但是，如果要在大学里有效地教授这门课，就需要将这门科学现在这种几乎纯粹描述性的和大量需要记忆的内容形式转变成真正具有内在逻辑的科学形式。除了古生物学外，现代地质学正在成为这样一门科学。这要归功于地球物理、地球化学和晶体分析学等学科提供的新方法。人们对地球形成和变迁过程的认知开始成为一幅自洽的图像，从岩石的证据中读出地质变迁的方法正变得更加直接和确定。如果能让人将更多的时间花在理解这些方法及其背后的理论上，而不是花在记忆化石类型和地理分布上，那么地质学将不仅成为一门更科学的学科，而且能将更有才气的人吸引到这门学科上来，从而使这门学科发展得更快。正是在地质学和矿物学中，我们遇到了与经济现实最明显的联系——找矿和开矿。一门真正充分的地质学教学不仅意味着一些技术知识，还包括完成它所必需的经济和政治知识。

生物学

生物科学的现状是正在从一种主要是散漫的、描述性的和分类的观点向统一的实验科学的观点转变。它的许多基本思想都是从物理学和化学的最新发展中汲取的。由于生物学所涵盖领域的广度和复杂性，这种变革要比简单科学来得慢且不那么明确。因此，要提出一种清晰、全面和现代化的教学方案就要困难得多。但生物学正在发生转变，并且在此过程中吸引来较聪明的年轻科学家加入这一事实，意味着在许多方面，生物学的教学已经比更古老和更成熟的科学门类（如物理学和化学）更接近于知识和实践的实

256 际状态。然而在生物学的教学中，缺乏的是自洽性或一致性；生物学理论在形式上大部分仍然是叙述性的，而不是定量的。它是一种无差别的混合体：里面既包含着从观察中得出的、合乎逻辑的（或至少是合理的）推论，也包含着从原始时代遗留下来的伦理和宗教因素。现在还不能指望提出一种真正自洽的或全面的理论。这样的理论可能需要等上几十年或几百年才能敲定。危险在于，目前所提出的理论被含蓄地赋予了与其他科学具有的更具可检验性的理论同样的权重，它们中的神秘成分与合乎逻辑的成分并没有得到区分。

通过科学史的讲授来纠正上述偏颇并将其作为教学的一个组成部分，这在生物学教学上比任何其他学科分支都更迫切，更为必要。机械论者与活力论者之间、达尔文学派与反达尔文学派之间、先成论者与渐成论者之间的争论，如果不作为过去和现在的政治宗教争论的一部分来说明的话，就会让人不可理解或造成误导。

可以说，在这种情形下，最好的做法是摒弃理论，坚持事实。但这样做势必会导致观察结果以完全无法控制的方式积累，并导致隐含地采用比明确的陈述更为粗糙的理论。此外还必须指出，现有的生物学理论都仅具临时的和暂态的性质，这不仅是一种警告，也是对进一步工作的一种激励。在其他任何领域，都没有这样广阔的综合理论的发展空间。

在生物学的教学中仍然有太多的分类。对生物形态的描述是依照其物理或化学功能以及这些形态在个体动物身上的发育过程分开进行的。这些研究与揭示胚胎发生意义的遗传学和进化论的研究相距甚远。应当将功能、形式、发育和遗传的整个复杂结构以能够清楚地看出这些关系的方式呈现出来，因为只有这样才能抓住每一个细节的全部意义，才能避免采用神秘理论来填补人为分割所留下的空白。一旦在研究领域对生物学各学科做出更为协调的安排，教学问题就将变得容易得多。但在那之前，我们至少可以打破生理学、描述性动物学、植物学、生物化学和遗传学之间的界限，从而避免在不同的章节中出现实际上矛盾的陈述，并使不同学科的陈述之间存在某种程度的相互联系。

在生物学的教学中，尤为重要的是讲授方法而不是结果。在 257
过去的野外观察和显微镜技术的基础上，现在又增加了许多新的方法。这些新方法基本上属于将其他学科的实验技术应用于更复杂多变的生物材料。生物学正开始成为一门定量科学，部分是由于统计方法的影响，部分是由于引入了物理和化学中对量的精确测量。所有这些都意味着需要对现代生物学家进行更全面的培训。尽管这种培训会让他掌握这些新技术，但他却不应忘记正在

研究的对象是特别复杂和多变的材料。

不同类型研究的相互依赖性在生物学中正变得越来越重要。这不仅是因为每一项研究都需要参考以前在同一领域或在不同领域的大量观察结果，而且还意味着自觉组织起来的合作研究正变得日益必要。个体研究越来越局限于对一般概念的阐述，实际的研究工作已变成了协作研究。这意味着教学上，尤其是生物学的教学（但绝不仅局限于此），应向学生阐明合作的重要性。就目前而言，最好和最简单的方法就是给学生更多的机会去实际参与这种集体研究。

医学

目前，生物学教学中最大的困惑是由它与医学之间联系的性质引起的。有组织的生物学教学主要起源于医学院。直到最近，其他行业，主要是与农业有关的行业，才为未经医学训练的生物学家提供了就业机会。与此同时，人们越来越清楚地看到，生物学的范围远远超出了医学实践的范围。其结果是让这两个学科产生了潜在的冲突和扭曲。两种相反的趋势变得愈发明显。从医学院的角度来看，考虑到生物学课程占用学时较长，因此最好是将生物方面的训练减少到最低限度，并将其内容限定在医生在医院或在执业时直接可用的生物学方面[9]。另一方面，对生物学专业的学生来说，不管他们是否会像医学院大多数人一样去学医学，首要的要求就是对生物学问题有一种科学的、批判的态度。这显然需要一种学制较长或不那么直接有用的课程设置。目前的方案不满足任何一方（见本书[边码]第 80 页）。

在医疗行业的选拔、培训和就业的方式完全改变之前，这一困难是不可能解决的。只要医生被认为主要是一个为挣钱而磨练其 258
技能的专业人士，而不是一个拿薪水的卫生健康机构的工作人员，那么学医者的目标就只能是以最少的时间和金钱来换取足够的培训。医学教育被简单地看作一种投资，它的成本足以使所有穷学生都望而却步，只有那些最优秀的除外。但你只要有钱，尽管资质平平，它仍然会对你敞开大门。这种奇特的选拔制度和训练模式致使医学院学生的平均智力水平远远低于其他大学生。他缺乏充分掌握科学方法所需的时间和能力。结果是，本应以最聪明的方式将现有知识应用于治病救人的医生，实际上通常主要依赖于传统和经验，而其效果基本上与原始医者的实践不相上下（见本书［边码］第 16 页）。

应该完全根据能力来选择医学生，并为他们提供津贴，同时将学制延长到比现在的更长，这部分社会投入可由他们日后的服务来偿还，就像苏联已经做的那样。这样就有可能规划出一种在医学上和科学上都令人满意的、合理的医学培养体系。学生将有时间和精力去切实掌握有关人体健康和疾病的基本原理，而且以后也有更充分的机会来处理医院内外的实际病人。学生的训练不仅是在临床方面，他们还通过参与所有细菌学、生物化学和生理学研究而得到锻炼。所有这些学科也都将随着医疗实践而得到发展。在生物学上如此，在医学上就更是如此，不同学科之间的合作变得越来越必要。全科医生仍是需要的，但他的主要职能将更具有社会的和心理的性质，他的知识将更多地用于指导病人到一家合适的综合医院去就医，而不是像他现在所必须做的那样，不得不勉强地且不称职地处理各种类型的疾病。[10]

社会科学

在本世纪，出现了一批介于科学学科和人文学科之间的学科——心理学、社会学、人类学、考古学、文献学和经济学。这些学科开始时被视为科学，但它们还只是处于刚脱离纯粹口头描述和收集事实的阶段，尽管它们已经发展出一些自己特有的学科和方法。除了某些事实上的一致性之外，这些学科中没有任何一个能拿得出一致公认的理论，有的只是一些相互矛盾的理论。每个学派都试图达到某种内在的自洽性，但整体上却是混乱的。困难不

259 仅在于人类社会的存在和发展所包含的极端复杂性，而且还在于这样一个事实：这些学科一旦处理人类社会的问题，便直接与当前的伦理、政治和经济冲突相联系，它们的理论或多或少不自觉地反映了现存的不同观点的态度。在此情形下，这些学科的教学处于令人非常不满意的状态就不奇怪了。除了各种观点的混乱之外，在所有国家，即使是在表面上最民主的国家，这些学科的教学也存在着明显偏袒某些正统观点的倾向。在法西斯国家，这种偏见变成一种严重的扭曲，以至于这些学科完全排除在科学研究的范围之外。在我国，它采取了一种较为微妙的形式，表现为一种表观上严格不偏不倚的科学态度。因此，所有可能导致实际行动的观点都被排除在外，社会科学的研究仅限于纯粹的分析。正如霍格本教授在纪念蒙丘尔·康威(Moncure Conway)的演讲中所说：

> 一个显而易见的事实是，我们大学的社会科学研究的学术价值在很大程度上被认为是等同于无用的。凡是得出的结

> 论是必须要做或可能要做某些事的社会调查都被称为是“倾向性的”。在天天赞美学术中立的圣歌中，这种论调就像大卫《诗篇》中的塞拉(Selah)一样，曲调庄严，反复出现，令人昏昏欲睡。如果自然科学家在研究人员被怀疑想找出如何做某事的方法时就被禁止所有的研究，那么科学就会陷入停滞。科学的态度区别于其对立面态度之处在于，不是不要企图去获得某个特定结果，而是当采用一种方法无法获得结果时愿意承认事实并尝试用其他方法来代替。行动上不产生任何结果的“纯粹”思想的提升，必然会在日益猖獗的将理性和进步视为破了产的自由主义迷信这种倾向中招致对自身的惩罚。年轻一代已经发现我们落伍了。他们偏好没有思想指导的行动。这种可悲的状况正是思想与行动分离的必然产物。
>
> ——兰斯洛特·霍格本:《从理性退却》，第 9 页，
> 康威纪念演讲，1936 年 5 月 20 日

除非我们生活在一个可以安全地接受合理调查的国家中，否则这些条件不太可能有很大改观。然而，即使是现在，至少在民主国家，在社会科学领域的不同学科之间实现更大程度的统一和一致性还是有可能的。正如在生物学中，行为和生命存在的起源密切相关一样，在对人类社会的一般性研究中，如果将个人的行为与他们的政治和经济关系割裂开来，或者将社会结构与其早期形式 260
的发展过程割裂开来，那么我们就不可能有正确的理解。我们需要的是一个连贯统一的人类社会图景。在这个图景中，不同的学科——经济学的、心理学的和人类学的分析，以及通过学术研究和考古学的方法来对历史的重构等，都能找到自己应有的位置。不

管怎样，在将社会科学从一个分析性的和描述性的学科转变为实验的和应用的科学之前，这样的一步是必须跨出的。

我们已经对大学科学教育中看来可取的改革做了一个粗略的调查。我们希望这个调查能够阐明，必须采取什么样的措施，才能培养出在科学研究、科学教育，或将科学原理应用到其他各行各业等方面做好充分准备的学生。这一呼吁并不是说要严格按照前述的一些建议来做出这些改变，而是要让大家认识到有必要做出一些广泛的改革，并且应当作出一些有组织的规定，以便尽可能迅速和顺利地实现这种变革。我们强调的重点始终是不同科学学科之间的统一性，以及它们与社会的当前结构和未来发展的关系。

注释：

[1] 韦尔斯(H. G. Wells)在英国科学促进会所作的演讲《教育的知识内容》(*The Informative Content of Education*)中概述了这种教学方法如何能够成为通识教育的一个组成部分。转引自《世界大脑》(*World Brain*, Methuen 出版社，1938 年版)。霍格本的《大众科学》是施行这种教学的一本令人钦佩的教科书。

[2] 在这方面，美国进步教育协会委员会关于中学课程的工作，正如他们的报告所说，是最令人感兴趣的。

[3] 这样的委员会已经存在并且取得了良好的成绩，例如英国科学教师协会委员会和进步教育协会等组织。但它们缺乏足够的权威性，而且处处受到考试制度的紧迫性的制约。

[4] 参见菲利普·哈托格(Philip Hartog)勋爵和罗兹(E. C. Rhodes)博士所著的《对考试的考察》(*An Examination of Examination*)。

[5] 霍格本的《大众数学》(*Mathematics for the Million*)是第一本包含这些思想的简明数学教科书。

[6] 牛津大学的某些理科系已经做到了这一步。

[7] 见普林斯(J. A. Prins)的《当代物理学基本原理》(*Grondbeginselen van de Hedendaagse Natuurkunde*),又见皮利(Pilley)的《电学》(*Electricity*),1933 年版。

[8] 维也纳大学已在这方面开了个头。马克教授对化学课程进行了全面的重组,把理论部分主要放在量子力学和结晶学上,并将通常在化学中讲授的大部分内容纳入实践课程中。这门课程能否在马克教授被免职后继续存在,值得怀疑。

[9] 这是莫特拉姆(Mottram)教授在他为《科学的挫折》一书所撰写的文章中非常巧妙地表达的观点。另见本书(边码)第 92 页。

[10] 克罗宁在小说《城堡》中提出了一种明显相反的观点。书中认为执业医生应负责病人的健康和疾病治疗,而技能有限带来的困难将通过合作会诊来克服,需要进行实际的试验来决定哪种医疗方案是最好的。

261 第十章　科研的重组

一　基本原则

批评现有的研究方法和研究组织远比提出有效的方法来弥补其不足要容易得多。对任何改革提议的唯一可靠检验是实践。因为我们没有其他方法可以确凿地知道，这些改革在消除某个已知的弊病的同时，不会引入其他意想不到的弊病。然而，我们已经在将新方法应用到不同学科和不同机构方面取得了一定的实践经验，并以此为指南。每一门学科都有其明显不同的方法和表现。从每一门学科中选出一些似乎能取得最有价值结果的方法，我们就有可能形成关于研究机构的某种改革图景，尽管它们是暂时的，尚不完善。在处理科研工作的问题时需要特别谨慎，因为它是一种新颖的、不可预测的人类活动形式。其新颖性远非教学工作可比，工业活动或行政管理就更难望其项背。任何旨在为研究提供更大的支持和机会的措施，都必须与可能限制其自由及想象性的风险进行权衡。

我们始终需要考虑两个主要因素。首先，研究工作说到底是由个人来施行的，因此需要首先关注研究者个人的状况；其次，由于研究应该是为全人类的利益而进行的，因此需要最有效的协调。理想的安排是每个人都能在一个组织中尽其所能，这种组织能够最大限度地发挥其工作成果的社会效益。主要问题是怎样使组织的整体利益需求与个人自由的需求能够协调好。

科研作为一种职业

我们还必须牢记，科学不是也不可能成为一种自给自足的职业。诚然，正如已经指出的那样，科学是有利可图的，但除了极少数例外，其盈利能力取决于是否有大量的资金供应，取决于是否愿意等待若干年以便取得有实效的成果。因此，很少有科学家为了 262
自己的利益而将从事的工具视作商业性投机活动。事实上，无论是科学内部还是外部，都有一种相当可观的看法，认为他们这样做是错误的。因此，科研工作与其他职业的不同之处在于，它需要长期的资助才能继续其运作，无论这种资助是来自于个人、机构还是国家。这种需求无论是对于社会主义经济体制还是资本主义经济体制，都是同样适用的。但在前一种情形下，科学的特殊地位将消失，因为人类的每一种职业都将处于同一基础上。在资本主义国家的现有条件下，任何科学的组织计划，都不仅要考虑维持正常的科学活动及其发展所需的资金，而且要考虑如何筹集这些资金。不论在哪一种情况下，科学活动与社会的行政性和经济性安排之间都需要有特别密切的组织联系。

但做到这一点并不容易。科学不仅在功能上不同于其他职业，而且就其本质而言，很难与其他职业相协调。在目前的条件下，管理者和企业家普遍对有关科学方面的问题茫然无知，而科学家对公共事务或企业的管理也同样无知。我们还必须面对下述两种危险之一：如果科学是由高效的管理者来管理，他们可能会以扭曲和扼杀科学的内在发展为代价，来确保既有的科学活动得到充分维护；如果是交给不适合从事行政管理且缺乏公信力的科学家来管理，那么就会使科学继续处于半饥饿和无组织的状态。这个问题并不是无法解决的，但要解决它，我们就需要——正如已经指出的那样——首先在民众中传播更广泛的科学知识，特别是要让行政人员和企业家懂点科学；其次，在科学家的教育中包括更广泛的公共事务知识。这样，才能成长出一批有效率的联络人员：懂行政的科学家和懂科学的管理人员。

二　专业化

实现这一目标的困难与现代科学典型的弊病——过度专业化——密切相关。专业化是在不知不觉中发展起来的，以至于人们对它的优点和缺点都存在着极大的困惑。如果不进行极其深入的研究，那么无论是从整个科学领域来说，还是从各学科领域来说，我们都不可能厘清这种专业化有多少可归因于各科学学科发展的内在需求，有多少可归因于科学组织的无政府状态。因为这
263 种无政府状态阻碍了学科之间的充分合作，无论如何都会迫使科学家个人将自己局限在一个非常狭窄的知识范围内，如果他想取得成功的话。这两个因素显然都在其中起着一定作用，但其中只有一个能够得到有效控制。只有依赖于社会组织的那部分专业化是可以消除的，而且这样做了的话，你就会发现，专业化的大部分

弊病消失了。

在科学上，专业化的程度绝非处处一样。某些学科，如化学，是建立在一套相对简单的概念和运算基础上的，它是其他许多分支学科的基础。在化学领域内，研究上可以有相当大的自由。那些伟大的化学家都以他们的贡献所涉范围之广而著称。因此，在化学中，专业化通常是有害的。或者说，一个化学专家在科学进展中至多处于一种有用但基本上是次要的辅助者的地位。当某些一般性研究碰巧需要他提供专业知识时，他可以方便地提供咨询服务。

另一方面，在生物学的许多分支中，所需要的与其说是一般性原理，不如说是对大量相关事实的具体知识和经验。因为那些一般性原理都是从本学科以外的领域引进的，在实践中用处不大，反倒是这些知识和经验需要通过某种程度上有限领域内的经验来获得。例如真菌学专家（"果蝇学家"更是如此），他们的工作之所以有成效和有价值，是因为他们是专家，了解大量具体的事实。而对于其他生物学家来说，了解这些具体的事实却是浪费时间。但从这些事实中我们可以得出新的生物学原理和新的过程，两者不论是对于生物学还是对于实际生活都很有价值。随着科学的进步，充分的理论传播可能会使这些专家的工作变得不必要，但与此同时，在新的领域和现有知识领域的扩展中，又可能会出现新的专业。问题不是如何取消专业化，而是如何充分利用各个时期内在要求的专业化。

专业化的控制

这个问题在很大程度上只是一个如何组织的问题。虽然在每一个科学研究所或教育性质的机构，非专业化的科学家都应该有自己的实验室，但我们不应认为专业性研究也应如此广泛地设立实验室。当今专业化的一个主要弊端是，在太多的大学或机构中，
264 每个专业只有一两位专家，这种孤立导致了人类知识的畸形发展，即各学科的专家对于越来越窄的领域的知识反而越来越多。如果认识到这一点，那么我们就不会让专家散落各处，而是将他们安排到大的科研中心的 10 到 20 人的机构里。在那里他们可以相互合作，同时也不会与其他科学家如此隔绝。没有必要让每个科学中心都拥有所有专业的研究所。在许多情况下，每个国家有一个就足够了。有些情况下，世界上只要有一两个中心也就够了。但如果这样做的话，那些没有专业研究所的中心可能会因此而遭受困难。对此的补救办法是为科学家提供远远超过目前规模的旅行和招待设施。这样一来，一个专家就可以平时在自己的研究所工作，在专业需要他的地方工作，有时则到其他中心去讲课和提供技术咨询。

虽然这些变革会有所帮助，但专业化的内在弊端仍需要有更彻底的处理。上述科学教育改革是一个步骤，它将比以往更清楚地揭示不同科学学科之间的联系。另一个步骤是科学出版物的合理化。专家的孤立在很大程度上是因为只有他才真正了解这门学科的文献。这不是因为这些文献特别令人费解，而是由于它们深藏于浩如烟海的文献中，而且没有足够的摘要或综述性的报告，因

此专业外的科学家可能要花上几个月的时间才能找到所需的答案。所以，人们需要专家就像需要一本活的百科全书，或者说这样一本百科全书里的一篇文章。应当认识到，这是对人的个性的极大伤害。专家的心态则放得更深一些。这种心态当然有其可贵的一面——意识到自己了解并能够掂量出有关某一特定知识点的分量，并敢说在这一问题上现在没有人比他更了解情况。但这种心态也有不利的一面——将知识局限于一个非常狭窄的领域，以至于别人不仅难以理解其含义，甚至都无法恰当地把握其内部结构。而且这种心态里还容易不自觉地掺和着这样一种诱惑，那就是对某一小部分知识实行垄断，不想将问题阐述得让别人容易理解，从而享受那种个人垄断知识的美妙感觉。这种心态是科学家的终极罪过。专家的这种心态与那些掌握魔法、宗教、法律和医学等深奥秘法的人士的心态几乎别无二致。在一个以追求个性和个人享受 265
为理想的社会里，这种心态是社会普遍存在的压力在科学家身上的反映。因此，很明显，在能够实现一个以人类合作为基础的一体化社会之前，我们永远不会真正消除专业化的这种弊病。

三　实验室组织

一般的科研组织问题可以简化为内部组织问题和外部组织问题。划分的界限是由所谓的科学研究的基本单位，即实验室或研究所决定的。其特征是有一批致力于解决一组相互关联的问题的工作者。第一个问题是实验室内部应该如何运作的问题，第二个问题是不同实验室的工作如何协调，以形成一个统一的科学研究结构的问题。第一个问题主要是为研究人员个人提供最佳的有效工作条件,第二个问题是科学研究的一般条件及其在为人类服务中的作用。这两个问题虽然可以方便地分开来,但决不能认为是相互独立的。一个实验室的内部效率在很大程度上取决于它与其他实验室,与国家和经济服务机构之间的协调程度。如果单个实验室的运行不能让每一位科学家的工作得到最充分和最自由的发展,那么无论多么周密的科研组织计划,都不会有丝毫的价值。

作为基本科研单位的实验室

试图对什么是科学研究的基本单位做出标准的定义是不可能的,而且也是荒谬的。目前,这类单位的范围非常广泛,从最小的个人实验室到拥有众多员工的大型实验室,例如拥有数百名员工的洛克菲勒医学院,不一而足。每一门学科都会有各自不同的要求。这些要求在很大程度上取决于具体工作的独立完成的程度,由它对实验室,对机械设备或野外实验的依赖程度而定。当然也有某些限定条件。它表明,一个单位拥有 5 名到 50 名不等的合格的技术工人,并且拥有同样数量,甚至 5 倍于此数量的技术助理,是比较自然的。这个限定条件大致由为在合理的时间段内方便地完成一项合作性工作而能够获得的人数确定。如果人数过少,就无法展开足够充分的有价值的内部讨论,因为这时每个人都非常
266 清楚其他人要说什么。同时,还存在非常大的与外界科学工作完全隔绝开来的危险。经常可以见到这样的情形,虽然大多数小实验室可能具有其独特的解决问题的方法,但却很容易在学术发展的大趋势上变得落后,他们总是将聪明才智浪费在那些已经由他

人解决了的问题上。

在另一极端的情形下，超大型机构被证明很难管理。在这种机构里，每个人对其他人在做什么只有一些非常模糊的印象。每当讨论问题时，虽然出席的人众多，但发言的只是少数人，大部分人则保持沉默。这些人并非反应迟钝，也未必智力低下，只是与研究所的一般性工作保持距离。为了消除这种情况，就有了将整个单位分成若干个小组的做法——这是这种单位规模过大的一个明显迹象。最后，大单位行政上的困难会成倍地增加。在苏联早期，由于他们对科学研究的独特性质还没有完全认识清楚，因此组建了拥有几百名员工的巨型研究所。但人们很快便在实践中发现，这样的研究所很难运作，效率很低。于是这些研究单位便被分解成较小的、更易于管理的单位。任何成功的实验室都想通过吸引有抱负的新生力量来实现增长，但这种增长不应无限扩张。到某一阶段，就应由该学科的早期人员中较有能力的骨干组成新的院所。他们能够将他们所传承的传统价值与自己感兴趣的科研发展方向结合起来，而这些感兴趣的科研项目若在原有单位实施将不可避免地会受到某种阻挠。如果不采取这种做法，那么不仅存在机构增长难以控制的危险，而且还存在在原创始人尚未去世或退休时该单位就已经显现出衰退的危险。这就指出了科学工作的一个最基本的特征——增长、分离和另立门户的必要性。科学的功能不是维持现状而是发展。除非我们允许科学发展，并且积极地帮助其发展，否则它将被自己的产物所扼杀。每一代科学家的人数都必然比上一代的更多，才能应对不断增长的事实积累和科研业务。

合作性机构

至关重要的是实验室的工作人员如何看待自己的实验室。在以个人科学研究为主的早期阶段，科学家在工作方面的自由仅仅受限于物质手段的缺乏。这种自由是早期科学得以迅速发展的最重要因素之一。现代科学的发展已经使这种个人单打独斗的做法在大多数情况下变得不仅效率低下，而且实际上是不可能的。在
267 积极的日常合作中，离开同行的帮助，个人将一事无成。但这种合作必须保持早期的那种自由的基本特征。必须让科学家们为了他们共同的目标而自愿地结合起来。正如我们已经指出的那样，由于经济上的考虑具有压倒一切的重要性，因此这种自愿结合在目前这种情况下已经屈指可数。对于大多数科学家来说，养家糊口必然比去做某种特定工作的愿望更重要。那些被认为是知识工厂的实验室，每年雇佣大量劳动力来做给他们指派的事情，而忽视了科学工作的本质特征。这样的实验室注定无法取得相对较为丰富的成果，而且往往是毫无成果(不幸的是，这种情况太多了)。[1]

作为培训中心的实验室

当然，实验室作为一个自愿结合而形成的集合体这一概念只有对经过充分训练的研究人员才完全适用。在某种程度上，每个实验室都是科学教育的最后阶段。指望所有学生在了解某个领域的范围和困难之前，就能够确切知道自己和其他人应该在该领域做什么，这显然是荒谬的，虽然那些聪明的研究生在通过更好的教育后比较容易拥有这种目标。对他们中的大多数人来说，实验室

是获得技术能力并寻找方向的地方。我们还必须考虑老员工，特别是那些在实验室创建之初就入职的员工的处境。对他们来说，实验室就像是这样一个地方——在这个早年间还不出名的地方，他们当年追求的理想现在正由许多人付诸实现。

实验室民主

尽管目前这些不同的方面还经常发生相互冲突，但这些冲突是可以避免的。实验室完全可以做到对年轻人而言是一所学校，同时对大多数人来说是一所学院或一个团体，而对年长者则是一个团队。我们需要对所有这些方面有一个较清醒的认识，并且不让某一个方面主宰所有其他方面。有些实验室，特别是在大学里，用于教学的时间过多从而妨碍了极为重要的研究工作；而在另一些实验室里，室主任的独断专行使其他工作人员沦为奴隶。解决这些困难的关键是在实验室的管理上将领导的个人才智与民主管理原则结合起来。到目前为止，官方对实验室工作的态度只强调了前一方面。实验室的管理，由于是围绕着教授及其助手发展而来的，而不是由自由研究人员自愿组成的，因此原则上一直是专制 268
性的，尽管开明的教授在实践中允许相当程度的内部自治。

处理实验室内部管理问题的一种方法，是根据经验来考虑从事实验室工作所必须履行的不同职能以及履行这些职能的人员所应具备的资格。下面所述的要求或多或少适用于物理学或生物科学的通用实验室。它需要修改后才可以涵盖农业、医学或应用科学领域的实验室。当然，在小实验室里，许多不同的职能都是由同一个人来完成的，但是每一项职能都是实验室一般活动的一个特定的和不同的部分。

实验室主任

首先，实验室工作得有一个大方向。通常认为，每个实验室都必须有一个负责全面工作的主任。在大多数情况下这是对的，但不应将这种安排作为一项必需的原则来接受。我们没有理由认为不可以成立一个实验室管理委员会，或者由委员会指派某个行政人员来履行室主任的职责，并任命一名秘书来处理那些行政上的具体事务。[2]正如在所有政治事务中一样，我们必须在面临个人武断或无能的风险与团队可能缺乏团结、步调不一致以至于整体上处处受阻的危险之间做出权衡。根据具体情况（特定的时间或地点）和个人的气质和能力来安排他的工作，我们总能找到一种合适的安排。在一个科学实验室里，如果某个人的指导思想明显具有领路的作用，那么他将会愿意被选为独立负责的领导。在其他情况下，实验室可以由一个团队来领导。团队通过协调将一系列想法结合成一套方案，而且只有通过密切合作才能有效地实现这些想法。

到目前为止，在绝大多数情况下，实验室主任的职能被认为是教授的职能与企业主管职能的结合。想想有多少有前途的重要科学家，他们的研究工作在日复一日的行政和教学事务中被逐渐消磨掉了，这让人不禁为之难过。[3]人们通常认为，事务缠身只不过是出不了成果的表面原因。事实上，到了一定年龄之后，许多人（如果不说是大多数人的话）的科研能力无论如何都会下降；只是由于他们积累的经验和声望，才使他们仍然成为实验室负责人的理想人选。毫无疑问,这种说法的第一层意思是有道理的,但第二层意思并非必然。一个失去创造力的科学家,尽管他可以成为一 269
个管理者,但他不可能真正有效地领导研究。他所能做到最好的就是允许研究在他的领导下进行,但更多的情形是,出于保守和个人嫉妒的动机,他只会阻挠而不是助力研究。真正的解决办法不在于把科研的领导权交给那些已经不再积极从事研究的人,而在于遵循这样一种组织原则:一个除非是科研本身的问题,应尽量将科研主管用在行政上的时间最小化。这样我们就可以让那些在科研上充满活力的人来当室主任。总的来说,研究主管应该比现在年轻得多,尽管总会有明显的例外。伟大的科学家往往具有超乎常人的活力,这使他们在年老时仍能保持乐观和进取精神。

室主任的真正职能应该限于决定实验室工作的总体方针,并挑选出愿意与之相适应并推动这项工作的年轻人。室主任可以同时兼任教师,也可以不兼任。这取决于他在专业方向上的真实能力和倾向程度,而不是一种任职条件。在任何情形下,都不应阻止他对其自身研究工作的全身心投入,不应像大学的研究部门经常做的那样。出于维持声望的需要,可能有必要聘请一位现在正成为或已经成为首席科学家的人来担任室主任。但在这种情况下,科研领导的实际职能应委托给其他人。除了科研能力外,室主任的其他主要资质应该是心理素质方面的。他不仅要有与人相处的能力,而且还要具备那种能让下属之间和睦相处的更为难得的能力。实验室有着与早期修道院同样的许多缺点。它存在着根深蒂固的内部争斗和相互嫉妒,员工同样存在着失去兴趣的危险(神职人员管这叫麻木不仁)。保持实验室的和谐和活力正是室主任的责任。他必须能够意识到什么时候必须离开员工让他们发挥主动，什么时候必须将他们聚在一起鼓鼓劲儿。所有这些都需要具备一种特殊的性格。这种性格可能会，但决非必然与高的科研能力联系在一起。

我们需要找到一些方法来解决杰出的研究工作者可能部分地或完全无法指导研究工作，甚至无法与同事相处的问题。在极端情况下，这意味着需要建立单独的个人实验室。但在大多数情况
270 下，只需在普通实验室中为那些喜欢独立工作或无法指导他人工作的具有高深造诣的科学家辟出一部分空间就足够了。到目前为止，人们都将指导科研看作一种声誉，这种状况已经对科研造成了很大的损害。如果可以明确指出，不指导研究的科学家的地位可以与指导研究的科学家的地位一样高甚至更高，那么这种困境就会消失，不适合当导师的人就不必占着位置，既妨碍别人的工作也影响自己的工作了。

行政管理者

每个实验室都应该有人负责整个行政事务和财务安排。这个任务仍然可能落在实验室主任的肩上。但只有在非常特殊的情况下，即在他爱管事而且有能力管事的情况下，他才应该充当这一角色。行政管理者的职能基本上是在财政和物质供应方面来照看实验室，以确保资金的提供和分配，并确保所有必要的非科研性质的服务。在一个拥有众多技术骨干和许多复杂的仪器，而且与工业企业和其他科研机构有着多种多样联系的现代化实验室里，这种管理工作是非常繁重的，对工作能力要求很高。管理者必须具备

业务经理的素质和许多其他品质。首先，他要处理的不是一些或多或少遵循固定程序的事务，而是那些总在变化，而且变化得很快的事物。他必须将研究工作中因纯科学的发展而带来的变革和方向具体化为可操作的任务。这需要具有比普通业务更高的灵活性。第二，他必须真正能够理解实验室在科研方面的工作，否则的话，在科研人员向管理人员解释他们的需求，或是管理人员向科研人员说明可能存在的物质供应上的困难时，将会产生巨大的浪费和摩擦。到目前为止，实验室行政主管职位的重要性还没有得到普遍认可。从事行政的人员往往是从科研岗位转岗而来，然后尽其所能地学习一些企业管理经验，或者反过来，先是一个纯粹干文秘工作的人接过担子，然后再尽可能地补学一些科研方面的业务知识。很明显，这个职位需要受过特殊训练的人才能胜任。通过训练一批既精通科学又懂得管理的人才，我们就可能比采用其他任何方法都更能提高科研工作的内在效率。

实验室代表

除了上述两种主要的工作人员外，近年来，在所有大型实验室，都出现了一批其他专门的工作人员，虽然他们不是以公认的方式产生的。首先，我们可以称之为实验室代表。协调实验室运行 271
的工作越来越需要有一个完善的管理机制。实验室必须与众多上级部门（高层机构、委员会等）打交道，也需要与同一领域的其他实验室开展非正式的业务联系。在许多情况下，出席所有这些委员会和董事会会议（通常还要加上同等数量的教育机构的会议）的任务使得室主任不得不从科研中分拨很多时间来应付，其牵扯的精力几乎比内部管理本身更甚。不过,这些工作的繁重性质有时也会迫使室主任将这部分工作交给其他人去做,于是就有了任命一名正式的或非正式的代表去参加许多这类性质的会议。由此就产生了一批专门将大部分时间花在这种协调工作上的人,我们可以称之为实验室代表。如果要想将研究室主任从大量的外部工作中解脱出来,就必然会增加这些代表的数量和重要性,尽管他们不必当然也不应该是同一个人。不同方面的实验室工作可能需要有不同的代表。代表的工作只是兼职工作;除此之外,他实际上只是科研机构行政管理人员中的一员。他的真正价值在于他也是本实验室的工作人员。在其他单位面前他能代表自己所在的实验室,并为维护本实验室的利益说话。对于这种情形,没有必要设立一个专门的职位,只需要认识到这种联络活动在科学发展中有着重要和必要的作用,而且应该授予某种名义上的头衔并在经济上给予适当的报酬即可。

筹集资金

有一项目前几乎完全由实验室主任担负,但完全可由实验室代表接过去的任务就是负责筹款。在现有条件下,这是一项最辛苦、最令人不快的业务,除了少数专业人士外,一般人很难做到令人满意。它使得一个优秀的科学家在其职业生涯中很难抽出时间从事其他事情的阶段浪费掉许多宝贵时间。他不仅要抽时间参加实际的谈判,出席为谈判所进行的社交活动,而且还要因为科研经费保障的不确定性而承受持续数年的心绪不宁。其实其中的大部分工作是可以通过科研经费的适当安排来避免的(见本书[边码]

第 310 页）。但即便如此，仍需要就经费在实验室内部各科室之间的分配进行协商。这方面的大部分工作最好不要让室主任来做，而是交由实验室代表或是行政人员去做。安排前者的原因是，一个没有实验室实际工作经验的人不可能为实验室当前和未来的需求提出有说服力的理由。

图书管理员 272

许多实验室长期配备的其他工作人员还包括图书管理员和样品保管员。然而，到目前为止，人们还没有意识到他们的作用有多重要，以及对他们的培养需求有多急迫。从前面关于科学内部交流问题的讨论中可以明显地看出，阻碍科学进步的主要因素之一是科学出版物本身的无序和过于庞杂。即使如下文所述，这种混乱可由某个专业性组织来纠正，但要持久地维护新建的信息交流系统，图书馆员的帮助仍将是必不可少的，而且这项任务不可能随着时间的推移而减轻。大多数实验室的图书管理员要么是兼职的研究人员，他们仅在业余时间负责图书馆的管理；要么是缺少科学方面训练的拿薪水的专职人员，他的职能主要是确保书刊不被盗，并负责定期购进实验室负担得起的新书刊。然而，要充分发挥图书馆的功能，还需要做更多的工作。应指派专人负责检索与实验室工作相关的所有当前的文献，并能够及时指明可以在何处找到这些文献资料。图书管理员还有一项任务，就是不时地从实验室的某个特定角度出发来起草有关实验室当前工作的报告。此外，实验室本身的工作也需要以有效的方式向外界公布，而且还需要有多年来的完整记录，因为一个奇怪但不可否认的事实是，科研工

作者极易丢失自己过去所做工作的积累。所有这些任务都有可能合理地落在图书馆员的肩上。因此，对图书馆员的选择，应当部分基于他对科学的广泛兴趣，而且这些兴趣要比实验室其他工作人员的兴趣大得多，部分是基于他是否偏好作系统性整理。

样品保管员

样品保管员的职位有些不同。这里涉及如何从对待科研物品的消极态度自然而然地转变为积极态度的观念转变问题。这方面的极端例子有：一家大博物馆的样品保管员拒绝将任何样品从箱子里拿出来供科学检查，理由是它们可能在日后某个时候对科学有用。然而，我们正逐渐意识到，收集来的样品本身如果仅供收藏是没有什么价值的。这些样品需要被不断地使用才能显示出其价值，不仅是单个物品用于检查，更重要的是通过对它们进行安排有可能提供某些重要信息。一方面，这些样品具有教育上的价
273 值——各地都在创建教学博物馆就体现了这种整体趋势。“过去，”一位受人尊敬的俄罗斯科学家曾对我说，“人们为学者建造博物馆，现在则是为儿童建造博物馆。”但受益于新博物馆的经济性和清晰性的不仅仅是儿童。我们已经认识到，同一种材料可以有许多完全不同的安排，每一种安排本身都会带来一些新的事实。而在做出这种安排之前，这些新的事实往往是不可预料的。因此，样品保管员的任务不仅在于保管这些样品，而且在于如何利用好这些样品。

机械师和仓库管理员

还有另外两种工作人员，他们在实验室组织架构中的地位总是低于他们应有的地位。这一个是总机械师，一个是仓库管理员。到目前为止，正如本书在其他地方所指出的，对于实验室的发展十分不幸的一件事是，日常生活中存在的那种阶层差异在实验室也存在。机械师和仓库管理员都是实验室里不带军衔的士官，因此他们对科学的贡献既没有得到充分承认，也没有得到充分利用。在每一个实验室里，人们对机械师的依赖程度是如此之大，以至于事实上他们普遍受到尊重和善待。但由于缺乏地位，他们通常不能得到与研究人员一样的平等待遇，也不能参与他们所有的讨论。科学工作者似乎并没有意识到他们因此而损失了多少。的确，一个有着丰富经验的机械师通常都积累了堪比教授的很多科学知识，而且远比大多数研究工作者的知识要多，但他不能充分利用这些知识。的确，他能比某个研究工作者更好地理解实验对仪器的需求，但他没有主动权。如果一个能干的机械师能够参与到实验室的日常工作中来，他通常能够在很早以前就对研究人员很久以后才会用到的那些仪器提出建议。能够证明这一点的是，人们偶尔会在实验室里遇到一些在机械方面受过训练或者在这方面具有特殊才能的研究人员。这种能力往往被证明不仅对于他们自己，而且对于他们所有的同事都具有不可估量的价值。我们需要做的是，首先，应当为所有的机械师和实验室辅助人员提供充分的科学发展机会，让其中有足够兴趣的人员在绝对平等的基础上参加实验室的所有学术讨论和活动。这些措施也同样适用于最后一类工

作人员——仓库管理员。他们通常负责实验室的所有材料的供应。如果仓库管理员能够更清楚地了解这些材料的用途，并因此能够提出建议改用替代品或添加别的物品的话，那肯定能够给科学事业带来益处。

274 实验室委员会

最后，我们来谈谈实验室最重要的管理机构——实验室委员会。许多实验室（不可能知道有多少）都存在这样的委员会。我们很容易看出它们的存在对实验室的整个生存和发展有什么意义。如果没有某种形式的委员会——它可能只是一个茶叙俱乐部或是某个讨论圈——实验室的工作往往就只是一些个体研究者的工作总和。每个人看似都可以与主任或一些要好的朋友讨论自己的课题，但本质上这些都属于私人工作，实验室只是由一些研究小组组合而成。有了委员会，研究成果就会得到有效地整合或成倍地增加。每个员工都将自己的工作和需要与他人的联系起来。他能从中得到建议和指示；一个员工能够计划他的工作以便帮助其他人，整个团队都被注入一种更大的、更富成效的活力。

在目前条件下，许多实验室都有一种巨大的个人挫败感。每个员工都感到自己没有得到应有的机会。在一个单独经营的实验室里，这种挫败感仍然是一件私事，在许多情况下驱使员工放弃斗争，重新回到平庸乏味的工作上来。但是，如果实验室是一个强有力的单位，那么挫折本身就可能成为一种动力。所有那些因组织内部缺乏完善机制而引起的挫折，可通过委员会以比私下里向室主任交涉的方式更公开和更令人满意的方式来消除。私下交涉虽然可以减轻一个人的思想负担，但却往往加重了另一个人的思想负担。至于其他问题，一旦将事情公开，人们就可以看出，在很多情况下，个人的挫败感与其说是源于个体处事的不公平，不如说是经济和社会原因给所有科学学科带来的一般性负担。这样，这种挫败感就变成了这样一种状态，要么你理解这是不可避免的从而坦然接受，要么通过共同的行动来予以抵制。但不管是哪一种情形，你在情绪上都已经失去了原来的挫败感，那些可都是些消极情绪。最重要的是，实验室的工作人员应该感到，而且应该有理由感到，他们正在共同参与一项由他们自己掌控的合作事业——只要它符合国家更广泛的总体规划，而不仅仅是雇员，或是被那些高到看不见真容的权力机构为满足他们的好奇心而慷慨允许进来干活的个人而已。

研究计划

如果一个实验室委员会要起到积极的作用，它就必须是一个真正负责任的机构，原则上（即使不是在具体细节上）能够确定实验室的工作进程。委员会的主要管理职能应该是每六个月或一年讨论一次研究计划。对于项目的资金，可能需要单独讨论，以便考 275
虑可以提出什么样的资金要求，以及获得的赠款如何能最好地分配给不同的研究人员。委员会的另一项职能可能是讨论实验室的工作与同一（或同源）领域中其他实验室的工作之间的适当关系。在所有这些情况下，委员会都将以立法机构的身份运作，实际的执行工作由室主任、行政管理者或实验室代表来负责。在剩下的时间里，委员会不必像这样来开会，尽管实际上它会以定期讨论会的形式来讨论有关实验室科研进展的问题。

组织的危险性

到目前为止，我只谈到了实验室委员会的好处，但这些好处自然也会带来相应的危险。这些危险已经并仍将被那些原则上反对任何委员会的人放大。这些人之所以持反对态度，既可能是出于对科学领导者原则的信仰，也可能出于对于这种过度民主化方法的不信任，或是出于对科学家管理事务的能力的怀疑。这里最主要的困难也是所有集体讨论都会面临的一个共同困难，即存在这样一种危险：不同想法之间的冲突因为个人之间的对立而加剧，从而严重阻碍了一切有用的举措，以至于由此造成的实际局面要比由室主任一个人说了算所带来的结果更糟糕。

我们不能否认这种情况有时会发生，但也应承认其后果容易补救。首先，科学家们实际上比其他任何人更容易就方针政策达成一致意见。他们对事实可能有不同的看法，甚至对如何理解这些事实分歧更大，但他们都一致认为，必须对所涉现象进行进一步审查以确定事实。实际上，这种讨论通常是在友好的气氛中进行的，并由此形成真正一致的决定。在这种情况下，没有人能够得到他想要的一切，但其中却充满了相互让步的精神。另外两种反对意见也可以很容易地消除。科学家之间在物质利益上的争斗实际上是由这样一个事实造成的，那就是僧多粥少，科研的物质条件从来没有真正充足过。如果科研上能够得到足够的资助，没有一个研究者会介意其他人获得资助，因为他知道这丝毫不会影响到他自己获得资助的可能性。至于科学家之间的争吵和实验室委员会分裂为敌对派系的可能性，这种事态的存在本身就证明了这个实验室不宜再是一个单位了，应当适时把它分成两个单位，各有各的领导，最好是分设在两个不同的地方。这样，每个单位至少在需要
进一步拆解之前是可以保持内部的和谐的。这只不过是强调了前 276
文已经说过的话，即科学研究的存在是与其不断扩张的可能性密切相关的。

即使设立实验室委员会的可行性是不言而喻的，也还是有人反对让这些委员会树立一种权威而不仅仅具有提供咨询的职能。这样就再次提出了是民主决策还是科学权威一人说了算的整体上的问题。我们坚持认为，科学工作之所以内部效率低下而且外部影响甚微，很大程度上正是由于实行这种专制原则的缘故。这在事实上就是将科学工作的全部控制权交到那些已不再接触科学活动中最有活力的部分的人手中，不管这些人过去的资历如何。只有一个民主的组织才能保证它充满活力。民主必须从底层做起，也就是从进行科研基本工作的实验室做起。在现有的科学家选拔机制和培养条件下，大多数科研工作者可能确实不适应甚至不希望实现科学工作的内部民主。但这不构成反对民主的理由，而是反对现行教育和选拔制度的理由。如果任其发展下去，那么我们可能永远别指望局面会改善，因为很明显，除非我们实行民主，否则我们将永远不可能有更好的人才选拔和培养制度。所有这些言论听起来简直与眼下流行的关于让仆从国人民享有自治权的议论如出一辙。但对科学家来说，反对自治则显得更为荒谬和自欺欺人。首先，他们并不比英国的普通公民更不适应自治，更不用说印度人了。其次，像科学机构这样一种脆弱而不断发展的组织，老人

统治所造成的损害要比任何形式的文官管理所造成的损害大得多。

发展的准备

科学任务的性质在不断变化。任何特定领域的实验室都不应看成是一个永久性机构。这个领域的研究可能会穷尽，新产生的方法可能会让现有的实验室无法适应，或者这个学科本身就可能失去它以前在科学史上所具有的重要性。同时，新学科、新领域、新方法也在不断发展，我们需要有新的机制来应对。因此，实验室就像是永不停歇的科学大军的临时营地。任何科研机构最值得警惕的一个弊端就是实验室和研究所的僵化。为了解决这一问题，我们应该对科学机构的成长和发展及其终结做出明确安排。

277 科学作为一种制度还远不够成熟。除非它继续成长，否则它将会衰亡。但成长的方式本身相当重要。任何一个研究所，如果其人员和设备的单纯增加超过一定的度，就可能构成一种障碍而不是助力。在任何长期确立的研究过程中出现的新思想都可能会受到传统的思维和实验模式的束缚。在科学上，与其他任何领域一样，机构存在时间长了都会有这种传统的痼疾，因此经常有必要破旧立新重新开始。对科学史的研究一再表明了这种方法是多么地富有成效。位于吉森(Gissen)的李比希大实验室本身原是巴黎杜马化学实验室的一个分支，但在后来的几年里，其规模大大超过了杜马化学实验室。设立新实验室还有一个附带的好处是，新机构能够非常方便地避开个人之间的竞争和妒忌。这些竞争和妒忌经常会破坏科学研究的整个进程，使所有人而不仅仅是当事人感

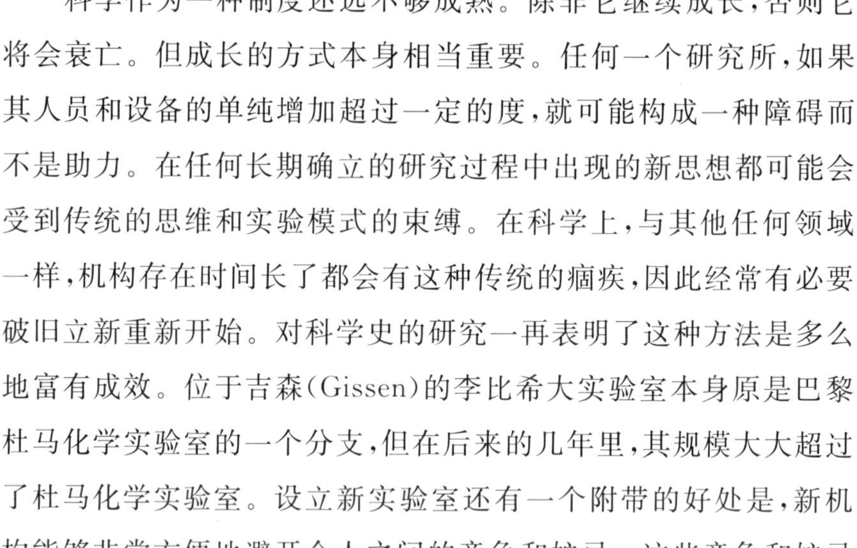

到实验室的工作不可忍耐。

研究工作的主动性

目前还没有人制订出任何指导科学工作划分的一般原则，而且这种原则制订得是否合宜还可能过分依赖于特定的学科和个人的考虑。在理想的情况下，这个问题最好是让个人自主决定，也就是说，允许科学家拥有像探矿者目前拥有的那种自由。任何人只要对设立实验室的工作计划有足够清楚的认识，并能找到合适的和愿意和他一起干的助手，就应当允许并鼓励他们建立他们自己的实验室。这个实验室与其他实验室的关系将是一个行政上和学术上如何合作的问题。但在任何情况下，这个组织的设立都应该有助于科学的自主发展，而不是扭曲成一种固定的模式。然而，在某些情况下，如果由于疏忽或其他领域的发展造成某些学科分支的发展被忽视，那么就需要自上而下地主动采取行动，积极鼓励人们开展这方面的研究。在这种情况下，找到合适的人选应该是可能的。

组织与自由

我们可以沿着这些思路来寻求实现组织与个人自由和主动性之间的最有效结合。当今的许多科学家因为害怕个人自由受到限制而坚决反对组织。但是如果我们能够做到既有民主化的组织又能使个人的研究权利得到保障，那么这些恐惧将是毫无根据的。
做到这一点的首要条件是，任何来自科学界内部或外部的研究需 278
求都不仅应该被允许，而且应该得到帮助。虽然这似乎可能会导致时间和金钱的巨大浪费，但这种浪费只会是表观的，因为只要能用这种方式取得一两项真正富有成效的进步，就足以弥补其他十几项没有成果的工作的损失。这种个人主义显然不能等同于无政府主义；它必须符合总体上有序的计划。事实上，最终的解决办法很可能就是采取一种科学上的封建制度。在这种制度下，每一个研究人员都需要花一定的时间去完成上级科研部门为他选定的领域内的工作，其余时间——即使不是大部分时间，至少也是与前述时间基本等同的时间——则可以花在自己感兴趣的问题上，并得到充分的物质上和技术上的援助。当然，这种时间和精力分配的比例因人而异，也因学科而异。有些人可能会选择就当一名按点上下班的普通员工，而另一些人则更愿意采取弹性工作时间。有些科学家在科研上能力超强，但在社交上完全缺乏能力，爱争吵，不合群或孤立无助，我们需要为他们找到安身之所。科学组织应当为他们提供一种庇护权；应当允许他们自己安排工作，选择他们愿意工作的地方，或者让他们不定期地从一个实验室转移到另一个实验室。在正规组织之外，不仅应当为这些流动的学者提供发挥才干的机会，而且还应当为那些不愿意亲自为科学做出贡献，但乐意通过交谈、讨论和批评来激发他人的科学热情的人提供机会。必须不惜一切代价来防止将科学活动变成一种等级森严的正统体制。科学家必须能够而且愿意为自己的学术观点辩护，同时我们不应排斥而应鼓励各种各样的批评，无论这些批评意见看起来有多么不公平或不合理。

四　科研的总体组织

仅仅是实验室和研究所内部的重组没有太大的价值。我们需要的是通过组织让它们之间建立起广泛的相互联系。这两者之间是相互关联的，因为一个孤立的实验室，无论运行得多么平稳，都既不能对科学本身的发展，也不能对科学的应用做出充分的贡献，除非将它与某个总体方案联系起来。现有的科学组织具有本章所描述的那种极端复杂性，混乱，并且缺乏交流，它对科学进步起到的更多的是一种阻滞作用，而不是推动作用。但从中我们可以看到某些真正有用的组织类型。科学是一种不断成长和发展的社会活动；因此，科学的组织形式不能以任何固定的方式来对待，而应具有灵活性和适应性。然而，这种灵活性并不排除一个组织的基
本结构或框架保持长期的稳定性。就是说，这种组织结构或框架 279
可以在比计划实施所需时间更长的时间内保持基本不变。

科研的横向和纵向划分

科学组织的一般原则直接源于其解释世界和改变世界的功能。作为一个知识体系，它有物理学、化学、生物学等不同分支及它们下面更精细的分支，它们之间有着明确的复杂关系。这就是所谓的科学活动的横向分类。但是，科学可以用完全不同的方式来理解。它既可以被看作信息和活动的循环，也可以被看作从理论科学家到实验科学家，再通过技术人员转化为生产和新的人类活动的思想传递。反过来，社会生活和技术生产中遇到的困难也

会向科学提出问题，这又会刺激实验和理论科学家去作出新的发现。这种双向的过程在整个科学史上一直在进行着。现在的情况是，我们才刚刚开始意识到这一点，并且可以用一种更为自觉的思考所形成的方案来取代原先的那种为适应这种双向流动而采取的笨拙和随意的科学结构。这种方案可以被称为科学组织的纵向结构。苏联在某种程度上已经这样做了。事实上，这一思想本身直接来源于马克思主义思想。它是如此明显和正确，以至于困难不在于为其辩护，而在于解释为什么人们以前从未看出这一点。

大学的地位

科学组织除了这两个主要方面外，还有第三个方面，而且这第三个方面以前在科学组织的形式上几乎占据着主要地位，这就是科学家的教授职能。这一点前面已经讨论过了，这里只是提一下，目的是要表明，在规划任何科学重组计划时，始终都需要考虑到这一点。然而，在这样一个计划下，它的作用已经不再像过去那样重要了。上个世纪的大学以一种社会认可的方式养活着从事研究的科学家，并为他们提供了工作的途径。对科学家们来说，大学就像早年间的皇家宫廷，支持他们的理由并非出于其主要职能。既然我们充分认识到科学研究对于技术发展和社会发展的重要性，承认其本身就是一种职业，那么大学就应该在很大程度上恢复其基本的教学职能，尽管我们有充分的理由鼓励那些自治的研究机构与大学保持紧密联系。

科学的复杂性

我们可以将科学看作这样一种活动，它具有广泛的实践基础，

并通过发现和理论深入到未知领域。基础与前沿之间的交流环节 280
的长短根据各学科发展程度的不同而不同。新的学科，像生态学和社会心理学，是直接从实践中产生的，并在一段时间内直接与实践相联系。另一方面，那些古老的学科，如天文学或化学，已经积累了几个世纪的自主传统；它们有许多独立于技术理论和技术实践的分支。这些学科在很大程度上是根据其自身的内在需要发展起来的，其发展仅受限于可获得的人才储备和资金供应。

相互联系的模式

因此，我们无法为整个科学提出一个统一的方案，而只能给出一种复杂的网络系统，其中既要考虑到各学科的性质又要兼顾其发展历史。下文给出的各学科之间关系图（图 1）可以更清楚地显示出这些联系。但是由于仅限于二维表示，因此它仍然是一种非常不完美的表示。这个图不应被视为一个经过充分考虑的计划，这样的计划需要整个专家委员会来编制，而应被看作我们可能需要的那种组织架构的简图。它基于上文所讨论的纵向和横向划分的概念。这些划分不是绝对的，但它们为科学的合理组织提供了一种方便的基础。我们大致可以将科学理论与实践的关系分为三个层次，每个层次需要采取不同类型的组织。为方便起见，我们将这三种类型的组织分别称为科学院、研究所和技术实验室。第一部分主要涉及所谓的纯科学研究，但更准确地说，应该称之为复杂科学研究；最后一部分则只涉及实际问题研究，它与第一部分之间通过研究所相联系。研究所的职能是将理论转化为实践。

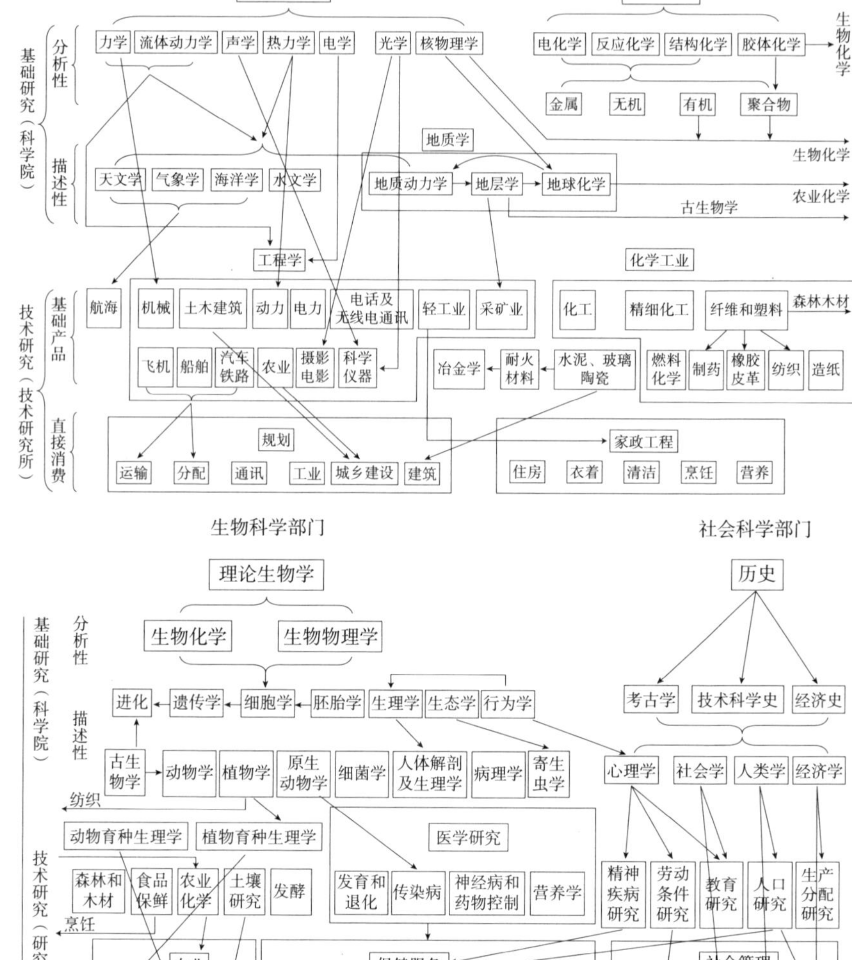

图 1　科学组织

本图概括地列出了科学和工业研究的组织方案。本图紧跟文中的叙述，只是无法显示第三层次的科学研究所，包括工厂的实验室和野外试验站。这一层次的研究单位太多了，无法包含在这样的综合图表中。这个研究层次还可以进一步细分。我们的目的是将基础性研究放在顶层，将科研成果在各领域的系统应用置于下层。因此，在基础研究中，我们又细分为分析性层面和描述性层面。前者指的是对物质行为的一般性研究，后者指的是那些与世界表观形态有关的科学研究。第二层次的技术研究也同样分为两个方面：生产技术的研究和最终消费的研究。前者与工业和商品的生产过程有关，后者主要与消费、生活条件和农业实践有关。这些区分并不是绝对的，在许多情况下甚至不符合逻辑，但由于二维表示的困难而只能如此。不同层次的研究之间，即基础研究和应用研究之间的最重要的联系用箭头表示。当然，这些并不是指行政上的联系，而是在相关的学术交流和技术实验室里，工作人员之间自然会保持的密切关系。图 1 中列出的物理科学部门的研究工作之间的联系较其他部门更详细，而社会科学部门列出的最少，这与这些部门现有的发展状况大致一致。如果要给出一幅更全面的学科间关系图，那么一些新的生物学科和生理学科的划分将显示得更为清晰。

一般来说，应当给出一些小标题，但表示空间为篇幅所限，因此本图可能会造成一定的晦涩。读者应当根据研究课题的学科属性来理解。例如，“营养学”出现在两个地方：医学研究和家政工程。在第一个地方，它主要是指与健康和疾病调理有关的营养理论研究，在第二个地方，它是指家庭的食品供应、销售和食品保鲜等方面的研究。“动物学”和“植物学”并不代表教学上这些名称所指的学科划分，而是在较窄的描述性和系统性研究的意义上来使用这两个学术名词的。它们的第一个含义被生物化学和生物物理学所取代。最下面一行的 5 个部门之间的相互联系要比图中指出的更为密切，“社会管理”和“规划”由于它们之间的联系而出现在图表的两端，因此应该被视为一个单元。

五　科学院

科学院可以代表现有的两类机构的自然发展：一类是像英国皇家学会、化学学会等老的科学学会，另一类是像枢密院科学委员会、国家研究委员会，或法国科学研究委员会等一般性政府咨询机构。然而，科学院的职能要比这些机构的职能广泛得多。它相当

于将科学发展的总参谋部的职能与在其直接领导下的积极从事基础研究的职能结合起来。这个定位原本是皇家学会创始人的意
281 图，只是当时的范围要小得多。但在后来的年代里，这些机构基本失去了这些功能，变得纯粹是一种荣誉性机构，其唯一的集体活动就是学术出版。它们成了科学的守护者和档案管理员，而不是科学研究的领导者。在每个地区，新的科学院将由一组相互协调的研究所组成，科学院院士则通常都是这些研究所的所长，尽管可能有些院士更倾向于采取单干的研究方式。他们要么独自工作，要么作为研究所的普通成员工作。

科学院与大学的关系必须仔细考虑。目前，做基础研究的研究所基本上都处在大学的控制之下，但这并不总是有助于它们最有效地运行或快速发展。如何保持与大学的联系，我们可以想一些办法。比如让研究所的所长兼职大学的教授，当然所长的主要职责是向提供经费的科学院院务委员会负责。目前，科学院的各部门将沿用已有的学科建制，尽管这需要定期调整。特别是基础理论性质的研究，建立任何实际的研究所既不必要，也不可取。最好是将做理论研究的学者分散到各处的研究中心。但在其他情况下，建立一个像现在的国家物理实验室这样的中央级基础研究所可能是值得的，但其研究范围要广得多，而技术性研究和日常事务也要少得多。

职能

科学院将负责进行较为基础的科学研究，同时又是整个科学发展的总的领导机构。当然它的后一种职能不是行政性质或权威性质的，而是相当于政府的立法和咨询职能。因此，它的组成成员

中必须有科学界侧重技术和实践方面的代表，特别是工程学界和医学界的代表。科学院还必须负责各学科领域的档案管理，并在一定程度上负责现有的出版工作，代表官方处理与科学有关的国际交流也是其主要职责。这些职能的行使需要有相当大的组织，但在我们目前还远远没有实现这些建议的情况下，对这些建议进行任何具体的讨论，无疑是浪费时间。从图 1 中也可以看出科学院各分支机构的总体布局。目前它仍将沿袭现有的部门划分，但有一点是明确的，那就是逐步朝着将不同的科学分支结合成一个统一的整体（如交叉连接所示）的方向演进。

职能的保障 282

然而，我们要面对的主要问题是，这样的机构是否有能力指导科学。到目前为止，现有的科学院虽然拥有很高的学术威望，但普遍表现得极为胆小，而且缺乏主动性。当然，这在很大程度上反映了科学家在政治上和社会上的劣势地位。遥想当年可不是这个样子，在 17 世纪的英国或大革命中的法国和俄国——科学院可是非常有作为、有生气的一个机构。另一方面，要有竞价优势还需要有过硬的品质。这样一个机构要想发挥作用，就需要有更高比例的年轻人和在实际事务中有丰富经验的人。[4]

当科学出现全新局面或是处于迅速发展的时候，年轻人和从其他领域吸引来的那些人显然更容易获得较高的职位。一旦这种局面得到确立，就必须做出一些具体规定，使他们具有充分的代表性。最好是在科学院为每个年龄段保留一定比例的院士名额，这样 20 到 30 岁的真正富有想象力的科学家能够在锋芒变钝之前发挥他们的干劲。这个办法的难点在于,如果这些院士一经选入就终身享有,那么院士的体量必将变得极其庞大。将科学院的组织和指导职能与其成员从事个人研究的职能分开,甚至与所谓的荣誉职能分开,这也许是有道理的。目前,可能有三分之二的科学院院士除了继续从事自己的研究工作外,什么都不想做。他们认为加入科学院更多的是一种荣誉,或是对他们服务于科学的成就的认可,而不是一种指导科学全面发展的责任。我们希望,当科学和社会更加融合的时候,这样的人的比例会下降,但这种人会一直存在。对此我们不妨考虑设立一个独立的学会或在科学院下设一个机构,使得加入这个组织纯粹是一种荣誉,不涉及任何责任。同时向他们保证,他们的所有科研工作都将得到最充分的支持。通过这样一种方式,迄今困扰官方机构的那种迟钝和缺乏主动性的局面——目前这种状态几乎已成为一种自然规律——就可以转变为促进科学进步和社会福利的积极动力。

选举方式

无论科学院的确切职能是什么,其职能在很大程度上都取决于科学院院士的能力,这使得对院士的任命变得更加重要。到目前为止,院士资格要么是由现有院士共同推荐(在皇家学会的情形
283 下,则是由内部委员会共同推荐),要么是由政府任命,就像旧的法国皇家科学院一样,但通常也是根据院士的提名。这两种方法都保证了传统的延续性并要求有一定的成就这一标准,但同时也过于强调年龄和出身的正统性。只要科学在国民生活中所扮演的角色相对来说还不是那么重要,那么这种选人方式就足够好。科学

院变成了一个俱乐部，如果有人不喜欢它，或者不能加入其中，他们完全有权建立一个竞争性的组织。在一定程度上，那些专业的科学学会和英国科学促进协会就是利用这种自由而建立起来的。但在英国，尽管皇家学会偶尔会有一段时间处于麻木不仁的状态，但它一直被视为英国自然科学的代表机构。

现在，科学已经成为一种在社会和经济生活中具有直接影响的力量，这种狭隘的选举方法就不能再被接受了。院士除了学问和声誉外，还需要有行动力和远见卓识。最简单的选择就是采取由全体有资格的科学家直接选举这种民主方法。由他们选出终身院士或具有一定任期的院士。可能会有人反对，认为这样会将拉选票和拉帮结伙的丑恶做法引入科学界。这种情况也许会发生，但其影响不可能比当今科学界盛行的阿谀作风更糟糕。一种更有威胁的反对意见是，大部分科学家对投票选举这种做法既没有能力也没有兴趣。对于这一困难，我们可以通过将科学院院士名额按学科划分到几个学部来处理，而且这将有助于维持现有的划分。另一种做法是，将科学院院士名额按比例划分到不同的年龄组，各年龄组由人数相对固定的候选人和选民组成。还有一种做法是皮里(Pirie)博士提出的互选办法。这种办法既具有民主选举的优势又能够保证当选者具有高的学术能力。按照这种办法，科学院院士的选举将不再由全体科学家来投票，而是由大约两千名选举人组成的选举人团来选出。这些选举人是由院士们根据其一般科学能力推选出来的。因此，科学院将代表当今一批积极负责的科学家。这样一些选举办法，加上工作年限的规定，再加上将荣誉头衔与职能分开，应该能使科学院成为一个具有执掌科学研究工作大

政方针的领导机构。

六 技术-科学研究所

技术-科学研究所的概念是一个比较新的概念，在英国还处于
284 很初级的阶段，尽管多年来这类研究所已在欧美的科学实践中发挥着重要作用。它们有多种起源：一部分源自大学的各个系和技术院校，一部分源自政府的科研部门，还有一部分源自大型工业企业的研究实验室。虽然所有这些研究所都是分开存在的，但人们已经看到，在以科学院和大学为代表的基础科学与以工业界和政府部门为代表的应用科学之间，建立某种中间联络机构具有特殊的优势。在这方面，位于达勒姆(Dahlem)的凯撒·威廉研究所一直是世界其他地方的典范。这主要是因为它们标志着人们已取得这样一种认识：有必要明智地和有组织地将科学应用于整个工业领域而不是某个公司。在英国，相应的机构是被称为国家物理实验室的研究所。它也有类似的职能，尽管到目前为止其内部的主动性要差得多。

科学与产业的双向交流

科学研究所的职能之一是作为基础科学与其应用之间的双向交流渠道。工业、农业、医药等方面提出的问题首先提交到它们那儿。这些问题直接表现为如何制造某种产品或如何避免某种缺陷或疾病。研究所的工作要么是通过应用已知的科学原理来解决这些问题，要么是将它们简化成一种包含基础性问题的形式，然后提

交给科学院去处理。与此相反的过程也属于它们的工作范围。它们的任务是:探索如何将基础科学进展中得到的成果变成实际应用的可能性,并将这种可能性发展成产品雏形,以便转交给工业实验室、野外试验站或医疗中心去做进一步开发。

研究所和新产品

到目前为止,除苏联外,技术研究所的这种积极作用一直受到阻碍,因为产品开发的实际启动——这可能会带来利润——一直是工业企业的特权。一个独立的技术研究所开发出新的生产方法后,要么是自己投入生产,或是取得专利;要么是将新工艺的操作规范移交给一家或多家企业,这实际上相当于成为这些企业的研究实验室的一部分。我们已经讨论过,在英国,科学与工业研究部在很大程度上就是在履行后一种职能。但正是因为这个原因,它们无法承担技术研究所更广泛的职能。技术研究所的价值在很大程度上取决于它与工业界保持密切联系的程度,以及在多大程度 285
上能够维持高标准的科学研究水平。它应当能够从理性的角度来审视整个行业,不仅要考虑生产过程的改进,而且要从整个行业的角度来考虑是否有必要设立某道工序。在这一点上,要使这样一个机构的职能能够与一个竞争性工业体系相协调是极其困难的,因为任何旨在改变产业结构的建议都将意味着在一些企业与其他企业之间的利润转移,因此在实践中不能不受到阻碍。

人员

技术研究所的人员配备应当对等地从科学界和工业界中抽调

过来，并有相当大的流动性和交流机会。这些研究所能否发挥全部的积极作用将取决于它们抓住和发展新思想的能力。而这些新思想通常来自于本行业范围之外的领域。研究所的设立应当有助于打破目前的这种研究学术的科学家与从事应用的工程师之间存在的隔阂，促进双方交流，这对双方都有利。这些机构的可能的安排如前面图1所示。任何具体安排的价值只有在实践中才能看出来，而且应当进一步强调的是，任何这样的安排必须极具灵活性，允许将现有机构进行拆分以便组建全新的机构，并且允许将那些已经过时了的研究机构予以关停并转。研究所的总体安排将分为四个部门：物理学、化学、生物科学和社会科学。

物理学部门和化学部门

在物理学和化学领域，我们应当有两种类型的研究所。这两种类型可分别称为方法型和系统型，或者更简单地称之为关于生产方法的研究所和关于材料研究的研究所。第一种类型的研究所将涵盖所有以利用不同材料来实现工程目标的工程类型。第二种类型研究所的业务主要包含对材料本身的研究；对材料来源的研究（这将涉及采矿业和为工业提供原料的农业部门），以及对材料的生产加工及其产品的用途等方面的研究。到目前为止，对这个问题的处理方法完全是临时性的：每个问题都是在它出现时被处理，而对整个行业进行调查，试图把问题放在一个合理的基础上来考察，却很少有人去做。毫无疑问，如果进行这种分析性的调查，并将其研究结果应用到整个行业，那么必将导致一场新的工业革命，社会效益将得到大大提高。

生物科学部门 286

生物科学部门，不论是其农业方面还是医疗方面，也都将从这种合理化建构中获益。事实上，由于这个部门目前的组织状况特别混乱，因此其可支配的大部分资金（尽管规模较小）被浪费掉了。所以如果实施改革，它的获益将更大。除了对现有的农业和医学研究进行推广和合理化改革之外，我们还需要建立一整套新的研究所，来处理迄今为止被工业研究所忽视的方面，即直接消费方面的研究。我们可以将这一切都放在一个家政工程研究所来进行。这个研究所将致力于营养和烹饪、服装和家具、住房和家务劳动等方面的科学研究。所有这些研究不是从消费品有利可图的销售的角度来考虑，而是从设计一种健康的生活方式的角度来考虑问题。这种健康的生活方式同时也摆脱了我们目前的这种半传统、半科学的家政组织上的浪费和低效状态。

社会科学研究所与规划

社会科学研究所将开辟一个全新的领域。它们实际上要研究的是整个规划的问题。其目标是如何促进人类社会的发展，使人们共享普遍的福利，以及物质和文化迅速、和谐的发展所带来的成果。城乡规划、工业布局、人口的控制和分布、劳动条件的改善和教育的普及等所有问题都在它的研究范围之内（见本书［边码］第378页）。当然，这些研究所仍将是既没有立法职能也没有行政职能的研究机构。中央或地方政府会征求他们的意见，然后根据政治或经济的具体情况来选择执行或不执行。但人们希望，随着时间的推移，这些建议会变得越来越容易接受，使得研究所实际成为一个提出具有科学性规划的机构。应该特别注意“科学性”这个限定条件，因为这里没有建议用科学来取代社会发展中大众选择的地位。这样一种社会机构所能做的，只是指出能够最有效地实现某些目的的手段。它只是为社会组织的众多可选方案提供一个基础，最终的选择仍由民众去决定。

七　工业实验室和野外试验站

科学组织链中的最后一个环节由工业实验室和实验工厂、野外试验站和医疗中心等机构组成。科学与生产生活之间将在这里
287 实现有效衔接。在一定程度上，目前已经有这样的实验室，只是其工作范围过于狭窄，实际上只是从事一些常规测试性工作。它们应该成为总体科学规划的重要组成部分，因为正是通过与实践的关系，科学才能够为人类社会做出贡献。如果这样的实验室里充满了这样的工作者，他们热切希望注意到每一个意外事件，并希望将每一项新的科学进展转化为有用的应用，那么这种状况将对科学和生产都有好处。在某种程度上，这可以通过比目前更频繁的人员流动来实现。所有的科学家都应当有机会在这样的实验室里工作一段时间，而工业和农业方面的研究人员则需要花更多的时间去大学和高级研究所进修。

实验工厂

但我们需要做的远比这要多。到目前为止，科学在很大程度上一直是工业生产过程的附加项。科学必须成为工业生产不可分割的一部分，而这种关系只有在它具有更积极的作用时才有可能。应用科学的主要困难之一是如何将小型实验室得到的经验转化为大工业可用的经验。这需要经过一些中间试验研究。在一些大型工业的实验室里已经出现这样的中试研究，它们是以实验工厂的形式出现的。在那里，新研制的工艺以半技术规模的工业过程来进行，并由受过科学训练的人员负责。我们需要大力发展和推广这种中间试验模式。在正常的生产过程中，由于经济因素的限制，无法对现有工艺做临时性变动，而高效的新工艺往往就是由工艺本身的不经济发展而来的。必须找出一些克服困难的方法。迄今为止这一变革大多是利用经济周期的波动来实现的，速度非常缓慢，而且效果不佳。在经济繁荣时期，企业可以负担得起试验，而且在不断兴旺的市场上试验新方法获得成功的机会大得多。另一方面，在经济萧条时期，企业力求削减成本和节省劳力。其结果当然是，一旦新方法真正获得成功，就会立即引发工艺改革热潮，导致过度扩张和旧方法的灾难性淘汰。所有这些做法都可以通过合理运用实验工厂来避免。在这些工厂的运行中，虽然经济成本和回报不作为一个限制因素，但人们依然会谨慎行事，因为经济效益毕竟是用来衡量新工艺成功与否的一个尺度。通过这种方式，企业可以平稳渡过工艺开发的早期不经济的阶段，从而得到经济上和技术上都适宜的新的生产工艺。这样便可以避免现有工艺的过快淘汰，因为当一种工艺还处在技术开发的快速更新时就急着投
入商用，只会造成对现行投入的极大浪费。而有了实验工厂的中 288
试阶段，这段不确定的时期就可以在实验工厂中度过。

野外试验站

在农业方面，实验工厂的功能将由田间的试验站来替代。一个分布在全国各地的、与高等农业院校紧密联系的田间试验站网络，将起到同样的研究和试验双重功能。在许多国家里确实存在这种网络，尽管是以一种很边缘化的方式。但从服务于缜密规划的和平衡的农业计划的角度看，这些网络都缺乏协调。更重要的是，它们缺乏执行的职能，不能使其工作成果立即转化为可操作的农业实践。此外，我们还应当认识到，科学需要向农业实践和传统中学习的东西与它教给农业的东西一样多。到目前为止，由于用于农业科学研究的资源很少，因此这种学习还是零星的。但通过设在各地的野外试验站网络，我们就可以系统收集、整理这些知识，将一个国家的实践与另一个国家的实践进行比较，从中发现成功的科学实践。

在医学领域，主要研究单位是医院和保健中心的实验室。它们通过实际接触来消除实验室、诊所和普通开业医生的经验之间的误解。这些实验室的作用之一显然是收集可靠的和重要的生理医学统计数据。经过更高层次的医学研究所对这些数据进行分析后，这些资料便可以作为真正充分了解公众健康知识的基础。新的药物和治疗方法也可以通过它们来进行测试，这比目前采用的那种随意的方法更快速也更安全。然而，这种方法与目前所用方法的主要区别在于，它们需要有能力来确保经过检验的方法能够在实践中得到有效运用。这种应用不仅应体现在制药和治疗问题上，而且应体现在提供有利于健康的生活条件方面。应当一劳永逸地切断那些无效的或危险的专利药品和食品对健康的破坏作用（参见本书[边码]第 154 页）。当然，在这里我们不可能详细讨论这些实验室的功能，因为它们有赖于全面重组医疗实践，使其为大众健康和福祉服务，而不仅仅是治病。

应用研究的特点

当然，我们有必要认识到，技术和基础科学的发展仍然包含着很大的偶然因素。由于这种偶然因素，过去那种对研究的态度，即按成果付费的态度，在科学上是特别有害的。研究的回报并不是说花在某项研究上的每一分钱都会带来相应的回报，而是指花在
各种不同研究上的总金额会带来真正的经济发展，虽然其中大部 289
分的研究可能都是徒劳无功的。

对废弃物的控制

目前，设备过时被废弃被认为是应用科学带来的祸害。只有在经济快速发展的国家，如本世纪初的美国，才会以最粗陋和最混乱的方式来处理这些设备的废弃。摆在我们面前的选择有两种：要么是放慢整个工业进步和科学技术应用的步伐，要么是按照本文所建议的一些思路来合理地应对这个问题。前者不仅意味着将失去科学能够给社会带来的好处，而且还意味着必然扼杀科学本身的进步。因为限制了科学成果的应用，我们就不仅切断了科学研究的资金来源，而且也切断了与工业进步密切相关的新思想的来源。只有建立起一个完整合理的科学组织结构，将最抽象的科学到最具体的应用全都囊括进来统一考虑，我们才能保证科学与

生产的同步和谐发展。

八　资本主义制度下的科学应用

然而，在垄断资本主义的条件下，如果认为很容易合理地将科学应用于工业，那显然是荒谬的。目前阻碍科学应用的因素(已在第六章中讨论)很少能通过工业主管的明智行动加以消除，而且在任何情况下采取这种行动的可能性都不大。行业间和国际间的竞争和垄断性限制带来的优势不是轻易可以消除的。对于出现的新发明，在看不出有竞争风险的情况下，人们会因为更新改造费钱费事而不愿意自觉采纳。而一旦出现竞争性风险，又会仓促上马革新项目，这无疑将加剧技术变革原本就具有的不规律性。然而，斯坦普勋爵却提出了一种非常有说服力的反驳意见。他认为科学应用的主要困难是内在的，与经济体制的类型无关。他在《社会调整的科学》一书中坚持认为，技术创新通常必须受限于受影响行业的劳动人口的再生速度，否则将导致严重的失业和资本损失。在人口静止不变或下降的情况下，这意味着科学应用的速度将显著放缓，而不是按照人类需要和科学能够提供的潜力而出现巨大增长。

社会主义与科学进步的条件

290　这个论证的逻辑性很强，但前提条件需要检验。斯坦普勋爵自己也认为，只有通过这样四个因素——它们过去存在过，但现在已不复存在——的作用，才能使科学应用的增长速度加快。这四个因素是：(1)需求弹性；(2)新事物的迅速引进；(3)人口增长；(4)

向海外出口。这里只有第二个因素有赖于科学和工业的关系(这一点无论怎么看似乎都有点矛盾)。但几乎可以肯定的是,通过我们在前面描述的组织类型,是可以满足第二个条件的。例如,通过缩短现有应用过程的周期,我们有可能以这样一种速度来使资本增值并生产出节省劳力的设备,在这种速度下,一方面的损失可以通过另一方面的收益而得到弥补。但我们同意,在资本主义条件下,这一因素本身不足以促使工业的迅速变革,因为总利润几乎不会因此而得到大幅增长。起决定性作用的将是斯坦普勋爵提出的其他三个条件的变化。现在,没有人否认,在资本主义制度下,人口处于静态或在下降,需求弹性很小,因为大多数人根本没有钱花,而且海外贸易也正在迅速萎缩。事实上,正如斯坦普勋爵在别处不遗余力地指出的那样,在富足中所有关于贫困的讨论都是无稽之谈,因为在目前的制度框架内,所有可能产生的东西都在生产。只有改变体制,把生产转为公用而不是谋取私利,才能满足他所提出的条件,使科学应用迅速增长,同时又不会出现失业和经济不稳定的复杂情况。一旦建立了社会主义国家联盟,有效需求就会立即上升,首先是对生产者的需求,其次是对消费品的需求,而绝大多数非工业国家的经济落后和极度贫困,将会对各种产品,特别是农业机械,提出旺盛的需求。这种需求将远远超过19世纪的商业时代。目前世界上95%的人口的自然需求,即对食物、衣服和住所等最基本生活必需品的需求,正受到经济体制的制约。一旦这些需求被释放出来,就会要求尽快发展生产技术来加以满足。

注释：

[1] 将实验室作为一个自愿参加的协会的概念实际上很早就在科学界提出来了。17 世纪的“西门托学院”(Accademia del Cimento)几乎是在宗教秩序的基础上建立起来的。其成员间的合作是如此长久,以至于根本不考虑个人的成就,所有成果都以学院全体的名义出版。

[2] 这在美国已经是普遍的做法。

[3] 其中最悲惨的一个例子是约瑟夫·亨利。亨利的才华与法拉第一样优秀,但他将一生的大部分时间浪费在了史密森学会主任的事务上。参见克劳瑟的《著名美国科学家》。

291 [4] 这一点在皇家学会成立时就已经被认识到了,用胡克的话说就是:

所有这些调查的目的都是为了让勤于思考的人感到欣慰。但最重要的是,人们的劳动可以因此变得轻松而迅速。他们确实没有忽视将边远国家的所有稀世珍品纳入他们的知识和实践范围之内的机会。但他们还是承认,他们最有用的信息来自于普通事物,来自于对他们的这些最普通事物的多样化操作。他们并不完全排斥关于光的实验和理论,但他们的主要目的是,通过对这些应用的研究将改进和促进现有的手工艺品的制作方式。虽然有些人从事的工作也许不那么体面,并且爱对工艺流程说三道四,但他们在组织起来的头三年里所展示出的成果,要比欧洲其他任何学会在长得多的时间里所取得的成果多得多。诚然,像他们这样的事业通常得不到鼓励,因为人们通常更爱谈论哲学中那些似是而非、纯属推断的东西,而不是哲学中真实而坚实的论断。然而,在一个所有人都满怀好奇心的年代里,他们的这个组织遇到了好运气。他们得到了许多重要贵族和绅士的帮助,以及他们所在行业中最有地位的其他人士的慷慨援助。而这更使我相信,那些较为严肃的一部分人之所以对这个学会怀有真正的尊重,是因为有一些商人,那些认真办事的人(他们的目的当然是取得所有权,这是人世间一切事务的最大指挥棒),冒着很大的风险投入资金,将我们学会一些会员所设计的东西付诸实践。而且在一百个庸人没有一个相信这个学会的事业会获得成功之时,他们仍然坚定地对这一事业予以支持。此外,这个学会还有一个优点,那就是他们有自己的独特优势,他们中的许多人都是健谈者和企业家。这是一个好

兆头，它说明，只要有商人们参与到创办学会的活动中来，他们的尝试就将使哲学从空洞的言词转化为实际行动。

在这里，我不应该隐瞒一项特别慷慨的举动，何况这个举动还与我自己有关。这就是约翰·卡特勒爵士(Sir John Cutler)为本学会举办的一次促进机械工艺的提高的演讲而慷慨捐助……这位先生看得很清楚，生活的艺术长期以来一直被囚禁在机械制造业黑暗的工场里，在那里得不到成长，其原因要么是出于无知，要么是出于自私。他勇敢地将它们从这些不利条件下解放出来；他不仅成全了商人，而且也帮助了贸易本身：他做了一件值得伦敦称道的工作，并教会了这座世界上主要的商业城市如何改善商业环境的正确方法。

——摘自《显微学》(*Micrographia*)序言

那是一个商业正成为新兴力量的时代。时至今日，虽然金融集团处于控制地位，但商人的地位已被工程师和行政人员所取代。然而，一旦这种控制权被取消，这些人和体力劳动者都将在科学院占据一席之地。如果以前就这样做，那只能使科学院比以往任何时候都更加依附于金融利益集团，而正是这些利益集团构成了目前阻碍科学发展的主要力量。

292 第十一章　科学交流

科研重组的问题不能单靠行政或财政改革来解决。还需要全面改组整个科学的交流机构。事实上，科学研究不同于其他行业的一个特点，就是交流工作在行政管理职能上占很大比重。按照过去的科学理想，交流是科学家之间的唯一联系；科学世界完全是由个人组成的，他们遵循自己的研究方向，只需要知道他们的同伴在做什么。然而在那个年代，从事科研的人数是如此之少，以至于人们完全按照自己的途径就可以获得所需的知识。但是现在，正如我们已经看到的（见本书[边码]第 117 页及其后文所述），科学信息的大量传播已经造成一个巨大的问题，使得现有机构根本无法应对。除非采取某种措施，否则我们很快将面临这样一种局面：知识的丧失变得和知识的获取一样快。显然，仅仅做到每一项新的观察和发现都能发表是不够的。必须从另一个角度来看待这个问题。我们需要确保每一个科学工作者以及每一位公众都恰好能得到对其工作最有用的信息，而不是其他各种消息。这就需要对科学交流的整个问题进行严肃思考。这种交流不仅是指科学家之间的交流，也包括公众之间的交流。对业已存在的不足做修修补补是不解决问题的。事实上，通过增加临时措施来改善个别地方只会弊大于利。我们可将这一问题分为提供专门信息和提供一般

信息两个方面；前者包括科学出版物本身的职能问题以及科学家之间的个人联系途径问题，后者包括科学教育和科学知识的普及问题。

一　科学出版物的职能

目前的科学出版模式主要是发行33,000多份科学期刊。正如我们已经证明的那样，这些发行是非常麻烦和浪费的，并且由于发行费用高昂随时都有崩溃的危险。我们能用什么来代替它？科 293
学出版物的主要职能是传达所获知识的信息。但很明显，虽然科研工作者需要了解某些信息的全部细节，但他对其余的大部分信息只需要了解一个概要即足矣。一个充分的交流系统原则上应包括以下三个方面：对于详细叙述研究过程的论文做有限量的发行，对综述性或摘要的论文做较广泛的发行，对详述某个特定领域的最新进展的报告或专著予以经常性的出版。在这背后必须有一个随时可供查阅的档案，其中有序地列出过去工作的参考文献。这个问题本质上是一个技术性问题，即如何选择发表成果的形式并为它们安排适当的发行渠道和信息存储方式的问题，大型商业公司或邮购商店每天都在解决这类问题。为了了解如何解决这一问题，我们有必要较详细地考虑这些发表成果的形式及其可能的发行模式。

发表成果的形式类别

第一种是短文。它记载一个研究人员在一周内或一个月内的工作。这些工作可以是一些新的测量记录，一些对旧的测量值的修正，或是记下工作中某个值得注意的关键点。虽然它可能出现在其他某项研究的过程中，但它本身值得注意，如果将其纳入一篇较大的论文中，则很容易被忽视。当然，这种短文必须区别于最近已确定的具有相当重要意义的发现的快报，或区别于阐述某项争论中提出的某种推测性观点或论点的论文。这些短文不是严格意义上已完成的工作，而是正在进行的工作的一部分，需要给予不同的处理。在短文基础上形成的是“论文”。论文涉及的可能是个人的工作，也可能是一个小组的合作研究的工作。迄今为止，它一直是科学交流中最常见的基本形式。论文所包含的工作量从一个季度到两年不等。比论文更宽泛的类别还没有一个恰当的名称。它通常是由 3～20 人合作进行的、持续时间长达 10 年的有关某项重大课题的研究报告，其中每个人的贡献很难做出清晰的区分，使得采用连贯的统一叙述成为最理想的发表形式。根据所花时间的长短，这些成果可采用由一系列论文构成的论文集的形式，如果所涉材料需要处理的话，也可采用一篇长论文或专著的形式。

接下去的一个类别是关于某个特定学科领域总体进展的报告。这些报告虽然由一个人或少数人编制，但却代表着多达上千
294 名科研工作者的成果。当报告的篇幅较短时，这些报告可以用专著形式发表。它反映的是原创性的科研成果，与用于教学或向大众阐述的教科书明显有别。教材与这种报告的不同之处主要在于前者的作者较少，而且其中包含的看法更具个人性质而较少权威性。除了这些我们需要在科学档案中为其安排出永久位置的成果发表形式外，还有一类属于公告性质的发表形式。这种公告虽然

时效短暂，但对于当下进行科学研究具有同样重要的意义。这些公告包括宣布某项重大发现、从应用上和理论上对新技术的阐述、有关会议和讨论的报道，以及更涉及个人的科学新闻等。

上述大多数科研成果的发表形式主要都是用于某一学科分支内的，也就是说，其影响范围基本上限于某个具有共同学术语言的领域。除此之外，越来越重要的是那些旨在向公众介绍某一学科领域的进展，和某项技术应用到其他领域的可能性方面的出版物。这些出版物能够对众多学科的进展以及它们之间的联系加以综合，从而将它们结合成一个整体，就像上个世纪物理学所达成的大综合那样。

发行问题

从表面上看，将这些不同类型的科学情报进行出版并分发到那些最能从中受益的人的手里，似乎是一个显而易见的技术性问题，不值得讨论。但既然这个问题一直没有得到解决，人们甚至感觉不到其存在，那么就有必要加以讨论。除了纯粹的保守主义和既得利益集团造成的阻碍之外，这个问题最重要的内在困难是因为科学的领域非常广阔，所涉及的研究者的数量过多，以及他们发表成果的速度过快。在这种情况下，仅仅靠出版来传播信息是不够的。目前出版的东西太多了，人们甚至无法阅读完与其当前研究相关的那部分文献。但这在很大程度上是因为缺乏对资料的合理组织，使得人们实际上不得不阅读大量无用的材料，以期偶然发现一些对他们有用的东西。我们希望建立这样一种组织来进行资料管理，它能够使每一个研究工作者都能够得到与其工作相关的所有文献，并且所得到资料的多少与资料和工作的相关程度成正比。此外，研究者不仅应该能够得到相关资料，而且他得到这些资料的过程应该不太费事。这意味着需要建立这样一种系统，或者更确切地说是建立一种服务系统，使得文献的记录、归档、协调和
295 分发便利化。事实上，各国已经在考虑这样的方案。[1]华盛顿的科学文献服务中心已经对此进行了非常详细的研究，并拿出了一套为美国乃至为世界其他地区提供完整的科学服务的详细计划（见附录八）。这里给出的建议就部分基于该项工作，但在许多方面还是有不同之处。

取代期刊的发行服务

所有的方案都有一个共同点，即对现存所有的科学期刊进行改造，并在很大程度上取消这些期刊，至少是其中仅刊登单篇科学论文或专著的大部分期刊。这类期刊的出版，除了前面已经讨论过的重复和缺乏协调的问题外，显然还是一种低效的传播大量科学信息的方式，尽管在早期它们曾是非常宝贵的，那时每个科学家都能够读完所有的科学出版物，并且希望这类期刊多多益善。目前的科学出版物，如果让个人订阅，将很少有人能读完其中 10 % 以上的内容。而如果是由图书馆订购，那么几乎总是同时有十几个人要看。显而易见，解决办法是将单篇论文本身作为科学家之间交流的形式。

事实上，这是一种非常笨拙而又昂贵的做法，它将自发形成科学家之间私下分发这类论文复印件的风气，实际上就是倒退到过去那种旧的科学通信制度。目前如果采取这种做法之所以昂贵，

是因为印量少成本自然就高。而其效率之所以低下，部分是因为只有少数科学家采取这种做法，部分是因为那些这样做的人并不确切知道谁会对他们的论文感兴趣。因此，他们没能将论文寄给众多可能感兴趣的人，而实际上是将它们寄给了那些收到即扔掉的人。不管怎样，由于复印的费用和邮资通常由科学家个人来承担，因此这种做法永远不可能达到所需的规模。合理的做法是，让论文——不再是复印件——的发送作为科学传播的主要方式，通过组织编辑发行服务机构来代替现有期刊的多个编辑部。大多数情况下，这些论文将被送到实际需要它们的科学工作者手中，同时一定数量的副本将被送到各实验室，在那里这些论文可以按照某种合理的和预先安排的制度装订起来。还有一部分则保存在档案馆。

照相复制

这里出现一个技术性问题。如果像现在这样印刷论文的话，能节省下来的只是编辑部的开支。但我们没有理由非要印刷这些
论文，我们有许多理由可以采用正在逐渐用于其他目的的新工艺， 296
特别是一种特殊类型的对原始打印稿进行缩微照相存储（见本书[边码]第 377 页），然后在使用时再放大到正常尺寸的影印方法。据估计，如果印数少于 2,000 份，那么印刷的成本将高于影印的成本，而大多数科学论文的阅读人数都不会超过这个数，即使科学期刊的印量达到这些数字。而且在美国的调查中照相还显示出另外两个优势。用于复制论文的微型底版或胶片首先要比普通纸张占用的空间小得多，使得它们更容易保存和归档。因此，从便于保存

和查阅这两个角度来看,它们提供了最佳的档案形式。而通过将现代商业归档方法应用于科学论文,例如,通过自动化机器来为供查询的实际论文进行完整的编目,就可以为学术研究节省数月或数年的时间。从科学角度看,学者将时间耗在查找文献上纯粹是浪费。

这个系统如何工作

这个系统的工作方式大致如下:研究人员,无论其研究对象是什么,都将他的论文交给出版部;然后像现在做的一样,由出版部将这些论文提交给一个由评审人组成的编辑委员会,如果论文经过修改或无需修改就得以通过,则进入照相复制环节。随后一定数量的复印件会立即发送给所有图书馆和相关的研究人员(这些人员在此前已通过填卡登记被列入相关领域的读者)。另一批复印件分发给那些在报上看到通知后请求复印该论文的其他人。原稿的底版或胶片会被储存起来,这样即使过若干年,一旦需要就可以将其复印出来。这种重印一点不比最初的复印更麻烦。这样一个系统,虽然乍一看可能比现在的更复杂,但实际上它将更具商业性和经济性。现在的那些困扰科学家的大量纯技术性编辑工作将由一个小的中心工作机构来有效地处理,因此用同样的成本可以出版比现在多得多的论文,只要你愿意。特别是,那些由于篇幅过大或者由于其他会导致成本高昂的特点而无法发表的论文,现在在这个系统上就很容易得到发表而不会有任何额外的困难。

摘要

然而，在科学出版的总体方案中，科学论文的发表和发行仅仅是一个基本的重要组成部分。尽管按照上述系统，论文将主要（或仅仅）送交给那些对这些文献感兴趣的人，但如果所有文献全都这 297
样处理，那么一些重要的文献就仍有可能整个丢失，其结果就像已经描述过的那样，使得科学进展因缺乏最新信息而受阻。在现行的出版体制下，这一困难当然在程度上更严重，但是通过编写摘要可以得到缓解。而目前的摘要编写方式存在许多缺陷。首先，尽管人们已经在努力使其合理化，但无论是在国内还是国际上，仍然有太多的分别出版的文摘期刊，而且这些期刊的编撰工作做得如此糟糕，以至于有些论文可能被多次摘出，但其他论文则可能会被完全遗漏掉，至少在两三年内是这样。

当然，只编撰一套摘要是一种过于简化的做法，因为摘要的读者可能希望从不同的角度来阅读该篇论文。例如，化学家对一篇生物化学论文摘要的态度就会与生理学家的态度不同。但只要对不同的观点予以适当的照顾，摘要的体例是可以统一的。一篇论文的主要摘要一般可由论文作者本人编写[2]，尽管为了统一规范可能需要对其进行修改。只有涉及一门以上学科的论文需要编写进一步的摘要。论文摘要的编辑不应编得像书籍，因为书籍本身就需要提供索引。而且图书的摘要有些是按照主题词来排列的，有些则是按发表先后的顺序来排列的。论文摘要不如直接采用卡片形式。将一套完整的摘要卡片送交图书馆和研究所，并根据学科划分进行选编然后分发给要求取得摘要的研究人员。当然，这样分发给同一个研究人员的摘要数量要比给他的论文数量多得多。如果这些摘要是由负责论文处理的同一部门来编辑的话，那么邮资费用可以大为减少，由此增加的额外费用总额非常小。

报告

接下来还有如何将科学交流所依据的一系列文章进行汇总的问题，换句话说，就是如何撰写各种各样的综述性文章，特别是专题论文和报告。在这方面可能不需要做更多的事情，只需推广目前的做法就够了。许多科学学会每年都会发表年度报告。我们需要做的就是将这种做法扩展到整个科学领域，并将同一领域或相关学科的不同报告协调起来。这种报告具有巨大的重要性，而且这种重要性还将进一步提升。为了追踪科学的进展，有越来越多
298 的人需要依靠它们来指导。不仅科学家，还有技术人员和管理人员也需要这类报告。而且可能需要有专门机构来准备这些报告。斯坦普勋爵在《社会调整的科学》一书中所建议的方式就很值得推荐：

> 第三项一般行动是推广一种实践：由各学科分支的负责机构定期审查本学科的研究进展。他们应该在每个阶段列出他们认为本领域的主要发现和进展。这些分析报告应当写成能够让社会或经济领域中实际应用部门——不论是直接应用还是通过另一个学科分支而进行间接应用——看得懂的形式。应当尝试对每一项进展在引起失业和增加新资本方面的影响进行评估，同时对就业或资本转移以及给工业所在地带来的变化进行另一种评估。人们可能会发现，设立一种共享

> 的统计技术服务将有助于这些专门的调查，当然还需要一种能够将这些分析报告整理成一份总体情况报告的服务。在某些学科领域，如天文学和数学，所有“产品”都只能通过物理学间接地应用。但是，按照一个经过充分协商而取得的共同的时间表或调查问卷来进行工作，将增强专家的社会意识，这对他以后的工作具有很大的价值。开始时这些努力可能显得粗糙和简略，但关键是有关专家能够为此做出不可或缺的贡献，并能够在此过程中获得巨大收获。
>
> ——《社会调整的科学》，斯坦普勋爵，第4章，第149页

至于专著和原创性科学著作，需要改变的地方就更少。在这方面，问题与其说是如何进行任何技术上的改变，不如说是如何实行一套统一的编辑政策，以确保让那些权威作者适时地总结他们所在领域的研究进展。对教材也应该有类似的规定，因为只有这样，教材的编写标准以及整个科学教育的标准才能保持最新。在过去，伟大的《德国手册》(*German Handbücher*)系列出版物某种程度上就承担了这一功能。这套手册认真地跟踪了各个领域科学进步的细节。即使在目前的体制下，通过不同出版商之间的协议，也应当有可能在英语世界中做到将各学科的研究进展做充分的归纳，尽管人们希望其篇幅较短些为好。以期刊形式发行的科学出版物只需保留一部分，即只需保留像《自然》这样的科学期刊。它将以短文形式提供最新的科学新闻，其内容不仅包括有关的科学发现，而且包括关于新实验室和行政管理方面的变化，同时也反映了科学与更广泛的社会问题之间的联系。

对各种弊端的控制

在提出对科学出版工作进行合理组织的同时，我们还必须面对这种变革可能带来的风险。科学出版工作面临的弊端主要有两
299 种：一种是不严谨，造成大量不准确或价值可疑的文章得以发表；另一种相反的倾向则是过于严格，使得可能极具科学价值、但初审时却不符合正统观点的论文不能出版。人们可能担心，任何试图将科学进行集中管理的做法都可能导致这两种弊端的加剧。但事实上，如果做得恰当的话，它应该有助于消除这些弊端。

例如，我们不建议将出版物的编辑工作交给常设的行政人员。这些行政人员仅仅应作为论文作者和与目前体制下的科学期刊编辑之间联系的桥梁。期刊编辑如何恰当地履行他们的职能将取决于他们是如何被选择的，因此在很大程度上取决于科学家本身的组织。尤其是，年轻人在这个问题上的发言权应该比现在大得多。总的来说，这种趋势在实践中是有弹性的，原因是发表一篇低质量的科学论文所造成的危害要比压制一篇奇特但可能极有价值的论文所带来的危害小。在新体制下，无用的论文将不再被接受；它们不会充斥科学期刊，也不会给系统带来任何不必要的开支，而它们的最终价值将由定期的评论报告来判断。余下的也许只有一条公理：一篇论文经编辑委员会任何一位成员审核后认为值得发表，就应该发表。

大量科学期刊之所以存在，是因为常常有这样一种说法为之辩护：在目前的情况下，一个新的学科分支，或是对某个成熟学科分支的新的认识，不能指望在现有期刊上得到应有的认可，因此，

一些志同道合者就会聚在一起，另起炉灶创办新杂志。在这方面，我们完全能够以更经济的方式来达到同样的目的，那就是确保新的学科分支在遵守这些规则的编辑委员会中的代表性。为了遏制科学出版物的泛滥，对于某些论文完全可以采用增量发行的方法来取代现行的一稿多投的做法。例如，如果一篇论文里包含了大量有价值的材料，但对其大部分内容却只有少数人感兴趣。对此我们可以对全文做少量发行，另外出版简要版以供广大读者阅读。只有某些中央档案馆才需要保存所有论文的全文文件。所有这些文件都可以复制成缩微胶卷来存储，这样即便发生战争或地震也不易被摧毁，或者至少能保存下来几套完整的档案。

遏制出版工作中任何一种弊端的根本方法是加强活跃的科学 300
研究与出版工作之间的密切联系。出版服务将越来越成为科学工作者之间的一种便利的中介，起着直接与个人接触和为同一研究所的科学家之间提供数据交换的作用。

它提供的一种可能性是让科学家在有限的领域内及时跟进正在进行的工作。这将消除很多不必要的重叠，并为大量的信息交流提供捷径。目前，对优先获取信息的妒忌和渴望有可能破坏这样一种制度，但一旦科研工作得到良好的组织，并得到经费的支持，那么这种对科学的态度很可能会消失。出版部门绝不会主宰科学，而只是为科学服务。

眼前的可能性

出版工作的合理化建议与本书提出的大多数其他建议不同，因为它更容易实际做到。这一方面是因为它不涉及任何大的初始开支，而且运行一段时间后就会证明这种改进更经济，另一方面是因为它不会带来科学、国家和工业之间的关系的改变。阻碍引入新制度的困难在于如何结束旧制度并重新开始。出版商对科学出版物有一定的既得利益，但除了教科书外，科学出版物的利润非常微薄。在新体制下，也许可以通过向出版商承诺增加半技术性书籍和科普类书籍的出版比重来予以补偿。对这些书籍的需求肯定会随着国内科学出版制度的合理化而增加。同时，在建立新的出版制度时，还可以将部分行政职能转移给他们。

我们不得不面对的一个更严重的困难是如何应对现有科学学会的反对——目前大量的科学出版工作正是由这些学会来承担的。虽然在大多数情况下，出版工作对于学会来说是一个严重的财政负担，但在许多情形下，正是出版工作构成了学会存在的理由。另外，人们可能纯粹是出于感情上的原因而反对取消一些科学期刊。然而，一旦人们意识到，目前的体制已经严重阻碍了科学进步，并可能在不久的将来将其完全扼杀，而新的体制几乎会立即使每一位科学工作者的工作变得轻松并且效率大幅度提高，那么这些反对意见就不再有分量了。毕竟，期刊是为科学而存在的，而不是科学因为期刊而存在。如果需要的话，也许还可以达成这样
301 一种妥协，就是通过将某些对某个领域有特殊价值的论文装订在一起，将其作为科学学会管理的原始期刊的延续，并以这种方式将它们保存在图书馆馆藏室和纪念档案馆中，以保留传统。

二　国际交流问题

到目前为止，我们讨论的科学交流问题都是指影响到一群同质的科学家之间交流的问题，而将国籍这个难题排除在外。我们已经讨论过科学在多大程度上是国际性的，以及它的范围是如何收窄到四五个超越国家的大范围的问题。当然，对于科学出版工作来说，这种划分是最重要的。任何一种使出版工作合理化的制度，如果不是在比大多数国家的地域范围大得多的规模上实施，就很难奏效。虽然这种体制在美国或苏联这样的大国之内可能行得通，但只有在完全国际化的情况下，它才能获得充分的效力，因为仅在一国之内设立合理的、国家统一的出版机构，就意味着在跟踪国外科技进步方面，现行的所有劳动付出和混乱状态仍将存在。而且还存在另外一种困难，就是必须在国内交流上采用一种制度，在国际交流上采用另一种制度。这势必导致国内科研与国外科研的进一步脱节，导致科学的国际统一性的瓦解。不幸的是，目前的国际科学界的状况并不能鼓励人们相信科学能够快速国际化。人们最希望的是某种程度的协调。尽管科学被越来越多地用于本民族的目的，但仍然存在一些所谓的出口盈余，其中包括那些被认为不具有直接军事价值的资料。而且由于这些资料质量优良，其出口还可以提高出口国的威望。这可能意味着，科学中最有价值的那部分将是国际性的，而且只有它们才能以有组织的和理性的方式呈现。

科研的分散化

然而，撇开目前的国家利益的考虑不谈，尽管说科学具有国际统一性，但在大多数情况下，科研的组织，特别是其出版物的组织，可能还是以分散经营的方式为好。一般来说，地理因素使人们确信，在同一个国家工作的人群之间的交流，会比在不同国家工作的人群之间的交流更密切，而且任何一个国家只有取得一定程度的进步，才能在跨越国界后有所收获。在一种理想的制度下，科学出版物的信息交换中心不只有一个，而是有若干个，它们之间将保持
302 密切的联系。每个中心都将成为自己国家或所在地区科学工作者的信息收集点和分发点。它们会把那些需要在其他国家大量分发的科学论文送到相应的中心。这样可以最大程度地保证区域自治和国际协调。当然，不同的学科所需的国际协调在程度上有很大的不同。其中某些学科只有在国际协调下才能发挥作用。天文学、气象学、地球物理学、土壤科学和流行病学都已经有了高效合理的国际组织，这些组织可以立即将出版工作抓起来。但在其他学科中，这么做或许既不可能也不可取。

第二科学语言？

语言问题仍然是个难题，尽管在这方面已经达到了一定程度的合理化。英语、法语和德语是三种最优秀的科学语言。然而在其他国家，国界内交流的所有科学论文还都是使用其本民族语言。一个理想的科学交流体制应该是，除了所有的本民族语言外，还存在一种公认的国际科学语言。它所起的作用犹如拉丁语在科学发

展的第一个伟大时期所发挥的作用。尽管存在民族主义的阻碍，但还是有希望通过使用英语或者诸如基础英语之类的简化版英语来达到这一目的。[3]毫无疑问，这种变革将对科学产生最直接和最有益的影响。语言障碍仍然是一个非常现实的困难。只需阅读任何一本有关科学题材的教科书就可以认识到，尽管作者是一位受过训练的科学家，但他用自己的母语来写作要比用外语来发表作品更加得心应手。

然而，如果一定要坚持在采用了这种通用的第二语言之后才进行科学出版工作的合理化改进，则显然是错误的。要使新的出版体制适应目前语言方面的现状应该不难。每个民族地区的每个发行中心都会处理用民族语言写的论文。编辑委员会将负责安排把所有被认为具有足够重要性的论文，连同那些在国外有特殊需求的论文，都翻译成一种或三种科学语言译本。另一方面，对于任何在本国有特殊需求的文献，他们也会安排将其翻译成本国语言文本。所有论文的摘要将以三种科学语言发表。如果某些国家的科学工作被证明具有足够重要性，其摘要也可以本国文字发表。 303
对于综述性报告也可采用同样的做法。报道科学新闻的国内期刊将以本国语言出版，但对于那些有关具有国际重要性的发现的短文，它们也将提供同样的服务。我们将看到，这样一个系统能够带来最大程度的信息交流，而且既不会伤害民族感情，也不会受到单一的国际中心的严格控制。设置 3～4 个协调中心，比如一个设在日内瓦，一个设在美国，一个设在远东，肯定会有助于将各国的国内信息中心的活动联系起来。

三　个体间交流的重要性

不是所有的科学交流，甚至不是大部分的科学交流都是通过发表论文来进行的。在某种程度上，科学思想从一组科学工作者传递到另一组科学家那里是通过访问、个人接触和信件往来来实现的。在许多情况下，一个实验室发展出的新的思想，要等到这个实验室变得名声在外，以至于能够引起其他学术中心的重要工作者的注意，才能传播到这个实验室以外。现代科学的一些最伟大的发展依赖于不同来源的思想之间的相互作用。只有当吸收了不同中心的思想的研究者碰巧走到一起时，才能出现这种发展。玻尔的原子理论是当代物理学的基础。这一理论之所以能够产生，是因为玻尔先在德国吸收了普朗克的量子理论，然后来到卢瑟福的实验室工作，并在那里接触到原子的核模型。这种交流的价值无论怎么评价都不为过，而且可以肯定的是，目前它们还没有完全发挥它们在科学发展中应起到的作用。一个实验室的科学家到另一个实验室的几乎每一次访问，都会带来一些新的信息或观点，而这种效果是任何阅读都无法比拟的。当然，这部分可归咎于现行出版物的过多和混乱。但即使不考虑这一点，也仍然会有一些只有经过当面示范才能传递的技术门道，有些思想是文字难以描述的，也只有通过个人之间的接触才能够得到准确的理解。

方便学术旅行的措施

到目前为止，阻碍这种访问的主要原因是缺钱。除了应邀出席一些大会外，科学家到访一地都需要自掏腰包，而他的薪水很难让他能够做到这一点，特别是在他思想最活跃、最容易接受新思想的那些年里。我们需要为科学家到其他中心工作提供更多的旅行便利条件。设立休学术假年的制度是朝着这个方向迈出的一步， 304
虽然7年才有一次年假的时间间隔太大。不同类型科学家的这种需求差异很大，但平均而言，可以公平地说，除了正常的休闲假期外，科学家每年在本实验室以外的实验室呆上两个月是有好处的。虽然这个花费对科学家个人来说很大，但对整个科学的发展来说几乎是微不足道的。我们很容易做到扩大现有的旅行资金规模，使得进行这些访问的费用很低，特别是在铁路由国家控制的国家间旅行。至于接待问题，平均而言，高校间的往来不会增加多少额外费用，因为接待来访的人数基本上总是等于外出做客的人数，而私人的招待费用可由中心基金支付，负担不会过重。这种交流不应仅局限于较高层次的科研人员，而应该无条件地惠及年轻的科学家，甚至扩展到机械师和实验室助理这一层，这对于提高他们的素养很有好处。他们目前几乎没有这种学术旅行的机会。实用技术的交流对他们来说特别有价值。如果能够安排这种访问，各地的实验室在技术标准上将会变得更加统一，而且会发展得更快。

改革科学交流机制的总体效果是要迅速提高科学研究的效率。不仅如此，对科学的理解本身也将更容易被大众接受。这样，在共同理解的基础上取得的合作将取代对难以理解的事物的盲目钦佩。以如此微小的努力就能取得如此可观的效果，这在以往还没有出现过。

四　科学普及

如果我们不同时看到对科学的真正理解将成为我们时代共同生活的一部分，那么增进科学家对彼此工作的了解是没有用的。今天，人们之所以能够容忍甚至鼓励如此明显的野蛮行径的沉滓泛起，在很大程度上正是由于缺乏科学知识，更严重的是片面理解和曲解知识所造成的心态。理解科学的基础在于改革教育，但同样重要的是成人是否能够领略科学正在做什么，以及它会如何影
305 响人类的生活。能够自然地传播这种知识的媒介是报刊、广播和电影。除此之外，通过书籍和实际参与科学工作也可以建立起科学与民众之间更牢固的关系。

科学与新闻界

当今的新闻界对科学的报道在很大程度上是耸人听闻和肤浅的。从某种意义上说，这是现代新闻业对生活各个方面的普遍态度。但为什么新闻控制者不希望科学受到应有的重视，这里有一个特殊的原因。如果每天都向人们灌输科学在促进人类幸福方面的可能性，那么实现这些好处的驱动力将是不可抗拒的，这不符合报业老板和广告商的既得利益。尽管如此，出于大众化的商业原因，英国的报纸是可以多报道一些科学方面的新闻的，而且美国的媒体已经在这样做了[4]。这方面需要有适当的科学新闻采编机构，并由称职的科学家来准备材料分发给新闻界，所有的日报和周报都应设立科学编辑岗位，主要是要有具有科学方面训练背景的

记者。在职的科学家在科学新闻报道方面取得成功只是偶尔的现象，因此这方面的工作不应仅限于让科学家去做。前面建议的报告体制的发展应该会使记者更容易写出准确和有趣的科学报道。

通过广播和电影来传播科学

英国广播公司开办了一档科学专题节目，成为一个良好的开端。事实上，其中有些讨论，例如朱利安·赫胥黎和利维教授的讨论，比其他任何科学报告都展现出更深刻的社会理解。自从这些节目播出后，社会上已经有了显著的良好反应。这说明只要有开明的政策，就可能通过宣讲，或者像现在这样通过电视，引导公众了解科学的实际进展。公众可以听到或看到正在进行的实验。电影院提供了更大的可能性，这些技术正在开始被理解和运用。我们已经制作了质量很高的教学影片。在许多情况下，电影可以运用远比直接观察生动得多的手段来展示科学的各个方面，例如植物的生长。而且这些电影中有许多拍摄得相当令人兴奋和优美。最近我们看到，已开始通过创建由科学家参与的电影拍摄组来进行更全面的科教片生产[5]，这将确保在影片制作中能够得到科学家的合作。在进行科研改革中，视频的运用都是必不可少的一部分，因为这种电影略经加工就可以成为研究的手段，用于教学和科普。

科技图书

最近科普图书的巨大成功表明人们对科学知识有着巨大需求。但到目前为止，这些图书的制作都是靠热心的科学家或有进

306 取心的出版商单枪匹马的努力完成的。它们的出版要么是完全没有计划，要么是基于个人的认识水平。从整体上说，他们所覆盖的科学范围极不均衡，比如天文学和有关其他宇宙奥秘的书籍占了很大篇幅，大到与这门学科在整个科学中的分量明显不成比例。系列科普丛书大有可为，而且最好是由年轻的科学家而不是由已经离开科研岗位的那些年长的专家来撰写。科学可以通俗的形式呈现而不失其准确性，而且通过与人类共同的需求和愿望联系起来，科学更能够显出其重要性。霍格本教授的两部先驱性著作《大众数学》和《大众科学》展示了这种尝试是多么有效和成功。

世界百科全书

在这些工作的背后还有一个更具重大意义和持久重要性的目标，这便是尝试编写一部在其社会背景下全面论述整个科学现状且可在日后不断修订的著作。这是 H. G. 韦尔斯(Wells)在呼吁编写一部世界大百科全书时提出的一个极有说服力的想法。他在他的著名的大纲中已经预先规划了这部书的轮廓。百科全书运动是 18 世纪和 19 世纪自由主义革命的一面伟大旗帜。真正的百科全书不应该是《大英百科全书》退化成的那个样子，仅仅是一堆利用高压推销手段贩卖出的无关联的知识，而应该是对活跃和不断变化的思想体系的连贯表达。它应该总结出当下的时代精神：

> 我们已经逐渐进入到这样一个境地，就是要进行设想并形成关于在通信、健康、货币、经济调整和打击犯罪等方面建立世界联合控制的初步想法。在所有这些具体事物中，我们已经开始预见到在全球所有人之间编织一张世界性网络的可

> 能性。世界和平的范围如此之广——我该怎么说呢？——以至于超乎一般的想象。但是，我认为我们还没有充分注意到一个必要的先决条件，就是将人们的思想广泛统一起来，形成一种比现在更高程度的一致性。所有这些通过统一行动来处理人类事务的想法，其实现最终都要取决于人类对这项工作有一个统一的思想。缺乏这种有效的思想统一是我们目前大多数工作归于失败的根本原因。当人们的思想仍处于混乱状态时，他们的社会关系和政治关系也将处于混乱状态，无论这种导致人们互相倾轧的混乱的力量是多么强大，无论其后果多么悲惨和可怕。
>
> ——H. G. 韦尔斯，《世界大脑》(*World Brain*)，第 39—40 页

> 这部世界大百科全书将成为世界上每个聪明之士的思想基础。通过世界各地具有独创思想的思想家们对内容的不断 307
> 修正、扩展和替代，它将一直保持活力、成长和进化。每一所大学和研究机构都应该为它提供养料。每一个具有新思想的人都应该与它的常设编辑机构保持联系。另一方面，它的内容将成为学校和大学教学工作的标准材料来源，用于核实事实和检验世界各地的陈述。即使是记者也会屈尊使用它；甚至报业老板也会对它肃然起敬。（上书第 14 页）

最初法国的百科全书确实尝试过这样做。但它的成书得益于有一段相对平静的时期，当时解放力量正在集结，正准备打破对他们的束缚。我们现在已经进入第二个革命斗争时期，编写这类巨著所需的思想的平静状态很不容易实现，但是做些努力还是值得

的,因为到目前为止,对科学和人类进行联合攻击的野蛮势力一直反对这样做,而那些相信民主、相信世界人民为了自身安全和福利需要掌管生产和行政管理的人,还没有对这种野蛮行径发出全面的和众口一词的谴责。

大众参与科学

所有这些使科学成为我们生活和文化的不可或缺部分的手段都有一个共同的缺陷:它们都是被动的。它们只是对科学的陈述,与科学无关的公众可以倾听,也可以不听。除非所有公民在他们生活的某个阶段,或者有许多公民在他们一生中都积极参与科学活动,否则科学永远不会真正得到普及。一个受过科学教育的人之所以会接受种族理论的无稽之谈,或占星术和唯心论的古老迷信思想,其中一个主要原因就是这些学说都是以科学的面目来呈现的。只要科学是以一系列陈述来表述,那么对大多数人来说,这些学说就必然会基于信仰而被接受。从本质上讲,没有什么东西能够区分真正的科学理论和这些披着科学外衣的伪科学理论。对大多数人来说,了解科学的事实内容是必要的,但还远远不够。只有在应用中掌握了科学方法,才算真正掌握了科学。如何做到这一点,则既是一个科学组织的问题,也是一个社会问题。目前,由于对科学的偏见,让公众参与科学还很困难。一方面,我们中那些有教养的人对科学知识持有一种蔑视的态度,对科学实践的蔑视则更甚。这种偏见源于对体力劳动者的传统蔑视。[6]另一方面,工人阶级对今天的科学实践极不信任。对他们来说,科学会带来失业的危险,也是增加他们工作单调性和乏味性的一种手段。只有

在苏联这样因社会变革而使得这种态度变得站不住脚的地方，才能实现公众对科学活动的积极参与(见本书[边码]第228页)。尽 308 管如此，即便是现在，在这方面我们仍有很多工作要做。当然，正如前已指出的那样，首先我们需要从学校做起，但是成人对科学的兴趣还有很大的提升空间。虽然我们在全国有几百个科学协会，但它们规模都很小，基本上是孤立的存在，与中心科学院所的联系不够密切。目前已经开始组织公众去参观实验室[7]，下一步是与各研究中心联系，组织公众参与有关的实际科研工作。首先，这些工作主要是跟休闲性质的兴趣有关，尤其是与自然史相关的部分。然而，通过对工业条件集中进行科学研究并征得工会的帮助，我们有可能激发起一系列全新的兴趣。这不仅可以通过成立像工会科学咨询委员会(见本书[边码]第407页)那样的组织来进行，也可以让工人自己在自身的条件下去进行技术研究和人为因素的研究。聪明的雇主会立刻看出这将给生产和劳动条件的改善带来好处。如果雇主不是那么睿智，那么工人在准确了解了现有工作条件的影响，以及如何消除这些影响的技术和行政手段后，也会在迫切要求改善生产条件方面大大增强其地位。任何这样的发展都需要工人和科学家联合行动。有迹象表明，这样的一场运动正在露出苗头。我国已经有了工人教育协会这样的机构，尽管它的兴趣主要是在文学和社会学方面，目前对科学的态度仍然过于消极。在法国，有一所工人大学。在那里，各类声名显赫的科学家与有组织的工人携手合作。这个开端将会得到很大的发展，而且重要的是它应该得到发展，因为它在很大程度上是建立在这样一种群众性基础上的：科学的进步甚至科学的持续都取决于此。

注释：

[1] 俄罗斯的费德罗夫斯基(Federovsky)和荷兰的范·伊特森(van Iterson)都对这个问题感兴趣。

[2] 人们常常认为，作者最不善于为自己的论文写摘要。然而，要求提供详细概要的做法日益普遍，这表明他是可以在精简对其工作的描述方面提供一些帮助的。

[3]《应用科学用基础英语》(*Basic English Applied Science*)，奥格登(C. K. Ogden)著。

[4] 几家美国报纸都拥有声名卓著的科学编辑，并保持着高水准的科学报道。除此之外，还有所谓"科学服务社"的组织，负责收集和分发科学消息给新闻界的其他媒体。这些新闻要比我们国家提供的科学新闻更可靠，也较不那么耸人听闻。

[5] 见《星期日泰晤士报》，1938 年 5 月 15 日；《科学工作者》，1937 年 11 月和 1938 年 4 月。

[6] 参见法林顿(Farrington)教授的论文《维萨留斯论古代医学的毁灭》(Vesalius on the Ruin of Ancient Medicine)，《现代季刊》，第 1 卷，第 23 页。

[7] 例如，已经安排全国铁路工人联合会、机车司机和司炉工联合会、铁路文员协会和全国劳工学院理事会等团体剑桥分会参观剑桥生物化学实验室。

第十二章　科研经费 309

一　科研与经济体制

科研体制的任何改革都将涉及如何建立一个令人满意的财务制度的问题。然而，讨论这样一种财务制度要远比讨论科研管理困难得多，因为科研的财务问题不是科学本身范围内的事情，而是更取决于它所处的社会经济结构。在下一章中，我们将讨论充分利用科学为人类谋福利所要求的那种经济结构。但在这里，考虑两种类型的社会制度对科学研究的经费安排就足够了：一种制度是整个社会经济由人民自觉地控制，因此可以被用来达到任何期望的目的；另一种制度是，像目前苏联以外的社会制度一样，经济因素的有效控制掌握在垄断企业所有者和代表其共同利益的国家手中。第三种选择，即纯粹的小规模竞争性资本主义制度，几乎不值得考虑，因为这种制度现在只具有历史意义。

科研的经费需求：弹性与安全

一个有组织的综合性科研服务体制需要在经费投入上具备灵活性、连续性和稳定的或不断增长的投入等特点。科研过程中不可预测的因素和不同学科之间相互关系的复杂性，使得任何僵化的财务计划都会造成极大的浪费。不仅是整个科学事业的总的经费需求，而且包括这些经费在各学科中的分配，都会在相对较短的时期内有相当大的变化。因此对整个科学事业或对其中某个单独的分支设定僵化的财务计划都会导致困难和浪费。其结果要么是研究项目出现重要突破但缺少资金跟进，要么是项目完成了但经费出现暂时的结余。考虑到所有部门都不想把结余的经费退回去，因此这势必会造成浪费。科研经费需求上的这种多样性，使得适用于政府其他部门的财务管理办法用到科研上会变得十分有害。而这一点也使得许多科学家对接受有组织的科研管理产生一

310 种排斥情绪，因为他们想不出除了眼前看到的这种管理体制外还有什么好的管理形式。

此外，声称当前科研财务管理的主要弊端不是其僵化的特性，而是其极端的可变性，这似乎也是荒谬的。当然，科研项目内容上的变化而产生的经费需求变化，与由于国家财政采取紧急措施或因大笔赠予所带来的资金变化之间有着根本的区别。目前，科研在这两方面都受到影响。一方面是项目需求与经费到款的错位，当项目有了新进展而急需资金时，却没有新的经费可用；与此同时，在没有特别需要时，而且事实上也腾不出人手来从事必要的工作时，却可能到款大笔资金。另一方面，那些需要长期予以稳定的经费支持的科研项目会突然遭到经费削减，造成大量已做的工作无法持续，从而造成人力资源上的浪费。

二　计划经济体制下的科研

预算的确定

理想的安排是，科研预算由科学组织本身的财务部门会同国民经济（包括工业、农业和社会服务业）的代表共同协商确定。资金的数额及其分配将根据科学内部发展的需要（根据科学自身的估计），与某一学科因社会迫切需要的应用而予以特别发展的需要之间的平衡来确定。例如，科学家可能会要求增加化学胚胎学方面的经费投入，理由是发展化学胚胎学能够解决阻碍其他学科进展的问题，而国家经济委员会则可能希望对高炉炉衬的效率进行深入研究。这些要求未必都是相互冲突的。科学发展的实际路径应该是对科学整体发展趋势及其成功概率做出适当评价的结果。在其中，我们既要考虑到社会对科学的总需求，也要考虑到在一段时间内科学满足这些需求的可能性。

内部分配

有人可能会说，一旦科研总经费确定了，科研内部的资金分配可以留给科学家自己去解决。然而，科学家目前是否能成为科学最优发展的最佳评判者还值得怀疑，而且可以肯定的是，如果他们
能够将科学的发展与当时的社会需求联系起来考虑，那么在资金 311
运用上就将比仅仅考虑科学的内部发展要合理得多。相反的意见——科学不是那种应该按照社会需要的质量和数量来购买的东

西——当然也是错误的。当今科研活动中造成最大浪费的原因之一正是这种将科学视为商品或按结果付费的观念，这是商业时代的自然结果。正是这种态度，几乎从科学诞生之日起，使得在科学界形成了一种奇特的不诚实的作风：科学家为了获得他研究经费来支持他认为非常重要的研究项目，就假装承诺他将把钱花在能给他的赞助者带来利润的研究上。正如开普勒所说："上帝为每一种动物提供了适当的营养品，但对于天文学家他给的是占星术。"

起初，科学界的代表与国民经济界代表之间的联合协商是困难的，因为每一方都需要一段时间来学习对方的语言。但不久之后，正如在苏联所发生的那样，这种协商开始显得既自然而又必要，因为它符合双方的利益。这种协商不仅必然包括来自科学院的科研工作代表，而且应包括来自大学的代表，因为任何科学发展规划都必然包含提供合适的后备力量，并将他们分配到不同的领域。任何对科学的合理资助都会促进生物科学和社会科学的大发展。而这一发展本身就要求对不同领域的学生人数和教学组织形式作相当大的变动。

实验室经费的筹措

科学活动中，具有独立的财务和行政职能的单位是研究所或实验室。财务委员会的职责是确保每个实验室能够持续不断地得到所需的资金并有所增长，前提是各实验室能够给出令它们确信的一个好的理由。财务委员会还需要确保承担长期研究项目的实验室不会因为缺乏资金而造成项目进展停顿。这种连续的经费支持将为科学发展提供一种平稳且有缓慢增长的基本预算。除此之外,科研还需要额外支出。例如,一项新的发现可能开辟了一个新的研究领域,为此需要设立新的研究所。或者,一种新的社会需求使得研究所有必要去探索满足它的新方法。这种发展,虽然从很长一段时间上看其经费需求是持平的,但由于其开支还包括资本支出,因此在短期内会出现某种不规则性,其数额可能达到整个科学预算的三分之一。根据国民经济的特点,这些款项可以在需要 312
时随时批准,也可以通过设立定额注资的专项基金来不定期地拨付。

科研的建设

到目前为止,我们都是从一个企业的角度来看待科学的财务运作的,尽管也考虑到经费的定期增长,但这种增长只需与科学本身的应用所带来的人均实际收入的增长成正比。现在我们要讨论一个更直接也更实际的问题,就是如何将科学的发展及其应用提升到能够给社会带来最佳回报的水平。很明显,目前世界上还没有一个国家达到这一水平。即使在科学已建立多年的国家,其运作规模也还完全不够。而在苏联,尽管其科学预算在某种程度上已接近这种充足的水平,但它的科学传统及其文化背景的建立还有待时日。这种传统的缺失同样会阻碍科研支出本应产生的潜在的回报。科学领域的财务制度的首要任务是科研建设而不仅仅是维持科研的运行秩序。

人才的利用

不幸的是,科学的建立与物质方面的技术成长不同。物质技术可以通过经济资源的利用——归根结底，是对原始的人的力量的利用——而成倍增长，而科学的建立必然是一个缓慢的过程，因为它取决于在智力和经验上都要高于平均水平的人的存在。因此，科学的发展有一个上限，这个上限是由人而不是由可用的资金来确定的。然而，这并不是说，科学的发展速度不可能比今天快得多，也不是说其增长率本身不可能逐步提高。但科学的发展不可能像工业的发展那样，在起步阶段就达到年增长 25% 或者 50% 的发展速度，但现在 10% 的增长率是可以达到的，而且一旦这个系统开始运转，发展速度可能会上升到 20%。如果有必要的话，还会更高。原因前面已经陈述。从本质上说，原因就在于现行的科学用人制度和组织体系造成的极度浪费。人才就在那里，就看你怎么利用。科学的重大进步必然从教育系统开始，而这实际上意味着，即使有足够的人才来承担教育本身的任务，起码也要经过 8 到 10 年的时间才能在这方面收到明显成效。

要想获得更快捷的结果，就必须充分利用现有的训练有素的
313 科学家。毫无疑问，如果能将现有的较为详细的研究方案付诸实施，就会使有效的科研成果的应用价值明显提高。但实际上，在苏联以外的几乎每个国家，这些方案都由于缺乏资金而被搁置。而在苏联，这种由缺乏资金所带来的限制是不存在的。当然，随着科学需求的增加，必然会出现某些困难，例如缺少仪器或训练有素的助手等。这些困难会给工作带来阻碍，但它们主要是些机械性的障碍，只要可用的资金到位，它们就会消失。显然，科学主动性的突然释放可能会带来某种浪费，但这是所有新的建设事业都会存在的一种浪费。与目前的停滞状态相比，这种浪费标志着一种社

会效益。

科学工作者的地位

在有关科研的任何财务方案中，科学工作者本身的实际工作条件都是首要的考虑因素。我们已经讨论了他们目前所面临的缺失（见第四章和第五章），这些缺失显然必须得到补救，但仅仅消除这些缺失是不够的。要想让科学工作者为科学尽心尽力，就需要予以特别的关照。他们的主要需求无非是职业保障、充分的空余时间和适当的地位。我们需要对科研的职业属性有这样的认识：从事这份工作并不意味着研究人员不再做其他任何事情，例如教学或行政工作，而是说，如果他在目前的研究上很有成效，那么就不必要求他一定要去完成其他一些有碍于他开展研究的事务性工作。而这种情况目前却经常发生。对此法国采取的是一种明确划分职业等级的政策（见本书[边码]第201页和附录六）。按此规定，科研人员可以通过轮岗来从事教学或行政工作，这是一个理想的解决办法。在工资问题上，按照目前社会制度下普遍不平等的现状，上层少数人的工资与底层大多数人的工资差距过大。年轻的研究人员在思想最活跃、工作最富成效的时期，却常常被经济拮据弄得焦头烂额。我们应当设计一种更温和的分级制度来满足科研人员的实际需要。目前教授的高薪是基于这样两个理由：一是需要协助支持科学学会和招待外国科学家等；另一个更有力的理由是要维持一定的社会地位，以便能够与富人交往，为他们的科研工作筹款。第一种需要应该通过改革科学学会来得到满足。正如 314
已经建议的那样，改革后这些学会将不再需要承担出版费用和来

宾的招待费用，这样也就不会成为其会员的负担。而要解决第二个更重大的问题，则意味着经济体制的改革。在新体制下，科学家的重要性将直接得到承认，而无需以收入多寡为标志。

科学家的工作条件应该放宽，允许他们享有长期的和不定期的假期。这在苏联已成惯例，在其他地方也越来越倾向于这样做。这种假期可以与科学考察工作结合起来。其关键是，科学家应该能够在不损及其地位的情况下潜心思考自己的问题。这种待遇不仅适用于科学院的科学家，也应当适用于工业界的科学家。实际上，最重要的改革举措之一就是要通过这两个群体之间的频繁的交流和定期的会议来模糊二者的区别。一旦科学被认定为现代生活运转的一门基本艺术，科学家的地位就会自动得到改观。他将不再一方面受到实际的蔑视，另一方面又受到盲目的崇拜，而是被认可为普通工作者的一员，一位有能力处理新事物而不是日常事务的员工。

对经费不设外部资金限制

应当认识到，科研经费的开支与一般生产性企业开支有着不同的性质。科研上的任何一笔钱都可能被浪费，但总的来说，整体上看，科研产生的回报能够抵消这些开支，其收支比要远远大于任何其他形式的收支比。换言之，用于科学研究的实际金额只占整个社会总开支的1％不到。但它们却能够给社会收入带来高达每年10％的增益。因此，从长远来看，对科研经费不设限可能是经济的。也就是说，经费只受现有科学家花费能力的限制。只要想到科研上的开支会受到非常明确的内在限制时，这样过分的建议就不会显得鲁莽了。首先，从事这项工作的人必须具备很高的学术能力和勤奋工作的品格；第二，所花的额外的钱不会用于他们的个人开支，除非是用于刚入行的科学家增加工资；第三，用于仪器设备的开支将受到一个人可以使用的仪器数量的限制，虽然这个量可能是目前的两三倍，但绝不是无限制的。

最优支出

当然，特别是在英国的科学界，有一种“酸葡萄”心态，认为钱 315
多了实际上对科学家不利。他们以美国为例，在那里，对科学的资助要比别的地方多得多，但并没有产生相应的结果，而是产生了许多弊端。确实，在某种程度上看，购买昂贵的、或多或少标准化的设备有可能阻碍科学家自己动手设计制造某些专用设备，尽管这些设备制作简陋，用起来费力，但却可能带来新的结果。但这种弊端必须与在缺乏某些仪器的情况下完全无法取得结果的状况相权衡。同样，有人认为，如果科学是一个收入丰厚的职业，那么它将引来一些不受欢迎的人进入科学界，这些人搞科学就是为了从中捞一把。但我们在考虑这一点时还必须与以下事实相权衡：报酬过低、缺乏安全感和在科学界从业受到限制，将使许多有能力的人根本无法进入这一行业。我们必须在这些相互矛盾的争论之间取得某种平衡。肯定存在这样一种状态，在一定的科学支出条件下能够使所花的钱得到最大的回报。但这种支出绝不必然是科研上的最优支出。从社会的角度来看，花两倍的钱来获得一半的科学回报是值得的。我们根本无法断定，尽管美国的科研开支比英国的更浪费，它却没有给社会带来更大的价值。何况已经有人指出，

目前科学上的浪费在很大程度上是由于其组织上的缺陷。这种浪费已经远远超过在一个计划周密的科研项目中进行那种可能是毫无结果的实验所花费的开支。除此之外，与增加科学开支有关的许多弊端实际上与科学无关，而只是现有经济体制下滥用权力的特殊表现。只要人们还在将营利看成是一个意欲实现的目标，任何职业，即使是科学事业，都无法避免这种弊端。但这绝不是说，在一个这类活动受到谴责的社会里，科学开支的增加就一定会导致目前这种与之相关的弊端。

理想的科学资助模式首先应使得科研经费能够快速增长。这种增长仅仅受限于能够招募到的有足够科研能力的人数多少。然后，提供快速增长——即使不是更快，起码也是同样快——的动力应来自人们自觉的认识，即认识到推动科学是社会发展的需要。如果我们设想能够建立一个秩序井然的社会，它摆脱了目前的经济不安全和战争的焦虑，能够发展科学造福人类，那么我们就会看到，在这样一个社会里，科学的发展将获得双重动力。一部分动力
316 是因为它对社会有用，另一部分动力则是因为由于科学的活动，其他职业将弱化其存在的必要性，这样人们将第一次以充分的社会合法性来为了科学自身的目的而研究科学。

三　资本主义经济体制下的科学筹资

如果我们暂且放下从科学对社会的价值的角度来探讨对科研的经费支持，转而考虑在现有条件下如何最好地资助科学这一更为现实的问题，那么我们将从一开始就面临许多困难和矛盾。首

先，正如已经指出的那样，出于私利目的的科研资助有一个根本性的缺点。一般来说，科研经费的投入，无论从长远来看是多么有利可图，都不会为最初的投资者带来回报。竞争的存在和它所带来的必要的保密性则形成投资科研的另一重障碍。双方之间的这些障碍使得人们必须建立一个极其复杂而低效的投资体制。资本主义国家的科学资金部分来自工业，部分来自国家。比这些困难更严重的是，为了国家权力、经济和军事利益，国家垄断科学的趋势正变得日益严重。但这不是说，在这些限制的范围内，科学资助就一定不可能建立在比目前大多数国家现有的更好的基础上。

科学界与产业界之间需要有更多的相互理解

除了前面提到的障碍之外，还有一些理应可以消除的障碍。这些障碍主要是由于科研工作的学术指导者、企业管理者和政府管理者之间缺乏相互了解所致。目前的资助科研的财务制度不是精心设计出来的，而是作为应对不同项目的一种权宜之计逐渐积累发展起来的。其复杂性和低效率主要是因为人们从未对它从整体上进行过研判。如果能够进行这样的研判和修改，那么这一体制将既能够为科研筹集更多的资金，也可以让这些资金使用得更为得当。在资本主义国家，科学在实现第一个目的之前，必须使科学的价值得到揭示，而这只有通过商业企业开发的方法，即广告和宣传，才能有效地实现。但在英国，到目前为止，科研人员的职业道德在很大程度上阻止了他们采用这种方法。甚至没有一家服务完善的科学新闻报道机构。在英国，没有一家大报有科学编辑，甚至连定期报道科学新闻的记者也很少有。美国的情况当然好一

317 些，但即使在那里，一些至关重要的发现和应用也很少能像苏联的所有报纸那样登上头版新闻。由于科学不为人所知，因此就不受重视，所以科研的筹款就不得不通过迂回和特别的方式来进行。其结果正如所指出的那样，科学家们不得不为了一点点经费而进行不体面的争斗，而不是联合起来，为使科研能够得到足够的预算而去提出他们共同的要求。

科学基金

技术上可行的一个解决办法——尽管能否实现令人怀疑——是集中设立某种形式的科学基金。它将汇集所有现有的科学收入的来源，并通过来自个人、行业和政府的不断增长的拨款来充盈基金。这项基金的分配将由一个类似于上一节所述的科学和工业委员会来负责。但基金运作最困难的问题与其说是经费的分配，不如说是筹集资金的手段和不同来源资金的相对比例。我们从一开始就很清楚，在资本主义社会里，我们不能期望有一个统一提供科学服务的部门，因为私营企业为了自身利益仍然需要开展一定的科研工作。然而，如果企业能够以某种方式将其一部分研究经费用于它所从事的特定行业的研究，那么我们就可以比目前更接近于建立统一的科研部门。英国在建立研究协会时所采用的正是这一原则，我们可将它扩展到覆盖所有行业，而不是像现在这样仅覆盖现有行业的一半。另一方面，对于一些可能惠及许多行业的更为基础性的研究，以及对整个社会具有价值的研究，在目前的条件下，期望各行业参与捐赠还是空想。在目前的条件下，这种研究的开支必须由政府承担，即直接或间接地由纳税人承担。事实上，议

会科学委员会已经向政府提出了一项为科学设立捐赠基金的建议。建议的主要内容见附录。其主要论点是，在应用科学领域，一项技术需要10年左右的时间才能达到实用的阶段。因此，科学所需要的与当下的生产条件无关，而是与10年后的生产条件有关。拨款的连续性是首要条件，我们在前面（本书[边码]第45、60页）已经谈过可用的研究经费随着商业周期的变化而变化所带来的令人遗憾的结果。设立捐赠基金的好处就在于，在经济繁荣时期，企业可以投入大笔资金，而在萧条时期则少投或不投，这将有助于消除科研经费的波动，并使得研究经费有一个缓慢而稳定的增长。318
与这项建议同时被提出的还有将应用科学范围扩大到包含全英所有企业，而不是像目前这样仅包含半数企业的建议。

官方的反对意见

正如人们所料，官方对议会科学委员会的建议做出了否定的答复（见附录五）。咨询委员会提出的反对意见基于下述两点理由：第一，政府拨款数额超过企业家自愿捐赠的数额不可取；第二，基金运作原则本身不健全。他们指出，虽然企业家对科学的好处的认识可能较为缓迟，但这种认识正在逐步提高。他们援引他们的报告来解释为什么会这样：

> 科学思想在工业中的应用和发展，有赖于对工业如何利用科学和科学方法有一个完整的认识。只有科学家和实业家都来研究这种合作的问题，才能使这种合作得到充分的应用和发展。受过科学教育的人与大多数从事生产性企业工作的人之间，在训练、经验和观点等方面存在差异。那些急于确保科学

> 得到合理利用，以便给社会带来潜在利益的人并不总是能想到这些差异。科学家必须与企业家取得一致。因此，我们最重要的任务之一就是组织科研，以促进与工业界的联系……
>
> 有人敦促我们立即建议大幅增加国家在解决工业困难方面的研究经费。我们认为，这种不加限定的发展缺乏合理性。符合国家利益的合理支出取决于工业界能在多大程度上普遍准备运用科学方法和科学知识的进步。只要我们确信，就像今天这样确信，工业正日益显示出能够有效利用科学的能力，我们就能够向国民证明我们为什么要坚持稳定发展的政策来满足新的需要。自 1915 年第一届咨询委员会成立以来，我们的前任和我们自己就一直遵循这一政策。
>
> ——《1930—1931 年度报告》

他们的第二个论点是，政府的投入已经在稳步增加。尽管从他们自己提供的数字来看，从 1928 年到 1933 年，每年的增长率只有 1.5%，接下来的 5 年为 7.5%，但已很明显地显示出商业周期的影响。显然，他们认为后一种增长率将无限期地持续下去。尽管经济衰退的可能性从那时起就变成了一个紧迫的现实问题，但他
319 们甚至根本没有考虑到这一点。过去，反对设立基金的依据是它将使议会失去控制权。但议会的这种控制权似乎仅具有相当重要的理论意义，因为在过去 15 次的预算辩论中，有关科学部门的预算讨论每次仅占半个小时。这一答复本身就等于完全承认，我们目前的经济和工业体系没有能力充分利用科学，即使是为了自身的利益。在这种情况下，官方的观点很可能是正确的。目前的科研经费制度可能是现有经济体制下最有效的。

私人捐赠

科学还有第三个资助来源，即私人的捐赠。但这种资助方式很难纳入任何有序的计划。在现代条件下，这可能是最糟糕的科研资助方式，因为它的发生必然是高度不确定的，而且资助的数额基本上也是不可预估的，而其最糟糕的特点是这些捐款的分配和使用方向的不确定。除了少数值得赞赏的例外，现在给予科学的大笔资金多是出于宣传上的考虑或是为使良心得到安稳。一个公司或个人对科学的大量捐赠可能有助于提高或维护捐赠者的声誉。在英国，这可能是一条通往荣誉的道路，在美国则是获得普遍尊重的途径。但是，无论捐赠者的动机如何，大额捐赠者或潜在捐赠者的存在，对科学家个人或科学家群体来说都是一种长期的诱惑，他们都想从这些捐赠中分得一杯羹。这些钱一般不会流向最需要它的地方，而是流向最擅长榨取富人金钱的科学家那里。其结果是大量的捐赠被浪费在砖头瓦块上，或浪费在科研能力欠佳但巴结水平一流的科学家身上。更糟糕的是，这种捐赠可能会在科学界引发一种对富人及其机构的普遍的奴性心态。大多数思想激进的教授，在发觉自己的观点有可能影响到他看重的科研项目获取经费时，便会在表达自己的观点时表现得犹豫。经验表明，只有当基金的数额足够大，足以应付延续不断的支出，并且基金是由一个公正而独立的委员会来掌控时，这些弊端才能被消除。还没有一个基金，即便是洛克菲勒基金会，其金额能够大到完全满足这些条件。如果能够设立这样一个总的科学基金会，让企业、政府和个人的捐助都汇集于此，那么现有的许多弊端就有可能被消除。

但即使这样，那种普遍的奴仆心态仍将继续存在。

科学事业能否自给自足

320 如果科学家自己能够从其成果的应用中得到某种可观的回报，那么筹集资金的问题就会迎刃而解。人们已进行了这种尝试，就是设法从科学发现的专利中直接获得科研的利益。其中最值得关注的例子是威斯康星大学取得的制造维生素 D 的专利。但总的说来，科学家们并不看好这种做法，因为他们清楚地看到，在大多数情况下，申请专利的结果是阻碍了科学有益成果的应用。在医学领域尤其如此，通过专利限制，那些对全人类都有价值的救治药品被维持在高价，以至于只有最富有的人才买得起。科学家感到自己已成为这种交易的参与者，因为他们必须是现有医药公司产销链上的紧密一环，但这种做法有悖于他们的基本职业准则。

然而，除了这种道德上的考虑外，任何通过专利来融资的计划还存在严重的实际困难。现在除非是通过大的工业垄断企业的推行，否则重要的专利几乎没有成功应用的可能。对于这些垄断企业来说，买断专利有时是值得的。但一般来说，逃避专利条款要容易得多，而且如果提起诉讼，胜算总在钱多的一方。总的来说，科学家们出于本能而不参与经商是有益的。鉴于学术有专攻，他们的专长不在此道，因此他们经商很可能损益各半。但这种损失却可能会导致整个科研部门不得不无限期关闭，并带来普遍的个人痛苦。即使科学家在商业上取得了成功，他们也是以牺牲他们的科学才华为代价，而且还得接受保密规定，默认夸大的广告。这些做法是商业上取得成功所必需的，但却与科学精神格格不入。

经济民族主义与计划性科学

在现代国家,对科学的投入已日益成为国民经济的重要方面。事实上,在某些国家中,我们几乎可以肯定地说,这要归功于对科学的保护。例如在德国,公共生活的整个氛围与科学精神是对立的。血统和国土被认为比智力更重要。然而在现代世界里,他们也不得不承认,血统和国土不足以确保国家荣誉和民族自由。德国人之所以需要科学是因为两件事:一是为了战争机器的完善,二是同一事情的另一面——使国民经济朝着自给自足的方向发展。尽管这是最极端的例子,但其他所有资本主义国家也都明显存在 321
着同样的倾向。例如,科学的这些功能促进了英国的科学和工业研究部的形成和延续(见本书[边码]第30页)。国家的经济压力对科学的影响在很大程度上推动了应用研究向两个方向发展:一是主要涉及军备的重工业,特别是金属冶炼和化学工业上的发展;二是(在较小程度上)研究如何提高粮食产量和粮食保存的问题。这种应用上的取向性放大了物理科学和生物科学之间业已存在的不均衡性。当然,如果粮食研究更具生物学性质,那么这种不均衡性也不至于如此显著,但在这里我们遇到了现代政治中一个固有的矛盾,即政治上对农业的原始生产方法的关注。这种关注总是与经济民族主义并行。必须保持农业的原始性,因为地主和农民的保守势力不能被触动,否则我们将失去这股国内的极端保守势力和军事力量的兵源。因此,社会只得将大量的化学人才用于生产合成食品,以省去推行合理化农业所需的相对较小的行政和政治改革。事实证明,对食品保鲜的研究给中间人(即有组织的商品

批发零售商)带来的好处远远大于给直接生产者或消费者带来的好处。然而,为了经济民族主义的利益而间接地发展科学可能是有利的,因为它第一次表明,对涉及全社会利益的问题进行有组织的科学攻关是有利的,并且表明,在美好的和平时期,这种有组织的研究可以从目前的为战争做准备转移到造福社会的轨道上来。

四　科学的自由

上面大致勾勒了科学在两种不同社会和经济环境下的可能性。这种描述可以用来说明,一种社会形态,如果要想让科学在其中充分发挥作用,其必要条件是什么。这个问题本质上是一个更广泛的科学自由的问题。科学所要求的自由不仅仅是要求对这种或那种研究或理论不加禁止或限制,尽管今天在某些国家,科学连这点基本的自由都没有。科学所要求的充分自由要比这宽泛得多。如果我们允许进行某项研究,但同时在资金上无法予以保证,那么这种研究是没有意义的。缺乏经费对科学构成的束缚就像在警察的看管下做事。但是,即使有了经费,而且在某种程度上是按
322 照科学进步的内在要求提供的支持,科学也仍然未必是完全自由的。科学活动的整个过程并不是随着做出一项发现而结束。只有当这一发现作为一种思想和一种实际的应用被充分纳入当代社会后,这个过程才结束。

挫折

科学要实现全面发展，就必须在社会生活中主动作为，而不仅仅是坐而论道。在17世纪和19世纪早期——当时资本主义第一次为有效利用自然力量提供了机会——科学进步之所以得到大力发展，正是因为科学在此期间发挥了这样一种积极作用。可是今天，科学的利用受到越来越多的限制，并且被用于低下的目的。科学缺乏自由和被扭曲反过来又影响了科学的内在发展。在那些曾建立起伟大的科学传统的学科领域，科学仍有可能遵循这个传统的路径发展，但在其他学科领域，如在生物学和社会学科中，这种进步肯定会受到阻碍。如果科学脱离了它所处时代的实际生活，就必然退化为迂腐。

因此，对科学进行资助的一般性问题被认为是一个社会经济问题，而非纯粹的科学问题。一旦科学在社会进步中发挥出公认的作用，那么在合理的计划下为科学筹集足够的资金就不是什么难事。科学所需的资金总额非常少，以至于除了在严重的经济危机时期或破坏性战争后的重建时期之外，为科学研究寻求充裕的资金应该并不困难。一旦科学被组织起来，能使广大公众迅速而直接地受益，它的价值就将非常显著地展现出来，以至于拿出国民收入的1%或2%来用于科学也不会有困难。这个额度相当于未来20年科学所需的总费用，是目前大多数资本主义国家能为科学提供的金额的5～20倍。我们要做的事情太多了，限制因素不是可供使用的资金的数额，而是可以用这些钱的人的数量不足。在人类的需要能够以我们目前无法想象的方式得到满足之前，科学具有被充分利用的前景。

科学需要组织

我们已经从不同方面考虑了科学组织的一般问题。这种讨论必然带有某种学究气，因为我们所谈的都只是科学组织在未来可能采取的形式，而且提供不了具体的适合例子。在这种讨论中，我们只能考虑那些可估量的因素，但更为重要的是那些不可估量的因素。任何一种组织形式，无论考虑得多么周全，无论它与一般的
323 社会形态结合得多么紧密，如果它不能代表构建这一组织的人们的实际愿望，就没有任何用处。因此在很大程度上，我们只有从科学家本身的态度和公众对待科学的态度中，才能掂量出科学改革成功的可能性。科学界迄今还存在着对一切组织的不信任，这一点不承认也没有用。要知道，这种不信任部分是基于古老的传统，即科学具有不受教会和经院式大学所强加的蒙昧主义限制的自由，部分是建立在国家管制科学所带来的更直接经验基础上。对于第一点，总是沉湎于科学过去的斗争往往只会掩盖当前真正的危险：人们已不再是对整个科学加以压制，而是对其加以具体利用。就其现代意义而言，科学的自由应当被看作是行动的自由，而不仅仅是思想的自由。为此，就有必要将科学组织起来。但是科学的组织要有效的话，就不是也不可能是那种以不加思考的方式从企业或民政部门移植过来的组织。让科学服从这样的纪律和惯例，无疑是在扼杀它。事实上，目前受到这种约束的大部分学科已经夭折。因此科学需要组织不一定就意味着要采用这样的纪律和惯例。正如我们试图展示的那样，科学的组织可以是自由的和灵

活的，同时又保持有序。如果科学能够保留以民主形式表现出来的民主精神作为其核心，那么任何科学组织形式都不会失去科学进步中所固有的集体情感和对知识和人类进步的渴望。如果我们要建立一种科学组织，那么这种组织在很大程度上必须通过科学家自己的努力来建立起来。至于他们如何做到这一点，我们将在下一章中讨论。

科学家和民众

然而，建立科学组织不能仅仅依靠科学家。科学家不能强迫社会接受他们的服务。他们必须成为科学与社会之间自觉自愿的伙伴关系的一部分。但这就意味着不从事科学的民众需要对科学的成就及其发展的可能性有充分的认识。为了充分发挥科学的作用，我们还需要在经济上将社会组织起来，使普惠的人类福利，而不是私人利益和国家扩张，成为经济行动的基础。在这样的经济条件下，科学家们可能会发现，他们比当今社会中任何一个相对富裕的阶层都更适应这种制度。因为在任何时候，科学组织都是全体科研工作者的公社，他们互相帮助，分享知识，而不是集体地或个人地去寻求超过他们工作所需的金钱或权力。他们在任何时候
都是以理性的和国际性的眼光来看待问题。因此从根本上说，他 324
们的所作所为与那样一种运动——寻求将同甘共苦的共同体扩展到全社会、经济和知识领域的运动——是一致的。为什么科学家和社会还没有完全认识到这一基本的共同点，我们将在后面的章节中讨论。

325 # 第十三章　科学发展战略

一　科研工作能被规划吗?

一旦我们解决了经费和科学组织的问题,我们就面临着一个更具体的问题,即如何引导这个组织开展研究和应用。事实上,我们必须制订一个科学规划。乍一看,科学发展战略的问题似乎无法解决。科学是对未知事物的发现,本质上是不可预见的。在许多人看来,科学发展的规划似乎在组词上就是矛盾的。但这是一种过于绝对的观点。事实上,除非科学在一定程度上有规划,否则根本无法推进。虽然我们确实不知道我们能发现什么,但首先我们必须知道去哪里寻找。某种短期规划一直是科学研究中固有的,而长期规划则隐含在科学工作者的培训中。举例来说,如果不是人们认为化学在今后 50 年中仍然值得研究,人们就不会去培养化学家。因此,发展的规划是隐含的,但它是传统和机会主义的混合体。我们的任务是制订一个考虑更加周到的规划,同时考虑到科学发现的不可预测性。

灵活性

很明显,要制订这样一个规划,需要所有科学领域的工作者通力合作。但由此得到的实际上不是一个规划，而是这样一个机构可能演变的规划的草图。它并不是一个明确的规划。当所有不同学科的前景都汇集在一起并被纳入一个科学总体规划时，人们将发现原先的重点可能已经完全变了。然而，哪怕仅仅是为了促使人们朝着一个共同的目标前进，尝试编制一个规划也是值得的。任何此类规划的首要条件是灵活性。对科学来说，没有什么比严格遵守事先制订的规划更为致命的了。当年赫伯特·斯宾塞(Herbert Spencer)在社会学领域制订的就是这样一个规划，现在早已被人们忘记。科学规划总是每隔一段时间就需要更新，而且事实上也一直在更新。也许对整个科学制订一个五年计划或十年
规划，或为某门学科制订一个较短的计划是可行的，并且必须为规 326
划的变更做好准备，因为在任何时候，新的综合性发现的重要性都可能要求对已有的规划进行全面的重新设计。在这里，有意识的定向应该比现有的科学发展规划更灵活。由于缺乏有组织的预见性，任何新发现的影响往往需要数年时间才能感受到，甚至在其自身领域也是如此，而要渗透到其他学科领域则需要几十年的时间。

沿着既定路线推进

科学知识前沿的推进从来不是，也不应该是整齐划一的。它总是包含着某些容易快速推进的突出部，在这些地方，可以说，未知的界限已经被突破。目前来看，这些最容易突破的领域是核物理学、量子化学、固体和液体结构、免疫学、胚胎学和遗传学。目前的趋势一直是，大多数有才华的人都涌向这些领域，后面跟着一大群天赋稍差的人。就像淘金热一样，有经验的探矿者后面跟着一

帮急于快速致富的人。其结果是，其他那些未能取得惊人进展的科学领域不幸被忽视，甚至可能因为失去最初很有希望的研究方向而倒退。因此，与 19 世纪的巨大进步相比，化学在本世纪几乎没有进展。但同时我们也应看到，这些被遗忘的学科领域一旦引起人们的注意，就很容易借助于发达学科的新原理和新方法而获得快速发展。有了更好的组织，这种最终的进步就可以一直保持下去。我们不会让科学知识流失了然后再不得不重新拾起。

症结所在

在科学前沿，也有一些陷入僵局的地带。在这些地方，科学的发展路线似乎快走到头了，或者说遇到了无法克服的理论上或实践上的困难。电学在 18 世纪后半叶就处于这种状态，是伽伐尼(Galvani)和伏打(Volta)的发现拯救了它。在 19 世纪消色差的显微镜发明出来之前，生物学也一直没有什么进展。由于难以分析的原因，遗传学直到 1900 年后才开始起步。理论形态的宇宙物理学直到今天仍然在形成过程中。阻碍科学进步的这些因素的存在本身就意味着需要一个科学的总体组织。一个在某一领域的研究人员看来无法解决的问题可能会在另一个领域找到解决办法。如果遇到的问题不是这种情形，而且其困难是当代科学无法解决的，那显然就更有必要将本领域和相关领域中最优秀的大脑集中
327 起来攻克这类问题。因为正是在这些科学观察似乎失效或导致相互矛盾的结果的地方，我们才有最充分的理由怀疑现有理论存在某种内在缺陷，从而在这些未知领域打开新的突破口。物理学在 19 世纪末就处在这种状态。好在随后出现的一系列侥幸事件让

它摆脱了这种局面。不难看出，如果我们对物理学有一个更全面的看法，并且适时注意到持续发生的异常现象，那么它现在的局面可能就会早一点到来。在科学史上，解释某项发现为什么没能早些做出往往要比解释它为什么会被发现困难得多。有组织地对科学研究加以规划所带来的一个明确的好处，就是能够减少此类案例的发生。

拓宽前沿

此外，还有一些科学尚未踏足的未知领域。科学的前沿现在仍然过窄。对它进行扩展可以使科学自身获益，也可以给整个人类带来好处。我们生活中的很大一部分仍然是按照传统来管理的。这些传统或多或少是有用的，但是缺乏科学依据。在过去20年之前，我们甚至不知道，或者懒得去科学地探究我们该如何吃和睡，该如何抚养我们的孩子，甚至到现在，我们的整个家庭安排——吃饭、洗衣、做饭等等——都还没有接受过科学的检视，只有个别很窄的范围和出于商业上的考虑是例外。在纯科学的世界里，各学科之间仍然存在大片区域有待探索。物理化学和生物化学学科的巨大成功就是填补这些空白的例证。但是在生理学与心理学之间，以及心理学、社会学和经济学之间的空白处在很大程度上仍未得到填补。任何完善的规划都应对这些因素予以特别关照，并将现有的最精锐的力量引导到这些领域。

在过去两个世纪里，科学的迅速成长已经展现了科学家们可以开垦出多少新领域。同时，这一发展也使得科学遭受部分损失，因为曾经的单个领域现在已经被划分成多个学科分支，而且这些

分支在创立之初彼此间几乎没有什么联系。物理学和化学曾经是不可区分的一个领域。到 18 世纪末，它们明确地分成了两个学科。到 19 世纪中叶，人们发现有必要创立一门新的学科——物理化学，以便将它们联系起来。科学的组织工作就是要确保学科间的这种联系能够持久，而不是事后才想起应该建立这种联系。任何一门学科的进展都应当很快让所有其他学科知晓。要做到这一点，显然仅要求一门学科将研究成果与所有其他学科的工作者共
328 享是不够的。科学出版部门的职能应该是确保这些进展能够以简明易懂的形式传播，并使之适用于每一个可能需要它的领域，而不仅仅是出成果的领域。应鼓励新的研究者进入这些中间地带，以保持科学前沿工作的连续性。

巩固进展

但这种考虑不能仅限于科学前沿。一旦有了进展，就需要予以巩固。我们现在通过研究历代科学家的生平和工作所获得的一个好处，就是从中可以得到许多启发。这些启发在过去一直没得到很好发掘，其实它们对未来的发展很有帮助。研究发现，先贤的大部分工作成果在他们那个时代都没有得到很好的利用，这并不是因为他们没有能力逐个地发展这些成果，而是因为他们不可能自己去发展所有这些成果，而且他们缺乏足够多的、能够采纳这些成果的同事所构成的学派。科学组织的规划的一个重要组成部分，就是确保科学最迅速的进步能够通过大范围的合作研究而得到充分跟进，并确保不让任何一个有希望的开放领域被遗忘。

最后，在一个新的学科分支的主要研究范围被廓清之后，有必

要对边边角角进行一次清扫。总会有一些细心而讲求知识体系化的研究者，他们喜欢从事对已有知识进行整理归纳的工作而不是开拓性工作。可以让他们去详细研究一般性理论的各种潜在的可能性。这样做的必要性不仅仅在于研究人员都有一种希望理论具有博大的包容性的迂腐的渴求，还在于他们认识到，只有通过这种耐心的研究，才能发现理论失效的例子，从而找出理论的适用边界，而这反过来又可能成为新的重大修正的起点。

理论研究的重要性

除非我们能够建立起一种充分协调和具有包容性的理论，来为新发现提供坚实的基础，否则科学的进步就没有多少价值。我们看到，过去在许多学科中，特别是在生物学中，都存在着这样一种交替现象：一方面是存在众多互不协调的实验事实，另一方面是建立起各种与事实不完全相关的一般性理论。当实验者和理论家不是同一个人时，我们需要加强他们之间的联系。这并不是说理论可以按订单来创制。建立新的理论仍然是思想家个人最不可预测的特权之一。我们所能做的是以一种可以立等可取的形式，向任何希望对某一特定领域的知识进行整合的人展示该领域先前所做的所有工作成果，而不是让人们在经过大量的调查和学术研究之后才能零星地发现这些成果。科学的任何有序的发展都应该使目前的这种状况一去不复返。现在，对一个领域进行重新调查往往要比找出这个领域以前都做过哪些可靠的工作容易得多，这不 329
是因为以前的工作过少，而恰恰是因为以前的工作太多。我们的目标是使理论尽可能地与实验结果相吻合，并为今后的实验指明

方向。

不停的修正

然而，阻碍科学进步的不仅是理论的缺乏，过时的理论对新发展的拖累同样是一个重要因素。僵化的传统思想的压力往往会束缚和阻碍积极的思想。只要科学发展的控制权和定向还是完全掌握在老年人手中，这种情况就一定会发生。目前提出的一种补救办法是，让年轻人参与到实验室管理委员会，来补充年轻人在个人科研定向问题上的发言权。另一个办法是确保各位领导能够定期得到放松，并有时间了解最新情况，只要他们思想不僵化并愿意这么做的话。在制订科学发展规划时，有必要进一步指出，在任何科学领域，一旦新的理论使旧的观点失效，就应该毫不迟延地对该领域进行彻底修正。当然，旧的理论，只要它们在它们那个时代被证明是令人满意的，就一定有其存在的价值要素，而这些要素不一定就是新理论所发现的那些要素。有时还会出现这样一种情形，就像光的波动理论与微粒理论之间所发生的情形，旧理论的某些方面会在下一个更新的理论中被重新找回。在根据新理论对现有科学领域进行修正时，我们必须考虑到这些因素。但这些因素的存在并不能成为让自相矛盾的新旧知识长期并存的状况一直延续下去的一种正当理由。而目前这种混杂的知识还在被当作科学来教授。随着理论的全面发展，对于过去那些实验知识已得到有序的积累但缺乏理论指导的方面，现在到了刻不容缓需要对现有知识做出概括性总结的时刻。这些总结应能够根据研究的性质，以详略不等的方式提供一个关于事实和技术的综合性结论，作为科学

或实践领域进一步工作的基础(见本书[边码]第297页)。

基础研究与应用研究之间的平衡

任何科学发展的规划都必须在基础研究与应用研究之间保持适当的比例,并始终保持两者之间的最密切联系。我们已经在其他地方详细讨论了为这一点提供可能性的组织形式,即各种层级的研究所。通过这些机构,田间和车间的生产实践中提出的问题将被简化为某种基本模型,人们可以从中找出模型的解,然后再返回到实际应用中。但在这种组织架构下,必须在人员的配备和各部门可用资金的分配等方面取得适当的平衡。这种平衡在不同的 330
时间段,对于不同的学科必然不同。对于那些基础理论已得到广泛确立并已应用于指导实践的领域,比如在化学或物理学领域,侧重点可以放在应用研究方面;而在生物学领域,则需要大大加强基础研究方面的投入。但是,我们不能人为地将某个领域的基础研究与应用研究割裂开来,特别是对于那些我们才刚刚开始了解其确切知识的领域。社会学、经济学和政治学等方面的理论研究之所以没有多少成果,很大程度上是由于它们没有与这些领域的实践相结合。社会科学的研究要比物质世界的研究更需要与社会活动相结合。

二　第一阶段:科学概况

对科学发展的大方向做出规划的第一个阶段是对(前已指出的意义上)人类生活的各个方面的现有知识和技术进行调查。要开展这项调查，就必然会导致对各学科的进一步调查。这个想法并不新鲜，历史上几次大的科学进步时期都进行过这样的调查。在17世纪，有皇家学会创始人发起的调查，在18世纪有法国百科全书学派发起的调查，但我们的调查可以从比他们高得多的水平开始。[1]

自然世界与人的世界

我们必须对调查和行动所涉及的两个主要领域做些考虑。对于第一个领域即自然世界，我们面临着如何寻找并构建生理学意义上的人类的最佳生活环境的问题。这个问题涉及所有的材料技术及其背后的物理科学，以及基于未来生物学知识的生物技术。这些生物学知识远较我们目前拥有的知识深刻。在我们能够为人类的进取心确保获得最好的生物学背景之前，我们必须了解人类出现以前大自然的全部运作方式。自然科学的任何一部分，无论多么陌生或抽象，如天文学或群论，都与这一目的有关。对于第二个领域即人类社会，我们所面临的问题要比生物学意义上的存在性问题更为紧迫。对于社会、种族和阶级之间在经济上和政治上如何相互作用的问题，我们需要达到远比我们目前所能达到的水平更高的理解和综合。此外，很明显，在未来，人类的社会方面属性将会变得更加重要。人类不仅在生物学意义上的需要变得更容易得到满足，而且将创造出一个比他最初发现自己的自然世界更
331 复杂的社会世界。直到现在，这个社会世界是由有意识的人无意识地创造出来的。在未来，社会的意识必然会成为社会变革的决定性因素，而且这种认识也必然会影响到近期科学发展的方向。

需要有效的社会科学

越来越明显的是，我们需要将所谓的科学的左翼——生物学，以及社会学和经济学——提到物理学和化学早期发展的水平。这不仅仅是要为这些学科的研究提供更多资金，也不仅仅是吸引有能力的人才充实这些领域的问题。生物科学有着巨大的麻烦，社会科学更甚。而人们认为它们不是真正的科学而是伪科学的观点是基于：它们与实际生活之间没有充分的建设性的关联。物理学家或化学家一直在设法将科学原理变成技术，只要这些技术具有内在的有效性，就完全可以直接应用于为人类造福。虽然我们讨论过这些技术被日益滥用，但它们并不足以使整个领域的工作最终看起来都是徒劳无功的。对于生物学家来说，其成果在医学上获得应用的可能性仍然很大。但农学家现在面临的却是这样一个世界：在这里，限制而不是发展成为当今的律令，使得生物学发现的巨大潜力根本没法在实践中实现。社会学的情况更糟糕。不仅所有的社会学家都没有任何行政权力，以致社会学根本不能成为一门实验科学，而且当社会学研究看起来会导致对现有的社会秩序加以批判时，这种研究就会受到阻止，并被引向枯燥乏味、单纯描述性的学术层面。要想使生物学和社会学走上正轨，就必须将它们与正在改变的生物环境和社会本身的实际力量紧密结合起来（见本书[边码]第 341 页）。

三　科学前景

在考虑了科学发展的这些更一般的各个方面之后，下面我们转向科学发展的具体前景。我们可以从两个方面来看待其前景，一是从科学技术和理论发展的角度来看待，二是从满足人类需求的角度来看待。前者最清楚地决定了科学近期发展的内在可能性，后者则决定了其长期发展趋势。当然，如果能够同时展示科学进步在这两方面的图景，那就更好了。但这样的一幅图景几乎必
332 然会由于包罗万象而失去清晰性。因此，在本章和下一章中，我们将分别介绍这两个方面。在本章中我们将说明如何利用科学的发展来帮助满足人类的需求，在下一章中我们着重讨论人类的需要如何促进科学的发展。

未完成的任务

自然世界的图景已经被充分勾勒出。让我们看看，到目前为止，还有哪些最重要的任务有待完成。这些任务主要是探索大自然运行的终极或更深层的机制，而这种探索在目前仍属科学的物理学前沿知识所不及的。这些任务还包括探索不同组织结构之间的层级联系，例如物理与化学、化学与生物学、生物学与社会学，最后是社会学与心理学两者研究对象之间的联系。这些现象能否被整合成一个可以得到自洽解释的整体，这一点并不重要。重要的是，我们知道，关于这些中间环节，我们还有更多事情要做。而且由于我们目前对它们一无所知，因此我们仍然无法对这些环节本

身的重要性有充分的了解。在上面提到的例子中，物理学与化学之间的空白已经基本上得到了填补。借助于量子理论的发展，化学上的结合和亲和现象已经可以得到如同物理上电与光的现象类似的解释。在这个过程中，我们对经典化学知识有了更深刻的理解。同样，毫无疑问，对生物学的化学基础的进一步了解，将有助于揭示以前那些被认为是纯生物学问题的问题。事实上，最近发展的一个最显著的结果，就是通过对维生素和激素等相对简单的化学物质的作用机理的研究，揭示了生理行为甚至心理行为的某些原因。这并不是说我们会因为偏向中间学科而忽视了中心学科，而是希望从中获得新的实验动力和理论基础。下面我们对从物理学到社会学之间的一系列中间领域的近期发展前景作一非常概略的描述。

四　物理学

在物理学中，人类对物质世界的隐秘本质的探索是一种自然进行的过程。人类总是希望搞清楚哪些是宇宙中最小的、最快的、能量最人的、最遥远的和最古老的部分。对原子核的研究同时也是对恒星内部和星系起源和演化的研究。更重要的是，这些研究 333
完全超越了人类的一般经验，是对那些我们称之为自然法则的物质行为准则的最严峻的考验，它有助于区分这些准则在什么意义上是终极的，在什么意义上，它们对于我们这种体型大小和生命周期的生物而言，仅仅是一种实用的近似。例如，在生物学和工业应用中必不可少的能量守恒原理，在被用于描述单个粒子与光线之间的相互作用时，可能成立，也可能不成立。然而，无论答案是什么，这项研究都必然会告诉我们更多的关于宏观世界中能量守恒的意义。理论物理学，作为探索我们知识外缘的标志性学科，必然会吸引来最有创造力的人，而且也会吸引来最富思辨能力的人。但它的许多最一般的结论，都几乎不可避免地带有自觉或不自觉地从前科学的信念中获得的神秘的和形而上学的直觉色彩。其程度一点不亚于我们从观察和实验中得出合理的归纳结果时所包含的直觉因素。未来很大一部分工作就是要消除这些阻碍发展的因素。但要做到这一点，就必须将我们研究物理问题的方法建立在关于宇宙及其发展的普遍知识这一更广泛的基础上。

但现代物理学不仅在理论方面可以有很多贡献，而且在它所包含的技术方面，如高压电、真空管和振荡电路等方面的技术，也可以用来改造许多其他分支学科。这些技术本身则提供了物理学和电气工业之间直接的实用联系。这里双方已经存在着一种非常复杂的交换关系：科学产生具有技术价值的思想，作为回报它从工业界获得资金和新的工具，以便取得更大的进步。电子管和振荡电路的进一步发展则对科学领域的内外产生重要影响。电子显微镜就是这样一个既成事实。它的性能已经超过光学显微镜的数倍，而且它还与电视的发展息息相关。现在，能够产生任何波段辐射效应的东西都在人类的观察范围之内。能够透过云雾来观察的红外望远镜已经非常完善。但我们还需要将这些方法应用到其他学科的问题上，并实现类似于望远镜和显微镜所带来的革命。

新的振荡电路组合的可能性是无限的。在数学和电学的巧妙配合下，它们可以在越来越大的程度上取代计算操作。随着这种应用，数学已经变得机械化，但同时也开启了数学机器的新时代。
这些新的数学物理方法可以用来控制仪器和机械，不是像以前那 334
样，仅仅把人类的意志传递给机器，而是用它来代替人类的观察和控制。我们已经可以用红外线人工眼来观察某些过程，并且可以找出人类无法观察到的错误。未来可能会出现这样一种新的机械装置，其操作将是完全自动的，并具有自我调节和自我修复的能力，这样将最终消除必要的机器管理员。人类在其中的作用就是运用智力来设计这种机器。

核物理学现在已经开始提供更大的且无法预见的可能性。元素的衰变已是既成事实。虽然这个事实是在亚微观尺度上，但它已经充分发展到对化学和生物学具有巨大价值的程度。通过新的放射性元素，如放射性钠或放射性磷，我们现在有了一种跟踪单个原子运动的方法，从而直接解决了同化和新陈代谢的机理问题。生物学必须准备好，充分利用这些方法来展开大量研究工作。

物质结构研究

物理学中较古老且被忽视的一个分支主要是关于材料性质的研究。现在这门学科正处于快速转变的过程中。直到最近，只是在考虑电场和粒子间碰撞的情形下，物理学才关注物质的内部结构。过去，我们对物质的概括大都是基于对物质的基本性质——刚性、弹性、可塑性等等——的描述，我们可以利用这些性质，但却不能从物理上对它们加以解释。最近，在将光学、X 射线和电子用于物质结构研究方面的发展完全改变了这种状态。物理学的一个新分支正在出现，它借助于与化学的联系来研究固体或液体物质的结构。这一研究的第一阶段是对现有物质形式的原子结构的研究，由此导致我们对技术性材料——金属、陶瓷、纤维等——的特性的理解。沿着这些方向发展将带来创造新材料的可能性。但盲目的实验并不能实现这种可能性，因为这种实验永远不会产生任何全新的东西，而是要充分利用物质结构理论，以研制出具有所期望性能的材料为目标才能有所成就。

我们对固体物质的认识已经从认识结构的阶段进入到如何理解结构改变的阶段。苏联和英国同时都注意到了下述问题：摩擦和塑性变形会伴有材料的局部变热甚至熔化的现象。这一认识的
335 深化必将对工程实践——不论是金属加工还是轴承、润滑和摩擦起电，甚至爆炸等问题——产生深远影响。另一个最有希望的方向是对物质界面和表面的研究。这类研究不仅在理论上具有仅需展示二维而非三维性质的优势，而且在实践上，例如在材料腐蚀、吸收、矿物质浮选、催化，以及对物理与化学交叉领域内的其他过程的处理方面，具有极大的实践意义。

地球物理学

现代物理学的一个更大范围的影响是如何解释而不仅仅是描述我们自己的家园——地球——的发展。这是关于宇宙研究的一个特殊方面，它涉及核物理，因为只有借助于核物理，我们才能够找出构成地球的各元素有的丰富而有的稀缺的原因。但是关于元素的分类以及它们在地壳或地球内部不同部分的分布则是新的晶体物理学要研究的问题。在此过程中，我们有可能得到关于陆地和山脉的起源的历史问题，以及一些更现实的问题——地震的成

因与预报——的答案。在这方面,快速发展的地球物理学方法——利用重力、磁力、电性和振动等手段——为理论研究和合理探矿提供了很好的前景。当然,我们对地球表面的演化,即大气圈和水圈问题,尤感兴趣。这不仅是因为这些问题的研究对于航空、水力、渔业和航海等方面具有重要意义,而且人们现在开始意识到,它们对科学发展本身也具有重要意义,因为它们为回答构成生命的表观上看似任意的化学组成,以及生命的起源问题提供了一个重要线索。对这个问题,地质学本身只能给出一半的答案,另一半必须由化学来提供。

五　化学

在过去的150年里,化学科学的所有进步都应归功于拉瓦锡所开创的化学大革命在实践中的应用。人们还没有充分认识到的是,在过去10年里,新的量子力学以及光谱和X射线分析等新方法的应用,已经产生了一场更大的革命。现在我们已经可以将电子和原子核的力学系统行为与长期以来所熟悉的化学反应联系起来。当然,起初这场革命只是导致对化学的重新解释,但很明显,它带来的结果远不止这些,它将建立起一种比19世纪化学更合理的新化学,就像19世纪化学比早期的经验化学更合理一样。我们 336
现在很清楚,早期化学的许多表观上的简单性是由于它的研究对象几乎完全集中在简单的盐类和气体分子上的缘故。它将那些无法解释的最基本的观察对象,例如构成岩石的硅酸盐或金属及其矿石等,干脆撇在一边。新方法已经改变了这一切,而且可能带来更大的变化。现在人们已经对硅酸盐化学有了充分了解,证明这门学科只不过是关于简单盐类的电化学在晶态这种复杂条件下的延伸。然而,这种认识必然会对地质学以及陶瓷、玻璃和水泥工业产生深远的影响。

金属

另一方面,金属化学已被证明是一门与其他化学学科性质完全不同的学科。金属之所以具有特殊的光泽,是由于存在自由电子的缘故。虽然我们的现代文明几乎完全是建立在使用金属和合金的基础上,但直到10年前,我们对它们的了解还都仅限于纯粹的经验知识。其方法与早期文明中的冶金工匠所采用的试错方法如出一辙。现在,我们有了运用X射线来分析金属结构的方法。借助于金属的电子理论,我们找到了一种将金属结构与金属的力学、电学等性质联系起来的方法。这意味着理性的冶金学的诞生。它将在技术应用方面提供不可言表的各种可能性,尽管它们的发展一直被目前科学和工业组织上的不合理的混乱所阻碍。

反应

化学其他方面的发展虽不具有基础性,但同样重要。从某种意义上讲,分子化学领域的静态问题都已经得到解决。我们知道,或者说,在大多数情况下我们都有办法给出分子的化学结构。现在最令人感兴趣的是动力学方面:某些分子是如何转变成其他分子的。这个问题的解决将为我们提供新的合成手段,但更重要的是,它将有助于在实验室化学与生命化学之间架设起一道桥梁。

现在，除了蛋白质，我们已经搞清楚了绝大多数参与生命过程的分子的结构。在某些情况下，我们甚至可以合成出它们。但对于这些物质在活的动物或植物体内是如何制造出来的，我们仍然一无所知。

化学的重建

要解决这个问题，仅从经典化学来考虑是不够的，必须求助于整个现代物理学的知识。但在目前的科学状况下，这一借鉴过程 337
受到学科之间缺乏相互了解的阻碍，还受到所谓经典化学的既得利益集团的阻碍。19 世纪化学工业的巨大发展，使得化学家成为最大也是同质性最显著的科学家群体。即使在今天，化学家的人数仍然超过所有其他学科科学家人数的总和。化学技术已趋向于成为一个封闭系统，只有熟练的技术人员才能操作。外来的新方法迟迟得不到认可。例如，能够在很大程度上缩短研究人员和化学家工作时间的 X 射线结晶学方法，已经迟滞了 15 年还没得到应用。而且按目前的情况估计，很可能还要再等 50 年才能进入普遍应用。

胶体和蛋白质

我们越来越认识到，生命的基本特征具有胶体的化学性质。对于大多数生命过程至关重要的物质结构不是细胞、细胞核、染色体等相对粗糙的结构，而是蛋白质分子、蛋白质或多糖链或生物膜这样的精细结构。以前我们一直将胶体看成是天然的。现在我们开始认识到，胶体颗粒的存在是由于某种程度的聚合作用所致，即将许多分子结合在一起形成如纤维素和橡胶这样的纤维物质的作用所致。目前认为最重要的胶体物质是蛋白质，无论它是以球状分子的形式存在，还是以纤维或是膜的形式存在。一旦我们解决了蛋白质的问题，包括对它作为酶的化学活性的解释，例如发酵过程中的酵母或消化过程中的胃蛋白酶，我们就可以在弥合生物系统与非生物系统之间的鸿沟方面走得更远。恩格斯说过："生命是蛋白质的存在方式。"我们可能很快就能对他的这一断言进行检验了。[2]当然，在实践中，胶体和生物化学的知识对影响人类生活的主要行业具有极其重要的意义。粮食的生产、储存和加工，纺织、皮革和橡胶工业等行业的改进，全都有赖于这些科学的发展。

六　生物学

生物学的两个长期未能解决的大问题分别是功能问题和起源问题。生物的机能是如何工作的，又是如何演化的？上个世纪的生物学主要研究的是生物的形态。现在人们认为，这些形态与动物在生活中所发挥的功能密不可分。形态学和生理学正在融为一
338 体。但是生物体不是一个给定的东西，而是一个在个体生命过程中不断重复，并在生命的进化过程中一经出现就难以消亡的过程。胚胎学、遗传学和进化论则是另一个问题即物种起源问题的一部分。不解决起源问题，功能问题就无法解决。近年来，这两方面都呈现出新的面貌。我们对生物的粗略观察——对它们的外观、它们在微观和宏观上的运动、它们的明显的生长发育，以及相似性或差异性等等的观察——所揭示的，仅仅是生物的物理化学结构的

化学变化所表现出来的一些表观迹象，这些结构本身极其复杂和古老。在不久的将来，最大的问题是对生命的功能和发展的化学基础的理解。未来生物化学的发展规模将令许多其他学科相形见绌，因为我们现在所了解的，仅仅是开始认识到存在这样一些我们至今尚无法解决的问题。生物体的化学平衡过程、食物与氧化剂以及诸如激素和维生素这样的特殊化学物质之间的相互作用细节，都必须一一搞清楚。在进行这些研究的过程中，我们将发现许多新的控制生命的方法。这些方法将是我们以前根本无法想象的。

生物化学

正是在这种分析中蕴含着发展有效医学的主要希望。在上世纪末，随着细菌学领域的各种发现，医学开始从半经验、半巫术的实践向应用科学转变。但这只是刚刚开始。细菌性和病毒性疾病是一种来自外界的对人体的攻击。在所有其他疾病中，以及在许多由细菌引起的疾病中，主要的致病因素是人体自身在自然的化学物质平衡方面的功能缺陷。了解这些物质对健康和疾病的作用是合理控制疾病的第一步。通过对糖尿病和恶性贫血的分析，人们发现了一种特殊物质和相应的治疗方法。现在我们需要将这种分析技术推广到所有其他疾病的诊疗上。对于两大尚未解决的疾病，即慢性硬化症和癌症，研究才刚刚开始。这两大疾病是老年人死亡的主要原因。由于与医学有关的生化研究的规划设置不当，过分强调化学方面的考虑，还由于医学界和医疗用品制造商的既得利益的阻碍，这方面研究一直进展不顺。一旦这些因素被移除，胶体化学家与生物化学家、生理学家与病理学家之间的有组织的合作将得到迅速发展。

生物物理学

与此同时，对生命的物理方面的研究也不容忽视。现代物理
339 学已经进入生物学，试图用物理原理来解释生物体运动和感觉的基本机制。肌肉收缩、神经冲动的传递、消化和分泌等过程，既是化学现象，也是物理现象。但生物物理学家的任务才刚刚开始。所有检查物质结构及其变化的新方法——电子显微镜、X 射线分析、紫外线和偏振光显微镜、热、电和声学探测器等等——都需要应用到生物学领域，并为那些既懂得观察结果的物理意义又懂得其生物学意义的专业人才所使用。与老的组织学专家或生物化学家所采用的方法相比，这类方法的最大价值在于，随着技术的改进，人们更容易接近于对完整的动物或植物的生理机制进行详细研究。从效率和协调性上看，高等动物表现出非常高效的机制，对它们的研究必然能够揭示许多其他机制和组织方面的问题，特别是社会协调的问题。科学的一个主要目标是要阐释清楚神经控制的复杂机制。这种机制将引领对人脑行为的解释。在这方面，生物物理学将占主导地位，并辅以生物化学和行为科学研究。

胚胎学

我们对生物功能的认识，如果不与生物的起源及其演化的研究紧密结合起来，就会发展到歧路上去。在这方面，机械论者的批评是对的：仅仅对生物体如何运作的解释，无论多么完整，都不是

对这个生物体的解释。还有两个更大的问题，一个是胚胎学的问题，即一个表面上看不具任何形态的卵子是如何发展成符合预先存在的模式的精巧的生物体的；另一个是遗传学问题，即该模式是如何由相似的亲子关系直接决定的，以后又是如何由不相似的亲子关系决定的。胚胎学本身正变得越来越像化学。[3]在这里，可见的结构似乎是无形但可能是非常复杂的化学变化的结果。胚胎学的研究范围远远超出了对幼年动物成长过程的研究。它适用于所有组织的再生和退化问题、衰老问题、伤口的愈合和恶性疾病等问题。组织和器官培养的新技术使我们感到，我们终于开始了解生命物质的发育过程，而且在将来某个时候还可能塑造出这一过程。这种控制技术对于人类意味着什么还无法想象。但至少这将标志着人类在征服疾病方面迈出了一大步。

细胞核和遗传学

然而，生命的核心埋藏得更深一些。生理学和胚胎学的所有研究都指向对细胞核的研究，因为细胞核本身就包含着生物体特有的和可遗传的特征。染色体中基因与单一遗传因子之间联系的 340
发现，被列为20世纪早期可比肩量子理论的重大发现。但这一发现仍属开普勒式的发现，而不是牛顿式的发现。我们知道，染色体上某些物质点与发育中的生物体内的某些变化群落有着明确的联系，并最终与成年生物体的某些特征有着必然的联系，但这两者之间的联系的本质是什么则完全不清楚。对这个问题的研究不仅吸引了生物学方面的优秀人才，而且也吸引了物理学和化学领域的优秀人才，因为有了基因概念，我们的研究尺度正趋近与化学大分子同量级的水平。除此之外，还有遗传结构的起源问题。这个问题将引领我们从进化问题的研究深入到生命起源问题的研究。在这里，生物学又与地质学和宇宙学问题联系在一起。随着我们对遗传学认识的更新，现在有可能回到达尔文所提出但没有解决的一个问题上来，即物种的起源及其在时间和空间上的分布问题。这里需要确立的不再是进化的事实，而是需要对其进化模式进行详细分析。然而，在这些问题获得解决之前，遗传学还为我们提供了另一种相当独立的研究手段，即通过选择性繁殖，甚至通过创造突变体来改造生物。自从发明出农业技术和动物的驯化技术以来，人类从未像现在这样利用遗传学提供的控制技术来控制生物的发育。

生态学

为了理解和控制生命，研究生物之间的关系与研究人为隔离状态下的生物之间关系一样重要。动植物世界在动植物之间形成了一种完美平衡的化学和物理交换系统，但这个系统并不是不变的。它在空间上和时间上都会发生变化，特别是在受到人类干扰的情形下。农业意味着一种新的生态学的创立。它除了生产出对人类有价值的商品这一直接结果外，还产生了许多其他结果，其中一些从人类的角度来看是非常不受欢迎的。为了满足农民的经济利益，生物学一直在进行有关作物和家畜、土壤细菌和作物病虫害之间关系的研究，并从中获得巨大的收益。随着农业组织的进一步合理化，我们关于农业的知识可能会得到更大的扩展。

寄生问题是研究生物之间关系的一个特殊方面。在这里，科学和医学彼此之间同样可以从对方那里得到巨大收获。在过去几年里，人们已经有效控制了各种原始形态的感染性疾病，但我们对感染和免疫机制的了解还远远不够。如果有了这方面的知识，那 341
么我们就不仅能预防感染的有害影响，而且在某些情况下能够利用人体和细菌的反应来促进健康。感染和免疫所涉及的反应是一种极其微妙的化学反应过程，这一点已经变得越来越清楚了。对复杂生物学过程的研究反过来又可以为理解实验室化学的许多问题提供一种新的方法。

动物行为

动物行为与环境关系的研究可望取得重大进展。直到最近我们才开始认识到，通过对处于某些明确设定的环境中的动物的行为进行研究，我们可以运用逻辑方法来发现相当于人的思维和记忆的机制。这样我们就可以实现魔术师的愿望：学习鸟类和野兽的语言。当然，旧石器时代的狩猎者和新石器时代早期的驯兽者都曾凭借直觉做到了这一点，就像当今的动物爱好者们所做的那样。但是我们需要将这种知识从迷信和情感——这二者从远古时代起就一直是人类与动物之间关系的特征——的混合中解脱出来。这些知识不仅能使我们就动物建立起新的认识和关系，而且能使我们对自己的行为有更多的了解。

动物社会

对动物社会的研究，无论是短期的还是长期的，都必将有助于阐明一个问题，即人类起源的问题。这个问题对我们来说，甚或在整个宇宙范围内，都是非常重要的。现在我们认识到，人不仅仅是一种高级哺乳动物，而且在性质上也不同于其他哺乳动物，因为人是自我创生的，是身为其中一份子的社会的产物。要解开这种形态最初形成的趋向（这种变化大约是在两千万年前出现的），无论是性结合的形成还是原始经济群落的形成，都需要我们汇集生物学家、地质学家和历史学家一起来共同研究。正因为人类社会本身必然带有其源头的印记，因此对其起源的认识对于理解和管理当代社会至关重要。这个问题具有超越所有其他问题的紧迫性。

七　社会科学与心理学

很明显，要解决社会结构和管理的问题，我们需要在动物心理学和人类心理学领域集中起远比现在多得多的人才。当然，进行这种研究的危险在于，我们现在所处的社会并没有为这种研究提供充分的动机。事实上，要诚实地进行这些研究，就不可能不破坏
342 所研究的社会的形态。另一方面，如果不采取行动，我们就始终处于这样一种极为矛盾状态——我们这个社会既有现代文明，又充斥着极度精心策划的野蛮行径和自取灭亡的贪婪和愚蠢。也正是在这里，理论与实践之间的反差最为明显。物理学的发现，甚至生物学的发现，尽管会被延迟，但总的来说注定会在应用上取得相应的成果。但社会学或经济学的发现则与此不同，除了具有学术研究上的价值之外，谈不上还有什么其他用处。如果这些成果暗示世界可以不同的方式来管理，那么等待它们的甚至可能是因为倾向性而被禁止。因此，想以独立于所研究的社会的发展阶段的方

式来预测社会科学、人类学、心理学和经济学的发展是不可能的。只要目前的经济体制持续下去，这些学科的研究就注定只能仅限于做描述性、分析性和学术性的研究。在法西斯主义占据统治地位的地方，它们首先受到冲击并被扭曲。只有在真正关心如何为社会提供最大福利的社会主义化的经济体中，社会科学才能得到充分的发展。因为在那里，它们需要在实践上和理论上都成为公共生活机器的一个组成部分。社会科学之所以在性质上不同于物理科学，是因为它们研究的不是服从各种定律，因而能够运用精确的实验来验证的重复状态，而是一个受内在条件制约的、独特的发展状态。人类心理学不可能简化为一种生物体对周围环境的反应的研究，因为人类个体会以其他生物所不具备的方式，带着一种自出生就感受到的社会影响的结果。在弗洛伊德的著作中，我们已经看到了研究这些社会影响——家庭的影响——所造成后果的开端。但弗氏的分析是一种非常片面的分析，因为家庭本身与经济和社会的影响密切相关，而这些影响对个体的人也有着直接的作用。心理学在很大程度上仍然属于伪科学，它包含了太多的形而上学和宗教思想。科学史表明，要达到有效的客观性，就必须去除这些观念。

社会学更像是一门伪科学，它所涉及的研究对象是不确定的和不断变化的。但它可以与具体客观的、经济学的和人类学的研究结合起来一起发展。其研究范围不仅包括对野蛮种族的研究，也包括对文明社区的研究。各种社会的、经济的和心理的形态，只有在与这些形态的起源关联起来的情况下才能得到充分的研究。这种研究思路主要归功于马克思。由于当今学术界缺乏这种思想，因此那些以人性、精神范畴的人或经济人为研究对象的高度抽象且传统的学科，与以文学性描述、说教式论述或仅仅对历史事实做学究式铺排为特征的历史学科之间出现了致命的分裂。社会科
343 学的发展必须与历史相结合，这就要求对科学和人文学科进行全面的重新梳理。

毫无疑问，相比于物理科学，我们更需要社会科学有大幅度的发展。但目前对社会科学的支持是如此之少则并非偶然。与其说这是因为这些学科的内在困难，不如说是因为仅仅对其对象展开研究就已经是对当前社会制度的一种严厉批评。因此在我们目前的社会形态下，它们不可能得到充分发展。为争取社会科学发展所进行的斗争，同时也是为社会转型而进行的斗争。[4]

八　科学的未来

通过对科学研究各种可能性的考查，我们基本看清了科学发展的主线，并能够从中得出相当可靠的结论。我们无法看到的是某些具有根本性的新发现的可能性及其对整个科学进步的革命性影响。我们在过去已经有过这样的发现。最近的发现当属对 X 射线和放射性活动的发现。有人辩说道，由于这样的发现是无法预料的，如果能够预言这样的发现，那么这种预言本身事实上就已经是这样一种发现，因此研究科学的未来没有意义。这话只是部分正确。重大发现不是凭空出现的。它们是对某一特定领域进行深入研究的结果。但是在这之前，人们必须对该领域进行广泛的研究。在 19 世纪早期，我们不可能预言细胞繁殖的机制，但是可

以说，除非用显微镜仔细研究细胞，否则就不可能发现它们的繁殖。同样，除非将气体放电作为研究对象，否则就不可能发现 X 射线和放射性现象，更谈不上由此产生的一切。因此实际的问题是，要注意到科学在最广泛和最全面的前沿领域所取得的进展，随时准备将科学发展道路上出现的重大发现作为受欢迎的礼物加以接受和利用。

互动

在上述关于科学前沿与未知领域的粗略描述中，在许多地方我们都可以看到不同学科之间，以及它们与人类活动之间的相互作用。但如果将科学分为几部分来排列，那么这种交叉联系就基本消失了。在某种程度上，（边码）第 280 页的图表有助于弥补这一缺陷。图中给出了各学科之间的内在联系，以及科学与生活中

较直接的应用方面之间的联系。像核物理学和生物化学这样的终 344
极学科和桥梁性学科的重要性，是由表中表示这些学科在整个科学领域中所具有的连线数量来显示的。当然，我们可以编制更为完整的示意图，但其复杂性可能会掩盖主要关系。

到目前为止，我们已经讨论到了科学由其自身的内在需要所推动的发展。但我们有足够的证据表明，科学不是一种孤立的活动，并且存在着各种外在实际应用的可能性。这反过来又为这门学科分支的进一步发展提供了实际的理由。迄今为止，科学主要关注的是对先于人类存在的世界的分析，而不是对人类自身所创造的世界进行分析。从事科学研究所需的一整套仪器和设备，并不是用来创造一个新的自然，而是为使人类能够了解自然的本来

面目而提供的用于进行必要的物质分析和逻辑分析的工具。但这仅仅是一个开始。我们还需要对人类创造的世界进行研究和控制。随着时间的推移，宇宙中由人类决定的那部分区域将相对地变得越来越重要。但随着这部分区域被更快地建设，它必然会变得不那么稳定，因此需要我们对它有更透彻、更仔细的理解，以防止人类被自己的创造物毁灭。

注释：

[1] 目前正在为这类调查制订 3 个方案。

[2] 自从有了这句话后，一直被认为是现存生命最简单形式的病毒，已经被证明主要由特定的核蛋白组成。

[3] 参见李约瑟(J. Needham)，《化学胚胎学》(*Chemical Embryology*)。

[4] 恩格斯在《反杜林论》一书中表达了这一思想：

> 人们周围的、至今统治着人们的生活条件，现在受人们的支配和控制，人们第一次成为自然界的自觉的和真正的主人，因为他们已经成为自身的社会结合的主人了。人们自己的社会行动的规律，这些一直作为异己的、支配着人们的自然规律而同人们相对立的规律，那时就将被人们熟练地运用，因而将听从人们的支配。

——摘自《反杜林论》*

* 译文引自中译本第一版，北京：人民出版社，2018 年 3 月，第 306 页。——译者

第十四章　科学为人类服务 345

一　人的需求

如果我们把人的生命及其发展作为我们研究的中心内容，那么科学活动就会呈现出不同的面貌，并以不同于上一章所描述的方式相互联系。人类的需求和愿望为科学探索和行动提供了持续的动力。科学可以看作我们获得满足任何特定需求所必需的知识的途径之一。我们可以将人类社会的需求分为四个层次，每个层次都与科学有着明确的联系。首先，是食物、住所、健康和享受这些基本的生物性需求。在这之后，是对满足这些基本需求的手段的需要，它包括生产性企业、运输和通讯等基本产业，以及整个文明社会赖以存在的行政、经济和政治机构。但社会不仅要存在，而且还需要成长。旧的需求要得到更好的满足，新的需求也会不断出现。人类社会的这些动态需求在政治运动中找到了推动力，但其最终所呈现的形式却是由科学决定的。科学往往成为社会和经济变革的主要动力。最后，社会需要以所谓文化的方式——礼仪、艺术和对生活的普遍态度——来认识自己和表现自己。在这里，不仅是操作性科学，而且科学所呈现的世界图景也都成为必不可少的因素。

基本需求：生理需求和社会需求

人们第一次开始认识到，社会终于能够充分满足人类的基本需求了。直到最近，通过科学，这才成为可能。但我们也知道，我们还没有做到本应能够做到的程度，这不是由于缺乏科学，而是由于社会和经济制度的缺陷所致。从已知的人类基本需求出发，现在已经有可能建立起一个生产和销售的技术系统来满足这些需求了。这样做的好处是，一旦对需求做出了明确和定量的说明，那么满足这些需求的问题也就变得非常明确了，并且可以根据现有技
346 术来测算每项需求的实际满足度。例如，最近关于食品的研究表明，如果能够科学地确定最低的和最佳的营养标准，那么我们就可以采取更有效的政治和经济措施来满足这些需求，这要比用难以定量的语言来表达同样真实的饥饿感有效得多。一旦一种需求能够或多或少地用数量来定义，那么满足这种需求就成为一个明确的技术问题和经济问题。如果有组织的社会认为这种需求应该得到满足，并且准备好支付成本，那么它就变成了一个纯粹的技术性问题了。从技术上说，我们完全可以做到比现在更快地解决这些问题，并且可以准确地预测出为此目的需要在技术上做出哪些改进。[1]在接下来的篇幅中，我们试图做出这样的预测。虽然预测结果可能稍微有点超出了现有的技术能力，但在任何意义上都不是乌托邦式的，也就是说，我们并没有提出任何不知道如何去实现的改革建议。

我们可以把人类的基本需求分为生理需求和社会需求。然

而，人在很大程度上是一种社会性动物，因此这种划分必然是人为的。社会需求对人的行为的支配能力不亚于生理需求。在许多情况下，人为了不违反社会的基本行为准则，能够忍受饥饿和各种不适。事实上，维持我们目前制度的严重不平等的力量，就是这种社会习俗的强迫性，它要远远大过暴力的作用。然而，生理上的需求具有更大的紧迫性。因为这种需求得不到满足，人就不能活下去。全世界发生的绝大多数疾病很可能直接或间接地是由于缺乏基本必需品所致。通常是缺少粮食，而其余许多疾病则是由于恶劣的工作条件造成的。[2]换言之，人类实际上是被他们生活其中的社会制度谋杀的。或者用较积极的方式说，基本生活必需品的充足供应将使世界上每个人平均多活 20 至 30 年。这话听起来可能有些极端，但它确实反映了这样一个事实：英国人寿命的期望值是 55 岁，印度人寿命的期望值是 26 岁，但没有人能从两者之间的差异中得出明显的推论。

二　粮食

首要的也是最基本的必需品是粮食。要对现有人口或任何特
定的世界人口的粮食需求做出评估比较容易，而要估计满足这些
人口的最佳粮食消费所需的农业总产量就比较困难。不过，所有
的估计都一致认为，如果世界上现有的良田都用最好的现代耕作 347
方法来耕种的话，那么它能够提供的粮食产量将是粮食最佳标准
需求量的 2 ～ 20 倍。我们还可以用另一种方式来得到这个结论。
约翰·奥尔爵士在其关于英国——在这方面条件相对优越的国

家——的营养状况的报告中，不仅表明有一半的人处于食品短缺状态，而且其中五分之一的人的健康水平甚至低于最低限度。从这些数字我们可以计算出使全部人口达到充足水平所需的食物量。这个值要比当前消费量高出20%。大约是目前英国农业粮食产量的3倍。如果我们假定英国的人口为4,400万，耕地面积为1,200万英亩，那么按照英国的标准，人均所需耕地不到1英亩。外推到整个世界，所需耕地为20亿英亩，这个数字还不到目前全世界现有耕地42亿英亩的一半，而后者本身还不到地球上陆地面积的12%。

新农业

尽管这些数字是粗略的，但毫无疑问，即使将科学成果做最低限度的应用也可以将农业的粮食产量提高好几倍。[3]对土壤和动植物育种的科学研究，再加上生产一定数量的人造肥料和农机具，肯定可以在大约20年的时间里大力发展世界粮食的生产力，不仅提高粮食亩产，而且可以通过扩大耕地面积来提高粮食总产量。[4]对于经济作物，人们更有动力来提高产量，因此这方面的发展同样佐证了这一结论。例如，在路易斯安那州，甘蔗产量在3年内从6.8吨每英亩提高到18.8吨每英亩。[5]事实上，在目前的体制下，这种改进带来的却是灾难。当局通过精心设计的策略来延缓这种改进，甚至销毁农作物而不是提高作物产量。从苏联所取得的成就看出，即使是极其落后的国家，也可以取得巨大成功。在苏联，除了如本书（边码）第227页及其后文所引述的成果外，通过大规模引进新的科学技术，已经在农业和畜牧业生产上取得了巨大进步。如人工授精技术使畜牧业发生了革命性变化，利用春化作用*使冬小麦的优势得以人工实现。[6]

腺体生理学和遗传学的进步可能会给畜牧业带来更大的变化。到目前为止，这些变化几乎都是纯粹由商业推动的。尽管它们使鸡蛋和牛奶等产品的产量大为提高，但却是以增加疾病的发病率为代价的。例如在牛奶中含结核病菌的情况下，这一做法就 348
会将这种疾病传染给人类。人为使动物早熟不仅不自然并且残忍，也效率低下。[7]在一个秩序良好的经济体中，我们没有理由不把畜禽良好的生活条件作为畜牧业的首要考虑因素。

然而，所有这些仅仅是将科学应用于粮食生产的第一阶段，只是对现有传统方法的简单合理化。粮食生产方法的重要性不仅在于为现有人口提供食粮，因为原则上这是一个已经解决了的问题，而是要以最少的劳动投入来提供食粮，并使人口能够逐步增长，从而将人从这种单调或有损健康的劳作中解放出来。借助于简单的物理手段对沙漠进行有效灌溉，最终通过植被覆盖沙漠将其变成巨大的温室，我们就可以实现耕地面积的大幅度扩张。增加粮食产量的另一种方法是威尔科克斯(Wilcox)博士和格瑞克(Gerike)教授提出的农业技术方法，即通过在含有化肥的水槽中种植植物来提高产量。他们利用这种方法，可以使每英亩水田生产出高达75吨的土豆或217吨的西红柿。[8]

* 所谓春化作用(vernalization)是指人为地让越冬作物的种子经历一段低温期，以保证来年春末夏初能够开花结实。——译者

利用食用菌和化学方法生产粮食

然而，在这些方法被推广之前，我们还可以采用养殖较低等生物（如藻类和食用菌）的手段来替代作为主粮供应的较高等作物的密集栽培。海洋中可作为食品来源的主要是浮游生物藻类。到目前为止，我们只是间接地通过鱼类食取浮游生物来利用这种资源。通过在海洋中人工养殖浮游生物并将其收获，我们有可能对地球表面的四分之三从间接利用转化为直接利用。而且在阳光充足、藻类能够持续生长的地区，通过设立工厂来生产食品可能更经济。除此之外，我们还可以利用食用菌，甚至利用食用菌的酶来合成加工食品。归根结底，我们所有的粮食都包含在空气、水和岩石等物质中。如果我们能够用大自然蕴藏的煤炭，甚至石灰石作为食品的基本原料，那么我们就将有足够的粮食来满足地球上成千倍甚至百万倍于现在的人口。

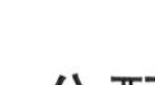

分配

然而，粮食生产仅仅是事情的一部分。还必须将食品制作得营养丰富可口并分配下去。在食品的配送和准备过程中，每天都会产生大量浪费。虽然近年来在食品运输和保鲜方面已取得了很大进步，但这方面的损失仍然很大。事实上，其中大部分是由于经
349 济上的失误而不是技术上的缺陷。英格兰零售的食品总量，如果合理地分配和消费，将足够每个男人、女人和孩子得到略高于英国医学会营养标准（见本书[边码]第65页和第375页）所规定的量。然而事实明显是有相当一部分人的营养水平远远低于这一标准。

因此,售出的相当一部分食品是被浪费掉了。这要么是由于某些人吃得过多,要么(可能在更大程度上)是由于小家庭生活造成的浪费。

烹饪

虽然其他方面的技艺都得到了科学的改进和规范,但烹饪的基本程式却是自旧石器时代以来就没变过,几乎完全不受科学的影响。当然,这也反映了这样一个事实:烹饪作为一种家庭工作,缺少其他行业为了利润而采用科学技术的动机。其实只要将生物化学知识应用到烹饪上,同时进一步减少烹饪过程中不必要的步骤,我们就不仅能够消除浪费,而且能够以比现在更容易、更经济的方式为餐桌增添各种各样的传统菜肴和新品菜肴。我们没有理由认为科学会损害烹饪艺术,就像我们没有理由认为利用科学原理制作的钢琴会破坏音乐艺术一样。

三 服装

纺织品的替代

人们对服装的需求不像对食品的需求那样迫切。从纯粹的物质角度上讲,世界上更多的人是穿得过多而不是穿得太少。尽管大多数这种衣服的质量较差。现在,服装的价值与其说是实用性的不如说是社交性的,人们穿着的主要目的是要让人看着舒服,至少不至于让自己为外表感到寒碜。因此,我们在服装上的需求不仅仅是保暖和舒适的衣服，而是希望以人人都能买得起的价格得到品种多样的漂亮服装。纺织纤维研究的新进展将使我们能够几乎无限度地改进服装的品质和样式。人造丝的生产技术表明，在这方面我们可以非常逼真地仿制出天然蚕丝织品。但更为根本的改进，与其说是尝试生产新型纤维，不如说是通过直接用多孔塑料材料而不是用纺织纤维来制作衣服，以便缩短整个服装生产的工艺流程。这样制作出的衣服不需要耐穿，也不需要反复洗涤，这将给生活带来极大的方便。新衣服穿几天后就可以丢弃。然而，从
350 目前的情况看，纺织业的彻底淘汰将是一场社会灾难，只会引发失业和贫困。在一种合理的生产制度下，人们不会如此强烈地依附于某种产业，以至于即使在它们失去存在价值的情况下还必须维持这些产业。相反，人们会欢迎这种变革，因为它将工人从单调的劳动中解放出来，使他们有机会去从事更有趣的职业，并获得更多的休闲时间。

四　住房

住房问题仍然是一个重要且难以解决的问题。房屋的寿命往往要比居住在里面的人保持生活习惯的时间还要长，目前流行的一个趋势——允许穷人入住富人废弃的房子——也进一步有力地说明了这一点。我们才刚刚开始看到，有可能根据居民的需要来建造一座房子或一座城市。这些需求只是部分物质上的要求，实际上在房屋规划中起主导作用的是社会因素。住房需求的性质在很大程度上取决于社会传统而不是物质需求。房子不仅是一个避

风港,一个提供食宿的地方,更是一个复杂的社交礼仪中心,而且这两个方面是相互影响的。社会习惯和房屋的用途取决于能得到什么样的房子。目前,我们可以看出两种普遍的趋势:一种倾向是在市区内建造具有公共服务功能的大型综合一体的住房单元;另一种是在市郊建造小型的、几乎一致的、独门独户的住房。这两种趋势都可能会持续下去,或在两者之间找到某种折中。不管哪一种情况,科学都能在改善居住环境、使居所变得更方便也更美观方面提供很多帮助。建筑的主要原则才刚刚开始受到新材料和新工艺带来的革命性影响。它很快就将与传统的建筑规范,即传统的、自法老时代以来从未改变过的石头砖瓦的堆砌方法彻底告别,并朝着合理构造的方向发展。建筑的物理功能主要是隔热和支撑,但这二者是完全可以分开来处理的因素。厚墙和大梁是这两者最不便捷的实现方式。

新材料

在新材料中,有些材料,如轻金属,可专门用于支撑,而那些尚未完全开发的其他材料则可用于隔热。我们现在需要的是一种轻如软木(即便不比软木更轻)但却足够坚固的材料,它能抗风防火,
并具有良好的隔热隔音性能。这些要求都不是不可能做到的。事 351
实上,具备几乎所有这些性能的材料已经被制备出来了[9],而且几乎可以肯定的是,随着气凝胶的发展,这个问题可以得到令人满意的解决。由于这种材料不是用于堆砌,而是作为预制件直接拼装到建筑物的骨架上,因此房屋的建造过程将越来越像机器生产的装配阶段,建筑材料的预制阶段相当于机器零部件的制造阶段。[10]

室内环境

在过去，建筑物内的附属设施常常是房子盖好后再添加上去的。在合理的建筑设计中，它们将成为建筑本身必不可少的组成部分。有了良好的隔热墙，房屋供暖问题就完全解决了。事实上，甚至在冬天，居住在房子里的人产生的热量还需要某种降温措施来消除。因此，为了确保这种程度的能量自给，有必要设计一种合理的通风系统。这种系统不像眼下所采用的那样，吸入冷空气并排出热空气，而是设法在冬季让排出的热空气对吸入的冷空气进行加热，在夏季则反过来运行，先对吸入的热空气降温再将降温后的冷空气注入室内。这样，家里的火炉就变成纯粹的摆设了。如果不需要与外界空气完全隔离（许多乡村住宅就不需要这样做），那么供暖和制冷设备就仍是必需的，但不必像今天这样要花很多钱才能做到。可逆热机可以在冬天把热量送入屋内，在夏天把热量抽到室外。这种热机已经造出来了，其运行成本仅为直接供暖方式的三分之一到五分之一。[11]像美国和俄国那样，利用发电厂的废蒸汽来为城市供暖也同样是经济的。

在将空气动力学原理应用于建筑物方面，预计会有相当大的发展，起码可以将它用于避免过堂风。但人们开始意识到，采用适当形状的通道，就能够在不设立任何挡风墙的情况下保持开口不受风的影响。法国铁路机车的前窗特别容易被油污和烟尘堵住，因此现在改用加设保护挡板的开放窗口。汽车的挡风玻璃可能很快也会被类似的装置所取代。这样一来，在夏天和冬天就都可以开着窗户，由风本身来提供保护，或者由通风系统的一部分气流来保护。其最终的发展可能会带来没有墙壁或屋顶,但一样能够遮风挡雨的房屋设计。

家用设备

人们可能认为,在美国,凡是家庭便利方面的问题能解决的都已经解决了。但几乎可以肯定的是,只要有计划地对人类需求做社会学研究,其结果将显示,如果将实现不同家用功能的器具联系 352
起来,毫无疑问就能够提高总的便利性。与许多其他情况一样,在必须满足的条件受到严格限制的情况下,例如要在房车或房车的拖车里生活,许多生活中问题就都能够找到解决办法。我们可以预料,这些发展将使得居室的陈设在安排上具有更大的灵活性和紧凑性,并完全摆脱传统方法的限制。

未来之城

科学不但可以给住宅的细节带来巨大变化,而且在建造大型住宅或房屋方面可以做得更多。使用高强度轻质材料,我们可以围出巨大的空间,其跨度之大是过去或现在的建筑师做梦都无法想象的。全封闭的、宽敞的、带空调的小镇正迅速成为一种现实的景象。当然,试图将所有的人类活动都集中在这样一个圈子里是不可取的。我们可能需要有若干个这种巨型建筑物来从事不同种类的生产性工作和娱乐活动,每所建筑内都有其适宜的小环境。大量使用隔音墙的良好建筑,加上工程上的合理发展,理应能够消除现代城市生活的一大烦恼——噪声。在任何情况下,大多数工业噪声都是一种浪费的迹象。

城镇和乡村

有了设计良好的通风系统，加上禁止释放任何形式的灰尘、烟雾、气体或水蒸气，应该能够做到使城市的空气质量不亚于乡村的空气质量。如果再对环境温度、湿度和空气流动做适当控制，我们就可以营造出最令人振奋、令人愉快和多样的天气条件。当然，这样的城市只能提供某一部分的生活背景；乡村的基本价值不仅在于它的环境，而且在于它对城市生活的否定。但事实上，由于城市建设的充分集中，即使不对必要的农业做很大的限制，也会给大自然留下更广阔的空间。除非世界人口增长到目前的几百倍，否则仍有大片的荒野之地可供方便快捷地开垦，而且应该可以对其进行分级，即将这些地块按从邻近的市郊到完全孤立的蛮荒之地分为几个等级，以供不同趣味的人挑选。

规划

然而，住房问题与其说是技术问题，不如说是一个组织问题。城市和区域规划如同房屋本身的建设一样必要。而要制订规划就需要大力发展应用人文地理学，这门学科才刚刚面世。建筑的不同程度的集中或分散，工厂和交通工具的布置，都需要考虑到经
353 济生活的发展，其目的是要为整个社会提供福利，而不是为了产生最大的私有利润。英国和苏联在城市规划方面的差异，充分显示了私有制的弊端，特别是夸大了土地价值，对城市建设构成了阻碍。

五　健康

健康可以说是比其他任何一种需求都更重要的需求。但事实上，这种需求的满足取决于是否能得到令人满意的食品和住所条件。此外，我们在改善从大自然获得的健康方面还没有多少起色。尽管人类在医学领域倾注了巨大的心力，但实际上对疾病和死亡现象只形成了肤浅的认识，说是能够控制疾病，实际上更多的是一种安慰，完全没有依据。直到大约50年前，细菌学成功地攻克了感染性疾病，这种局面才有所改观。但科学对慢性病、退化性疾病和体质性疾病仍然无计可施。这里的问题主要是社会组织的问题，而不是科学的直接应用问题。死亡率和发病率数据显示，至少在英国，大部分疾病是可以避免的，因为人口中最富有的那部分人群能够避免生病。保障健康的第一步是向全体人民提供良好的食品和居住环境条件，使他们能够达到目前只有富人才享有的健康标准。当然，我们并不鼓励奢侈淫逸的生活，即使非常富有的人也会因此折寿。

疾病防控

医学的科学方法现在才开始让人们有所察觉。人们已经发现，医学的首要问题是维护社会成员的健康，而不是让医生通过看病来获利。医学的所有分支有必要成为一种公共服务，在此过程中研究和实践得到并肩发展。例如，如果能像研究病人为什么生病那样去仔细研究健康的人为什么健康，那么可以预计医学将获得巨大进步。定期检查健康状况，并在世界范围内配备足够多的医疗统计机构，我们就能够找出许多疾病的根源。当然，疾病的问题决不能被低估。尽管人体的复杂程度与人类建造或运行的机械
354 或化学系统完全不同，但这并不意味着这个问题是无法解决的，而是需要投入比现在多得多的时间和财力去进行生理学研究。现在感染性疾病在一定程度上已经可以得到预防甚至治愈。如果能够对世界各国的卫生部门进行适当的协调，那么就可以彻底予以清除。正如 J. B. S. 霍尔丹教授所指出的那样，这本身就足以说明我们迫切需要建立一个世界范围的社会主义国家。我们需要对疾病的自然康复过程给予更多的关注。一旦理解了这一过程，就有可能使康复加速，或者至少让我们看到，每个人都能够利用最具抗病能力的人的痊愈能力。经过一代人的合理的健康管理，做到使疾病成为绝大多数人生活中的一件无足轻重的小事，这个想法应该不难实现。

老年性疾病和死亡

老年人的致命疾病属于另一类疾病。它向科学提出了最直接和最严峻的挑战。这方面的成功必将超越自然，这就需要我们对人体的发育和衰老过程有非常深刻的理解。没有这种理解，我们甚至说不清楚人体生理上的极限寿命到底有多长（参见本书[边码]第 338 页）。我们有可能，也许不可能，阻止所有高等动物在衰老时呈现出的身体组织的普遍硬化和干枯。借助于适当的促生长物质，我们可以使身体或身体的某一部分恢复活力甚至再生。器官移植和组织替代品的发展可能有助于延长性命，去除部分器官

或组织坏死造成的对整个生命的威胁。疾病中最令人恐惧的癌症问题肯定有希望得到解决。目前所取得的进展是许多不同领域科学家通力合作的结果，但要真正取得迅速而有效的进展，还需要更大程度的合作。现在来猜测这些措施能使大多数人的死亡推迟到多大年龄没有什么意义，但可以断定，未来的寿命预期肯定比现在活着的最年长的人的年龄还要长。这是一个需要科学来合理地提出并予以回答的问题。现在我们甚至不知道，从什么意义上来说，死亡是一种生物学上不可避免的必然现象，也不知道一系列病理性原因中的引起死亡的最短病程是多长时间，何况这些病理性原因中的每一个单独来看都是可以避免的。当我们找到答案后，我们就会知道玛土撒拉*(Methuselah)的年龄究竟是一个神话还是一个合理的目标。

人口控制

与健康问题密切相关的一个问题是整个人口的生物学控制。目前，人类对宇宙的每一部分都想控制，唯独除了他自己。从这个意义上来说，人类还没有变成家畜。他们随意繁衍后代，由此导致的人口在数量和质量的变化对社会产生了极为强烈的影响。目
前，在那些认为社会事件是命中注定的人看来，西欧和美国大部分 355
地区的人口似乎很快就会达到最大值，然后是下降，其速度甚至比最初增长时的速度还要快。[12]由于西欧不仅维持着主要建立在其密集人口基础上的复杂文明，而且还控制和开发了世界上大部分

* 《圣经·创世纪》中的人物，活到了969岁。——译者

地区，因此，西欧人口数量的减少可能首先会加剧其剥削的严重程度，但迟早会导致其彻底崩溃。由于人口减少将伴随平均年龄的增加，因此保守主义倾向将得到加强，使得这种影响可能被夸大。

但是为什么会出现生育减少的现象呢？这是因为在现有条件下，大多数妇女没有足够的动力去生儿育女以维持人口。法西斯暴政试图通过爱国主义呼吁和强行禁止节育来克服这一困难，但没有明显效果。[13]从19世纪英国和现代俄罗斯的发展来看，相当明显的一点是，只有使生育成为人们向往之事，并为孩子提供一个安全的和充满希望的未来，才可能使人口增长达到预期的水平。然而让这个过程完全听其自然是可笑的。应当按照与最佳人口增长要求相适应的原则来调整生育奖励政策。

人口在良好社会条件下的大幅增长

要说清楚这些最佳人口增长的要求具体是什么就更难了。最佳人口通常被定义为人口数量的增或减都会降低生活水平所对应的人口。但这个假设是建立在经济体制不变的基础上的。一旦有可能大幅提高消费水平，那么以这种方式测算的最佳值将变得非常之大。世界上有足够多的粮食和足够大的空间来容纳人口，即使人口以生物学意义上的最大繁殖速率增长，例如每40年翻一番，也可以持续几个世纪。当然，在目前的经济体制下，这些可能性都不现实，但我们这里讨论的是最优情形而不是实际情形。有人可能会问，撇开直觉上或形而上学所认为的最大人口数带来的可能价值不谈，为什么我们需要这么多人口？一个理由是，人类进步的一个重要因素是要有足够多的具有非凡能力的人。目前我们不知道，而且在今后一段时间内也不可能知道，如何产生这种超凡的人才。因此，获得这些人才的唯一途径就是增加人口基数。人们往往因为拥挤而反对拥有比现在更多的人口。这个理由成立的前提是目前这种挤在不舒适的、喧闹的城市中的状态被允许持续 356
存在。目前世界上 30% 的人口挤在 0.05% 的陆地面积上，另外有 30% 的人口则散居在 75% 的陆地面积上。在现代生产条件下，人口根本不需要这样集中。改善交通运输和住房条件将使世界上大部分地区都可供居住，而那些风景较为优美的地方则可以保护起来留作娱乐和休闲之用。

这是一个长远的观点。目前我们需要的不是培养更多的超凡人才，而是如何更好地利用我们已经拥有的人才。在英国这样一个高度文明的国家，那些最聪明的孩子中，只有四分之一的孩子有机会接受高中教育，而能够接受大学教育的可能 50 个人中不超过 1 人。如果真正实行民主的政府教育制度，那么有才能的人和受过教育的人的人数可以增加 50 倍。即便如此，也可能不足以应付一个不断发展的新文明所遇到的复杂问题。新社会所要求的人口政策必然不同于一个发展机会受到严格限制的世界所设定的政策。目前那些希望控制人口的人之所以希望这样做，其主要目的是为了鼓励富人生育，而让穷人节育。或者如他们所说，通过鼓励优秀的人多生、平庸的人少生，他们将使前者能够保持有效的支配地位。但事实上，只要人与人之间的基因差异被社会维持的经济差异所掩盖，这种遗传上的差异就不会有任何实际意义。[14] 而一旦能够实现社会机会平等，那么人口的质量问题就将得到极大的重视。

六　工作

目前，两种经济体制——一种是直接基于人类的需求，另一种则是通过其利润价值间接地反映人类的需求——之间的一个主要区别，是工作条件的完全改变。我们往往认为工作是生活中不得不从事的苦差事，如果我们有办法能搞到钱，我们就不想工作。事实上，工作所带来的不愉快本身是社会条件的产物。自从人类发明了农业，使工作成为必需以来，工作就变成了一种受压迫的人——妇女、奴隶或劳工——被逼从事的事情，而那些压迫者却从没有兴趣考虑如何让工作变得让人愉快。工业革命实际上使事情变得更糟。它废除了缓解工作疲劳的传统做法：休息期间唱唱歌、

530 跳跳舞和喝点酒，同时用工厂的日常苦工代替了农民一年四季的
357 多种多样的劳动。在单调、阴暗和肮脏的工作环境中，工作使人更加厌烦。在采用现代生产技术后，所有这一切都变得完全不必要了。在我们的过时的经济体制下，仅仅是为了少数人想象中的舒适和安全，目前这一切才得以维持下去。

作为首要考虑因素的是工人而非利润

假设人类活动的大部分时间仍花在工作上，那么工作条件的改变将意味着享受生活的可能性大大增加。到目前为止，对工作条件的研究还是单纯从效率的角度出发。像工间休息和缩短工作时间这样的改进之所以能够施行，只是因为这些措施被证明可以提高产量。现在甚至有人怀疑，为方便工人而设计的工厂是否一

定就比那些把人当作机器一部分的工厂效率低。更何况由此造成的任何可能的效率损失，都可以通过相应地增加绝对节省劳力的机器来弥补。这里所谓绝对节省劳力的机器是指完全不需要人来操作的机器，从而免除了工人过于繁重或单调的劳作。例如传送带就会加重工作的单调乏味，并造成一种不人道的和强制性的紧张状态。大多数简单到可用流水线完成的工作都可以完全交由机器去完成，但在劳动力廉价且无需考虑劳动条件的地方，人们就认为不值得采用这种自动化机械了。

去除而不是制造生产过程中的乏味的机械

如果在设计和制造机械过程中，将工人的体验作为首要考虑因素，对这种机械的需求将带来全新的挑战，并将对发明和研究起到强有力的刺激作用。到目前为止，机械主要被用来代替人的肢体动作，并使这些动作的力度和速度得到成倍的增加。但现在人们已经开始采用记录和检测设备来取代人的感官。在许多重复性的生产过程中，电子设备，特别是光电传感元件，可以被用来代替人的视觉、听觉和触觉。对工人的关心将进一步推动这些发展，并将使生产进入第三个阶段，即设计出能够代替人的判断的机器，并将探测元件与活动部件连接起来，使得机器能够像以往处理均匀材料（见本书[边码]第 366 页）一样精确地处理可变的材料。

工作作为一种乐趣

同时，通过发展和应用工业心理学，科学可以消除那些必须由人去完成的工作中的某些弊端。当然，目前就期望工业心理学的

发展着眼于使工作变得舒适、轻松和有趣，那将是荒谬的。现在确
358 实存在工业心理学这门学科，但主要是鉴于它对雇主的价值而不是对工人的价值。因此，在这种研究中，研究所必需的来自工人的合作显然是缺乏的。一旦明确了运用工业心理学的目的是为了改善工作条件，而不是加速生产，那么通过与工人的合作，就有可能彻底消除过去所有时代存在的那种附在工作观念上的强制性和不愉快。

七　娱乐

下了班得考虑上哪儿去玩。人们逐渐认识到，休闲和娱乐在任何社会中都具有重要功能，尤其是在那种经济和物质变化已经打破了四平八稳的传统生活秩序，并提供了更广泛的休闲时光的社会里。任何合理的发展必将提供更多的休闲时间，但新增加的休闲不应再出现什么问题。人们可以将休闲用于创造性活动，也可以用于娱乐，或是浪费在无聊中。我们目前的制度在各个方面都阻碍了人们对休闲的创造性利用，因为一切有创造性的东西都有价值，因此，它要么干扰了现行的竞争制度因而不被允许，要么构成现行制度的一部分，在后一种情况下，它无异于工作。只有做家务和琐碎的劳作——譬如针线活儿或养兔，算是一些不完美的例证，说明人们在接受培训后，有了器具和合作意愿，并在受到鼓励的情况下能够并愿意做些事情。另一方面，娱乐休闲几乎已经完全商业化。其节奏由富人掌控，他们有无限多的闲暇时间用来从事运动和娱乐，而大多数人却因为缺钱而享受不到这些娱乐设

施。除了无聊之外，最便宜的娱乐方式不外是那些最被动的消遣方式：听听收音机、看看电影或观看体育比赛。到目前为止，科学在休闲方面的应用实际上仅限于传播这些被动的娱乐形式，它减少了无聊，但只不过是代之以幻想。

在其他任何形态的社会中，科学的贡献都将截然不同。然而，试图预言娱乐的表现形式是荒谬的，因为娱乐的特点正在于它的自发性。我们能说的是，非营利性的科学，在扩大我们的享受能力方面能做的将如同它在物质生产方法方面能做的一样多。娱乐可以变得更富有激情、更加个性化，也更多样化。电影、广播和电视等新技术除了提供生活中逃避现实的幻想或新的审美鉴赏形式之
外，还可以运用到其他方面。[15]科学和娱乐这两者都是扩大人类 359
经验范围的一种手段，它们不仅能够使大众分享一部分人的经历，而且能够通过探索未知的自然领域来开辟新的经验世界。通过科学我们还可以发展富于创造性的休闲生活。自发的个人努力或合作性努力都将发现各种新的可能性，也许更重要的是，人们将在此过程中找到一种真实而重要的融入的感觉。对许多人来说，科学本身就可以成为一种吸引人的娱乐。

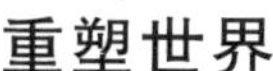

重塑世界

但人类有可能看得更远。我们有自然世界可供享受，而且随着科学能够提供的旅游设施——不论是已实现的还是设想中的——的增加，能够欣赏自然世界的人数将会比过去有大幅度的增长。但还有一个人类自己正在建设的新世界。这个新世界所提供的享受和趣味就像它给人类带来的实用功效和安全一样充足。

现在没有人能够具体说清楚这些可能性是什么。从人类的角度来看，所有的空想之所以都不令人满意，就是因为它们无法给出明确具体的前景。但我们可以有把握地断定，人类从过去到现在的每个阶段所创造的物质文化生活的乐趣在未来还会继续下去。即使在目前，我们从人们对汽车、飞机和无线电通信的自发兴趣上也可以看出这些趋势，尽管它们受到商业化娱乐和对过时的贵族传统做派的模仿的阻碍。正如苏联的例子所表明的那样，一旦这种阻力消除，人们就会对建立一种新的、更广泛的文化产生极大的兴趣和热情。

八 生产

到目前为止，我们考虑的都是社会的目的而不是手段。但在现代社会中，要满足人类的直接需求，就需要建立一个复杂的、科学的生产系统。这个系统的建立是 18 世纪和 19 世纪崇尚个人主义的资本主义的伟大功绩，但它所形成的最终机制在形式上是高度社会化的，以至于我们需要构建一种更加自觉的社会制度才能维持和发展这种生产体系。在这种情况下，科学必将发挥双重作用，首先是提供技术手段，其次是提供能够有效协调这些技术手段的组织形式。到目前为止，这两项功能中只有第一项已经得到了充分发展。我们能够相当清楚地看到科学应用于生产技术手段的
360 近期前景。但它们的发展一直没有达到一种合理的经济体系下应该具有的速度和效果。其中的原因我们已经在前文中指出，这里只是简单勾勒出可实现的可能性和未来可能取得进展的方向。

生产性工业的一些大趋势已经很明显了，因此对其未来的发展方向做短期预测是十分可靠的。[16]所有生产过程都具有以下这些共同趋势：(1)操作自动化；(2)强化过程控制；(3)生产条件和产品的自动登记；(4)过程的连续性；(5)运行速度加快；(6)减少生产过程中间环节的货物量；(7)简化工艺；(8)减小机械体积和重量；(9)合理且功能齐全的设计；(10)灵活性。[17]所有这些都是出于经济上的考虑，都能够节省劳力，有些(特别是第5～9项)还能够节省流动资金和固定资本。所有这些都能够通过目前的科学技术进步来实现。它们之间是密切相关的，虽然有些项，例如第5项和第7项，可作(但并非必须)替代。所有这些趋势都会受到第六章讨论的其他经济因素的阻碍，因此只有在合理规划的社会体制下才能得到充分的协调和利用。在目前的条件下，只注重部分趋势将会导致工人劳动强度的增加、加剧失业和经济运行的不安全。而在一种合理的状态下加以应用，那么总的效果将是大大减少生产周期，缩短工时，减少必要的机器数量，甚至减少机器占用的空间。我们只需想一想就能明白这些道理：在18世纪，一台8马力的蒸汽机需要有两层楼的空间才能容得下，而现在，一个汽缸就足以容下1,000马力的飞机发动机。这一点看似有点自相矛盾：机器越是无节制地发展，它在日常生活中看起来就越不显眼。

合理社会中的工业一体化

出于实际目的，我们可以方便地将工业生产和分配划分为以下几类：采矿业；电力生产；成型制造业或机电工程；材料制造业或化学工程；运输、分配、通信和管理。但是我们决不能像我们长期以来所习惯的那样，把这些行业看成为赚取利润而经营的各不相关的行业，而应该将它们看成一个有机整体的相互关联的各部分。这个整体的目的就是维持人类社会生活并扩大其可能性。我们必须从这个观点来看待不同产业的相对发展及其相互关系。按照卫道士派经济学家的理论，通过增强未充分发展产业的盈利能力并促使过剩工业部门的破产，产业发展不平衡这种情形就必然会发生。事实上，这种情况不会发生。因为在最需要通过限制性规定
361 来维持高价的地方，生产会陷于停滞。只有在既得利益者因为有政府补贴而不需要维持高价的地方生产才能得到维持。在一个合理的、人性化的社会里，工业结构将与现在社会中的情形大不相同，它将具有更大的灵活性和发展潜力。采矿业和重工业相对来说将变得不像现在这么重要，也许过一段时间后它们将变得绝对不重要。化学工业将得到加强，并覆盖目前农业和冶金行业所占据的大部分领域；轻工电力行业、无线电、电视和自动化等行业也将如此。如果在现有科学技术知识的基础上对工业结构进行合理化，我们将得到如图 2 所示的工业结构。下面是对各行业近期发展趋势的预测。

九　采矿业

工业生产的物质基础在于采矿业，即矿业和采石业。这方面的技术正在迅速发展，预计未来会有更大的变化。尽管煤——可能还有铁——的黄金时代已经过去，但由于对金属和矿物的需求范围要比前几个世纪大得多，因此采矿业总体上不会萎缩。采矿

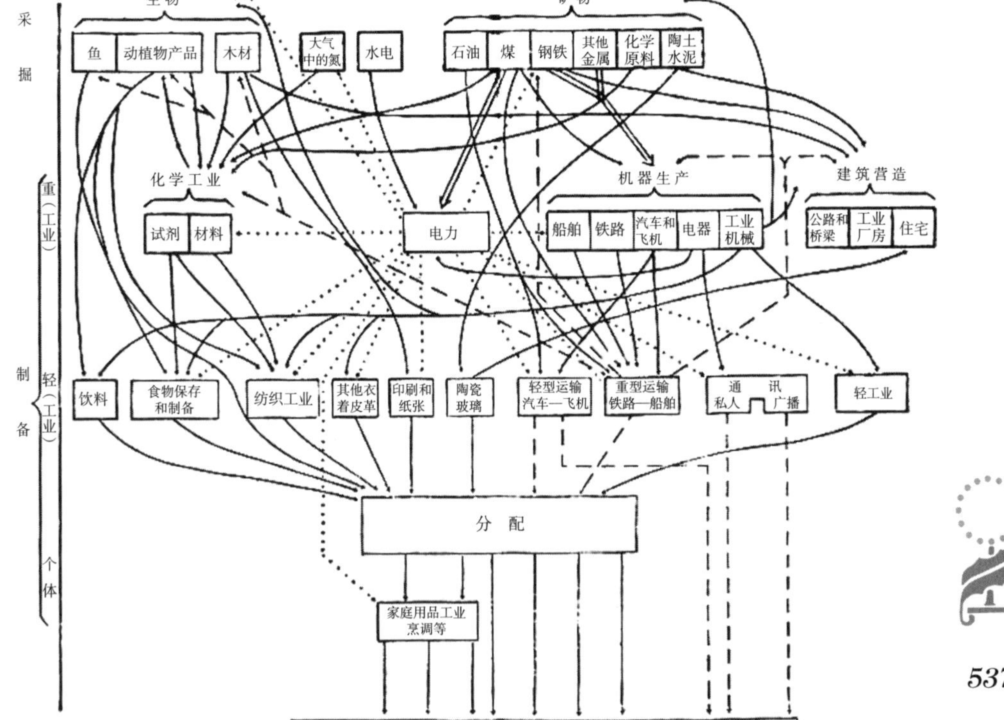

图 2　技术生产

本图试图描绘生产和消费过程的技术方面。它不涉及金融和经济方面，也就是说，它略去了与银行、政府、工商管理、战争有关的活动，以及娱乐和宗教活动。它试图表现工业社会中商品和服务的流动，尽管只是定性的。它可分为三个层级。最上方一级是采矿业，主要原材料、农业和矿产的获取。第二层级是中间生产或重工业、农产品加工、机械和运输工具制造以及电力。第三个层级是最终消费品的生产，包括轻工业、运输和其他服务业。最后通过分配到达消费阶段。箭头指向有三种。实线——→表示物资的实际运输。虚线——→表示运输等服务的转移。点线…→仅用于表示电力传输。图中仅标明了物料或服务的主要运输方式，否则图表将变得过于复杂。本图也可以通过线的粗细或其他方式来表示量化，即在任何给定时间内，系统不同部分之间传递的产品的数量或价值，但这个任务得由经济学家去完成。

业将越来越倾向于主要为更广泛的化学工业提供原料。采矿业不缺乏可开采的矿源，目前矿石开采的主要困难不是技术上的困难，而是经济上和国家的无政府状态造成的。如果有合理的世界矿产资源调查系统，例如苏联所实行的系统（尽管较小但可比较），那么肯定能够探明大量意想不到的矿产资源。而如果能够充分利用这些资源，改进化学和物理化学提取方法，那么就有可能以远低于目前的开采成本来提供金属、水泥和化工原料。

地下作业的替代

然而，在化学进步和对人的生命和工作条件日益关注的共同推动下，整个采矿技术可能会发生根本性的革命。到目前为止，几乎所有的采矿作业都是用手或机械从地下深处挖出岩石和矿石，然后把它们运到地面上，在那里加工并提炼成有价值的材料。矿工的地下作业比任何其他职业都更艰苦且更危险，而且开采成本
362 极高且非常不便。[18]现在，除了需要继续改进采矿机械（以便不必像现在这样增加矿工的作业难度）外，我们还有许多技术有待开发，它们将减少工人地下作业的必要性，并最终实现完全取消人工作业。首先，技术上有可能实现将所需的矿石材料以液态形式传送到地面，这样，挖掘工作就变得如同石油、盐和硫黄等矿物质的开采一样转为钻探和泵送作业了。通过在矿脉中注入合适的溶剂，这一原理还可以推广到金属采矿。至于煤炭，苏联已经尝试过通过控制地下火将煤层转化为石油和天然气的做法，并取得了一些成功。采用化学萃取、浮选和介电分离等精细化工方法，将使得开采低品位的地表矿床比开采深部矿山更经济。由于爆破技术的

改进和大型铲车的发展，露天采矿在美国迅速得到发展。[19]随着铝、镁两种轻金属使用量的增加，这种趋势还将得到进一步加强，这些金属多存在于地表附近或以液态形式存在。最后，还有一种较为遥远的可能性，即通过使用具有表面活性的特定化学物质，或将这种化学物质附着在塑料过滤器上，我们就能够从海水中提取几乎所有元素，其效率至少不亚于那些血液中含有铜或钒的海洋动物的摄取效能。

冶炼——新金属

总的来说，对矿物质的需求肯定会增加，尽管用途的变化可能会使得对某些矿物的需求减少。这种需求可以根据不同地区的生产成本来进行调整，从而避免生产上交替出现过剩和限产这样的恶性不确定性。一直以来，采矿业和冶炼业的工艺基本上仍停留在前科学的古老传统基础上，就是说其工艺流程不过是公元前4000年原始矿工和冶炼工所用方法的某些变种。但最近，科学的应用将改变这一切。较低温度冶炼方法的普遍引入将大大减少对热能的浪费。其中最重要的是低温炼铁，即使用甲烷或氢气代替焦炭作为还原剂来炼铁。[20]类似的工艺用于冶炼硫化矿石同样能够缩短目前所用方法的时间。电学方法也必将得到越来越多的应用。目前这种方法已经用于提炼金属镁——各种轻合金的基本掺杂元素。镁的提炼过程已经是一种几乎完全自动化的化学和电化学操作流程：原料、卤水从系统的一端进入，镁金属从另一端出来。
目前仍有待解决的最重要的问题是如何从黏土或不常见的红土中 363
经济地生产铝。人们通常以为，自然界中铝的含量最丰富，因此它应该是最普通和最有用的金属。但实际上，即使排除铝在矿物来源上的困难，决定其成本的主要是将它从氧化物中提取出来所需的能量。如果采用电解法，那么其生产成本不会低于直接用煤来炼铁的成本的3倍，因为炼1吨铝所需电力的发电用煤炭消耗足可以提炼3吨的铁。除非找到某种直接还原的提炼方法，否则铝的价格不太可能低于铁的5倍。但由于目前铝的市场价是铁的20倍左右，因此生产铝还是能得到很好的补偿的。[21]

金属的合理使用至少与金属的开采同等重要。既然我们对金属结构开始有所了解(见本书[边码]第336页)，那么就有可能开发出新金属或性能比现有合金更强的合金。具有防腐性能的金属是一个巨大的发展方向。如果这种技术能够得到完善，那么现存的在金属方面的巨大浪费就可以得到遏制，金属自然储量枯竭的危机也将得到缓解。[22]

十　动力生产

节约资金

动力生产问题有大范围方面的问题，也有小范围方面的问题。在大范围上，动力生产和分配上采用的是无差异化的供电形式；而在小范围上，则存在大量独立的动力单元，特别是在运输业，即汽车和飞机的动力上，而且还包括数以百计的其他具体用途。在第一种情形下，主要问题是经营成本的效率问题，目前在这方面已经投入大量科学研究来改善。例如，英国在1910年，每千单位的发电量需消耗煤炭 1.8 吨，到了 1934 年，只需消耗煤炭 0.7 吨。美国 1937 年的平均值是 1.43 吨，最好的发电厂是 0.79 吨。理论上，热功转换效率为 40% 的高效热机的最小燃煤需求量为 0.65 吨，因此在降低发电成本方面不能指望有多少潜力可挖了。根本问题与其说在于技术进步，不如说在于社会组织。即使在英国，尽管电力生产多头竞争的弊端已基本消除，但用电量的起伏仍然非常大。平均来说，平时只需运行大约 50% 的发电设备，但为了应对高峰期的需求，仍然必须保有全部设备。如果电力供应能够国际化，那么这些不规律的现象将在很大程度上得到解决。如果再加上输电成本的降低（只要有人愿意投资，科研上完全可以做到这 364
一点），那么电力的经营成本将降低到一个很低的数字，以至于即使免费供电也不会出现经济混乱。

新型发电机

我们必须大幅度降低电力生产的资金成本。如果发电站的运行能够基本实现自动化，那么这方面的人工成本将大为减少，当然自动化会带来大量的资本支出。通过现代真空技术的发展，科学已能够提供制造小型高电压静电发电机，以取代笨重的电磁发电机。如果能同时将主要发电设备替换成体积较小、运行速度更快的其他发电设备，那么这种改进将更加有用。在电力工程师看来，当下的问题是燃气轮机的生产。其困难主要是源自难以制造出一种能够承受所涉应力和温度的材料。除此之外，还有可能让机器高速运转，以便充分利用其实际的动量而无需借助于加热气体的能量来发电，这样将进一步提高发电的效率并缩小发电机组的体积。这些考虑也适用于分散的低功率发电，这时需要同时兼顾资本节约和单位重量的效能。资本节约的重要性是至关重要的，因为作为商品或其他机械生产的必要附属品，大型昂贵机械的积累是限制经济发展的一个因素。总的来说，资本主义经济与其说是鼓励资本节约，不如说是阻挠资本节约，尽管这样做会带来资本回报率递减的报应。一种合理的经济将力争消除一切不必要的机械及其操作。我们需要开发在所有负载下都能充分工作的电机。

储能

更重要的是需要找到某种方法来储存电能，其储能效率与我们目前使用的储能器相同，但要比后者便宜得多，而且不像后者那么笨重、体积大且不方便。解决这个问题的办法可能需要对具有
542 极高介电常数的电介质（例如一些新型塑料）做深入研究。另外一条路径是尝试发现某种具有大能量负荷的等温可逆化学反应。还有就是进一步发展热绝缘技术，通过某种方式使作为能量载体的大量物质以远高于或远低于常温的方式无限期地保存起来，以此作为可用能量的储存。例如在各种工业用途中广泛使用的液氧和液态甲烷，就可用于储存能量，这使得我们有可能将这种储能方式
365 与重要工业产品的生产过程相结合。电力的有效储存不仅意味着在电力生产方面可以节省大量的资金，而且还可以取代汽车和飞机上的小型和低效的动力装置。[23]

动力的应用

动力问题的另一个方面是性质方面的问题。动力所采用的形

式显然与动力本身的大小一样重要。到目前为止，我们还处在这样一个阶段，无论是原动机还是电动机，都需要将旋转运动转化为所需要的曲柄或螺杆的运动。如果我们能有一种快速产生压强或张力的方法，那么就可以完成冲击、产生突然的拉动，或推动液体或气体流动等操作；采用流体运动的原理则可以省去使用机械运动的部件，这样情况的改善就会好得多。第一个问题涉及与动物的肌肉活动相当的电的或液体的推动作用。现有的方法，如风钻，在机械上效率非常低。设计合理的水力机械的新发展有可能克服这一困难[24]。我们有理由相信，采用变频电流工作将是解决有效往复运动问题的另一种方法。但由于采用旧方法的既得利益集团的阻挠，这一方法还一直没能得到发展。还有一种可能性则更令人着迷，这就是构造出某种胶体系统，使其张力可以随电流的大小而改变。但要做到这一点，我们需要对肌肉的物理化学性质有更充分的了解。

流体动力学——火箭飞行

第二个问题即无运动部件的流体运动问题的解决方案，与如何使流体动力学的潜力得到更大发挥的总趋势是一致的。已经有传闻说，有可能制造这样一种高效的飞机，它采用不带发动机或螺旋桨的喷气系统。在这个喷气系统的驱动下，空气吹过机翼来产生升力。与此类似的是现代火箭的发展。火箭的发明最先是为了探测高层大气，后来则以空间飞行为目的。目前这方面遇到的困难是可怕的，事实上几乎是无法克服的，因为我们不知道有什么样的能源其能量密度能够大到足以将火箭自身的重量提升到脱离地球引力场。人们提出的唯一的解决办法(尚未得到验证)是一种相当笨拙的办法,就是采用尺寸逐步递减的阶梯式多级火箭。不管怎样,世界上许多国家都有一些严肃的工程师在攻克这一问题,而
366 且我们没有理由认为这个问题无法解决,就像在18世纪初我们没有理由认为人类永远不会飞行一样。[25]这一方向上的最终发展可能必须引入新的原理。自然,这也是为什么这些看上去毫无希望的事业总是值得从事的一个主要原因,无论它们能否成功实现最初的目标。如果我们能够找到一种实用的方法来产生定向分子束,甚至最好是中子束,那么这个问题就能得到完全解决。同时我们还将获得一种广义的高能量密度能源。

十一　工程

工程专业一直与科学密切相关。过去的许多科学家,和当今的狄拉克和爱因斯坦,起先都是工程师。相反的情形也几乎同样常见。然而在许多方面,工程师这个职业仍然是一个传统的职业,而不是科学性质的职业。科学在工程中大规模应用的可能性还没有被认真考虑过,更遑论应用。不过,在美国和苏联这两个地方都有迹象表明这种状况正在改变。早期的土木工程问题主要是如何利用新材料将古代的技术——道路和桥梁建设——转化为新的大规模需求。在机械方面,则是尽可能地模仿人的操作。从而能够借助于机械方法来倍增和加速操作过程。与几乎人类所有的传统的情形一样,那些从理性视角来看已经完全没有存在必要的旧模式仍然一直被使用着。

合理的机制

现在我们可以看到，工程学，特别是机械制造这一块，已经有了一套独立的、可以用科学方法来代替传统方法的可能性。一旦确定了需要进行哪些具体的操作，应该就能够找到在活动部件的安装和运行上最经济的布置。数学领域，特别是计算机领域的最新发展，为解决这一问题提供了关键支撑。计算机试图求解的方程与制造过程中出现的方程基本相似。这种设计合理的机械实际上一点也不比现有的机器笨重和复杂。实际上，每当需要进行大规模的机器制造时，工程界都不得不依靠这些发展。

智能机械

但是，科学可以提供的远不止这些。旧机器的主要特点是动
作固化，这使得机器除了能处理相同尺寸和形状的大宗工件外，很 367
难加工其他东西，而且还要求配以大量简单的手工操作。现代机械不仅要能处理精确重复的过程，而且要能处理大致重复的过程。这可以通过更多地利用科学所提供的新的传感元件和控制手段来实现，尤其是采用像光电传感器之类的电子设备来替代机器操作者的眼睛。[26]一台既灵敏又灵活的机器将非常接近于完美的自动化。如果我们能将机器设计得在一定程度上具有自我修复功能，也就是说，能够自检、弹出和更换所磨损的部件，那么就可以实现进一步的自动化。如果认为这样的机器必然非常复杂，以至于永远无法具有经济上的可操作性，那就错了。第一，只要设计得当，实际上机器会更简单；第二，我们必须记住，目前人们总是不恰当

地拿廉价且单调的手工劳动的效率去衡量机器的效率，而且让职工去从事不能充分发挥其潜力的工作总是一种人力资源的浪费；第三，有计划地发展工业将消除设备过时的危险。在现有体制下，这一危险要么导致人们仓促上马新机器然后再无情地报废，要么导致完全不采用现有新技术的保守主义倾向。

土木工程

在土木工程方面，我们可以预期，由于要完成某些更大规模的建设任务，因此所需的大规模作业必然随之增加，这促使我们去发展大功率机械和新材料。随着城市和农村的全面规划，土木工程和建筑将再次趋于融合，这对双方都有很大的好处。我们迄今还没有一座按照合理规划来建设的城市，它从一开始就考虑到人们

546 希望在那里生活和工作的功能。莱昂纳多·达·芬奇在 450 年前就曾规划过一座这样的城市。但直到现在，我们仍然不得不在旧有的城市中心的基础上进行零碎的改扩建来过日子。我们应当将建筑物、道路、桥梁和隧道结合在一起，形成一个完整协调的交通系统（另见本书[边码]第 350 页及以下）。土木工程师在塑造地表方面，在开垦土地、扩大灌溉和水力发电以及改变气候等方面有着更大的任务（见本书[边码]第 379 页）。

十二　化学工业

随着时间的推移，从事物资和材料生产的工业在经济中的地
368 位变得越来越重要。起初，木材或黏土等材料都是就地取材地使

用。后来又出现了用简单粗糙的方法生产出来的材料，如金属或玻璃。现在我们开始认识到，那些供直接消费，或供生物消耗，或作为能源的物资，如食品、人造肥料或焦炭等，以及那些因其机械性能而为人类所需的材料，如纺织品、橡胶和纸张等，基本上都是化学工业的产物。在未来，我们可能会逐渐变得几乎完全依靠化学工业来提供生物性和工业用的材料，从而使化学工业在经济中占据中心地位。[27]

不必再强调科学发展与化学工业发展的密切联系。但是人们可能还没有充分认识到，化学工业是以19世纪的科学为基础的，而且我们也还没有开始利用20世纪的伟大的量子革命为化学带去更大的理论上和实践上的可能性。我们的重化工工业大部分已经过时，但要使之跟上时代，就需要对重化工工业的功能采取一种截然不同的态度。阻碍化学工业发展的原因是，它只是运用化学工艺的工业群——纺织、造纸、橡胶等——的一部分。如果将所有这些工业中的所有化学过程和化学工业本身都置于同一个管理机构之下，如果我们不再通过市场向生产流程的中间阶段供货，而是将这个系统视为一个有机的整体，那么就会削减更多的中间过程，极大地节约了物资和劳动力。例如，1932年，在产出的80万吨硫酸中，有16.3万吨被用于生产硫酸铵。而硫酸铵本可以直接生产，不需要经过硫酸这个中间生产环节。[28]不幸的是，世界化学工业目前正面临一个令人不安的障碍，即需要在和平时期维持一种不经济的产业结构，以便在战时可以迅速转向生产爆炸物和毒气。因此有必要保持潜在的硫酸生产能力。事实上，为了维持化学工业的利润，工业生产过程中的化学品浪费现象不仅没受到制止，反

而得到鼓励。

按需规划物资的生产

随着化学工业成为一般工业综合体的一个组成部分，这个行业有可能摆脱传统束缚，并按其最终需求合理规划。这样，化工生产所需的材料和生产过程都会发生变化。化学工业的最终产品可
369 分为两类：一类是对其化学性质有需求的产品，如食品、燃料、溶剂、肥皂和狭义的化学品等；另一类是对其机械性能或热性能有需求的材料，如玻璃和橡胶。对于第一类，可以说将来会有更多的品种，更丰富的可用性或更低廉的价格。过去，重化工工业主要生产一些大批量的通用化学品，如硫酸或苏打。现在的趋势是有选择地生产一些更适合特定用途的化学品。化学内部的新发展和更加一体化的化学品生产将为这一趋势提供动力。

食品生产

可以预料，利用最简单的煤和空气作原料，借助于催化剂的作用来生产复杂物质将有望取得显著进展。在未来，煤炭作为化工原料的重要性将远远高过作为能源的重要性。高压在化工中的应用才刚刚开始，它将极大地扩展可能的产品范围。人们已经开始利用化学来生产食品。尽管技术上可行，但在很长一段时间内，这种方法不太可能比生物学方法生产食品来得更经济或更方便，除非是出于战争目的。但化学越来越多地进入食品工业是一种必然趋势。食品的加工、储存和烹饪等各个环节都将受到化学的控制。这将意味着在化学工业中有一种正朝着采用生化方法的方向发展

的趋势。这一趋势必然会影响到其他行业，并促使在受控条件下加快实现生物系统的酶合成。因此，我们最终有可能生产出口味和营养价值优于任何天然食品的复杂物质。

药品

特别重要的是合成具有高活性和特异生物活性的药物，如激素、维生素和特效的杀虫剂，以取代从动植物中提取的药物，并扩大品种范围。诚然，这些药物的需求量很小，但我们需要将价格维持在足够低的水平，使得人人都消费得起。为此，我们需要对精细化工行业进行相当大的重组，使之与化学和生理学的科学发展保持更紧密的联系。我们现在的药典基本上是以传统经验和神秘的医学理论为基础的。它需要用一种全新的、以临床和生化研究合作的结果为基础的药典来取代。而且，新药物的使用不仅是狭义上的医学治疗，而且是为了更慎重地控制人的身体和心理状态。
人类长期以来一直对酒精这种普遍存在的药品割舍不下，为此我 370
们可以采用一系列不致成瘾的药物来应对各种紧急情况或用于享受。

化妆品

化妆品和清洁剂的生产是化学工业的一个重要组成部分。目前，在这个领域正上演一场特别令人不快的闹剧，厂商只图利用人们的虚荣心和势利心，却丝毫不顾及产品所应依据的生理学原理。可以肯定的是，如果化学工业组织得当，其宗旨是为消费者服务，而不是为利润服务的话，那么人们就有可能以更低的成本和更少的麻烦让自己收拾得更整洁、更漂亮。在大多数情况下，对如何改善生活条件使人们能够保养好天然的肤色进行研究，远比试图从外界来改变肤色更重要。在一定程度上，值得我们去做的是寻找和制造更接近于天然皮肤所产出的物质，而不是生产目前使用的品质低劣的化学物质。肥皂就是这类化学物质的典型例子。自从野蛮的日耳曼人用肥皂染红头发来吓唬敌人以来，这种化学物质的功效基本上就没有变过。它具有适度的清洁作用，但不易与大多数的水溶液溶合，而且容易使皮肤变得粗糙。我们需要某种中性的、可溶的、具有表面活性的物质，它们可能是甾醇或胆汁酸之类的物质，它们具有肥皂的一切功效却没有它的缺点。

废弃物处理

化学工业应当像关注新产品的生产那样关注废弃物的处理。随着工业的发展和人口的集中，这个问题正变得越来越紧迫。目前，我们一直在扔掉相当大比例的消耗性材料，这种做法同时也对乡村和城镇的舒适环境造成破坏。虽然这个问题在很大程度上是一个社会组织和控制的问题，但是化学工业可以提供有效的和有价值的控制手段。烟雾和有毒的粉尘和气体是所有城市让人感到压抑和不健康的主要根源之一。其中大多数污染物都可以通过采用合适的燃料和制备工艺从源头上进行控制，其余的则可以通过电气方法或其他方式予以收集。这些除尘工艺虽然都是从社会整体利益出发来考虑的，但只有采取大企业生产模式才具有效率。因此，要想有效控制烟尘和废气的排放，就应当将生产这些污染物的工厂集中成一些大企业。这也有利于回收有用的副产品，从而带来进一步的节约。随烟雾进入空气中的腐蚀性硫酸成分几乎与整个化学工业生产出的硫酸一样多。在英国，家庭生火取暖是这类污染物的主要来源。在住房和家庭的供暖系统得到改进之前， 371
只有广泛采用无烟燃料才能减少这种污染。其他生活垃圾的回收处理也非常重要，处理不好不仅会带来污染，而且更是一种损失。塑料袋、金属罐、玻璃和纸张等的使用范围的扩大，给原本已十分困难的动植物垃圾清理工作增添了几乎令人无法忍受的负担。如果有良好的城市组织，对各种垃圾进行适当的分类，那么所有这些垃圾都可以得到回收或用作化工行业的原料。工业废弃物和废水的处理是一个更为紧迫的问题。在工业排污的过程中，我们一方面丢弃了像磷这样的基本元素和某些复杂有用的化学物质，一方面则污染河流和海洋。如果采用生物化学方法和细菌作用来进行处理，那么所有这些污染物不仅可以变得无害化（就像我们今天一些地方已经做的那样），而且可以将主要成分以可利用的形式加以回收。我们应该明白，工业、农业和人类生活的输入输出都需要纳入化学的主动控制。如果能够做到这一点，那么即使初级产品的生产没有明显的增长，我们也能够使商品生产增长许多倍。

新材料

然而，正是在制造新材料方面，现代化学工业才最显著地显示出其作用。我们已经成功地用人造丝和胶木等塑料制品取代了天然产物，而且这种趋势可能会变得更加普遍。理论化学的发展，特别是结构化学和胶体化学的发展，将使人们能够根据所需的性质来设计材料的结构，其过程就像设计建筑物或机械一样直截了当。

材料确实可以构造，但其结构单元是原子和分子，而不是成型材料的砖头瓦块。出于特定的目的，无论是直接供人类使用，还是用于某些工业生产过程，我们都需要材料兼具某些特定的性质：重量轻、强度高、有弹性、韧性好、硬度高、耐热性能好、电阻性或耐火性突出。一种用途需要一个系列的性能；另一种用途需要另一系列的性能。

例如，对于建造房屋的壁面材料，我们需要的是一种具有一定强度、重量轻、耐热性好的材料。到目前为止，用于这种用途的材料是天然材料或半成品材料的混搭——木材、软木、多孔砖和水泥、石棉等，但没有一种产品同时具备上述所有性能。但目前在实验室规模上已经制备出具有所有这些特性的材料：气凝胶。气凝胶是由硅胶制成的，将硅胶除去水分而不使其收缩，然后充入空气来代替原先的水分子。这种材料的比重是水的 1/50，耐热性比羊

372 毛强好几倍。[29]大规模经济地推广这种制造工艺可能还需要等上几年。但很明显，用同样的方法，我们可以制造出理想的用作住宅的墙壁和屋顶的材料（另见本书[边码]第 351 页）。

同样，现代园艺和未来的农业都需要一种可透过可见光、红外线和强光的材料，并且足够便宜，能够覆盖大片区域。已经面世的这类材料有增强型玻璃纸和人造橡胶，但它们仍然太重，而且价格昂贵，无法满足上述所有要求。但是，这些困难都可以通过基础研究而得到克服，其结果将彻底改变农业生产条件，使农业生产实际上能够不依赖气候条件。

到目前为止，对于硬质材料和耐火材料，我们几乎完全依赖于天然材料，如金刚石和金刚砂。但从现代化学中，我们开始清楚地

看到，很多元素的化合物，其硬度和熔点远远超过地球演化过程中偶然形成的元素化合物的相应值。我们已经有了碳化钨钴合金(carboloy)，一种能够像金属一样轻易地切割玻璃的材料。这种材料的进一步推广将引起机械工程实践的彻底革命。

新工艺

上述这些例子足以说明，化学为我们提供了制造各种新物质和新材料的开端。化学工业中采用全新工艺的前景，如果不说是更重要的话，起码也是同等重要的。到目前为止，化学工业主要关注的是材料的经济性。我们可将这种经济性定义为产品的产量与所需原材料的比例。它对生产时间也给予了一定的关注，因为浪费时间就意味着在浪费昂贵的设备。但它对能源的经济性考虑得相对较少。早期的化工生产过程，除了加工动植物产品，如制革或酿造之外，大多是在熔炉中进行的。即使现在，在高温下进行的化学反应数量仍然远远超过必要的数量。如果加强科学在化工中的应用，那么我们就能够运用低温电化学方法、催化或酶反应方法来取代这些高温下的反应过程。

化学工业比几乎任何其他工业都更依赖于许多过程之间的相互关联。因此在这个行业，垄断倾向比其他许多工业部门有着更为自然的基础。但是，我们仍然有太多的机会去研究一家化工厂中所发生的各种过程的结合。如果我们对所有的化学过程进行真正科学的协调，并使其具有必要的灵活性，以便容纳新的用途，那么就将使材料和能源得到进一步的节省，从而以更便宜的价格来获得化学试剂和化工材料。 373

十三 运输

运输问题从本质上讲更像是一个社会学和经济学问题，而不是单纯的科学问题。除了休闲娱乐性质的旅行外，所需的人或货物的运输总量，部分是由某些自然资源的局限性或使用这些资源的机会决定的，但在更大程度上，则是由经济体系完全无计划的混乱状态决定的。这方面的改进对运输业的作用可能会比任何对车辆和船舶作技术上的改进的作用更大。运输经济学有两个要素：货物和人员在运输途中浪费掉的时间价值，以及将货物和人员从一地运送到另一地所需的能耗。

到目前为止，我们关注最多的是其中的第一个要素。我们一直在研究如何提速而很少考虑到燃料的经济性。事实上，这种发展已经到了一种荒谬的地步，以至于汽车引擎是按照最高效率的速度来设计的，而根本没有考虑到由于现有道路建设的低劣质量和其他车辆的存在，这种速度几乎是永远无法达到的。人们普遍没有意识到，一辆好的汽车的机械效率只有8%。而那些不必要的东西，比如时尚但毫无用处的流线型设计和广告费用，却至少占到整车价格的2/3。[30]实际上，如果我们不认为开车或坐别人开的车本身不是一种乐趣的话，那么就应该认为在这种事情上花费数百万的工时纯粹就是一种浪费。

航空运输

从乘客的角度来看，应该可以通过下述两点来消除交通的负效用:要么使运输非常快捷,要么让人在旅行时非常舒适,可以进行正常的生活和工作。当然两者兼而有之更好。第一种选择指向飞机的进一步发展,但它不太可能有效,除非是作长途飞行。由于空气的阻力,要想在平流层以下的空间实现真正的高速旅行,即300英里/小时或更高时速的运行,是极为困难的。即使是在良好的条件下,利用同温层飞行,至少也需要一个小时才能到达。不管怎么说,飞机起降都要花时间,以至于不足半小时的快速航班根本谈不上节省时间。当然,如果哪一天发明了一种高效、小型、廉价的自动飞行器或直升机,那么情况就将改观。因为这时,能够在目
的地附近起降的灵活性和可能性将弥补速度的巨大损失所带来的 374
不便。

旅行的舒适性

下面转向讨论第二种选择。我们发现,船舶或旅客列车最接近于满足人们能够根据自己的喜好在旅途中充分享受愉快时光的要求。很难做到将汽车也设计得让乘客有同样的舒适度。但汽车的最大的一个不利因素是它只能运送个人或少部分人,因此往往司机的人数几乎与乘客的人数一样多。如果能够实现自动或半自动驾驶,那么这种区别就会消失。这时长途客运将是一个很好的选择。事实上,建设双车道公路和道路信号系统的趋势已经指向了这个方向。为所有使用这种道路的汽车设计一款电磁控制装置,以确保前后车之间保持足够的距离,并在超车、停车或转弯时驶离原线路,这并不困难。这种装置如果能做到万无一失,就可以消除除娱乐之外的任何驾驶的必要性,而且确实能够使货物在没

有司机的情况下从一个地方运送到另一个地方，只要在自动机的纸带上标明道路上各处转弯点即可。

然而，眼下最令人恼火的交通与其说是在城市之间的旅行，不如说是在城区内的通行，尤其是上班族每天不可避免的市-郊往返。现代城市的盲目发展加上在城里上班造成了交通拥堵，导致开车还没有骑自行车来得快。在某些情况下，开车甚至慢过步行。如果城市设计得当，市区与郊区之间的大部分交通都将变得没必要。加上有序合理的规划，其余的交通也将能够大大简化。解决城市交通拥堵问题的方法，也许可以通过在交通十分拥挤的中心地区增加自动扶梯和传送带，在外围地区采用设有加速月台和减速月台的直达列车来实现。

货物运输

对于货物运输来说，主要的考虑因素是节省而不是快捷。但是通过对生产单位的布局，使运输变得不必要，由此收到的节省效果可以达到与运输本身的经济性一样甚至更多。在工业布局充分分散的情况下，需要长途运输的货物量只限于那些在当地不方便生产的货物，即某些矿物原料，更确切地说，是由这些矿物原料制
375 成的成品，以及某些种类的食品，例如热带水果。在这些问题上，陆路运输要达到今天海洋运输的效率还需要很长时间。何况海洋运输本身也在通过船舶和发动机的科学设计而得到进一步改进。

进一步的可能性

所有这些运输的可能性都是当下就能实现的。但是，只要科

学能够得到进一步发展,我们就可以期待未来更具革命性的变化。火箭推进可能成为最快和最有效的长途旅行方式,即两千英里或以上距离的旅行方式。而电力无线传输的可能性将彻底改变航空运输业。同时,如果能够运用如交变电磁场之类的装置来支撑和推动车辆的悬浮行驶,即不与地面接触的地面行驶,从而消除陆路运输中的地面摩擦阻力,那么陆路运输将成为航空运输的一个强有力的竞争对手。事实上,在 20 多年前人们已经在小范围上做到这一步了,但飞机的发展分散了人们对它的注意力,致使此后没有人试图去进一步发展这种运输模式。

十四　物流

19 世纪见证了制造业生产规模的空前增长;20 世纪则见证了物流业的发展。这并不是说个人的实际消费量比以前多很多,而是因为随着生产的本地化或新的运输方式的渠道化,每个人的大部分消费品都依赖于这种货物配送系统。1937 年 6 月,英国从事货物分销工作的享有人身意外保险的员工有 270 万人,而从事生产加工业的则仅为 770 万人。然而,这个庞大的现代分配体系是以极其偶然的方式发展起来的。只有在如自来水、管道供气和用电等流动性商品领域,这个体系才显示出某种程度的合理性。科学能给物流经济带来的效益与其说是技术方面的不如说是经济方面的,而且这种效益只有在整个生产和分配都是社会化的社会中才能体现出来。这种经济性是非常值得期待的。目前消耗性商品的浪费之所以非常严重,一个主要原因就是未能做到物流的有效配送。

食品

对此，根据一项零售额研究的估计，英国每个家庭每年消费的食品价值为 304.8 英镑，非常接近于食品支出的合理估值 317 英镑[31]。但我们从约翰·奥尔爵士等人的研究中了解到，有半数居民的实际食品供给不足，五分之一的人患有全面营养不良。因此，
376 一定是有相当数量的食品被富人的暴饮暴食消耗掉了。他们特有的关于一些疾病的流行性的调查也证明了这一点。但是由于能够负担得起过度饮食的人毕竟不多，而且人类的胃口也有限，因此这个量应该不算很多。更可能的情形是中产阶级有利的消费。因为最优饮食结构的食品量肯定超过最低限度营养所需的食品量。然而，由于我们糟糕的食品分配体制和做不到对粮食的应收尽收和储存，因此大部分粮食几乎肯定是被浪费掉和丢弃掉了。食品的分配需要合理化，因为这是最基本的需要。显然，这项研究应该在纯生物学的基础上来进行，每个人都有合法权利获得足够的不同种类的食品，并有合理的选择自由以获得最佳饮食。在技术方面，主要问题是与食品有关的生物工程研究。我们需要将适当的生产流程和快速运输手段与不降低食品的生物价值的存储方法结合起来。

商品

对于其他那些非必需的、选择余地较大的商品，我们必须制定一个制度，使人们能够以最少的社会成本和购物人喜悦的方式来

获得他们想要的大部分东西。理论上讲,这是私营企业制度应该做到的,但事实上,它显然没有做到这一点。私营企业显然正在由其垄断而走向毁灭。这种体制需要被一种能够自觉地规划需求和资源配置的体制所取代。但是这个问题要比分配问题要大得多,后者只是一个新文明基础的一个方面。

十五　通信

与交通运输一样,通信问题与其说是技术问题,不如说是社会问题。很难估计电报这类发明的社会效用,因为事实上,它更多地是被用于传播投机性的商业信息和耸人听闻的新闻,而不是用于社会的建设性目的。但是,无论这些通讯手段的起源和理由是什么,我们显然正在迈向这样一种状态:将每个人都能够以尽可能完备的方式自由地和即时地与其他人进行交流确立为一个明确的和可实现的目标。[32]我们已经建立了电视电话服务,近期的发展还将明显降低这项服务的价格,使之更容易获得。目前,通信领域与政府和垄断利益集团的联系过于紧密,使其不能够为大众提供充分的便利。目前的主要技术难点在信号发射端。理想情况下,每 377
个人都可以携带自己的便携式发射装置进行私人通信。如果这是普遍可行的,那么它将大大增加个人传播信息的自由,而这些信息可能被政府认为是不可取的。因此,我们可能要等待相当长的时间,才能使这方面的通信变得充分有序。

大众传播形式的发展,即电影、广播和电视业的发展,必将产生越来越大的影响。虽然它们在娱乐方面的功能不大可能减少

（见本书[边码]第358页），但随着它们的完善和越来越普遍，它们很可能显露出其他有用的功能。借助于这些技术手段，人类在各个领域的合作将变得不再受地点的限制，从而使得将散布在世界各地具有相同特定爱好的群体组织成一个团体变得切实可行。事实上，多年来无线电爱好者就已经这样做了。

消除单调乏味的工作

我们需要开发出全新的信息交流和记录方法，以便消除像速记员、打字员和印刷工这样的单调乏味的工作岗位。我们已经有了用普通打字机的键盘来操作的照相制版印刷机，同时消除了铸字和排字工序。[33]这种机器可以通过有线或无线方式操作，如果与缩微胶片结合，就可以立即在任何地方打印所需的材料，从而消除了排字这道工序。下一个阶段是淘汰打字员。用一台声控打字机或一些更直接的、容易读出的录音设备就能够做到这一点。最终，我们可能仅需要一些表意符号，它可能会进一步发展以取代语言和文字。心灵之间的交流变得有可能实现，这种交流不是通过心灵感应之类的神奇而无功的秘术，而是通过对脑电神经学的理解和应用。未来的通信远不止个人之间的交流。即使是现在，大部分的通信也都是办公性质的，而不是私下的。大多数这种公务性的传播——广告、传单——都是寄生性的，很多只是经济组织不健全的反映。从组织良好的社会的观点来看，现今几乎所有的货币和商业交易都属于这一类。即使这些交易手段全都被去除，文明的日益复杂也会很快将对通信的需要提高到原先的水平或更高的水平。这种通信将成为行政人员无法忍受的负担，只有提高工

作的自动化程度才能减轻这种负担。

自动化

到目前为止，自动化仅局限于自动电话机之类的通信装置。378
我们需要将自动化扩展到通信本身，即做到机器能够在没有人为干预的情况下与机器对话。类似的成就已经在电力生产网络中实现。我们可以将它扩展到所有形式的生产性行业。因此，对于一个复杂单元的生产，如汽车或房屋，其总产量将由社会需求确定。而且一旦这样定了，那么每一部分的生产率，无论是在同一个工厂生产还是在不同工厂生产，都将调整到与这个总产量一致的水平。这与高等动物和人类神经控制的发展是一致的。在高等动物和人类中，意识是为最困难的动作保留的，而即使是像行走和消化这样复杂的动作，也要由大脑下部神经中枢来处理。

十六　管理和控制

随着文明的总体框架变得越来越复杂，适当的管理和控制变得至关重要。无论是无政府状态的私有经济还是愚蠢的官僚主义，都会阻挠技术进步所能带来的大部分潜在价值的实现。我们需要将科学应用到管理领域，否则文明就会被自己的产物扼杀。我们需要在两个相反的方向上进行发展：既要朝着简单化和自动化的方向发展，又要朝着对方针政策和规划有更深入理解的方向发展。那些已经用于物流配送和通信的新设备应当立即应用于行政管理。其中特别重要的是将纸带计算设备、胶片存储设备和电子器件等工具用于处理统计资料，这将使收集和利用大数据变得切实可行。没有这些数据，想做出任何准确的预测和规划都是不可能的。但必须特别小心的是，要防止这些技术手段的无节制应用最后导向危险的僵化和机器统治。要避免这种危险，我们不仅需要培养出一大批注重实际、懂得复杂社会发展的内在控制机制的社会学家，而且需要通过普遍的社会教育和培训，使每个人或多或少地了解并积极参与这一发展。在现代条件下，管理者所面临的一个重要问题是如何为不同的职能部门确定最佳的工作范围。[34]交通和通信的发展已经使现行的行政范围划分完全不足以应付现实需要，甚至对配电等重要的服务项目变得毫无意义。这一方面表明，即使不是在世界范围内，也必须在各大洲的范围内集
379 中统一地管理这些服务，另一方面，经济上世界各地生产的商品数量的增加，以及目前由于不必要的货物过境而造成的浪费，都表明需要将行政管辖权作很大程度的下放。我们没有理由认为这两者一定是不相容的，但两者结合所产生的组织形式显然要比我们目前所具有的组织形式复杂得多。然而，如果规划得合理，就不会太复杂。目前的社会组织之所以复杂，很大程度上是由于社会通过技术上的大变革而发达之后，例如在西欧和美国所发生的情形，社会管理却没有随之发生根本性的变革所致。我们有可能建立起一种灵活而合理的管理制度，它既能保证经济效益，又能保持和发扬民族传统和地方文化的特点。

十七　科学的一般作用

任何想要描绘或把握科学对人类生活条件的影响的一般性图景，都必然是非常困难的。我们总是过于依据目前的情形来推测未来的可能性。如果未来仅仅是按照现在的趋势发展，那么就没有什么需要改变了；如果未来远远超出我们当前的设想，那么就会给人一种不真实的感觉。然而，不论是具体的反对意见还是表观的局限性，都不应使我们忽视科学功能的范围和重要性。科学有两个主要指向：一是消除可预防的人类疾患，二是开辟可以满足社会需要的新的活动天地。对于第一点，本章罗列的简明调查已经给出了一些说明。缺乏食品、工作单调、健康问题等等，科学都可以予以消除；科学可以为个人和社会的发展提供机会。第二点要具体说明则较为困难，因为新社会的人们会用科学去寻求哪些积极的东西要由他们自己决定，而不是由我们决定。但这些东西肯定既要本身有趣，又要能为他们带来益处。

人类的主要任务

人类仍有艰巨的任务有待完成：征服太空、征服疾病和死亡，其中最重要的是协调好人类自己的共同生活方式。从苏联征服北极的努力中我们得到了这一活动的先兆。在一个世界范围上完全有组织的社会里，这些任务能够得到进一步推进。这将不再是一个使人适应世界的问题，而是一个让世界适应人的问题。例如，现在的北极及其冻土带、冰川和海冰遗迹，就是冰河时代地质事件的

遗存。它迟早会消失，给世界留下一个更美好的地方，但人类没有
380 理由不加快这一进程。通过巧妙地使温暖的洋流转向，再加上用某种方法给冰雪着色，以便阳光将其融化，也许就可以使北极的冰层在某个夏天消融。而这一年可能会打破原先的平衡，永久性地改变北半球的气候。类似的艰巨任务还包括利用海洋、沙漠和地球内部的热量。除此之外人类还有其他任务。如果人类社会，或者从中产生的任何东西，要想逃脱不可避免的地质和宇宙的灾变，就必须找到某些逃离地球的方法。太空旅行的发展，无论目前看起来是多么的空泛，都是人类生存的必要条件，尽管人类可能在未来几百万年后才需要考虑这种必要性。在发展中的人类面前，还有许多我们现在无法想象的其他必要任务。科学都将在实现这些任务中发挥其作用。

564

科学目标的实现或受挫

然而，科学提供的新生活的前景和新的活动的可能性，再也不像培根修士的时代到韦尔斯(H. G. Wells)时代早期那样能够唤起人们的热情了。这种保守态度不仅在文学界，甚至在一些科学界都很常见，部分原因是人们对迄今为止所取得的科学成果感到失望，部分原因是人们未能认识到科学中的人文的和富于诗意的因素，部分原因是人们还完全无法想象那种与今天完全不同的生活。

鉴于目前的政治和经济体制，这种保守态度是完全有理由的。正是过去科学在工业领域的成功应用，使我们陷入这样一种境地：战争和经济危机已不再是遥远的意外事件，而是变成了家常便饭。

在目前的经济结构中，科学沿着这个方向进一步发展只会使这一结论变得更加确定，破坏性变得更强。因此，科学家自身和普通公众很难提高对科学应用于整个工业的热情就不足为奇了，尽管他们并不反对科学带来的一些小的便利。科学在工业上可能的应用只不过强调了当前事态的极端不合理性。它表明，在技术上，我们完全可以将生活安排得十分妥当，而不像现在这样充满危险和许多不便。这种生活将使人们能够自愿承担起新的和我们现今无法预料的任务。但与这些更大的可能性形成对照的是，在那些习惯于从过去看现在的人看来，目前的经济、社会和知识生活的混乱和颓废显得更为突出。但是，如果我们承认有可能而且事实上也有必要建立起一种能够实现这些可能性的经济和政治制度，那么这种对科学发展和应用的反对意见就不再成立了。因此，不仅是为了人类的利益，而且也是为了科学本身的利益，我们必须努力促使建立起这样一种制度。 381

放弃空想

还有另一个反对的理由，就是不愿意将科学指导的世界看作值得追求的目标。从根本上说，这种态度是出于一种情绪上的反应，出于对简单生活的渴望，但却根本没有认识到这种生活中所包含的苦难和艰辛，是一种建立在较幸运阶层生活条件下的理想化。在文学界，这是一种普遍的心态，这一点都不意外。福斯特(E. M. Forster)在《机器停了》(*The Machine Stops*)，奥尔德斯·赫胥黎(Aldous Huxley)在《美丽新世界》(*Brave New World*)等作品中都表达了这样一种心态。然而，支撑他们的理由很大程度上在于这些空想的作家们没有能力给出一幅令人信服或有吸引力的前景。这些空想作家，尤其是他们中的 H. G. 韦尔斯，与反对他们的批评家一样，都是当今社会的牺牲品。他们给出的前景之所以不能令人信服，很大程度上是因为他们不了解社会的力量，仅仅是按照现状去揣测物质科学和生物科学的进步。除了像威廉·莫里斯(William Morris)的《乌有乡消息》(*News from Nowhere*)这样的富有诗意的想象之外，所有的乌托邦都呈现出两个令人厌恶的特征：一个是有完美的组织但缺乏自由，另一个是缺乏相应的努力。批评家们感到，作为现代乌托邦的公民，从出生到死亡都能得到良好的照顾，永远不需要做任何困难的或痛苦的事情。尽管乌托邦人健康、美丽、和蔼可亲，但他们似乎不太喜欢机器人和道学先生。如果这就是未来所能提供的一切，那么现在牺牲太多似乎是不值得的。

新文明——自由与斗争

无论如何，生活在当下的人们都很难接受这样一种新文明的人格，而且由于对这种人格的虚假描述，人们接受起来就更困难了。基于传统技术的社会生活，与基于科学的社会生活之间的巨大变化——我们现在正处在这一变化的第一个阶段——必将反映在人们对待自由的完全不同的态度上。19 世纪的自由是一种表面上的自由，因为它缺乏对必然性的认识。它的基础是由市场确立的社会关系。按照自由主义理论，每个人都应该自由地去做自己喜欢做的事情——买卖、工作或休闲。但事实上，他必须服从经济学的铁律——一种由社会活动形成的，却因为人们不理解而被视为自然法则的法则(见本书[边码]第 344 页)。在一个完善而自觉的社会里,这种自由的概念必然会被另一种自由的概念——**对必然性充分理解基础上的自由**——所取代。只要每个人意识到,自己正参与一项共同的事业,并在其中发挥着有意识的、确定性的 382
作用,那么他就是自由的。我们很难理解和欣赏这种自由。事实上,只有生活在其中的人才能充分鉴赏这种自由。我们这个时代之所以有这么多可怕的斗争和苦难,很大程度上是由于人类在学习掌握新能力方面有困难。这些能力如同以前一样是个人的能力,但到那时个人会有意识地与社会一起表达自己,而不是像现在这样无意识地通过社会来表达自己。考虑到人类所面临的任务的艰巨性,尤其是要将人类的欲望纳入这样一个新的框架,因此将人类未来的生活想象成一种无需奋斗就可以轻松生活的乌托邦显然是荒谬的。困难和斗争将一如既往,只是其性质将有所不同。目前,人们将精力都浪费在了对付那些微不足道的、可以预防的罪恶上。虽然从技术上讲,我们已经进入了一个有需即取的时代,但人们却还在为满足基本必需品而奋斗。人们被那些本可预防的疾病、完全不必要的社会问题和家庭问题拖得精疲力竭。但即使这些问题都解决了,也并不意味着生活将在轻松而满足的闲散中度过。人们解放出来的精力将被用于更重要和更困难的任务——建设一个真正的有机社会。

人的信仰

人们之所以认为一种科学的世界秩序是不可能的,或者说即便可能,也是不值得的,原因在于我们对根深蒂固的人性缺乏信心。怀疑论者只看到当今世界的现状，只看到人们在面对世界上的苦难时所表现出的冷漠，但他们没有意识到，这些现状正是那些从中获利的人为了维护一个不合时宜和不稳定的经济体制而采取的系统性的（尽管是不自觉的）堕落的结果。他们也意识不到针对这一制度所进行的表面上毫无希望但人们却不屈不挠的斗争的意义。新世界不是从外部强加给人类的，它将由人类创造。创造它的人及其后代会知道如何管理它。基于理解的行动所带来的自由和成就正在不断增长，但不会有止境。乌托邦并非一种快乐的迷人境地，而是进一步斗争和克服困难的基础。

十八　科学与社会

我们已经谈了科学在满足人类的需要上和在工业生产过程中的应用。但这些并不是科学在社会中唯一的应用，尽管它们是最
383 直接的应用。到目前为止，科学只是作为满足欲望的一种手段，而科学本身并不参与其中。科学似乎是与它自身不相干的社会力量的奴隶；它似乎是一种外在的、不可理解的力量，有用但也危险。它在社会中所占的地位就像某个被囚禁的工人出现在蛮族君主的宫廷里一样。这确实在很大程度上代表了科学在现代资本主义社会中的地位。但如果这就是全部，那么我们对科学和社会都没有什么指望了。幸运的是，科学还有第三个更重要的功能：社会变革的主要推动者。起初，它只是无意识地为技术变革、为经济和社会变革铺平道路，后来，它便成为社会变革本身的一种更为自觉和直接的动力。到目前为止，我们对科学的这种进一步的作用还没有

充分认识。人们所寻求的满足要么是在食品和住所等基本生理需求方面，要么是通过积累财富来获得权力和威望，从而获得一种间接的社会层面的满足。科学正是在满足这些需求的过程中成长起来的。但随着它的成长，我们需要对它的功能有更广泛的认识。这种认识不再局限于寻找某种方法来满足那些掌握科学的人所产生的需要。我们现在有了一个更广泛的前景，其轮廓已经开始显现。这个前景也是人类社会正在从事的一项任务，那就是如何才能将全人类最好地维持在一种整体上效率和福利都很高的水平上；一旦达到这一最低限度，我们又如何确保社会和智力发展的最大可能？这些都是我们这个时代需要回答的关键问题。要解决这些问题，首先需要对科学领域作广泛的拓展。再多的物理学或生物学知识都是不够的。解决问题的障碍不再主要是物理学上的或生物学上的障碍，而是社会性质的障碍。要应对这种社会性障碍，首先就得了解社会。但是，如果不同时改造社会，就不可能科学地了解社会。现在的学术性的社会科学没有设立这样的目标，它们需要扩展和改造。社会科学的成长必须与塑造它的社会力量相联系。

注释：

[1] 参见吉尔菲兰在《技术趋势》上的文章，见第 15 页及以下部分。

[2] 见奥尔，《食品、健康——收入》。亦可参见《科学代表什么》一书中的文章；麦戈尼格尔和柯比所著的《贫困与公共卫生》(G. C. M. McGonigle and J. Kirby, *Poverty and Public Health*，1936 年版)；国际联盟关于营养的报告，以及麦克纳利所著的《公共健康不良》(McNally, *Public Ill Health*)。

[3] 已经发生的变化已经够惊人的了。据《技术趋势》第 99 页估计，1787 年，这块土地上需要 19 个人来养活一个城市居民；而目前，19 个人可以养活 66 个城市居民，尽管这 66 中有一定数量的人（可能是 6 人）通过制造农具间接参与了合作生产。

[4] 斯特普尔顿（Stapleton）教授把荒原和山区变成良好的牧场的工作表明了研究可以在这一领域做出怎样的成果。

[5] 见《技术趋势》，第 111 页。

384 [6] 参见克劳瑟，《苏联科学》。

[7] 见《技术趋势》，第 114 页。

[8] 盖里克（W. F. Gerike）教授，“无土作物生产”，《自然》，第 141 卷，第 536 页。

[9] 微孔硅酸盐是一种由石灰和二氧化硅混合物与蒸汽加热而形成的水玻璃，是一种表观比重在 0.2 ～ 0.5 之间的细孔材料。它可用以制作预制板，已经用于建造房屋。见《工业与工程化学》（*Industrial and Engineering Chemistry*），第 27 卷，第 1019 页。《建筑记录》（*Architectural Record*），1936 年 10 月，第 277 页。

[10] 关于预制房屋的近期前景，见《技术趋势》，第 370 页及以下部分。

[11] 见《技术趋势》，第 371 页。

[12] 伊妮德·查尔斯（Enid Charles），《生育的衰退》（*Twilight of Parenthood*）；霍格本，《政治算术》。

[13] 意大利 1931 年的人口总生育率为 1.57，1936 年下降到 1.40。德国的净出生率数据如下：1924 年，0.924；1929 年，0.818；1931 年，0.748；1934 年，0.86；1935 年，0.91；1936 年，0.93。

[14] 霍尔丹，《遗传与政治》（*Heredity and Politics*）；霍格本，《自然与养育》（*Nature and Nurture*）。

[15] 其中一些是由吉尔菲兰评述的，见《技术趋势》，第 25 页。

[16]《技术趋势》，第 15 页。

[17]《技术趋势》，第 24 页。

[18] 据估计，在美国，人工采煤的成本为 7.50 美元每千瓦时电能。见《技术趋势》，第 152 页。

[19]《技术趋势》,第 151 页。

[20] 然而,见《技术趋势》,第 358 页。

[21] 见《技术趋势》,第 356 页。

[22] 其发展见《技术趋势》,第 346 页。

[23] 人们通常没有认识到,在一个现代工业国家中,小型运输单元的总的可用马力数要比用于电力生产的总马力数大很多倍。《技术趋势》第 249 页给出了以下事实:即便我们通过引入负载系数,对这种功率的利用做出武断但合理的假设,我们仍然发现,汽车发动机的实际功率仍然是最高的。由于这个功率是以不大于 5% 的平均效率产生的,因此这意味着美国电力生产效率的总体平均水平只有 9%。这是天然石油资源大量浪费的一个重要指标。

[24] 一种新型的泵(Keelavite 泵)最近才得到完善。它的几何设计非常巧妙,可以可逆地工作,从而能够以大于 95% 的效率传输功率。由于它的体积小,而且可以用于变速,因此它已经取代了飞机和船舶上的电机。(见 1937 年 12 月 17 日《工程师》上的文章。)

[25] 据说林德伯格上校就是那些认为火箭飞行的发展值得尝试的人中的一位。

[26]《技术趋势》第 321 页列出了光电传感器的 142 项应用;另见第 24 页及以下部分。

[27] 关于化学工业的近期前景,见豪(H. E. Howe)在《技术趋势》上的文章,第 289 页。

[28] 见《没有资本家的英国》,第 303 页及以下部分。

[29] 见基斯特勒(S. S. Kistler),《物理化学期刊》(*J. Phys. Chem.*),第 39 卷,第 78—85 页,1935 年。

[30] 见《明天的工具》(*Tools of Tomorrow*),诺顿·伦纳德出版社。

[31] 工程师经济学研究小组,《食品中期报告》。

[32] 见《技术趋势》,第 210 页及以下部分。

[33] 我们已经有了用普通打字机键盘操作的照相印刷机。

[34] 见《技术趋势》,第 36 页。

385 第十五章　科学与社会转型

一　社会条件与科学

我们已经依次考虑了科学的现有结构、可能的改进以及由此产生的结果。应该清楚的是，如果科学要充分自由地为社会服务，就需要变革，而且这种变革会相当激烈。但是，仅仅指出这些变革的必要性只是实现这些变革的一小步，尽管是必不可少的一步。在本章中，我们将考虑这些变革的前景，以及阻碍或推动这些变革的力量有哪些。这个问题不仅仅是科学的问题，甚至根本不是科学的问题。正如已经表明的那样，要想使科学组织正常运作，就需要对社会的经济和政治组织进行适当的改革。如果没有这样的改革，尽管在科学上可以进行一些小的改进，某些弊端也可以得到纠正，但目前这种效率低下、浪费惊人和令人沮丧的制度就不会有根本性的改变。

二　科学如何改变社会

因此，制度的变革对科学和社会都是必要的。在实现这一目标的过程中，科学家们必须和朝着同一目标迈进的其他力量一道发挥他们的作用。科学主要是一种变革的力量，而不是一种保守的力量，但其作用的影响力目前还没有全部显现出来。科学一方面通过它所带来的技术变革，不自觉地和间接地对社会产生影响，另一方面则是通过其思想的力量，直接和有意识地对社会产生影响。人们对科学思想的接受总是伴随着对现状的含蓄的批评，同时也为改变现状开辟了无限多的可能性。科学家必须将对这些思想的发展和传播当作自己的工作。但是，将它们付诸行动则取决于科学之外的社会力量。这一过程自现代科学产生以来就一直在进行着，只不过是以一种零星的和不协调的方式在进行着。未来的任务就是要使科学家的这项工作变得更自觉、更有组织也更有效；让广大人民群众对这项工作有适当的认识，并将两者联系起 386
来，共同努力，在实践中实现科学所提供的各种可能性。

对生产方法的影响

科学通过对生产方法所产生的不可阻挡的影响而发挥着它对社会的间接作用。这种作用不仅现在是，而且可能在今后很长段时间内都是其发挥影响力的最重要的形式。从这个意义上说，当今世界所面临的困难都可归咎于科学，而且是由科学这个唯一的因素造成的。科学并没有直接造成这些困难，相反，它带来了技术增长的可能性。与之相关的是，旧的经济体制和政治体制则越来越成为限制和扭曲这种发展的桎梏。科学所提供的可能性，只有在世界范围内创造出一个崭新的、有序的和综合的政治经济体制后才能实现。科学正是以这样一种方式影响着社会变革，而不必是科学家抱有任何有意识的意图使然。科学家正是通过其工作，而不是通过他们的经济地位、社会知识或政治信念，向世人证明了自己的力量，而且他们所施加的这种力量由于其盲目性而显得更加无情。只有完全中止科学的发展，它的社会变革力量才能受到阻遏。今天我们看到，有一种社会力量正半心半意地、内心困惑地试图压制科学。之所以说它是半心半意，是因为在当今社会，虽然大多数国家的当权者认为科学是制造社会和经济动乱、危及其统治地位的一个因素，但在和平时期和战争胜利后谋求财富与权力的过程中，科学仍然是必不可少的重要手段。因此人们试图对这两方面加以区别，除非科学被用于达到上述目的，否则就将被压制或得不到鼓励。我们所说的科学的受挫正是这些没有自觉目的的尝试结果带来的。

574 **挫折意识**

在意识到这种挫折后，科学家被迫去探究控制科学自身发展的因素，并质问为什么要以这样一种方式来阻碍和扭曲科学的发展。很长一段时间以来，许多不同领域的科学家都感到这与他们的工作有关。但直到现在，这种挫折感才超越特定学科的界限，被视为一种普遍的状况。科学家们要求允许科学发展并使其用于造福人类而不是毁灭人类，虽然这种呼声的力量不像科学家的工作所带来的直接结果的力量那么大，但仍然是一种不可忽视的力量。因为，除非这一要求能够得到满足，否则科学家在当前经济体系中的自愿合作态度将逐渐代之以勉强的默许，并最终发展成公开的
387 拒绝合作，或暗中的破坏。与此同时，另一方面，大众将从科学家

那里了解到，科学所能带来的好处是如何被社会力量所剥夺的，而这些社会力量既不是科学家也不是人民所能控制的。

三　今天的科学工作者

然而，这种平行发展能否成功不仅取决于当时的环境，而且还取决于科学家自身的地位、性格和目标。在上个世纪和本世纪里，科学的发展不仅使科学家的数量成倍增加，同时也产生了一类与现代科学奠基人的类型截然不同的科学家。随着科学成为人类社会的一个公认的组成部分，科学家往往会失去很多原创性和独特性，变得更容易同化为一般的专业人员。在对科学在社会变革中可能发挥的作用进行考察时，我们必须考虑到这一事实。

科学家现在不再是自由人了，如果说他曾经有过这样的角色感的话。无论他现在在哪里工作，基本上要么是拿国家工资的员工，要么是工业公司或某些半独立机构（如大学）的受薪雇员，而这些机构本身则直接或间接地依赖于国家或行业。因此，科学家的真正的自由实际上要受到他的生计需要的限制，被限定在支付他的薪水的老板所容许的范围内。如果联系到战争和战备来看，这一点表现得最为明显。科学工作在当前的战备中的作用正变得越来越重要。尽管许多科学家（如果不说是大多数科学家的话）反对将科学用于战争，但科学家拒绝从事这种工作的情况极为罕见。他很清楚，如果他这样做，他将失去他的职位，而其他人会非常乐意接受这一职位。

经济上的依赖性

科学家在经济上受到双重挟制。从长远来看，不仅是（甚至可能主要不是）他个人的生计取决于他能否取悦雇主，而且作为一名科学家，他必须有足够的空间来从事他的工作（通常也是他毕生从事的工作）。为了拥有这样一个空间——有研究的机会，有购置仪器设备和雇佣助手所需的资金——他仅仅做到不得罪资助者是根本不够的，他得积极地设法去取悦他们才行。从事教学的科学家的处境也同样糟糕；他本人也许可以不受经济压力的影响，但他必须考虑学生的生计。他不希望看到他们因为出自一个进步观点盛行的学校或学院而受到歧视。除了这种经济压力的影响，还必须考虑一些或多或少在自觉操控下做出的选择的影响。这种选择会
388 给那些秉持普遍顺从的观点的人带来明显的优势，特别是在争取高级职位方面。

顺从的倾向

至少与这些直接的经济因素同样重要的是社会环境的那种无处不在的不知不觉的影响。正如我们看到的，选择和培养科学家的一套方法，确实在很大程度上对改变科学家的性格，使之朝着普遍认同的方向发展起着很大作用。选择人才以中产阶级家庭出身的人为主的原则本身就导致了科学家对现状的顺从，并对那些来自工人阶级家庭的人产生了不可避免的影响。科学家除了他的工作之外，一般来说与他的同事没有什么不同。无论他的社会出身如何，他的工作都会使他跻身于中产阶级的职业人士之列，而且他

基本上也会倾向于顺从中产阶级的态度和观点。在科学的早期阶段，情况并不是这样。那时科学家可谓寥若晨星，人们觉得他们在观点上和一般行为方面都是异于常人的。现如今，科学的大规模发展将大量的人才吸引到了这个领域，这些人主要关注的是则是尽可能地让自己看起来像个商界精英或绅士。这一点尤其适用于工人阶级出身的科学家。他们在目前的教育体制下经历了非常艰苦的奋斗，因此不可能像早期秉持独立品格的科学家一样，处处显得异于身边的同事和必须相处的人。这里不存在有意识的外界压力，有的只是一种符合公认标准的普遍氛围。

> 在我看来，科学工作者协会的典型成员都是非常普通的人。他们工作起来非常专注，并且发现了一些真相，比如汽车用的弹簧钢中镍的最佳比例，或是某种从疑似患白喉的病人的喉咙中取出未受污染培养菌的较好的方法。他为取得理学学位花了很多钱，付出了辛勤的劳动。他在巴尔汉姆有妻子和孩子需要养活。他每周的薪水是5英镑，但在接到解雇通知的一个月后即终止。他看到同一个单位里的其他人，没有什么资历，就凭一张巧舌如簧的嘴和一身笔挺的衣着，作为推销员拿的薪水却是他的两倍。他不被允许发表他的工作成果，但如果他真的发现了某个真理金矿的一星半点痕迹，他所在部门的负责人就很可能会设法攫取所有的荣誉和随之而来的金钱。
>
> 这样的人正是科学工作者协会中"千千万万人"的典型代表。我认识很多这样的人。他们的主要生活目标和你我一样。他们想要挣到足够的钱来安居乐业，存一点钱以防年老

或生病，能有一点余闲和余钱出去旅行，增长点非商业性的知识来丰富自己的思想，教育他们的孩子，使他们至少有能力接着做同样的事情。而且最重要的是，他们想摆脱那种噩梦般的恐惧：接到解职通知，接着失业一年。

389 这些人之所以从事科学工作是因为他们喜欢科学工作。他们的工作本身就是一种乐趣。但他们眼下从事的却是要求他们做的事，而不是他们想做的事。工作中他们按照指定的路径前行，而不是去走他们认为有可能会有重大发现的道路，尽管这些发现能使他们进入皇家学会——他们从事这份工作的原因是：这是他们的谋生手段。

他们不想参加国务委员会。如果他们想公布某个科学事实，那是因为他们看到这样做的人会因此获得某种好处。他们之所以想向世人灌输崇敬科学的思想，那是因为这会给自己带来更多的体面和更好的工作。

——“伦敦会员”的来信，载于《科学工作者》，

第 9 卷，第 5 期，1937 年 1 月

科学倾向

这种普遍顺从的心态实际上是由决定人们能否从事科学事业的许多性格品质来强化的。当今的科学家尽管比以前少了很多怪癖，即使有也不是那么明显，但他仍然是一个明显有别于普通人心态的人。他会为了满足自己的好奇心而行事。为了自由地做到这一点，他愿意去适应任何一种生活，只要这种生活方式对他主要关心的东西所造成的精神和物质上的干扰最少。除此之外，科学本

身就是一种非常令人满意的职业；对它的追求既能使人失去对外部事物的兴趣，同时也为那些因外界因素而感到痛苦的人提供了一种安慰和逃避的手段。因此，只要他们所从事的科学不受到威胁，大部分科学家很可能是最温顺、最听话的公民。如果资本主义制度能够在没有战争或法西斯主义的情况下进行切实有效的管理，那么它就可以放心地得到广大科学工作者，甚至是当代许多最伟大的科学家的持续支持。

科学与宗教

科学与宗教关系的发展是近代科学家顺应潮流的一个很好的例证。自从科学与宗教的斗争成为知识世界的中心冲突以来，迄今还不到一百年。科学家实际上是无神论者的同义词，或者至少也是不可知论者。但现在，双方都向我们保证，宗教与科学之间的斗争已经得到解决，因为他们发现两者之间没有根本性的不相容之处。而且一些著名的科学家甚至与主教们就支持宇宙和人类生命的神秘观点展开了竞争。这种变化并不是因为早期争论中所采用的论点已经失效，而是因为在 19 世纪中叶，宗教确实试图干预发展中的生物学和地质科学。当时的科学家其实并不想被看成是 390
不信教的，但他面临这样一种尴尬的抉择：要么坚持以事实为依据，要么否认他的工作的朴素意义。当不再正式要求后来的科学家做出这样的否认时，科学家还是非常愿意回到宗教那里去的，并随之回归到一般意义上的社会规范上来。这种变化在俄国革命之后变得尤其明显，因为那时宗教作为反革命力量的重要性再次得到充分的认识。同样的情况也曾发生在更早的时期，即 18 世纪

末。当时，科学和伏尔泰式的自然神论的关系非常密切，而且似乎是不可避免的。然而，当法国大革命表明自然神论对现存秩序绝对是一种危险时，科学也一度被置于同样的禁令之下。直到19世纪初人们发现，有可能将知道自身地位的科学与皈依教会和国王的谦卑态度结合起来后，这一禁令才被解除。

狭窄的视野

科学与宗教之间的关系极其明确地表明，社会环境对科学家自身工作的直接的学术成果的影响是多么的有力。社会环境是感性的，而科学却一直在小心翼翼地清除各种感性因素。社会环境是无所不包的，而科学却是高度专业化的。这些优势还曾因19世纪纯科学思想的发展而得到加强。但因为科学教育和科学传统坚持要通过专业化培养来塑造技术能力，并且否定科学与社会之间的任何有机联系，从而使得科学本身在科学家看来已成为一种狭隘的学说，无法满足他作为人的一般性需要。为此，他只好求助于一切与科学无关的当代影响：宗教、神秘主义、唯心主义哲学或美学。但所有这些都很难与科学家的科学思想相调和，于是他们便养成了一种将思维分成若干个密闭隔间的习惯。这种态度在19世纪的伟大科学家的生活中得到了非常明显的体现，它与17世纪将科学扩展到政治、哲学和宗教领域的习惯形成了鲜明的对比。伽利略的神学和普里斯特利博士对政治的兴趣，与法拉第的桑德曼式的宗教虔诚，或与克鲁克斯的唯心论，形成了鲜明对比。这种将科学研究与社会生活完全割裂开来的做法，不仅是打破了科学家与社会运动之间的联系，而且也对科学产生了反作用，它使得人

们对科学的认识因专业化和缺乏哲学的广度而变得贫乏。

科学界的老人统治

我们上面提到的影响是社会对科学家个人的影响，但是在考虑社会对科学整体的影响时，必须考虑到科学组织受到的社会影 391
响。这里有一个因素强烈阻碍着科学家对社会力量做出积极反应。随着科学界的人数和影响力的增长，科学管理的控制权越来越落入老科学家的手中。这种老人统治是当前阻碍科学进步的最大因素。它的工作方式已经在前面的章节中讨论过了。目前，这种管理体系是一种自我延续和自我强化的体系，与政府和大的金融集团有着越来越紧密的联系。科学工作者的人数和科学的内在复杂性都在迅速增长，这一事实本身就使得老年人的掌控变得更为彻底，同时也使他们越来越不能理解他们所掌控的这架机器的运转情况。迄今为止，推动科学进步的积极因素已经克服了这些阻碍性的影响。然而，如果这种推动力得不到维持和加强，那么可以肯定的是，这种老人统治对我们现今文明的影响，就如同它对古希腊和罗马的影响一样，迟早会使科学变得迂腐，过于尊崇权威和过去的伟大成就。科学管理的民主化和年轻化才是科学生存的必要条件。

四 作为公民的科学家

幸运的是，阻碍科学家的社会意识发展的影响并不是唯一的影响，这种影响也没有抵消它的影响因素增长得那么快。正如前已指出的，随着科学日益同化为现代国家正常管理的一部分，科学家的独立精神和批判态度变弱了。但与此同时，这也使得他们更密切地接触到普通民众的切身问题。这一点特别适用于那些所谓的普通科学家和他们中非常重要的一部分——青年科学家。商业文明给科学带来的大部分好处都被少数资深科学家拿走了，而不是惠及科学家群体中的大多数人。诚然，成为这样的少数幸运儿的愿望对其余的人具有强大的影响力。[1]但是，随着科学家队伍的扩张，大多数人越来越清楚地认识到，他们在这方面的期望正变得越来越低，于是他们同广大的行政人员和文秘工作者一样，倾向于把更多的精力放在改善自己的实际待遇上。

形势的影响

这些直接对待遇和地位的考虑本身只能使科学家的职业意识
392 发展得非常缓慢，而且这些考虑还会因为政治和经济领域的变化和不稳定等其他因素而得到加强。如果让科学家处于一种自由自在的环境下，他可以证明他几乎比从事其他职业的任何人都更温顺和随和，但他并不是处在这样一种环境下。来自外部世界的激烈动荡扰乱了他的平静，迫使他比以往任何时候都更加认真地考虑自己在社会中的地位和作用。在这些动荡中，近年最重要的有四件事：经济危机、苏联的建立、法西斯主义在德国的兴起和普遍的加强备战。

经济危机

人们开始认识到，现代工业化的发展速度非常之快，足以让我们将当今时代看作第二次工业革命。而且在这场工业革命中，科学要比它在第一次工业革命中发挥着更大和更自觉的作用。应用科学的各种可能性现在变得更加直观。此外，至少对科学家来说，从技术上说，一个富足的和休闲的世界现在就可以实现，而不是要等到相当不确定的未来。首先，美国的例子使人们认识到技术变革的重要性。可以这么说，正是在美国，这种认识在技术治国论中得到了最典型（尽管简要）的体现。但事实上，直到经济衰退来临，人们才在经济衰退和技术进步的强烈反差中看出这种潜在可能性的真正意义。直到 H. G. 韦尔斯为止的老一辈科学预言家都将经济和技术的进步看作是理所当然的。现在看来，剧烈的经济动荡可能会严重干扰人类对技术进步价值的判断。经济动荡不仅威胁到技术进步，而且甚至会将其成就转而用于反社会的目的，特别是在大规模失业和战争的背景下。很明显，要真正实现一个富足而美好的世界，仅仅依靠发明是不够的，还得对经济体制进行改革。

五年计划

当西方还处在提出这些问题的阶段时，苏联已在用实践来给出问题的答案。苏联提出的第一个五年计划，让许多对其他国家混乱的竞争状态下的经济发展感到失望的人看到了希望。而且正是这一计划在世界经济衰退最严重时刻所取得的实际成功，开始让那些更务实的人变得心悦诚服。很明显，苏联的计划必须面对并且成功克服的障碍主要是技术上的，其原因是缺乏物资和训练有素的工人，而不是像其他西方国家那样是经济上的。计划生产 393
的想法立刻开始引起人们的兴趣，于是在经济大萧条时期的一场充满希望但短暂的运动中，技术治国论者的行列里又加入了计划治国论者。他们试图模仿苏联的成功，而不去深究苏联为使这种成功变为现实而进行的经济变革的影响。但在人们特别是在科学家看来，苏联的成功之所以具有吸引力，是因为它指明了一条道路，沿此前行就可以克服当今科学应用中那些令人难以置信的混乱。

马克思主义与科学史

苏联的影响也在其他方面发挥着作用。苏联的科学组织，以及它为科学发展和科学教育所花费的相对巨大的资金投入向世界表明，终于有一个国家实现了科学应有的功能。这一事实即使是那些最清楚苏联科学的实际弱点和落后局面的人也不得不承认。与此同时，其他国家中那些对此感兴趣的人，则希望更多地了解这种促使科学合理运用背后的思想。由此他们第一次真正发现了马克思辩证唯物主义的理论基础，尽管半个世纪以来这一理论基础在西欧一直未得到承认。在英国，对辩证唯物主义的兴趣可以追溯到1931年举行的世界科学史大会。当时俄罗斯派出了一个强大的代表团出席会议。他们在会上展示了大量的新思想和观点。这些观点表明，将马克思主义理论运用于科学，将有助于我们理解科学的历史、科学的社会功能以及科学的作用机制。[2]大约在同一时期，美国、法国和许多其他国家，特别是日本，也开始重新出现类似的兴趣。

法西斯主义的出现

在拓宽科学家视野方面的第三个因素，在某些方面看也是最具决定性的因素，是法西斯主义的出现。在法西斯主义出现之前，或者更严格地说，直到它出现在德国的科学思想中心之前，科学的社会功能一直被认为是一种理想而不是必需的。许多科学家认为，如果将科学用于人类福祉，并得到适当的组织和资助，那将是一件好事。但大多数人怀疑是否值得为这一理想去付出巨大的努力。维持眼下的局面并将工作做到最好就已经很令人满意了。即使科学没有得到很好的对待，但毕竟它至少还被允许独立存在。希特勒的到来改变了这一切。犹太人和自由派科学家被驱逐的事件突然提醒了其他国家的科学家，甚至连那些最自满和地位最优越的科学家也意识到，他们不能再指望个人可以幸免于难了；当纳
粹对国家的改造意味着要将科学变成某种无法辨认的东西时，连 394
科学本身都处在危险之中。生物科学和社会科学正在被扭曲成作为纳粹党的宣传基础的种族理论，其余的学科正在被无情地控制，以利于战争准备和为战时经济服务（见本书[边码]第 212 页及以下部分）。

科学家的反应

英国科学家对法西斯主义的反应可谓多种多样，让人始料不及。只有极少数人赞同纳粹的理论，这些人对种族和战争作为一种生物修剪工具的价值本来就已经有非常明确的看法。其他一些人虽然反对纳粹对科学的攻击，特别是其反犹太主义的政策，但他

们认为，反对纳粹应该限于援助受害者。他们并没有意识到，形势需要科学家们采取积极行动来反对法西斯主义，而是认为德国带来的教训是科学家们应该比以前更少地干预政治和社会事务。他们认为，科学家能否免受政治迫害取决于他的政治立场是否中立。正如希尔(A. V. Hill)教授在写给《自然》的一封信中所说：

> 然而，如果科学工作者要求文明社会给予豁免权和宽容的特权，他们就必须遵守规则。罗伯特·胡克在270年前就已将这些规则总结得再好不过了。韦尔德从大英博物馆的胡克遗稿中记录下一份日期为1663年的声明，该声明可能是在英国皇家学会第二版章程通过后起草的。它开头写道：
>
> “皇家学会的业务和目标是——通过实验提高对自然事物和所有有用的工艺、制造、机械实践、知识和发明的认识——(不干预神学、形而上学、道德、政治、语法、修辞或逻辑学)，”并继续道：
>
> “一切都是为了增进上帝的荣耀，国王的荣耀……增进王国的利益，以及人类的普遍利益。”
>
> 不干预道德或政治：我认为这是一个文明国家中科学在要求宽容和豁免权时提出的正常条件。我说这些并无轻蔑道德和政治之意——事实上，一些上流社会的人在谈论道德和政治等社会存在的必要性时所表现出的蔑视态度，在我看来，是一种无法容忍的幼稚和愚蠢。人类的道德教师和政治管理者需要由具有最高智慧能力和品格的人去担当，而不是让品质最低劣的人去担当。但是科学应该对此保持一种淡然和超脱的心态，这不是出于任何优越感，也不是出于对公共福祉的

> 漠视，而是出于追求知识需要完全诚实这一条件的考虑。情感在日常生活中是必不可少的，但在做出科学决策时则是完全不合适的。如果科学失去了它在知识上的诚实和政治上的独立性，如果——在共产主义或法西斯主义统治下——它与情感、宣传、广告、特定的社会或经济理论联系在一起，那么它 395
> 将完全失去它的普遍吸引力，它的政治豁免权也将丧失。如果科学要继续进步，它就必须坚持其传统的独立地位，必须拒绝干预或受制于神学、道德、政治或修辞学。
>
> ——《自然》，1933年，第132页[3]

在一些极端情况下，这种思潮导致人们更明确地退出任何社会政治活动。一位世界著名的科学家在被要求参加某种形式的政治抗议活动时说："我对政治一无所知，我也不想了解任何政治，因为如果我不参与，我看不出他们能拿我怎样。"然而，对于其他人，包括许多最活跃的科学家和较年轻的科学家来说，作用就迥然不同了。他们对政治问题更感兴趣，并坚持认为，对法西斯主义，科学家必须有明确的立场：要么支持，要么反对。正如布莱克特(Blackett)教授在他的广播稿(后来在《科学的挫折》中重新发表)中所说：

> 除非社会能够运用科学，否则它必然会变成反科学的，这意味着放弃本可能进步的希望。这就是资本主义现在所采取的道路，它导向了法西斯主义。另一条道路是全面实行大规模的社会主义计划。这是一种以最大限度产出为目标的计划，而不是有计划地对生产加以限制。我相信只有这两条道路。现在有人告诉你——在今后几年里，还会不断有人告诉

你——还有第三条道路，它既不是社会主义，也不是资本主义，而是一种叫做计划经济的道路，它将使每个人都平等地受益。例如，你会被告知，失业保险和住房政策应该脱离政治，予以客观、科学地对待。好像这样的问题不具政治的本质！如果要做出牺牲，就要“平等的牺牲”。富人和穷人的不同利益将被情感上的民族主义以及强调为国家服务和服从国家纪律所掩盖。在我国，所有这些趋势都已经非常明显，尽管它们的充分表现要到意大利和德国才能够看到。因此，我不认为法西斯主义是意大利人或德国人特有的气质中的，甚至也不认为它是两种鲜明人格的独特创造。但我确实认为，这是这样一种政策的逻辑结果，这种政策是要通过限制产出、通过经济民族主义和降低工人阶级的生活标准来应对资本主义的世界危机。我们国家似乎也在用同样的方法来应对世界性的危机。

这条道路能走得通吗？我不相信。我相信这种倒退不会解决问题。例如，试想一下为了小业主的利益，将一个大企业分割成多个小企业，用手工劳动来取代机器生产后将会发生什么情况。那些在过去促使人们合并，并采用机器生产的所
396 有内在的资本主义经济力量将重新起作用，使一切恢复原状。资本主义不可能通过回复到它刚出现时的环境中来拯救自己。事实上，我认为德国和意大利的工业界的领袖们也不相信这么做会有用。他们可以容忍甚至鼓励群众开展反对机器、支持小作坊反对工厂的运动。因为他们迫切需要中产阶级的政治支持，他们必须为此付出代价。但大企业深知，机器

> 对他们来说是必需的。在反对机器这一点上，说的会比做的多得多。无论对科学和机器采取什么样的实际措施，所造成的气氛肯定不仅对科学，而且对所有试图进行客观的学术活动的人都是灾难性的。中产阶级对法西斯主义所抱的希望一定会落空。总有一天他们会发现自己被骗了。他们以为自己得到了新的东西，既不是资本主义，也不是社会主义，但实际上他们得到的就是资本主义。因为今天在这两个法西斯国家，法西斯主义当然是资本主义。当我第一次写这篇文章时，只有两个公开的法西斯国家。现在我已经数不清了。奇怪而且意味深长的是，在法西斯主义树立的帮助小业主的幌子的背后，这些小业主显然正在迅速地被消灭。在法西斯统治的国家，像其他地方一样，正是资本主义的内在力量造成了这一现象。意大利1932年的庞大的破产统计数字说明法西斯主义不能够真正拯救小企业……
>
> 我认为只有两条路可以走，我们现在似乎正开始走上通往法西斯主义的道路；随之而来的将是限制产出、降低工人阶级的生活水平和放弃科学进步。我认为，唯一的出路就是完全实行社会主义。社会主义需要利用它能得到的一切科学知识来创造尽可能多的财富。科学家们也许没多久就会决定他们站在哪一边。（第139—144页）

这种态度并非仅限于言说。美国著名科学家罗伯特·梅里曼(Robert Merriman)已经为捍卫西班牙的民主献出了自己的生命。各国科学家和医务人员也都在以他们的专业能力尽其所能来提供帮助。

备战

让科学家们印象越来越深刻的最后一个影响因素是全社会都朝向一个目标——日益抓紧的备战。1932 年非常不景气的科研状况与目前这种科研相对繁荣的局面之间的差异，似乎很难不让人将这种繁荣与日益加紧的战争准备联系起来。科学家们正越来越多地参与到这类战备工作中来，有的是间接地协助钢铁和化工企业等主要从事武器生产的行业，有的则是直接进入与国防有关的政府部门。在英国，为防空而寻求科学合作是最明显的例证，而
397 且这种情形正在迅速增加。尤其是化学家和医生正被招募并分配到地方国防计划的重要职能部门。随着在大学里设立起技术军官预备役，征召科研人员入伍已经进入第一阶段。[4]

科学家再也不可能置身事外了，他必须决定是否参与这些计划。如果参与，希望以什么条件参与。在这里，也有许多人倾向于走阻力最小的路径，即接受官方的征召，并自愿提供援助。然而，有少数决心已定的人已经采取了完全和平主义的态度，拒绝参与备战。他们的人数要比上一次大战中的人数多得多。剩下的人正在下决心，他们倾向于对本国政府的政治和技术准备的性质持批评态度。毫无疑问，人们越来越强烈地感到，战争是对科学的一种明显的滥用。但对于如何防止战争，以及科学家在这项任务中必须发挥什么作用，还存在着极其不同的意见。在这方面，国际和平运动科学委员会的活动（见本书[边码]第 186 页），对于科学家希望将自己与更广泛的群众和平运动联系起来的愿望具有重要意义。

五　社会意识

这些影响的累积效应使所有科学家在一定程度上认识到——其中许多人则是敏锐地认识到——他们的工作和生计与政治和经济因素之间的关系。他们在此之前一直认为这些因素完全与科学无关。有越来越多的科学家认识到，科学工作并不仅限于实验室；科学家应当首先关心他和他周围其他科学家的工作环境，并最终关注能够让科学继续存在下去的社会状况。认为科学家目前只要能开展工作他就十分满足了，这是一种极为短视的观点。即使他不想看到这项工作发展下去是否能得到有益的结果，他至少必须认识到，按照科学传统将工作做下去或让别人做下去的可能性，取决于这种传统本身能否继续存在，从而有赖于社会的发展，而不是有赖于因法西斯主义或战争而带来的社会倒退。在一些人看来，眼下对受到社会保护的需要远比对做出发现的需要更紧迫。然而，对大多数人来说，只要实验室还没有被炸毁或关闭，只要科研人员还没有被征召去参战或入狱，那么科研工作就将是而且必须是他们主要关注的对象。然而，这并不意味着将精力投入到更大 398
的社会问题上去是一件微不足道的事情。

科学家作为领导者？

科学发展中的进步力量与落后力量之间较量的问题，以及科学发展与社会的关系问题，只是我们这个时代重大社会斗争问题的一部分。但是，由于这些问题的解决依赖于科学家，因此需要科学家发挥出比迄今为止所发挥的作用更大的而且性质不同的作用。从柏拉图到H. G. 韦尔斯，最常提出且最具说服力的解决方案，一直是关于如何将国家管理交给哲学家或科学家去承担的理想方案。不幸的是，这些方案面临两种极端的反对意见：第一，没有人能想出什么办法把控制权移交给他们；第二，大多数现有的科学家显然完全不适合行使这种控制权。民主国家不愿意选择那些看起来——至少是在他们自己看来——非常适合掌权的人。这种态度导致大多数这些计划的提议者转向寻求独裁，或者用现代语言来说，就是寻求法西斯主义的解决方案。但是在法西斯国家，科学家只是作为战争准备和宣传的工具。然而，尽管我们可以将科学家统治的前景视为幻想，但科学家在未来社会组织的形成和发展中无疑将起着至关重要的作用。

六　科学家的组织

第一个也是最紧迫的问题，是要找到一种科学家现在就可以采取行动的办法，以便能够最有效地保护科学不受威胁科学的力量的攻击。作为个体，科学家所具有的影响力既不比其他公民的影响力大，也不比其他公民的小。只有通过科学家之间的联合，科学对社会的重要性才能体现出来。但仅仅联合本身是不够的。科学在技术上的重要性尽管很大，但仍不足以让联合起来的科学家具有重大的政治影响力，只要他们还是孤立无援的。只有科学家通过其组织能够与其他具有相同社会进步目标的群体联合起来，才能实现这一目标。

在科学家中间发展协会的历史可谓源远流长，不同时期的科学家协会有着截然不同的特点。早期的协会，如17世纪的皇家学会和18世纪末的月社，都有着双重目的：将以前孤立的科学家聚集在一起，以便在追求科学的过程中相互帮助；使社会势力（无论 399
是政府的还是商业的）认识到科学的实际重要性。此后，这些职能被分割开来。第一项职能仍然是无数学术团体存在的理由，第二项职能则变成半群众团体机构（如英国或美国的科学促进协会）的职能了。此后，又增加了第三种专业性质的学会。它类似于现存的律师协会和医师协会，如化学学会和物理学会。

对社会责任的认识

以前，这些机构没有一个关心过科学的社会影响力问题。但在过去几年里，这一情形发生了显著变化。1936年英国科学促进协会在布莱克普尔（Blackpool）召开的会议就将议题确定为“科学与社会福利”。世界科学家联盟的里奇·卡尔德（Ritchie Calder）先生提出了一项建议，主张捍卫和平与学术自由，并最有效地利用科学来造福人类。[5]这一建议没有立即被采纳，但第二年它在美国得到了重要支持。美国科学促进协会委员会在1937年的会议上通过了以下决议：

> 鉴于科学及其应用不仅改变着人们的身心环境，而且大大增加了人们之间社会、经济和政治关系的复杂性；鉴于科学完全独立于国界、种族和信仰，只有在和平和学术自由的地方，科学才能永远繁荣；因此现在
>
> 本委员会于1937年12月30日决定，美国科学促进协会

> 将科学对社会的深远影响作为其研究目标之一，并且本协会将邀请其原型英国科学促进协会，以及全世界具有类似目标的所有其他科学组织，就此展开广泛的合作，不仅在促进科学利益方面，而且在促进国家间和平和学术自由方面，以便科学能够继续发展，并将其利益更广泛地传播给全人类。

与此同时，另一个地方也出现了类似的发展。1937 年，国际科学联合会理事会应阿姆斯特丹科学院的请求召开会议，安排成立一个关于科学及其与社会的关系的国际委员会。这个机构基本上是一个由皇家学会和其他科学院等机构支持的事实调查机构。人们感到，如果科学家们没有更广泛的兴趣，这项工作的推进将非
400 常缓慢，因此又在《自然》杂志上提出了建立一个研究科学与社会的关系的协会的建议[6]。这个建议得到了英国许多具有代表性的科学家的支持。结果不是建立一个单独的组织，而是在英国科学促进协会中下设一个专门研究科学与社会及国际关系的部门。1938 年，这一结果在剑桥召开的会议上被明确接纳。

科学工作者协会

然而，所有这些机构基本上都局限于研究和讨论。它们代表了科学家之间最广泛的共识，但在任何意义上都不是宣传或执行机构。我们需要一个由更有觉悟的科学家组成的团体。它的主要职能不是协助科学研究或确立科学职业的权利和尊严，而是让科学家更清楚地认识到他们工作的社会意义。如果科学要继续作为改造文明的主要推动力，就必须改变科学的组织和地位。这样的协会已经在几个国家成立了：英国的科学工作者协会，法国的高等

教育工会，在美国有新成立的美国科学工作者协会（见附录十）。

英国科学工作者协会（更确切地说，当时称为“全国科学工作者联合会”）的成立与一战结束时成立科学和工业研究部的动机是一样的，都是基于对科学重要性的认识。但成立协会的宗旨是，应该是由科学家自己而不是由政府来采取行动。刚开始，全国联合会的目标具有明确的工业和政治上的目的。用它最初的声明来说就是：

> 全国科学工作者联合会标志着我国专业组织历史上一个新时代的开始。迄今为止，由专业人士为促进他们的利益而组成的机构要么没有法律地位，要么是特许协会或有限责任公司；但最近发生的几起事件证明，这类组织形式是不够的。
>
> 本联合会的目标是双重的：它们包括科学在国民生活中所起的作用和科学工作者的就业条件两方面。联合会认为，实现第二类目标是实现第一类目标的必要条件。在过去，英国科学的问题不在于其质量，而在于其数量；不在于它在纯学术界的地位，而在于它在政界和工业界的地位。要弥补这个缺陷，只有通过吸引更多的国内最优秀的人才来从事科学研究，并为这个职业争取到与它在国家中的重要性相当的社会地位才有可能。那些——至今仍有这样的人——认为对科学 401 的追求就是对这个职业的回报，认为大力改善科学工作者的待遇和前途就会使这个职业的荣光受到贬低的人，忘记了三件事：第一，很少有人能摆脱家庭关系，来从事报酬不高的工作而不给别人添苦；第二，任何一个家境不好的人都会采取最自私的做法，以牺牲支持者的物质舒适条件来成就个人的爱

好；第三，就科学进步及其在工业中的应用而言，许多奠基性工作并不能激发起艺术家那样的热情投入，而总是由那些对自己的职业感兴趣的人来完成的。他们对物质上回报的关心丝毫不亚于律师、医生和企业家……

因此，如果工业界的专业人士希望在照顾他们自己的利益方面分享权利，他们就必须尽快组织工会……

上述言论主要涉及工业方面的科学工作，以及在工业发展问题上充分考虑科学家意见的必要性。这对于国家和科学家都是非常必要的。然而，联合会的倡导者至少也同样重视学术性的方面，因为工业的成功和纯科学的进步都有赖于此。我国的统治阶级终于认清了这个事实，成立了科学和工业研究部，目的是要增加纯科学和应用研究的产出，同时协调科学和工业之间的关系，以便尽早利用具有经济价值的新发现。

——《章程草案・前言》，1919 年

一战后的重建热潮颇为短暂。到 1926 年，英国出现了一种普遍的、令人不安的冷漠情绪，后来人们便将这段时间看成是萧条前的繁荣时期。全国科学工作者联合会在大罢工后陷入一种恐慌之中，便将其名称改为科学工作者协会，由此失去了许多会员，但却没有吸引来那些被认为对其早期名称感到害怕的人。协会一时间处境非常糟糕。到 1931 年后，类似的外部原因——首先是经济衰退的影响，然后是我们现在所处的不安全状况和重振军备的影响——迫使科学家们比以往任何时候都更加关注自身领域之外的问题。这反映为协会恢复了活动，尤其是年轻科学家与理科学生之间恢复了交流。协会的新的方针虽然看似与老的相近，但实际上在许多方面都与原有的不同。从那时起，协会学到了很多东西，同时也扬弃了一些东西。

科学工作者协会现在的基础被认为有两点：其一，学界和个人都关注如何维护和改善其成员的就业条件，确立“科学工作者”的 402
地位，这个地位在某种程度上类似于医生或律师的地位；其二，关注科学在社会中的整体地位。这两方面是紧密联系在一起的，因为只有当科学在社会结构中发挥其应有的作用，并被允许发展其潜在的可能性时，科学工作者个人的境况才能得到明显改善。这两方面都有进展。一方面，协会正在努力改善年轻研究工作者的境况[7]，另一方面，与国会科学委员会合作，努力确保在全国范围内获得足够的捐赠（见本书[边码]第 317 页）。无论这两个目标是否能够成功实现，毋庸置疑的是，在英国和全世界范围内，都出现了一种建立具有更广泛社会目标的科学家专业组织的强烈意愿。这不仅表现为各地纷纷成立类似于协会的机构，也体现在一些纯学术性社团的恢复活动上，体现在科学期刊对社会问题的普遍关注上。

七　科学与政治

到目前为止，我们讨论的活动都是科学结构内部的活动。但很明显，这些活动不可能局限在这个范围内。就科学家个人或集体试图影响社会这一点而言，他是在进行政治活动。尽管在某种程度上，他是在没有意识到这种活动的性质的情况下采取这种行动的，但我们现在已经到了一个不再是这种情况的阶段了。除非科学家既了解科学的内部结构，又了解科学与社会之间的关系，否则，他为改善科学的地位和为科学造福人类所做的许多努力都将注定要失败。另一方面，无论是政治家还是他们背后的力量，都不能完全认识到或了解如何来发挥科学的潜在可能性。他们必须得到一些科学家的帮助。这些科学家对科学和政治领域都有足够的了解，能够建立其二者的融合。

必须承认，尽管有必要让科学家直接参与政治行动，但这种做法也有严重的危险性。到目前为止，从经济和政治统治者的角度来看，科学家一直是，而且一直被认为是中立的。只要他们能拿到继续工作的报酬，他们就不必关心工作的结果。他们甚至得到了一点宽容。这种宽容在不那么发达的社会里是给予疯子的。要摆脱这种中立的态度转而负起责任，同时又不丧失这些好处，是不容

403 易做到的。即使是最微小的尝试，也总会被贴上倾向性的标签。科学绝不能有倾向性已变成一种传统。正如我们曾指出的（见本书[边码]第 341 页），其结果就是使那些每有成果就必然带有倾向性的学科被阉割，并使其他学科与社会隔离开来。

保持中立是不可能的

科学家在自己的领域之外进行独立思考的任何尝试都会使他面临严厉的“制裁”。德国的例子已经很好地向我们表明了这一点。因此有人主张，为了科学的利益，他最好不要这样做。但事情会发展到这样一种地步，即中立会使作为一种生力军存在的科学本身受到损害，因为在这种情形下，即使科学没有受到压制，它也将不再吸引所有活跃的和敢冒风险的头脑。科学家在危机时刻与

其他积极和进步的力量联合起来并不是一个新现象。在布鲁诺和伽利略时代，在法国大革命时期，这种联合都曾发生过。可以肯定的是，如果当年普里斯特利博士被说服继续保持谨慎的正统观念，那么科学所遭受的损失将远远大于烧毁他的房子和毁坏他的仪器。拉瓦锡也许可以作为一个反例来引用。但很明显，他所遭受的痛苦并不是成为了科学的烈士，而是成为他所附庸的旧政权的一种令人厌恶的税收制度的象征。正如霍格本所指出的那样，这种激进的倾向是英美科学的一个特点。[8]当前在这方面的动向，不仅是因为人们感觉到科学需要一个更健全、更公平的经济体制来发挥作用，而且更是人们对具有法西斯主义特征的反科学运动的一种反抗。在这场冲突中，没有一个科学家能够保持中立。

大众对科学的看法

科学家在政治上的反应代表了科学与社会结合这一趋势的一个方面，另一个方面则表现在科学领域之外的广大公众对科学的认识，即对科学的维护和科学的发展是人类文明的进步乃至文明的存在所必需的。到目前为止，这种认识还没有得到系统的表达。这表现在公众对科学遭受挫折等问题变得越来越感兴趣，以及一时风头无两的专家治国论上。它标志着非专业人员对科学认识的第三个阶段。这一阶段是从简单欣赏科学带来的经济效益开始的。在战后，它曾被巴特勒(Butler)在《埃瑞璜》(*Erewhon*)一书中所预言的相反倾向所取代。这种倾向表现为将当前的一切罪恶归咎于科学，并呼吁回到美好的旧时代。后来人们对此进行了反思，认识到科学不是一种自由的主体。它的力量是被用于善还是 404

恶，完全取决于统治者觉得如何有利可图。尽管像瞎眼的参孙(Samson)*一样，它有可能对其主人反戈一击。如果给科学以自由，那么它将比现在为少数人谋利时更有效地为人类造福。

科学与民主

科学必将成为那些努力实现社会公正、和平与自由的人的盟友，而不是其敌人。事实上，在世界上这场刚刚开始的进步势力与反动势力的斗争中，科学的帮助也许具有决定性作用。在未来几年里，世界可能会分裂为民主国家和法西斯国家，并为争夺霸权而不停地斗争。在这场斗争中，诸如思想、物质生产和战争潜力这些因素的内在的和外在的动力将成为武器。法西斯主义必然与科学国际化的理想背道而驰，尽管它需要科学为其提供物质力量。试图扼杀科学精神，但同时又保留它所带来的利益，必将导致一场冲突，使得科学，并最终使国家本身蒙受损失。在这场冲突中，技术可以得到维持甚至改进，但从长远来看，缺乏独创性和灵活性的缺陷一定会显露出来。但与此同时，如果民主国家不仅能够给科学以自由，而且让它得到发展，那么这些国家的经济和文化也将得到迅速发展，并具有压倒性的优势。这样，也许不需要进行一场旷日持久的破坏性战争，就能使法西斯主义在这种对比之下从内部被瓦解。或者即使要进行战争，民主国家也能够保证迅速取得胜利。但是，我们能确信科学会在民主国家得到发展吗？正如我们前面所展示的，到目前为止，几乎没有证据能够表明这一点。如果要实

* 《圣经》中的人物，以力大无穷著称，见《圣经·士师记》第13章。——译者

现这一目标，就只能通过有政治觉悟的科学家的个人合作，以及他们与进步政治力量之间的联合。要做到这一点将是困难的，因为这需要政治运动的领导人和基层民众都能够对科学的重要性及其需要有真正的了解。[9]

人民阵线

科学家能够而且的确必须具有政治头脑，但他永远不会成为党派政治家。在他看来，对于社会、经济和政治形势等问题，必须首先找到解决办法，然后才能加以应用。这些问题不是个性、野心和既得利益争夺的战场。只要民主国家的进步力量因为这种考虑而分裂成政党，他就看不到有什么办法能与任何一个政党合作。只有当各方能够就社会正义、公民自由与和平的广泛计划达成一致时，科学家才能给予充分的帮助。然而，正如法国的例子所表明的那样，一旦他们这样做了，就能够进行富有成效的合作。许多科学家通过“反法西斯知识分子委员会”来帮
助建立人民阵线，这项工作在新政府的领导下一直在继续，他们 405
建立了一个真正有效的科学部。与此同时，在法国，人们正通过工人大学来促进大众科学的传播。在工人大学里，著名科学家与工人阶级的听众一起讨论他们遇到的问题，帮助消除自然而然产生的对科学误解和偏见。我们需要的是在全世界范围内扩大科学与民主力量之间的这种合作。只要双方走到一起，就会逐渐互相理解。科学将由此得到充分的自由和发展，民主力量也将从中学到科学的力量和可能性。

科学家如何提供帮助

如何做到这一点将因国家而异。当前，这种做法更像是一种世界性的趋势，而不是一项具体的计划。在像英国这样的国家里，进步力量被僵化的党派之见所分化，几乎还没有受到世界其他地区运动的影响，科学家个人及其组织能够做到的最好的帮助就是不做任何排他性的承诺，不偏不倚地帮助所有进步党派。科学家所能给予的帮助是对社会和经济状况做精确的调查，为技术问题制订计划，以及对当前的民用和军事计划加以批评。这本身必然有助于表明客观形势的具体需要，即废除私人对国家主权中那些竞争性、浪费性和危险性因素的限定性控制，废除对被压迫阶级或种族的剥削，并强调必须团结一致以达到这些目的，而不是单独采取行动。这些活动往往归于失败，往往只能达到部分的和短暂的目的。这项努力并不容易，但如果科学家能够像从事自己的课题那样付出全部精力、奉献精神和智慧来追求，那么这项努力就一定能成功。如果他这样做了，而且只有他这样做了，科学事业的安全才能得到保障，科学的各种可能性才会开始变成现实。

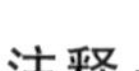

注释：

[1] 大学资助委员会1935年的报告指出，教授的工资增加了，而初级讲师和助教的工资却减少了，委员们对此评论道：

> 教授工资的上涨尤其令人欣慰，这也证明了大学已充分认识到为教授提供合理的财政支持的必要性，如果要想使最好的人才为我所用能够得到保障的话。这里任何缺陷都会对大学的声誉产生不利影响，而自大战以来这些工资的不断提高，是最重要的因素。

……就大学教师的招聘而言,最初几年的实际工资远不如未来的前景重要。一所大学如果无力同时负担得起这两方面,那么将(譬如说)40岁时可以得到的薪水提高到一个有吸引力的数字,而不是在刚入职的年轻毕业生的工资中增加一小笔钱,将会取得更好的效果。

不幸的是,报告中公布的数字(见附录一)还显示,取初级讲师的平均任期为12年,教授的平均任期为24年,那么他成为教授的概率只有1/2,实际的可能更是要小得多。因此,这种"吸引力"有点像胡萝卜。 406

[2] 参见《处于十字路口的科学》(*Science at the Cross Roads*),Kniga出版社,1931年版。其中黑森(Hessen)关于牛顿的文章,对英国来说,是对科学史进行新评价的起点。

[3] 另见随后的通信,特别是J. B. S. 霍尔丹的回信,以及约瑟夫·李约瑟在《基督教与社会革命》(*Christianity and Social Revolution*)一书中的文章。

[4] 参见《泰晤士报》,1938年4月25日。

[5] 见《自然》,第141卷,第150页;第142卷,第310—311页和第380—381页。

[6]《自然》,第141卷,第723页。

[7] 例如,1937年,科学工作者协会的一个代表团会见了科学和工业研究部的秘书弗兰克·史密斯爵士,就初级岗位的补贴提出以下几点:

1. 初级岗位的补贴提高到最高为150英镑每年,而不是现在的120英镑每年。

2. 享受补贴而又从事教学工作的,其补贴的减少额不得超过其教学收入的一半。(目前牛津和剑桥的学生可以保留他们收入的1/6,其他大学的学生可以保留1/3。)

3. 应将科学和工业研究部咨询委员会起草的条例第21段中的"贷款"一词删除。在1937年1月修订后的《条例》中已经这样做了。(下列规定应予取消:申请人在符合条件前应向地方政府申请贷款。)

不幸的是,科学和工业研究部只在最后一点上愿意做出让步。对于第一项有关可怜的岗位补贴额度,科学和工业研究部的发言人声明道:"120英镑的数额是由科学和工业研究部咨询委员会确定的,这个委员会不是由政府官员组成,而是由大学教授组成,因为这个额度完全可以让一个没有其他生活来源的学生在伦敦或一所地方大学维持生活。”他进一步指出，咨询委员会随时准备考虑特殊情况，并根据大学管理部门的建议增加拨款。在1931年以前，最高限额是140英镑，但随着生活成本的下降，这个额度有所减少。(虽然在生活费再次上涨后没有做相应的提高。)当被问到他是否认为微薄的补贴并不会促使最优秀的人才去从事科研以外的其他职业，而让次一等的学生成为科工部助学金的申请人时，他说，科工部并不介意这一点，因为事实证明次一等的学生往往是最有价值的研究工作者。(《科学工作者》，第9卷，第8期，1937年11月出版)

本书(边码)第388页引用的信件继续解释了为什么普通的科学工作者应该加入这个协会：

> 我之所以加入科学工作者协会，是因为我认为，一个有科学造诣的人拿的却是马路清洁工的工资，他不应该受到这样的剥削。而且那些商业企业靠着他的工作成果赚取巨额利润，而他的安全感却还不如一个清洁工。巨人有限公司(Colossus Ltd.)利用“巨人专利开关”赚取巨额利润，这种做法是错误的，因为这项专利是授予理学学士约翰·史密斯的。根据他与公司签订的协议条款，他以1英镑的价格将这一专利转让给了巨人有限公司。巨人有限公司的一名董事在一篇向某个学会宣读的论文中，不加致谢就将最初由上述约翰·史密斯发现的事实和公式包含进去，这种做法也是错误的。而史密斯也不应该为了怕失去工作就纵容这种做法。同样错误的还有：技术公司向科技人员隐瞒有关他们的工作的商业价值的事实；与此相应地，当行政职务出现空缺时，宁愿让会计和销售人员来补缺。这些非技术人员丝毫不懂公司所依赖的科学工作，只会设障、断供和阻碍公司的技术人员，并且以他们没有取得成果而解雇他们。
>
> 所有这些事情几乎每天都在发生，我可以为上述每一种情形提供具体例子。科学工作者协会做了大量工作，支持会员要求雇主给予正当待遇，并对广告上以低工资招聘职位的情况进行调查。我认为大力开展这
> 407 方面活动是我们追求的最重要目标。在处理这些问题时，特别是在涉及政府部门时，政治影响力是非常有用的。在这个意义上，“参加州议会”

是协会的一个恰当的目标。

[8]《大众科学》,第582页及其后部分;《科学与社会》,第一卷。

[9] 工会联合会大会最近决定成立科学咨询委员会是一个可喜的迹象。它表明这一进程在英国已经开始。这个委员会最初是在1937年的英国科学促进协会的会议上宣布设立的,现在已经具体组织起来了,其人员构成半数是由英国科学促进协会提名的科学家,半数是工会联合会的代表。它将是严格非政治性的,关注的问题有以下几方面:粮食和农业;采煤技术;职业病、残疾和工业福利;合成塑料和纤维素;重金属;轻金属;电力生产和运输;与潜在开发有关的矿产资源;国防与航空;技术教育与管理;人口与生命统计等。

408 第十六章　科学的社会功能

在我们的这项研究行将结束时，我们才比较接近于能够对科学在当今社会中的功能和在未来社会中的功能做出界定。我们不仅将科学视为我们这个时代的物质生活和经济生活的一个组成部分，而且将它看成是指引和启发这种生活的思想的一部分。科学为我们提供了满足物质需求的手段，它也给了我们一些思想，使我们能够理解、协调和满足我们在社会领域的需要。除此之外，科学还提供一些虽不那么具体但同样重要的东西：一种对未来尚未被探索的可能性所抱有的合理希望，一种正在缓慢而切实地成为现代思想和行动的主导力量的激励。

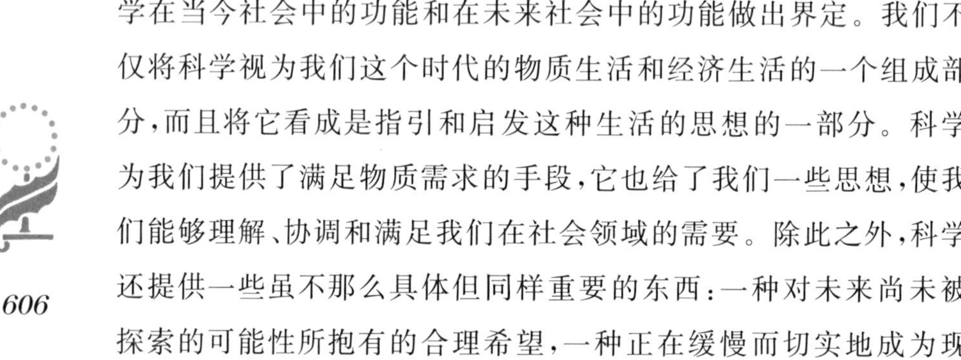

一　历史上的重大变革

要从整体上了解科学的功能，就必须在尽可能广泛的历史背景下来考察它。直到最近，我们对眼前的历史事件的关注使我们对历史上重大转变的理解变得盲目。毕竟，人类在地球演化的舞台上出现得较晚，而地球本身也是宇宙力量的晚期副产品。到目前为止，人类的生活只经历了三次重大变革：先是社会的建立，然后是文明的出现，这两次都发生在有史记载的黎明前，第三个就是现在正在发生的社会的科学变革，我们至今还不知道怎样来命名它。

社会与文明

第一次革命是人类社会的建立。通过这一变革，人类变得与动物不同，并且通过一代代传递经验的这种新习惯，发现了一种比无序的进化斗争更快、更可靠的进步方式。第二次革命是以农业为基础的文明的发现。它带来了各种专门技术的发展，其中最重要的是城市和贸易这两种社会形态。通过这些活动，人类整体上摆脱了对自然的寄生性依附，使一部分人从粮食生产的任务中完全解放出来。文明的出现是局部地区的事。到公元前 6000 年，它 409
几乎具备了所有的基本特征，但这只是发生在它的中心，在美索不达米亚和印度之间的某个地方。在接下来的几千年里，在文艺复兴和我们这个时代开始之前，我们看不到文明在质上有任何重大变化。整个这段有记录的历史只有一些相对较小的文化上和技术上的变化，而这些变化在很大程度上具有循环的特征。一个接着一个的文化兴起又衰落，虽然每一种文化都有所不同，但本质上并没有超越前一个。真正潜移默化的进步只是表现在地域上的扩张。从长远来看，文明因其内部原因以及野蛮人入侵所造成的每一次崩溃，都意味着经过一段时间的混乱之后，文明都向野蛮控制的地域有了进一步的延伸。到这个时期末，世界上所有容易耕种的土地都已开化。

科学革命——资本主义的作用

到 15 世纪中叶，新的情况出现了。这一点对于现在的我们来说很明晰，但对于当时的人们来说则不尽然。我们已经将文艺复兴看作资本主义兴起的预兆，但直到18世纪，人们才普遍认识到社会的根本性变化。在当时，通过科学和发明的应用，人类获得了新的可能性。这些可能性对人类未来的影响可能比早期文明的农业和技术所产生的影响更大。直到最近，我们才能够在思想上将资本主义企业的发展与科学的发展和普遍的人类思想解放区分开来。两者似乎都与进步有着千丝万缕的联系，但同时，让人感到矛盾的是，它们的出现被视为人类摆脱了宗教或封建权威的束缚，正在回归自然状态的证据。我们现在看到，虽然资本主义对科学的早期发展是必不可少的，并首次赋予科学以实用价值，但科学对于人类的重要性却在各个方面都超越了资本主义。实际上，充分发展科学来为人类服务与资本主义制度的延续是不相容的。

608 科学的社会意义

科学意味着对整个社会生活进行统一协调地，尤其是自觉地管理。它打破了人类对物质世界的依赖，或是提供了打破这种依赖的可能性。从此往后，社会只受到它对自身所施加的限制。毫无疑问，人类将抓住这种可能性。仅仅知道存在这样的可能性就足以激励人们继续前进，直到它变成现实。一种社会化的、综合的、科学的世界一体化组织即将到来。然而，如果假装它已经快到了，或者认为它会在没有经过最严重的斗争和混乱的情况下到来，那将是荒谬的。我们必须认识到，我们正处于人类历史上的一个
410 重大转型期。我们最紧迫的任务就是确保尽快完成过渡，尽量减少物质、人力上的损失和文化上的破坏。

科学在转型期的任务

尽管科学显然将会是人类第三阶段的特征，但只有在这一阶段明确确立之后，人们才能充分认识到科学的重要性。在过渡时期，我们主要关心的是它的任务。而在这一阶段，科学仅仅是经济和政治力量的复杂结构中的一个因素。我们的工作是要研究科学在此时此刻必须做的事。此外，科学在斗争中的重要性在很大程度上取决于其自身对这种重要性的认识。从长远来看，只要科学意识到其目的，那么它就能够成为社会变革的主要力量。由于科学具有的巨大的潜能，它最终将能够支配其他力量。但是，如果科学没有意识到它的社会意义，那么它将成为一种无助的工具，被驱使它偏离社会前进方向的力量所控制，并在这个过程中丧失其本质，即自由探究的精神。为了使科学意识到自身及其力量，我们必须从当前和可实现的未来所存在的问题的角度来看待科学。我们必须结合这些问题来确定目前科学的功能。

可预防的灾难

今天的世界上存在许多明显属于物质层面的灾难——饥饿、疾病、奴役和战争。在以前的时代，这些灾难被认为是自然的一部分，或是严厉的或邪恶的神的行为。但现在，这些灾难之所以继续存在，仅仅是因为我们囿于过时的政治和经济制度。现在已经没有任何技术上的理由来解释为什么不能使每个人都有足够的食物。没有理由来说明为什么工人需要每天做超过三四个小时的不愉快或单调的工作，他们也没有理由因为经济压力而被迫这样做。

战争，在一个人人都可以过上富裕和安逸生活的时期，是完全愚蠢和残酷的。当今世界上大部分的疾病都是直接或间接由于缺乏食物和良好的生活条件而造成的。所有这些显然都是可以消除的灾难，只有当这些灾难从地球上消失，人类才能感觉到科学已经被适当地应用到人类生活中。

但这仅仅是一个开始。我们有充分的理由相信，对于许多看似无法消除的灾难，例如疾病或从事那些不愉快的工作等，如果我们认真地予以科学对待，并在经济上给予充分支持，找出其原因并加以消除，这些问题都是可以解决的。如果对人类有潜在价值的研究得不到支持，那么人类距离饥饿状态也就一步之遥。

411

发现和满足需求

然而，这些都是科学应用的消极方面。很明显，仅仅尽我们所能来消除这些灾难是不够的。我们必须着眼于创造新的美好事物，创造更美好、更积极、更和谐的个人和社会的生活方式。到目前为止，科学还很少涉及这些领域。它继承了前科学时代的原始欲望，而没有试图去分析和提炼它们。科学的功能就是要像研究自然一样来研究人类社会，发现社会运动和社会需求的意义和方向。人类的悲剧往往就在于他成功地实现了他想象中的目标。科学通过其前瞻性和能够同时了解一个问题的多个方面的能力，应该能够更清楚地确定哪些是个人和社会欲望的真实成分，哪些是虚幻部分。科学，既通过展示出某些人类目标的虚假和不可能，也通过满足人类的其他目标，而给人类带来了力量和解放。只要科学成为物质文明的自觉的指导力量，它就必然日益渗透到其他一切文化领域。

二　科学与文化

目前的情形是高度发达的科学几乎与传统学术文化完全隔绝。这种现状完全是反常的，不能持久。没有一种文化能够完全脱离当时占主导地位的实用思想而不退化为迂腐的空谈。然而，也不要幻想不对科学本身的结构做重大改变就能使科学和文化得到融合。当代科学的起源和它的许多特点都源自人类对物质建设的确切需求。其方法本质上是一种批判性方法，其最终的检验标准是实验，即实际验证。科学真正的积极部分，即科学发现，并不在科学方法本身的范畴内。科学方法只是为发现奠定基础并确定所做出的发现的可靠性。人们往往不加思考地将发现归因于人类的天才运作，要对发现做出解释就会显得不真诚。我们没有一门关于科学的科学。同样，当代科学的缺陷的另一个方面是它不能妥善处理包含新奇事物的现象，而这些现象通常都不易简化为定量的数学描述。要想将科学扩展到能够研究社会问题，我们需要扩大科学的范围以弥补这一缺陷。科学越是与一般文化融为一体，就越需要扩大其研究范围。科学的枯燥和简约使它广受文艺界人士的排斥，而科学家本身也被添上各种非理性的和神秘的色 412
彩。我们必须除去这种枯燥和简约的文风，才能使科学完全成为生活和思想的共同框架。

在某种程度上，这种转变将代表着科学界内外现有趋势的融合。特定的科学学科，冷静地收集证据，处理多重因果关系的方

法，其中每个因素都在最终结果中具有一定的定量作用，对偶然性因素和统计概率的一般性理解，将成为人类各种行为的背景。同时，历史、传统、文学形式、视觉呈现也将越来越属于科学研究的范畴。科学所呈现的世界图景虽然在不断地变化，但每经历一次变化就会变得越发地明确和完整。在新的时代，这幅图景必将成为各种文化形式的背景。但是，这种变化本身是不够的，科学要想面对新的任务，就还需要变革，而不仅仅是将其他学科融合进来就行了。

三　科学的转型

科学发展的各个阶段都表现为从大而简单向小而复杂的方向发展。科学的第一阶段，即对可知宇宙的描述和整理阶段，已经基本完成。第二阶段，即了解宇宙运行机制的阶段，也即将完成，因为我们已经在原则上看到这个解释的总体方案了。除此之外，尽管我们已经可以瞥见未来发展的一小部分可能性，但还有一些可能性则是未知的，甚至其中有部分是必然不可知的。很明显，如果人类在不久的将来不去破坏这种精心设计的合作努力——正是这种努力使人类文明区别于前此纯粹生物性的存在——那么人类就将不得不去应对一个越来越成为人类创造物的宇宙。科学在理论和实践上的主要困难现在已经需要通过处理好人类的社会问题来解决了。这些问题属于经济学、社会学和心理学方面的问题。在未来，随着人类完成了对非人类力量的简单征服，这些社会性问题将变得越来越重要。

新事物的起源问题

这个过程将使一些新的方面变得突出。对于一个快速发展的社会，其动力一部分是有意识的激励，一部分是由于社会中不同力 413 量之间的不可分辨的相互作用，我们的思想越是深入地考虑其中的问题，就越需要在方法上做出改进，以便处理那些新出现的和意想不到的事情。最早进入理性范畴的学科是那些操作最简单的学科——力学、物理学和化学。我们的理性模式是建立在对系统进行研究的基础上的。在系统中，一切都是统一的，没有什么真正的新事物出现。但在生物学领域，这种思维模式已经开始失效。进化论不仅标志着我们对自然的理解有了进步，而且也是我们在思维方法上的关键性进步，因为它包含了对科学中新奇事物和历史性的认识。诚然，人类对历史的研究已经有几千年，但那种研究的精神与科学的截然不同。事实上，历史学者甚至否认历史可以是一门科学，因为历史中包含新的未知的可能性。但是，这并不是科学之所以不应该学着如何处理宇宙中新奇因素的内在理由，毕竟，这些新因素与重复的、规则的因素一样，都是宇宙的特征。科学直到现在还没有这样做，因为它还不必这样做。现在，这个问题第一次被合理地提出：如果我们要主宰和引领我们的世界，我们就不仅要学会如何处理宇宙的有序部分，而且要学会处理宇宙中新奇的事物，即使它们是由我们自己创造的。

辩证唯物主义

卡尔·马克思是第一个认识到这个问题并提出解决办法的

人。他能够从他对经济学的研究中，从让正统学派感到满意的表面上有规律的现象中，引出对新形式发展的深刻认识，以及对由这个新形式导出更新的形式所需经历的斗争和平衡的认识。在这里，我们已经开始对发展做理性的研究，但这种研究不再是一种僵化地把观察者和被观察者分开来的研究，而是将研究者与他所研究的力量联结在一起进行研究。我们的社会和政治世界正在经历着动荡和斗争。在这种动荡和斗争中，这些思想正在迅速成为一种思想武器，甚至连最激烈地反对这些思想的敌方阵营也拿起了这一武器。这些思想之所以走俏，不仅在于它们能够预言人类社会的发展，而且能够把握这种发展。如果仅在基于有序和不变的世界概念的科学范围内考虑问题，我们就不可能完成把握人类发展这项任务。

由于科学本身的研究过程几乎完全是运用隔离方法来进行的，因此马克思主义的思维方法在科学家看来往往是一种松散和不科学的方法，或者用他们的话来说，是一种形而上学。然而，科学上采用的将研究对象隔离开来的方法只能通过对实验或应用的环境予以严格控制来实现。只有当所有的因素都已知时，才有可
414 能做出科学的预测。现在的情形很清楚，宇宙中的新事物从何而来，所有的因素我们都不可能知道。因此，科学上的隔离方法无法处理这些新事物。但是从人类的角度来看，能够处理这样的新事物与能够处理自然规律一样，都是非常必要的。科学将自己的研究范围限定在后者是完全正确的。只是在当它认为人类的心灵对于这个规则的秩序之外的事物无能为力的时候，在某件事如果不能通过“科学”来处理，便认为它不能得到理性地处理的时候，科学

才是不正确的。

理性的延伸

马克思主义的伟大贡献，是把用理性来处理人类问题的可能性扩大到包括那些正在发生的崭新的事物上。当然，它只能在某些必要的限定条件下才能这样做。首先，对新事物的预言永远不可能达到与科学上对常规的、被人为隔离开来的事件所作的预言相同的精确程度。精确知识是一种理想状态，但它与完全不了解之间并不是一种非此即彼的关系。即使是在科学内部，同样存在无法获得精确知识的广大区域。例如，现代物理学的整个趋势表明，在原子现象中就不能期望同时得到一切物理量的精确值。但是，我们可以通过对大量事件的精确统计来克服这一困难。同样，影响人类社会的那些重大事变、战争和革命所发生的确切日期和地点是不可预测的，而且统计方法在这里也并不完全适用，因为我们只有一个人类社会。但是，某些经济体制和技术体系的内在不稳定性一般是可以确定的，而且从长远来看，它们的崩溃是不可避免的。

未来的趋势

毫无疑问，即使是那些完全不了解马克思主义预言方法的人也承认，马克思主义者具有某种分析事物发展的方法，使他们能够比科学思想家更早地判断社会和经济发展的趋势。然而，如果不加批判就接受这一点，那么将会使许多人相信，马克思主义不过是另一种天意使然的目的论，即马克思已经勾画出人类社会和经济发展的必由之路，人们再任性也必须遵循这条道路。这完全是一种误解。马克思主义的预言不是要制定这样一个发展计划。相反，他们强调这样做是不可能的。任何时候我们能够看到的只是那个时代的经济力量和政治力量的构成，它们之间必要的斗争，以及由此产生的新的条件。除此之外，我们只能预见一个尚未终结
415 的进程，而且这一进程必然会以新的、严格不可预测的形式出现。马克思主义的价值在于它是一种方法和行动指南，而不是一种信条和宇宙观。马克思主义与科学的关系在于，它移除了科学原有的那种完全超脱的想象中的地位，使得科学成为经济和社会发展的一部分，而且是极其重要的组成部分。通过这样做，它能够将科学思想中的形而上学因素剥离出去。在科学的整个历史进程中，这些因素一直贯穿于科学思想。正是有了马克思主义，我们才有了这样一种自觉，去研究迄今为止还没有人予以分析的科学进步的动力。而且正是通过马克思主义的实践成果，这种自觉才能够体现在造福于人类的科学组织中。

人们将认识到，科学是社会根本性变革的主要因素。经过这场变革，经济和工业体系将会使得(或者说应该使得)文明持续发展。技术不断改进的过程将使生活的范围和便利性不断扩展。科学应该为技术本身提供一系列不可预测的根本性变化。这些变化是否符合人类和社会的需要，是衡量科学在多大程度上适应其社会功能的尺度。

只有等到这场斗争结束，我们才能充分领略这些开创性思想的价值。尽管在我们看来，这场斗争似乎旷日持久，但它终将只是人类历史上的一个插曲，虽然这是一个伟大而关键的事件。到那时，

人类将接过它的物质遗产，对科学的需求不是少了，而是会提出更高的要求，以便解决必将面临的更大的人类和社会问题。为了完成这项任务，科学本身也将发生变化和发展。在此过程中，科学将不再是少数人掌握的一门特殊学科，而将成为人类的共有遗产。

作为共产主义的科学

科学实践已成为人类一切共同行动的原型。科学家所承担的任务——理解和控制自然和人类自身——仅仅是人类社会的任务的一种自觉表现。人类在完成这项任务时所采用的方法，无论显得多么不完善，都是人类最有可能确保自己未来安全的方法。在这种努力的过程中，科学就是共产主义。因为在科学中，人们学会了如何自觉服从于一个共同的目标而又不丧失他们的成就的个性。每个人都知道自己的工作有赖于前人和同道的工作，而且只有通过继任者的工作才能取得成果。在科学界，人们相互合作并不是迫于上级的权威，也不是因为他们盲目地听从某个特定的领导，而是因为他们意识到只有在这种自愿的合作中，每个人才能找

到自己的目标。决定行动的不是命令，而是建议。每个人都知道， 416
只有听从了别人提出的真诚无私的建议，他的工作才能取得成功。因为这些建议几乎表达了物质世界的必然逻辑和铁定的事实。事实不可能屈从于我们的愿望，自由来自于承认这种必然性，而不是假装忽视它。

这些便是我们在追求科学的过程中历经痛苦而学会的一些不完备的东西。只有在执行更广泛的人类任务中，我们才能充分利用它们。

附　　录

417
一　关于各大学和科学学会的数据

618

(A) 文科、理科、医科和工科的职位数及其分布

（表中(a)列表示各系的教授和其他领导，(b)列表示其他教学人员）

大学	文科		理科		医科		工科	
英格兰	(a)	(b)	(a)	(b)	(a)	(b)	(a)	(b)
伯明翰	23	42	6	35	5	18	7	31
布里斯托尔	10	28	9	52	6	21	3	8
剑桥	46	187	23	119	2	13	5	39
达勒姆	20	51	16	38	9	11	5	14
埃克塞特	6	26	5	13	—	—	—	—
利兹	19	39	9	47	7	37	9	77
利物浦	22	3	10	29	13	24	10	29
伦敦	100	244	68	236	78	197	18	106
曼彻斯特	25	75	9	42	8	32	15	110
诺丁汉	9	28	10	28	—	—	6	26
牛津	79	378	27	82	12	23	2	8
雷丁	15	31	7	16	—	—	14	21
谢菲尔德	14	17	7	24	7	10	10	42
南安普敦	9	24	6	21	—	—	1	7
英格兰大学合计	397	1173	212	782	147	386	105	518
威尔士	(a)	(b)	(a)	(b)	(a)	(b)	(a)	(b)
阿伯里斯威思	15	30	8	15	—	—	—	—

续表

大学	文科		理科		医科		工科	
班戈	13	22	5	12	—	—	2	2
加的夫	13	32	6	19	2	9	3	7
斯旺西	8	19	5	15	—	—	1	8
威尔士国民医学院	—	—	—	—	6	9	—	—
威尔士大学合计	49	103	24	61	8	18	6	17
苏格兰	(a)	(b)	(a)	(b)	(a)	(b)	(a)	(b)
阿伯丁	24	27	5	17	10	15	3	4
爱丁堡	40	42	5	27	12	36	7	12
格拉斯哥	22	69	5	38	9	41	3	14
格拉斯哥皇家技术学院	—	—	—	—	—	—	15	80
圣安德鲁斯	23	18	11	30	7	11	4	4
苏格兰大学合计	109	156	26	112	38	103	32	114
英国大学合计	555	1432	262	955	193	507	143	649

本表根据大英帝国大学局提供的数字核算得出。

418

(B) 各年级全职教学人员的人数及平均收入

	教授	高级讲师 助理教授和 独立讲师	讲师	助理讲师 和 实验员	其他
英国总计 1934—1935 年	855	374	1391	856	259
平均工资 1934—1935 年	1095 镑	664 镑	471 镑	308 镑	384 镑

据大学津贴委员会报告。

(C)理科、医科、工科和农科高年级学生数及其分布

学习科目	正规学生		选修学生	
	男	女	男	女
数学	86	3	38	6
天文	4	—	—	—

续表

学习科目	正规学生		选修学生	
	男	女	男	女
植物	91	24	17	20
化学	472	30	78	7
应用化学	46	—	25	1
生物化学	40	11	6	4
胶体科学	8	—	—	—
昆虫学	23	2	7	—
优生学	5	—	2	1
遗传学	6	3	2	1
地质学	34	5	6	1
地球物理学	1	—	—	—
矿物学	5	—	—	—
真菌学	—	—	1	—
海洋学	1	—	—	—
物理学	200	12	39	5
动物学	80	21	17	15
科学原理、历史和方法	4	—	30	2
理科合计	1107	111	268	64
医学	33	1	190	8
外科学	22	—	222	8
妇产科学	2	1	11	3
麻醉学	3	—	1	—
解剖学	2	—	5	1
细菌学	19	4	3	1
肿瘤调查	5	—	—	—
口腔外科	—	—	1	—
皮肤学	2	—	—	—
胚胎学	1	—	—	—
流行病学和人口统计	2	—	—	—
蠕虫学	1	2	—	—
组织学	1	—	—	—
药物学	—	—	1	—
矫形学	—	—	12	1
寄生虫学	4	—	—	—
病理学	4	—	21	—
病理学和医学	—	—	1	—
药理学	9	1	5	—
生物	1	—	—	1
生理学	40	5	12	5

续表

学习科目	正规学生		选修学生	
	男	女	男	女
公共卫生	1	—	—	—
放射学	—	—	6	—
治疗学	1	—	—	—
结核病学	2	—	—	—
医科合计	154	14	491	27
航空学	22	—	1	—
建筑学	5	—	12	—
建筑术	2	—	—	—
染色工艺学	7	—	—	—
普通工程学	24	—	2	—
化学工程学	42	—	1	—
土木工程学	43	—	7	—
电机工程学	61	1	10	—
机械工程学	35	—	15	—
燃料工艺	17	—	4	—
玻璃工艺	1	—	—	—
皮革加工	1	—	1	—
冶金学	39	—	12	—
军事研究	1	—	—	—
采矿	3	—	3	—
造船学	4	—	1	—
石油工艺	6	—	1	—
纺织原料	25	—	4	—
城乡规划	—	—	6	—
工科合计	338	1	80	—
农业	32	3	2	—
农业细菌学	2	1	—	—
农业植物学	8	—	—	—
农业化学	1	—	—	—
农业经济学	7	—	—	—
农业昆虫学	1	—	—	—
牛奶细菌学	4	1	3	1
林学	2	1	—	—
园艺学	2	1	—	—
农科合计	59	7	5	1
合计	1658	133	844	92

据大学津贴委员会1935—1936年统计表。

(D)1934—1935 年度大学的收入

公共机构	捐赠的基金		捐赠和认捐		地方当局的拨款		议会拨款		学费款		考试,授学位,录取入学和注册费		其他收入		收入合计(镑)
	合计(镑)	占总收入的百分比	合计(镑)	占总收入的百分比	合计(镑)	占总收入的百分比	合计(镑)	占总收入的百分比	合计(镑)	占总收入的百分比	合计(镑)	占总收入的百分比	合计(镑)	占总收入的百分比	
伦敦大学	155,184	8.9	72,306	4.2	129,625	7.4	579,710	33.3	521,799	29.9	146,130	8.4	137,926	7.9	1,742,730
伯明翰大学	34,043	15.8	3,977	1.8	29,855	13.8	76,606	35.5	50,729	23.5	10,785	5.0	9,836	4.6	215,731
布里斯托尔大学	25,326	12.9	5,406	2.8	22,908	11.7	84,882	43.4	32,251	16.5	6,962	3.6	17,871	9.1	195,606
剑桥大学	157,053	24.3	8,414	1.3	703	.1	161,115	25.0	173,212	26.8	78,641	12.2	66,582	10.3	645,720
达勒姆大学	22,166	9.6	4,011	1.7	26,606	11.6	78,183	34.0	58,298	25.2	14,065	6.0	27,448	11.9	230,777
埃克塞特大学学院	2,124	4.5	810	1.7	15,262	32.5	14,500	30.9	12,973	27.7	1,251	2.7	—	—	46,920
利兹大学	12,558	4.9	13,508	5.3	50,395	19.7	78,164	30.6	60,728	23.7	7,635	3.0	32,841	12.6	255,829
利物浦大学	35,037	14.1	7,663	3.1	26,758	10.8	90,426	36.4	70,597	28.4	11,165	4.5	6,715	2.7	248,361
曼彻斯特大学	48,780	18.2	4,947	1.9	19,105	7.1	85,152	31.7	71,916	26.8	13,005	4.8	25,497	9.5	268,402
曼彻斯特技术学院	—	—	115	.1	104,700	71.2	14,500	9.8	22,471	15.3	552	.4	4,687	3.2	147,025
诺丁汉大学学院	6,957	7.6	1,590	1.8	22,665	24.9	31,100	34.1	24,173	26.5	1,867	2.1	2,734	3.0	91,086
牛津大学	147,109	32.6	3,139	.7	—	—	125,294	27.7	46,337	10.2	82,539	18.3	47,339	10.5	451,757
雷丁大学	13,857	11.7	100		5,623	4.7	64,301	54.2	22,223	18.7	3,379	2.9	9,086	7.7	118,569
谢菲尔德大学	8,206	5.5	9,977	6.7	32,101	21.6	50,573	34.0	29,240	19.7	6,019	4.0	12,630	8.5	148,746
南安普敦大学学院	995	2.0	700	1.4	15,795	32.0	17,950	36.3	12,963	26.2	585	1.2	446	.9	49,434
英格兰合计	669,395	13.8	136,663	2.8	502,101	10.3	1,552,356	32.0	1,209,910	24.9	384,630	7.9	401,638	8.3	4,856,693
威尔士大学	22,134	6.1	4,305	1.2	58,113	16.0	177,197	48.6	74,796	20.5	16,494	4.5	11,241	3.1	364,280
阿伯丁大学	22,487	18.4	1,000	.8	6,000	4.9	55,728	45.6	23,779	19.4	8,983	7.4	4,312	3.5	122,289
爱丁堡大学	52,713	18.5	8,958	3.1	10,800	3.8	100,159	35.2	73,497	25.8	28,152	9.9	10,473	3.7	284,752
格拉斯哥大学	44,491	17.2	4,433	1.7	8,700	3.4	84,023	34.0	77,991	30.2	33,234	12.9	1,597	.6	258,469
格拉斯哥皇家技术学院	9,702	13.3	5,165	7.1	8,179	11.2	32,951	45.3	16,330	22.5	68	.1	341	.5	72,736
圣安德鲁斯大学	24,983	22.0	1,675	1.5	4,500	4.0	52,500	46.3	19,520	17.2	7,309	6.4	2,945	2.6	113,432
苏格兰合计	154,376	18.1	21,231	2.5	38,179	4.5	329,361	38.7	211,117	24.8	77,746	9.1	19,668	2.3	851,678
英国总计	845,905	13.9	162,199	2.7	598,393	9.9	2,058,914	33.9	1,495,823	24.6	478,870	7.9	432,547	7.1	6,072,651

摘自大学津贴委员会报告。

(E)主要科学学会所属科学家人数 422

学　会	会员人数
化学研究所	7,100
化学学会	3,775
物理学会	1,100
地质学会	1,180
天文学会	918(包括国外的48名非正式会员)
生物化学学会	940
矿物学学会	260

这些数字只包括一些最大的科学学会。从这里很难得到科学工作者的总人数。一方面,不是所有的学会会员都仍在从事科学工作,相反,也不是所有的科学工作者都属于科学学会。另一方面,这些数字还含有很大程度的重叠因素。把化学研究所、物理研究所、地质学会和生物化学学会的一半人数加起来,也许可以得到总人数的某种概念。除此之外,还应加上研究动物学和生物学的1500人,因此代表非医学学科的总人数共计有11,250人。很难找到在职科研人员的人数,但估计不超过3000人,加在一起总共14,250人。

二　政府资助的研究

(A)政府科研支出,1937年

(单位:英镑)

军队(详见[边码]第427页)		1,536,000
科学和工业研究部		583,000
农业和渔业部(包括苏格兰的63,000英镑)	469,000	
农业研究委员会	61,000	
林业委员会	15,000	
合计		545,000
医学研究委员会	195,000	
卫生部	4,000	
合计		199,000

续表

发展委员会	121,000	
矿业局	2,000	
交通部	70,000	
邮政局	88,000	
工程局	180,000	
合计		361,000
移民局	43,000	
自治领管理部	13,000	
合计		56,000
总计		3,280,000

(B)科学和工业研究部年度经费概况

(截止于1937年3月31日)

(单位:英镑)

机　构	粗略估计	收　入	精确估计
总部	29,685	1,209	28,476
国家物理实验所	244,081	138,492	105,589
建筑和公路研究	87,957	55,693	32,264
化学实验研究所	26,420	5,274	21,146
食品研究	54,926	15,928	38,998
林业产品研究	41,281	1,899	39,382
燃料研究	105,660	12,851	92,809
水面污染研究	10,613	9,215	1,398
多种项目	7,521	4,519	3,002
地质勘探和博物馆	70,241	1,792	68,449
研究津贴			
研究协会等	126,510		126,510
学生助学金等	25,285	78	25,207
	830,180	246,950	583,230

据科学和工业研究部1936—1937年度的报告,第168页。

(C)1936—1937 年度研究协会的收入

研究协会	收入(英镑)		占行业纯产值的百分比
英国煤矿主	5,030		0.003
英国铸铁	14,865	66,681	0.07
英国钢铁联合会	51,816		
英国有色金属	28,521		0.12
汽车工程师协会	16,763		0.03
英国电气工业研究协会	81,073		0.18
英国耐火材料业	9,909		0.06*
英国食品制造业	4,668	24,368	0.03
可可、巧克力、糖果制造和果酱商业	6,891		
英国面粉业	13,809		
英国颜料、染料和油漆制造业	15,998		0.18
英国橡胶制造业	11,360		0.06
英国皮革加工业	19,387	24,424	0.09
英国长统靴、鞋和有关商业	5,037		
英国棉花工业	80,239	119,440	0.08
羊毛工业	19,913		
亚麻工业	19,288		
英国洗衣业	10,818		0.015**
印刷和有关商业	10,130		0.014
英国科学仪器	9,257		0.15
	433,772		

收入数字据科学和工业研究部 1936—37 年度的报告。

* 在全部陶器工业中所占百分比　　** 在所有的服装工业中所占百分比

(D)研究协会接受政府津贴和工业捐助的总额

年　度	协会的数目	工业捐助(千英镑)	政府津贴(千英镑)	合　计(千英镑)	与上一年相比增减的百分比
1920	17	96	65	161	
1921	21	108	84	192	+19
1922	21	111	93	204	+6

续表

年　度	协会的数目	工业捐助（千英镑）	政府津贴（千英镑）	合　计（千英镑）	与上一年相比增减的百分比
1923	21	121	103	224	＋10
1924	21	113	100	213	－5
1925	20	118	88	206	－3
1926	21	111	78	189	－9
1927	19	115	60	175	－8
1928	19	124	54	178	＋2
1929	20	153	79	232	＋25
1930	20	158	82	240	＋3
1931	20	160	88	248	＋3
1932	20	167	68	235	－5
1933	19	174	59	238	－1
1934	19	191	86	277	＋19
1935	19	232	109	341	＋23
1936	18	250	127	377	＋11

数字由科学和工业研究部提供。

425

三　工业领域研究

(A)英国大小企业的数量

（据内政部 1933 年的数据）

用工 1000 人以下的企业数	159,850
用工 1000 人以上的企业数	335
企业职工总数	4,990,421

美国的情况，参见 V. D. 卡扎赫维奇在期刊《科学与社会》上的文章（*Science and Society*, Vol. 2, p. 195）。

(B)各种科学期刊上发表的来自学会、政府和工业企业的论文数

刊　　物	年	学　会		政　府		工业企业		合计
		数目	百分比	数目	百分比	数目	百分比	
皇家学会记录汇编(A)	1924	63	96	3	4			66
	1929	117	92	7	6	2	2	126
	1932	127	93	7	5	3	2	137
	1936	130	90	6	4	8	6	144
皇家学会记录汇编(B)	1924	52	96	2	4	—	—	54
	1929	53	95	3	5	—	—	56
	1932	74	93	3	4	2	3	80
	1936	64	89	7	9	1	2	72
化学学会会刊	1929	150	90	6	4	9	6	165
哲学杂志(仅只十个月)	1932	187	92	14	7	2	1	203
	1936	127	95	5	4	1	1	133
		1,144	93	63	5	28	2	1,235
四种技术刊物	1924	25	39	16	25	23	36	64
	1929	30	30	27	27	42	42	99
	1932	26	28	34	37	32	35	92
	1936	30	28	45	42	32	30	107
		111	31	122	33	129	36	362

(这些数字系 M. H. F. 威尔金斯和 D. R. 纽思所收集)

四种技术刊物是:《土木工程师协会记录汇编》;《机械工程师协会记录汇编》;《电气工程师协会记录汇编》和《建筑工程师协会记录汇编》。

(C) 各企业投入的工业研究经费

企业名称	研究人员人数	经　费(单位:英镑)
W. H. Allen, Bedford	6	4,000
Armstrong Whitworth, Gateshead	6	1,200
Audley Engineering, Newport, Shropshire	2	550
Automotive Engineering, Twickenham	4	1,500
Arthur Balfour, London, E. C. 2	9	4,000
British Engine Boiler, Manchester	3	3,000
Bruntons, Musselburgh	3	2,000

续表

企业名称	研究人员人数	经 费 (单位:英镑)
William Butler, Brewery, Wolverhampton	1	> 1,000
C. H. Champion, London, W. 1	4	12,000
C. M. D. Engineering, Warwick	2	1,000
Co-operative Wholesale Society	9	10,000
J. Dampney, Newcastie-on-Tyne	9	2,000
D. R. Duncan, Wimbledon	3	30
Edison Swan, Enfield	1	3,000
Glenfield & Kennedy, Kilmarnock	6	3,800
Glaxo, London, N. W. 1	11	8,000~10,000
Ioco Rubber, Glasgow	2	1,500
Robert Jenkins, Rotherham	1	1,500
Jeyes, Plaistow	2	1,000
George Kent, Luton	4	6,000
D. W. Kent-Jones, Dover	2	5,000
Limmer and Trinidad Lake Asphalt, London	8	3,500
Lister & Co., Bradford	6	2,000
Mirrlees Watson, Glasgow	1	500
National Benzole, London, S. W. 1	6	5,000~10,000
National Smelting, Avonmouth	6	6,000
Pressed Steel, Oxford	3	2,500
Riley, Coventry	3	1,500
Sheffield Smelting	4	2,500
Standfast Dyers and Printers, Lancaster	4	2,500
Stanton Ironworks, Nottingham	22	1,000
United Steel, Sheffield	7	20,000
Warner & Sons, London, E. C. 1	1	750
总计	**159**	**119,330**
人均经费额度		**750**

摘自《工业研究实验室》(Allen and Unwin 出版社,1936 年版),由科学工作者协会编制。

从目前的情况来看,这些数字并不令人满意。很明显,不同的公司对研究经费的估算基于不同的原则。同样,这里科研人员的人数在某些情况下只代表有学位的科学家,在另一些情况下则包括未经培训的助手。但这是我们所掌握的关于工业科研支出的唯一的统计数据。不管怎么说,它好歹给出了一个大致的情况。

四　军事研究开支 427

（下列数据根据三军 1937 年的预算得出）

用途明细	科学家人数	估算额度（英镑）	净支出额（英镑）	毛估总额（英镑）
空军的科研				
研究站的维持费，科学家及其助手的工资		310,000		
站点建设年度总额		148,000		
分支机构开支、给其他单位的补贴、给发明人的奖励等		247,000		
气象科研		2,500		
空军总部科研人员开支		20,000		
合计	**110**	**727,500**	**727,500**	**974,000**
陆军的科研				
研究站的维持费，科学家及其助手的工资		395,000		
站点建设年度总额		57,000		
给其他单位的补贴、给发明人的奖励等		10.500		
行政开支		20.000		
合计	**506**	**482,500**		
减去来自空军和海军的转移支付		91,000		
			391,500	**1,030,000**

续表

用途明细	科学家人数	估算额度（英镑）	净支出额（英镑）	毛估总额（英镑）
海军的科研				
研究站的维持费，科学家及其助手的工资		274,000		
站点建设年度总额		90,000		
给其他单位的补贴、多种其他开支		84,000		
合计	**226**	**448,000**		
减去来自陆军部和空军的转移支付		31,500		
			416,500	**760,000**
科学家人数总计	**842**			
三军开支总计			**1,535,500**	**2,764,000**

这些数字是将三军预算中一切与科学研究工作有关的开支加总后得出的。通常
630 428 技术工作和研究工作是在同一个站点进行的。在此情况下，科学技术人员工资支出的总额与该站点的维护和管理费用是按比例分配的。例如，对于海军的预算，第 6 号决议案批准的（涵盖科研部门）拨款额为 58.6 万英镑，其中站点科研人员工资与站点维护管理经费合计约为 27.4 万英镑。在这个站点基本费用的基础上，再加上新研究站的建设费用、总部工作人员的费用、向其他研究机构提供的拨款等。

最后两列数字，一列是纯军事科学研究的净支出额，一列是研究与发展总支出的毛估值，分别有着不同的意义。前一列数字表示实际用于战争目的的科研工作开支，后一列数字表示用于科学发展的总金额，即使不是出于战备需要。这两列数字都应与用于非军事目的的政府科研经费相比较。

429

五　议会科学委员会的报告

以下文件摘自科学和工业研究部（包括研究协会）的发展和财务备忘录。这个备忘录是基于英国科学协会和科学工作者协会联合委员会的初步备忘录编制的。

(A)由于科学和工业研究部的研究工作而取得的一些节约效果

研究单位	研究性质	政府向研究协会的拨款总额（英镑）	拨付年数	工业界取得的节约效果（年度估值，英镑）	
第 1 类： 钢铁工业研究理事会	高炉焦煤利用	23,000	4		1,700,000
铸铁研究协会	型砂 平衡式冲天炉	42,000	12	100,000 200,000	300,000
有色金属协会	燃烧室升级	72,000	13		800,000
第 2 类： 电气工业研究协会	电缆负载 架空输电 绝缘油 汽轮机蒸汽喷嘴 其他研究	106,000	12	100,000 300,000 100,000 140,000 360,000	1,000,000
第 3 类： 耐火材料研究协会	炉膛改造	25,000	13		150,000
第 4 类： 食品工业调查委员会	苹果病虫害 肉类除菌	44,000		250,000 100,000	350,000

续表

研究单位	研究性质	政府向研究协会的拨款总额(英镑)	拨付年数	工业界取得的节约效果(年度估值,英镑)	
第5类: 棉花研究协会	多项调查	170,000	16		300,000
总计		440,000			3,250,000

430 **评论**:本表必定是非常粗略的。在目前的会计制度下,我们不可能精确计算出某项研究所花费的确切数额,甚至不可能给出工业所节省的费用。无论如何,科学研究带来的确切的经济价值基本上都是无法衡量的。这些数字只能看作代表了一个数量级。还必须认识到,它们仅仅代表了任意选定的研究。这里仅给出6个研究协会的结果。实际上,每个协会除了这里给出的研究项目外,还进行了许多其他研究。据保守估计,各研究协会用于这里所列研究的资金不超过其总的研究支出的一半。考虑到工业界的直接拨款,我们可以说,工业研究的总开支不超过400,000英镑,每年产生的经济效益不低于3,200,000英镑,投资的年资金回报率800%。

(B)对工业科研发展的建议

下表列出了由政府经办或由政府资助的与工业相关的研究机构的调查结果。这些机构是根据它们所服务的行业进行分类的。如果开列的产业清单涵盖了国家的主要产业和服务业,那么就可以看出,现有方案中存在几处空白。表格最后一栏列出了完成该计划所需的新的研究协会、研究委员会和研究机构。这些设想实际上是非常初步的,需要有比现在更详细的考虑。本表不考虑政府部门为其自身目的而进行的研究,也不考虑个别企业所进行的研究。如果要对我国的研究设施和必须研究的项目进行有效、全面的调查,这两点就必须予以考虑。

但在本表后面所附的详细建议中,我们试图考虑这些因素,并指出,需要发展的主要是那些在某种程度上自己不进行任何研究的行业。对这些行业来说,研究无疑具有实际价值。

表 1 431

工业或服务业类别	从净产值征收1%—10%的税额(千英镑)	1935年政府经办或政府资助的机构	需要建立的机构
1. 重工业			
采矿和采石业	155	地质勘探和地质博物馆 苏格兰油页岩研究协会* 煤矿业主协会 燃料研究委员会	采矿和采石研究委员会 地球物理研究所(1) 金属开采研究协会(2) 采石产品研究协会(3)
钢铁业	92	冶金研究委员会 工业研究协会 铸铁研究协会 国家物理实验室冶金部	负责基础研究的金属研究所
有色金属冶金业	24	有色金属冶金研究协会	
2. 工程学			
机械	93	国家物理实验室工程部	工程研究委员会 机械工程研究协会(4)
动力生产		国家物理实验室燃料研究委员会热工部	
造船	28	国家物理实验室弗劳德池	造船研究协会
铁路	24		

续表

工业或服务业类别	从净产值征收1%—10%的税额(千英镑)	1935年政府经办或政府资助的机构	需要建立的机构
汽车	54	研究和标准化委员会	
飞机	6	国家物理实验室航空部空气动力学部	
电气	45	电气及相关工业协会 国家物理实验室电气部	
轻工			机器制造与轻工工程研究协会[4]
土木	152	(建筑研究委员会在做某些调查)	土木工程研究协会[4]
3. 建筑和建筑材料			
制砖与水泥	25	(建筑研究委员会在做某些调查)	负责基础研究的硅酸盐研究所 制砖与水泥研究协会
制陶与玻璃	18	耐火材料研究协会	制陶研究协会** 玻璃研究协会
建筑工业	130	建筑研究委员会	民用工程研究所[5]

432

续表

工业或服务业类别	从净产值征收1%—10%的税额(千英镑)	1935年政府经办或政府资助的机构	需要建立的机构
4. 化工			
重化工	46	化学研究委员会	国家化学实验室的扩大(6) 化学制造业研究协会
精细化工	15	化学研究委员会	精细化学与制药研究协会
食品工业	90	食品调查委员会 食品制造研究协会 可可、果酱等研究协会 面粉生产研究协会	
酿造和烟草工业	96		酿造和蒸馏研究协会 烟草研究协会
5. 印染、橡胶、塑料、皮革工业			
印染工业	9	油漆、染料和清漆制造研究协会	
橡胶和塑料	17	橡胶制造业研究协会	塑料、橡胶和皮革研究委员会 塑料基础研究所

433

续表

工业或服务业类别	从净产值征收1%—10%的税额(千英镑)	1935年政府经办或政府资助的机构	需要建立的机构
制革工业	26	皮革制造研究协会 皮靴和皮鞋研究协会	
6. 纺织工业			
纺织工业	143	羊毛研究协会,棉花研究协会(人造丝部) 亚麻研究协会	纤维研究所(负责基础研究)
服装行业	70	洗衣业研究协会	服装行业研究协会
7. 木材、造纸和印刷			
木材加工和家具行业	32	林业产品研究委员会	(将林业产品研究委员会业务范围扩大到协调木材、造纸和纤维行业的研究。) 木材加工和家具研究协会
造纸工业	29		造纸工业研究协会
印刷工业	74	印刷工业研究协会*	
其他轻工业	22		轻工业研究协会

续表

工业或服务业类别	从净产值征收1%—10%的税额(千英镑)	1935年政府经办或政府资助的机构	需要建立的机构	
8. 运输业			在科学和工业研究部、运输公司和官方和运输部共同指导下设立运输研究委员会； 分设公路**、铁路***、海运和空运等各研究所	434
公路运输	105	公路运输研究委员会		
铁路运输	100			
远洋及内河运输	60			
航空运输		航空运输部		
9. 通信业				
电报电话		邮局研究实验室		
无线电通信		无线电研究委员会		
电影、留声机和摄影行业		国家电影学院	光学研究所 电影及相关产业研究协会	
科学仪表工业		科学仪表研究协会		

续表

工业或服务业类别	从净产值征收 1%—10% 的税额(千英镑)	1935 年政府经办或政府资助的机构	需要建立的机构
10. 分配和管理			
批发行业	570		批发行业研究协会
文员管理工作			企业福利与效率研究协会

* 目前没有接受政府津贴;

** 1938 年刚成立的机构;

*** 现在已经有了的机构。

435 (1)这自然会成为地质调查和博物馆的一部分。

(2)与设立研究所不同,设立该协会可以通过皇家矿业学院增加拨款,加上矿业利益集团的担保捐款来实现。无论哪一种情形,与帝国其他矿业研究部门开展合作都是可取的。

(3)采石产品研究也可以由建筑研究委员会通过增加补助金和采石企业的担保捐款来进行。

(4)这些研究协会的职能可由拟议的工程研究委员会接管,该委员会将分别与机械工程师学会和土木工程师学会合作,并得到相关行业的支持保障。

(5)可以与拟议的烹饪研究所合并。这些需要主要由政府补助金来支持,但捐款可能由酒店经理协会、地方当局等提供。

(6)国家化学实验室需要发展到与国家物理实验室相同的水平,并且应该类同于国外的类似机构。它应该包括无机化学、有机化学、物理化学(包括光化学和反应研究)、电化学、光化学、结构化学(运用光谱仪、X 射线和电子等方法分析物质)、地球化学(与地质勘探合作)和工业生物化学(与医学研究委员会合作)等独立学科。

表 2

建议设立的新研究协会

金属采矿	a*	玻璃	d	轻工业	c
采石产品	a	化学制造	b	电影及相关产业	b

436

续表

机械工程	a	精细化工与制药	b	批发	c
机械制造	a	酿造和蒸馏	c	企业福利与效率	c
土木工程	d	烟草	b		
造船	d	服装工业	c		
制砖与水泥	d	木制品和家具	c		
制陶	d	造纸及相关产业	d		

* 注释见后文。

建议设立的新研究委员会

采矿和采石研究委员会

工程研究委员会

塑料、橡胶和皮革研究委员会

纺织研究委员会

运输研究委员会

消费研究委员会

建议设立的新研究所

地球物理学研究所

光学研究所

金属研究所

硅酸盐研究所

塑料研究所

纤维研究所

烹饪研究所

民用工程研究所

国家化学实验室扩张所附属的研究所

从对工业研究机构的调查来看，如表 1 所示，需要成立 20 个新的研究协会、7 个研究与工业密切相关的基础性问题的研究所和 6 个具有协调职能的研究委员会。然而，这些需求的紧迫性并不相同。在某些情况下，不立即设立新机构也能使这些需求得到满足。

(a) 新的研究协会(见表 2)并非都处于同一基础上。因此，在 20 个建议设立的研究协会中，金属采矿、机械工程、轻工业和土木工程等的研究协会，可以通过从政府和工业界向专业机构提供有保证的研究补助金来满足所需。对于另外两个协会，采石产品协会和造船业协会，这项工作可以分别通过扩大国家物理实验室的建筑研究所和弗劳德池的业务范围来完成。在这两种情形下之所以需要设立研究协会，很大程度上是因为，与纯粹的政府或机构活动相比，这样做可以在科学和工业之间建立起更密切的联系。

(b) 重化工、烟草、电影和摄影等行业，相对来说是由少数公司控制的。所有这些公司都是为了自己的利益进行研究。只有在从国家利益考虑，任何领域的工业研究成果
437 都不应完全由私人控制的情况下，才需要研究协会。电气及有关工业研究协会的工作表明，即使在一个组织严密的行业中，这样一个机构也能发挥很大的价值，至少在某些行业中是如此。

(c) 在剩下的工业和服务业中，有 6 个基本上属于传统产业：

酿酒业、服装业、木制品和家具业、轻工业(制盒、玩具、高档商品等)、批发和办公服务业(办公技术和行政管理)。对于这些行业,科学研究的价值可能需要一些时间才能得到适当的重视。而且从行业的特点来看,它们也不可能得到大规模的资助。较为妥善的做法是成立主要由政府补助金支持的小型研究协会(在第一类的情形下,全部费用可以由对消费税实行退税制度来承担)。这些研究协会的首要职能将是分享信息和作为行业的总顾问。

(d) 然而,在制砖、制陶、玻璃和造纸等工业中,迫切需要设立如同其他行业已有的那种研究协会。这些行业对国内市场和出口市场都具有相当重要的意义。[1] 如果说后者近年来有所下降,那主要是因为没有采用现代方法并且忽视了科学方法(当然,精细化学品制造业除外)。在这一领域中,耐火材料协会的工作,以及它以很少的成本实现了巨大节约(仅炉膛改造研究一项,每年节省的资金就达16万英镑)这一事实,就表明了在所有这些行业中可以做出怎样的成绩。即使一开始政府承担的成本比例很大,但也只需要5到6年时间,研究的价值就会得到整个行业的重视。

注:自本报告首次起草以来,科学和工业研究部*就提出建议,设立陶瓷和制砖工业研究协会,以作为英国耐火材料研究协会的延伸。该建议可

1 就制陶业而言,净产值为9,500,000英镑(1930年),出口额为3,556,701英镑(1935年)。

* 以下简称科工部。——译者

能还考虑到所示类型的进一步发展。这些计划之所以没有很快付诸实施，并不是由于科工部的相关部门缺乏愿望，而是由于这些行业的从业者的极端保守主义思想的桎梏，特别是在它们是由大量小公司组成的情形下。在这些情况下，通过开征某些税目或提高税率的办法来促进可能是最容易获得成功的。

研究委员会

为了更好地协调正在进行的工业研究工作以及拟议的扩展，我们还建议成立 5 个新的研究委员会（见表 2），其职能与已经存在的冶金、建筑、道路和食品等研究委员会类似。要使研究得到有效发展，不仅必须协调科工部与研究协会所开展的工作，而且还必须将这项工作与其他部委和专业协会所开展的研究联系起来。例
438 如，运输研究委员会将由运输部、航空部、科工部、运输研究所和运输部门的研究机构的代表组成。其主要职能是从运输效率的总体利益出发开展研究，以消除具体运输研究项目上的重叠，并收集、汇总和分享运输研究进展方面的信息。对于其他提议成立的研究委员会，也应做出类似的安排。但消费者研究委员会属于单独一个类别，它需要有更广泛的代表性。除了 3 个政府研究部门的代表外，还应包括各种收入类别消费者的直接代表。它应具有这样一个重要的功能，即在科工部对生产过程和成本方面的自然关注点与消费者的需求和偏好，以及由此得到的最有效的价格之间做出平衡。

研究所

在创建职能介于大学的纯学术研究与研究协会和企业实验室的实际研究之间的研究机构方面，我国远远落后于其他国家，特别是落后于德国、美国和苏联。国家物理实验室的某些下属机构在一定程度上履行了这一职能，但规模非常有限。英国皇家学会、蒙德实验室和戴维-法拉第实验室是目前提议成立此类研究所中为数不多的几个。我们需要的是这样一些研究所，它们能够对一类基础性原材料不同方面的性质，或一个行业或一组产业的特征过程进行集中研究。这类研究所将有助于解决更具长期性和基础性的一般性问题，并提出新的原材料和工艺方面的建议，其实际效用可在研究协会的实验室进行测试。像拟议设立的地球物理学、光学、金属、硅酸盐、塑料和纤维等学科的研究所，在其他国家早几年就成立了，特别是柏林的凯撒·威廉研究所集群、华盛顿的地球物理研究所和列宁格勒的光学研究所，都已证明对科学和工业具有突出的价值。

到目前为止，除了威尔康姆（Wellcome）基金会或皇家研究机构下属的戴维-法拉第实验室以外，在我国几乎还没有这样的研究所。因此，持保守观点的人可能会疑虑建立这样的研究所缺乏基础，他们更倾向于加大对各大学现有的系的资助。但我们应当认识到，对于半工业性质的研究而言，我们需要一类比纯科学研究的规模更大、设施更健全的实验室。而建立这样的实验室，在财力上将超出几乎所有大学的能力（那些最富有的大学除外）。研究所和大学之间应该建立某种联系，这显然是必要的，但同时我们更应强调它们各自应保有一定程度的独立性，特别是如果要使它们与工业界保持足够密切的联系，以便充分发挥其实际价值的话。

439 将国家化学实验室发展到与其在科学上和工业上的重要性相适应的规模，将是这种研究机构发展计划的一个组成部分。这些分立的研究所既可以依附于国家物理学实验室或化学实验室，也可以由科工部直接管理。无论哪一种情形，都不妨按照它们所服务的行业来分设，即可以将金属研究所设在谢菲尔德或伯明翰，将纤维研究所设在曼彻斯特或利兹，将硅酸盐研究所设在斯塔福德郡。

这些研究机构可以由科工部直接划拨资金，在某些情况下也可以由工业界提供资助。各行业在对其研究协会发放的补助金中，应安排一定比例专门用于这类通用研究所。

644 设立这些机构所需的资金

从现有的数字可以粗略估计设立这些机构所需的资金。如果提议的计划能够全部付诸实施，那么将意味着要建立 6 个大的和 14 个小的研究协会。如果将这些协会的年总开支分别按 2 万英镑和 1 万英镑计算，那么总额将为 26 万英镑。如果我们假设，在头 5 年里，这些机构的费用由政府承担，随后减到这一数字的 1/3，那么每年的补助金将从 26 万英镑下降到 9 万英镑，或与前 19 个研究协会的费用大致持平。

由于组织困难或行业落后，整个计划可能不会立即全面执行。我们可以认为其中的 2/3 具有可行性，全部费用约为 8 万英镑。随着新协会的效益开始显现，行业的支出将稳步增加。建立 7 个研究机构还需要 7 万至 10 万英镑不等的开支。国家化学实验室及其附属机构每年可能另需 10 万英镑。这样，新支出的总额估计在 25 万英镑或 30 万英镑，净支出额在 20 万至 25 万英镑之间(考虑到这些机构收取的各项费用、特许权使用费等)。科工部目前的净支出为 55 万英镑，因此，这些提议将使其开支增加 35% ～ 45%。

我们无法对基本建设费用做出估计。这些可以通过特别资助或贷款来解决。但从已取得的成果来看，我们相信，通过对整个英国工业的研究计划的整合，这些新增的费用完全可以由研究成果的回报而得到充分抵消。

(C)1937 年 4 月 29 日随委员会报告呈枢密院大臣阁下的建议

A

1. 政府对研究机构(国家物理实验室等)和研究协会的资助可按提前制订的以 5 到 10 年为一个周期的计划来实施。

2. 科学和工业研究部，连同医学和农业等研究委员会，应努 440
力通过与工业企业、这些企业下属的协会或其他机构协商，达成一份协议，以保证在相应时期内对研究协会、研究所等科研机构予以资助。

3. 科工部应与目前那些研究设施不足的行业展开谈判，以期建立一个全面的政府资助下的工业研究体系。

4. 用于现有的和新增的科学研究、实验室和调查的总经费应根据制订的计划逐年增加，并考虑到特别费用。

B

5. 为了确保科学研究的连续性和充分发展(根据建议 1、2、3、

4)，在工业繁荣兴旺时期，设立**国家科学研究捐赠基金**。

6. 每年从财政部划拨 300 万英镑(或 200 万至 400 万英镑)，或将海关税收的 10% 拨付给该基金。

7. 从国家年度收入中划出部分用于支付政府对科学研究的投入。

8. 将基金累积的储备投资于信托证券(第 10 项建议规定的除外)，并将其收入用于支付部分科研支出，乃至最终全部的科研支出。

9. 科工部努力确保工农业对基金的捐款，数额不必固定，但其提供的总额在若干年内须应与政府的基金投入持平。

10. 修改相关的立法，允许个人或公司向本基金提供的捐款或遗产免征所得税、附加税或遗产税，并允许本基金接受工业企业的股票或股份。

11. 基金的控制权以及从基金中支付给科学研究的款项由科学研究捐赠委员会掌握。这个委员会是一个独立机构，由政府部门、工业、农业、科学和医疗机构、大学和公众的代表组成。

注：建议 A(1、2、3、4)不受建议 B(5—11)的计划采纳与否的影响。如果建议 B 得到采纳，那么建议 A 将只包括如何管理有关科学研究维持和发展的支出，而不涉及提供资金。

另见 J. D. 贝尔纳所著《19 世纪》一书，1938 年 1 月出版。

441

六　法国的科学研究组织

法国科研组织的总体方案尚不完备，但政府已正式成立了管理科研的两个主要部门:“中央科学研究局”和“国家科学应用研究中心”。二者分别负责基础研究和应用研究。负责管理这些机构的是两个由著名科学家和有关部委提名人组成的“高级理事会”。它们的工作由直接对部长负责的“高级委员会”协调。这两个部门的资金主要由政府提供,也包括向工业企业征收的各种税费。

中央科学研究局的主要创新之处是建立了一套专业职称体系,为以研究为职业的科研人员在晋升机会和经济收入方面提供了保障。专业职称分为 4 个等级,如下所示。表中还给出了相当的大学教师的等级和英国的相应职称(以括号给出):

研究系列	相当的大学教职
主任研究员 (实验室主任或研究所所长)	教授 (教授)
研究员 (助理主任)	副教授 (高级讲师)
副研究员 (博士后研究员)	讲师 (讲师)
助理研究员 (研究生)	助教 (助教)

相应职称级别的薪金和养老金的待遇大致相同。各级职别之间也有长期或短期的自由交换,并可能在不同的职称系列中晋升到更高的级别。“高级研究理事会”的职能是咨询、协调和财务管理,在研项目的实际研究方向仍然掌握在高级研究人员手中。理事会的人选部分由教育部提名,部分由科学家组成的 11 个专家组推荐。每个专家组由 5 名当选科学家组成,其中 3 名为 40 岁以上的科学家,2 名 40 岁以下。

“国家科学应用研究中心”是最近才成立的。(根据 1938 年 5 月 24 日的法令和 9 月 10 日的法令。)第一项法令规定其宗旨如下：

1. 为促进与国防有关的科学研究或事业，在相应部委的研究部门、国家教育部门和合格的私人组织之间建立起一切可能的联系。

442 2. 通过发起、协调或鼓励各类研究人员——为教育部门服务的，或为私人组织服务的——进行应用科学研究，为上述研究或事业做出贡献。

3. 开展私营企业或个人要求合作进行的一切正当研究。

国家科学应用研究中心下设 20 个部门：(1)水力；(2)采矿；(3)农业和渔业；(4)冶金；(5)化工；(6)燃料利用(锅炉、蒸汽机、电动机等)；(7)机械；(8)纺织、木材和皮革；(9)建筑施工；(10)照明和供暖；(11)土木工程；(12)运输；(13) 通信；(14)国防；(15)印刷、电影等；(16)轻工、家具、民用工程；(17)卫生；(18)营养；(19)工作条件；(20)体育运动。每个部门的成员由国民教育部长在会同上级委员会或其他部委协商后提名。各部门的人数相等，这些人员从以下类别中抽调：(a)科学工作者；(b)工商业、农业或政府部门的人员；(c)高级委员会成员。任何人都不能横跨一个以上的部门，尽管可以安排相互间的合作。理事会本身包括一名理事会主席代表和各有关部委的一名代表。这些理事没有酬薪。但理事会拥有相当大的财政和行政权力。

现在谈论该组织的工作成果自然为时过早，但鉴于其组织结构的完备性并具有主动性，很值得我们关注。关于法国科学研究预算的资料很少。就纯学术研究而言,1938 年可用于经常性支出的金额为 31,000,000 法郎,用于建筑和仪器的特别补助金为 53,000,000 法郎;因此,总计 84,000,000 法郎,即约 480,000 英镑。这似乎是一笔小数目,但严格来说,它与其他国家给出的数字是不可比的,因为它不包括国家物理实验室进行的任何技术研究,也不包括大学里用于研究的资金。应用科学的最初拨款为 3 亿法郎,约合 17 万英镑;但这显然只是一个暂定的数字。尽管如此,很明显,即使有了这些资助,相对于国家的重要性,法国的科学事业的规模也远远低于英国或德国。法国的科学家们深知这一点,并正在尽一切努力改变这种状况。

关于法国科学研究的更多信息,请参阅让·佩林(Jean Perrin)的《法国科学研究的组织》(*L'Organization de la Recherche Scientifique en France*)。

443

七 苏联科学事业简介

作者:拉赫曼(M. RUHEMANN)博士,
哈尔科夫物理技术研究所前副所长

1. 前言

苏联不同于其他国家的是,其生产资料已成为社会的财产。社会化改革在革命后立即开始,现在已经完成,这对于工业、农业和社会服务业的成功规划是必不可少的。因此,对于科学的规划,在苏联被认为是生产过程的一个组成部分。

苏联对科学的社会功能的看法大致是这样的:在苏联,和在其他国家一样,科学是社会经济条件的产物,其社会功能是为这个社会的统治阶级造福。由于在苏联,统治阶级是工人和农民,实际上是全体人民,因此人们不再担心存在一个对整个社会有害的技术官僚阶层了。相反,生产的迅速发展,对人人而言都是有得而无所失。从一开始,技术发展就被认为是苏维埃国家生存发展的必要条件。列宁在1920年曾说过:"只有当国家实现了电气化,为工业、农业和运输业打下了现代大工业的技术基础的时候,我们才能得到最后的胜利。"[1]在苏联的每个人看来,科学在促进和加速这一发展方面的价值是显而易见的,无需解释。正如必须发展工业以增加生产和保障生活便利一样,为了提高工业的生产率,也必须发展科学。

"苏联的科学研究取得了令人瞩目的成就。它的各种努力的结果反映在我们工业力量的增长上,并使国家取得非凡的进步成为可能。"这是1936年10月出版的《焦炭与化学》杂志上的一篇社论。在评论工业研究机构的某些缺点时,同一作者继续道:"科研院所要成为重工业发展中最重要的因素……科研的重组是这个国家最大的问题之一。以后苏联经济和国防的发展速度在很大程度上就取决于这个问题是否得到成功解决。"

尽管科学和工业如此有意识地相互依存,但苏联的实验室仍在做着大量在西欧被称之为"纯科学"的工作。这一称谓在苏联是

1 摘自"全俄苏维埃第八次代表大会文献3:全俄中央执行委员会和人民委员会关于对外对内政策的报告(1920年12月22日)",见《列宁选集》第4卷(人民出版社2012年9月第3版修订版),第364页。

不必要的，因为没有必要借助于唯心主义学说来证明对自然规律保持好奇心是值得的。即使在英国，也有一些公司认为进行长远的研究是值得的。在苏联，众所周知，自然规律对人类活动是有一 444
定影响的，尽管中微子和超导电性今天还不能用于满足人类的需要，但我们没有理由认为它们明天也一定这样。

2. 苏联科学的结构

苏联的科学结构的变化是如此之快，以至于每一种描述尚未发表就已经变得过时了。后附的框图示意性地给出了在1937年接近年末时科学研究与政府管理之间的协调关系。为了理解这个框图，这里必须对政府机构做些说明。最高议会是指由人民选举产生的最高苏维埃。除了人民委员会议（大致相当于我们的内阁）之外，还有几个机构直接对最高苏维埃负责。其中一个是科学院，另一个是国家计划委员会。图中为了简化忽略了这样一个事实，即有些人民委员部是联邦性质的，有些则不是。因此，乌克兰的卫生委员部不是向莫斯科的最高委员会负责，而是向基辅的最高委员会负责。但这对我们的主题来说并不重要。

苏联科学的组织结构的主要特点是，科学研究不隶属于某个部或某个人民委员部，而是每个部的一个组成部分。与资本主义国家相比，其新颖之处在于科学研究是而且必须是遍及各领域的。每一个问题都要运用科学的思想和方法去解决。

国家机关的大多数部门都要开展科学研究，一个部门越是接近基层，其研究就越专业。

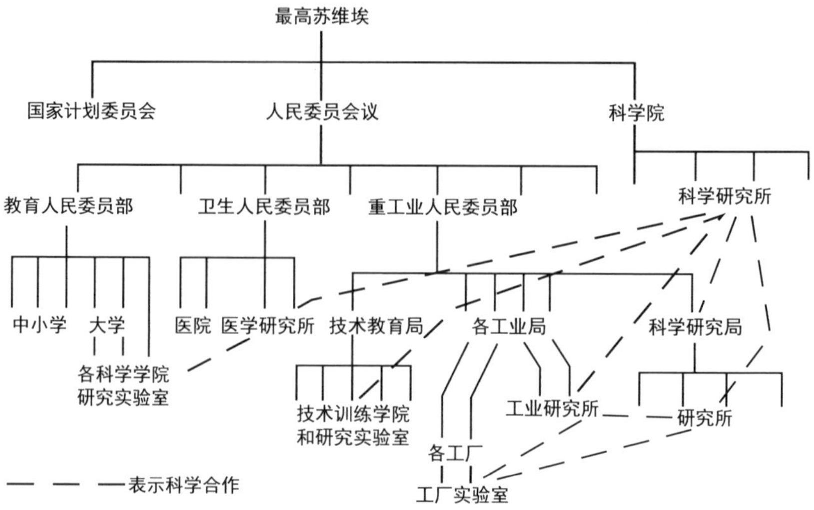

最高苏维埃
国家计划委员会
人民委员会议
科学院
教育人民委员部
卫生人民委员部
重工业人民委员部
科学研究所
中小学
大学
各科学学院研究实验室
医院
医学研究所
技术教育局
各工业局
科学研究局
技术训练学院和研究实验室
工业研究所
研究所
各工厂
工厂实验室
——表示科学合作

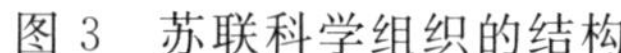

图 3　苏联科学组织的结构

在图 3 中,重工业人民委员部的结构介绍得最详细。重工业部下设几个“局”,这些局的局长对部人民委员负责。一个局管理一个工业部门,如煤炭、黑色金属、石油等。对该局负责的是国家信托机构,它直接负责生产或批发。这些信托机构管理着矿山、工厂、油田和其他生产资料。

每家工厂都有自己的研究实验室,专门处理该企业感兴趣的问题。这些实验室有些是非常先进的,如列宁格勒的“斯维特兰纳”实验室,在科学期刊上经常能看到它们发表的基础性研究成果;另一些的研究范围则较窄,处理的纯粹是局部感兴趣的问题。

进一步观察后我们发现,这个部的大多数局都有自己的研究所。这些研究所直接对各自的主管局负责。它们从事的不只是某个工厂的研究,而且是与本局有关联的整个领域的研究。其中之一是莫斯科的固氮研究所,它隶属于格拉瓦佐特(Glavazot)——

重工业人民委员部的氮研究处,专门研究与固氮有关的问题。这个研究所已经发表了许多科学论文,如克里雪夫斯基(Krishevski)及其同事有关热力学的文章。

除了他们这些研究所外,一些部门还设有研究站或试验工厂, 445
对工厂本身提出的问题进行研究,尤其是当新工艺正处于开发和测试的阶段。

科研部门本身就是重工业人民委员部的一个机构,因此直接对部人民委员负责。它管理着若干个大研究实验室,如位于列宁格勒、哈尔科夫、德涅普特罗夫斯克和斯维尔德洛夫斯克的物理技术研究所,以及莫斯科的卡尔波夫化学研究所。这些机构从事的是对整个人民委员部感兴趣的课题的研究,苏联的大部分基础研究工作都是在这些研究所进行的。

苏联的最高科学机构是科学院。它直接对最高苏维埃负责。科学院管理着许多主要从事远期研究的实验室。科学院的主要职能是协调所有人民委员部的科学活动,特别是与国家计划发展有关的研究。

根据苏联现在普遍采用的做法,每个单位由一个人负责,所长对他的研究所负全部责任。如果设有副所长或所长助理,则他们对所长负责,而不是对上级组织(总公司、部局等)负责。研究机构与其管理机构之间的所有通信都必须由负责人签字。

一个研究所如果很大的话,那么它本身就有几个下属部门。这些部门分别是各个实验室、车间、行政部门以及财务和规划部门。所有这些部门都有主任,他们对所长负责。各实验室的管理人员本身也是高级研究人员,车间主任是经过培训的工程师。每个研究所都设有党委和基层工会，后者负责全体员工的健康、福利、社会生活和娱乐活动。党委和工会委员会并不直接参与研究所的业务管理，但他们对所长的影响可能是相当大的。在采取任何重要的行政措施之前，所长通常会与他们协商。如果员工认为自己受到主任或其他行政人员的不公平对待，他们可以向基层工会提出申诉，如果他们仍然不满意，还可以向工会自治区委员会提出申诉。

3. 研究工作的计划

对整个苏联的研究工作进行规划是科学院的主要职能之一。通过与各人民委员部合作，科学院预计将不断地从整体上研究国家的情况，即工业、农业、交通、医疗、国防等方面的状况，并在这些调查的基础上，指出研究工作的主要方向。通过这种方式，就可以根据各学科分支当前对于社会的价值和未来的潜在价值来确定它们之间的相对重要性。

446 科学院还要进一步决定，什么类型的问题需要留给自己的研究机构去解决，什么类型的课题可交给各人民委员部的研究所，什么类型的工作需要在工厂的实验室里进行。例如，重工业人民委员部的各大物理技术研究所就被明示不要浪费时间去解决那些小范围的技术性问题，因为这些问题在工厂的实验室里就可以得到很好的处理，而是要坚持去研究更为基础性的课题。另一方面，每个研究机构都有责任将其可能做出的重要成果、发现或发明立即传送到适当的渠道，以确保其迅速得到利用。一项研究工作通常不是说在科学期刊上发表了就告终结，而是要看这项研究成果的技术重要性。它们必须以容易理解的方式提交给对该课题感兴趣的工业主管局和工厂的工作人员，并提出如何加以正确应用的建议。科学实验室的研究人员和主任必须与工业主管局和工厂保持密切的个人联系，积极进行宣传，以便使新的事实和思想得到充分利用。

通常，研究计划都是严格按照年度来进行的。1937 年，为了准备第三个五年计划(科学将在其中起到不可替代的作用)，科学院需要制订一个涵盖 1938 年至 1942 年期间广泛的研究计划。当我离开时，这个计划还没有完成，所以我不能提供任何确切的信息来说明它将会如何实施。

根据政府的总的指示，在科学院和国家计划委员会的配合下，各实验室的负责人都要与其同事在秋季讨论下一年度的工作计划，并制订一份实施方案提交给研究所所长。然后，所长将会同各职能部门的负责人讨论这些计划，并经常还会与每一位研究人员商讨这些计划，然后在此基础上由研究所的规划部门制订出一个总体计划。规划部门将对成本做出尽可能准确的估算，并将该计划送交上级主管机构。主管机构将择日召集各研究所所长开会，一起讨论和协调具体的实施方案。当然，这方面的很多工作都是事先通过个人接触来完成的。预算的估计数将由上级主管部门的会计人员核对，并与国家下拨的下一年度的科研经费相协调。通常，这笔经费基本上足以支付实验室完成工作所需的所有开支。因缺乏资金而削减的比例很少大于计划申请数的 10%。

研究所的计划由这么几部分构成：首先将工作分成若干个项目，交由相应的各实验室去实施，尽管这些分设的实验室在研究内容上偶尔会重叠,而有些项目必须由几个实验室共同承担。例如在物理研究所,我们就会看到有研究“核物理”、“低温物理”等的实验室。在项目中下设有若干个课题。这些课题都是针对某些要解决的“问题”提出的。例如在核物理的项目下,我们可以看到有研究“宇宙射线的性质”、“β衰变”等课题。最后一级是“任务”,即在
447 来年要完成的实际工作。这些任务构成了“课题”的部分解决方案。承担“任务”的研究人员对“任务”及其研究范围应该非常清楚,他能够相当具体地开列出完成这项任务所需的设备、人手、资金以及完成的时间。完成任务的期限不一定限于当年度,如有需要,可分为两年或两年以上。一个已经连续几年制订过这种计划的有经验的苏联研究工作者,并不难对所有这些要点做出估计,尽管这可能需要一段时间,费一番功夫。但是,只要你对实验室的工作条件足够了解,并且对要承担的任务有充分的准备,那么你甚至可以相当准确地估算出完成这项任务所需的时间。

4. 科学与社会

我们绝不能将苏联的科学活动看成一种完全不同于一般社会生活的活动,而应看到它实实在在地渗透到了生活的各个方面。这意味着什么呢?它是如何展现的呢?

苏联政府不但关心向全社会普及科学知识,而且注重向全社会普及科学观点。正是这种观点开始支配着苏联公民的日常生活,尤其是年轻一代。在苏联,那种在我国广泛存在的科学家与蔬菜水果商之间的巨大鸿沟正迅速消失。

这方面的一个典型例子是所谓的斯达汉诺夫运动。这个运动

是以一位有进取心的年轻矿工的名字命名的。他成功地对自己在井下的作业实施了合理化改革。于是,全国成千上万的工农业部门的生产者以他为榜样,掀起了对生产工艺提出合理化建议的改革运动。这并非是因为这些“斯达汉诺夫主义者”特别聪明,实际上他们提出的建议很可能是任何一个具有通常智力的人都能想到的。关键在于,斯达汉诺夫及其追随者所采用的推理方式与科学家在自己领域遇到问题时所采用的推理没有任何不同。做一个斯达汉诺夫式的工作者不需要过人的聪明,甚至不需要太多的智慧;它所需要的只是我们前述的科学的观点。成千上万的人开始学着运用这一观点,这是苏联历史上的一个重大事实:它不仅证明了马克思主义理论的正确性,证明了政府所采取的政策是正确的,而且使人们能够自下而上地去完成那些以自上而下的方式永远无法做到的事情。

对苏联科学的社会功能的调查,如果不简要说明这种科学观是如何培养出来的,显然是不完整的。这方面最引人注目的措施可能是:

(1)学校对自然科学非常重视,在许多不严格涉及自然科学的学科中,也随处可见人们运用科学推理方法。

(2)“先锋之家”(少年宫)配备了优秀的科学实验室和展览,并从各个方面鼓励儿童发展科学兴趣。

(3)苏联的每一份报纸都刊载以科技为主题的重要文章,而科 448
学和工程的成果更是头版新闻。中央和地方报纸每天都会公布主要工业部门、煤炭、黑色金属、交通运输和汽车等的生产数据,公众非常清楚,他们日常生活的一切便利都依赖于这些数字。

(4)在苏维埃的各个城镇,库存充足的科技书店就像伦敦的烟草商店一样多。这些图书又好又便宜,人人都买得起。每一座工厂、每一个国营农场和集体农场都有一个图书馆,里面既有科普读物,也有高深的科学技术文献。

(5)每个对科学知识感兴趣的人都有充分的机会得到深造。他不用付一分钱,只要能够通过所教授的每门课程的考试,就可以从小学升入厂办中学,再从这里到工人夜校,然后再到大学或技术学院去深造。男女青年所在的单位主管有义务给予他们一切机会来提高知识。

(6)在每一座工厂里,所有员工都有义务参加学习班。这些学习班开设有对他们所从事的具体岗位的工作进行阐述和讨论的课程,包括这一工作所依据的科学原理。每个人都必须在这些课程的基础上通过一个特定行业的考试。工资根据这些考试的结果定期调整。1935 年,仅重工业人民委员部就有 797,000 名工人、行政官员和经济学家通过了这些课程。在 1937 年,这个数字肯定还要大得多。

(7)斯达汉诺夫运动受到所有权威人士的积极鼓励。任何形式的合理化建议一经采纳都会给工人带来即时的物质奖励,每一位“斯达汉诺夫工作者”都有权享受特殊政策,以增加知识和拓宽视野。对斯达汉诺夫运动的重视程度可以从以下事实看出来:在 1936 年的前 6 个月,专门发表应用化学和物理化学领域非常有价值的研究成果的双周刊《化学工业杂志》,就这一主题发表了 6 篇重要文章。

这些只是在苏联人民中培养科学观的一些事实。还有很多别的因素也同样重要，其中包括冷静且简明易懂的马克思主义的哲学观，以及值得每个人思考的直接经验。

八　科学出版与文献目录的编制 449

（科学信息研究所）

有人建议调研一下是不是可以将所有的科学文献和文摘服务，以及许多正陷入财政困境的发表原创文章的期刊，纳入一个中心机构（暂定为科学信息研究所，简称 S. I. I.）予以统一管理。这种集中化的一个必要条件是要充分利用和发展出一些用于出版、复制、检索、选择和分享科学信息和文献目录的方法。这些方法在解决这一问题方面具有新颖性。

这一设想的细节将在后文中讨论。其基本要素是：(1)科学出版物和文献目录的集中化可以带来经济效益和服务水平的提高。(2)用（广义的）照相复制代替印刷复制。最好是开发小尺寸的缩微照相复制法，尽管人们认识到，从消费者心理学和近期技术应用的角度来看，从一开始就采用这种小尺寸的缩微技术是不可能的。印刷不适用于小版本，而照相复制则适用。(3)利用数字标引和自动检索装置来对文献目录进行归档和选取。

科学信息研究所将是一个非营利的、具有教育功能的科学组织，由各科研机构的委托人共同管理。它应该具有真正意义上的自我清偿能力。它可以接管许多现有的社团和期刊的出版职能，对于书刊的出版发行和书目检索服务，名义上它将收取一定的费用（足以维系其运营），它将从各学会那里定期得到有保障的支持。

对这个职能部门的规模不应抱有幻想。科学信息研究所的成功与否将取决于在多大程度上将现有的大多数科学出版物和文献目录服务纳入其中。这将是一个垄断机构，其垄断性质正如邮局，其经营目的是为公共利益而不是营利。因此如果它做不到实际上的包罗万象，它就会失败。

以最有效和最高效的方式记录、分享和保存科学研究的成果是科学界的一项必备职能。其重要性几乎与科学研究本身的持续性平齐。

科学信息研究所的组织形式

科学信息研究所（为方便起见，以下简称 S. I. I.）的实际组织形式简述如下。

450 S. I. I. 将是一个非营利机构，负责传播、出版和记录科学文献。它将在国家的和地方的（综合性的和专业的）科学学会、大学、研究机构、基金会等的协助下成立，在美国，如有可能，还将得到政府（通过拨款或贷款资助）的协助。在目前的世界经济条件下，这种组织形式很可能首先是一个国家的企业，而不是一个国际性组织。但它的发展计划中应该写明：一旦有机会，它就将发展成一个国际性组织。从地理上讲，S. I. I. 设在美国首都华盛顿最合理，这样可以有效利用国会图书馆、陆军医学图书馆等的图书馆设施。

它的主要职能是作为原始科研成果的出版媒介，并提供编辑和分享科学出版物的文献目录的服务。它还将具有许多附带的职能，这些职能将在与主要职能的协调配合下得到发展。

S. I. I. 不是对现有的出版和文献目录服务系统的复制，但会吸纳现有媒体的功能，消除重复，从而防止浪费。S. I. I. 将利用现有的科学出版和文献目录工作人员，通过覆盖整个科学领域，使全国所有科学家都能从集中的大规模操作中获得好处。

S. I. I. 将通过建立更有效的科学研究出版媒介和适当的科学文献目录服务来促进科学研究和一般科学人员的发展。当前的经济条件和科学文献的增长，需要认真考虑改进科学出版和文献目录体系。

科学工作者应该不惧怕改革，并愿意对目前的科学知识和研究成果的分享和交流机制及方法做出评估。

S. I. I. 的出版功能

我们建议的通过 S. I. I. 媒介进行原创科研成果发表的初步机制如下：

当一项研究准备好提交报告时，研究人员将把他的报告提交给 S. I. I. 供发表，就像他现在提交给一份专业的科学期刊一样。S. I. I. 在收到研究报告后，将交由编辑去处理评审等环节，这与目前传统科学期刊的做法相同。研究报告被接受出版后，将以统一的格式打印在统一的永久性纸张上，并与图表和说明性材料组合在一起。这篇文章将以其他方式复制（见下文关于复制方法的讨论），而不是将手稿和说明性材料送交印刷厂去排版和制作半色调的和凸版的印刷模具。新的复制方式将在经济上更适合于小版本或小份数的印刷。对于成果的传播，不会采用对论文全文及其说明性材料进行大量复制的方法，而是采用一种本质上全新的信息 451
分享方法。提交给 S. I. I. 的每一篇研究报告的作者都要提供一份大约200字的论文摘要，也就是现在许多科学期刊上发表的论文开头的那些摘要。这些摘要将按适当的时间间隔（每周或每月）进行汇编，并以最经济的方式出版，具体印数取决于所需的（铅印、影印等）副本数量。这些以周刊或月刊的形式发表的摘要将分发给所有在特定领域工作或需要这些信息的科学家。例如，所有物理学家都会收到包含物理学各分支的研究报告摘要的周刊或月刊。每一份论文摘要后面都会有一个序列号并注明完整论文副本的价格，比如25美分。希望获得论文副本的科学家可以单独订购这样的副本，并按此价格付款。收到此订单的S. I. I. 将制作一份完整论文的副本并将其寄给这位付了款的科学家。

乍一看，这种只向大批科学家发行摘要并按个人订阅提供完整论文副本的机制，似乎比现有的以科学期刊形式发表论文的方法更为昂贵和浪费。然而，由于采用了特别适于制作少量副本的复制方法，我们会发现，这种论文信息分享方法要比目前采用的方法经济得多。（见复制方法部分。）

这里建议的论文信息分享方法将弥补“出版缺陷”一节中所列出的大多数不足。

S. I. I. 的文献目录服务

为了向缺少图书馆条件或缺少参考文献的研究者提供特定研究主题的文献和文献目录服务，S. I. I. 将开设一种文献目录的建档和出版服务，它将吸收现有的所有学科领域的文献目录服务职能，并提供那些现在已不易获得其文献资料的学科领域的文献目录。

论文出版工作方面的缺陷

目前通过专业期刊、专著和小册子来发表论文成果的方法存在以下不足：

1. 研究成果不能及时发表。

2. 研究成果无法采用将所有必要的数据、插图（图片或图表）、讨论、背景和其他相关细节以一种完备的形式来发表。

3. 浪费现象十分普遍，因为对于专业期刊发表的每篇论文的 452
细节，只有少数人感兴趣。

4. 越来越多的科学文献正在成为科学工作者个人和研究机构的经济负担。专业领域的期刊数量的成倍出现增加了各学科订购全部文献的成本，而每个单位花在订购期刊上的预算额通常无法跟上这种增长，而且往往必须是保持不变。因此一种新期刊的诞生，势必造成所有与之竞争的期刊或与之互补的期刊的订阅者人数的减少，除非该领域的工作人员迅速增长，足以弥补这一损失（目前情况并非如此）。

5. 期刊种类的倍增、各机构用于图书馆和专业出版物的资金的减少，以及上述第(4)点不足，使得科学出版物的发行量进一步减少。由于经济因素，图书馆不能订阅期刊，这些都将严重阻碍科研人员获取必要的科学文献。

6. 专业期刊的编辑和经营管理通常是由科学家无偿自愿承担的，这种状况消耗了这些兼职编辑或经营的科学家从事其本职工作即研究工作的精力。

7. 纸质期刊上文章的传播范围有限，受到期刊发行量的限制，即使加上作者的抽印数量也无济于事。而且抽印件用完后，几乎不可能再获得单独的副本。

8. 目前采取的由作者再版论文的做法给作为作者的科学家带来了不合理的经济上和时间上的负担，他们不得不充当赞助人和邮递员，向所有可能需要其论文的人员提供他所发表的文章的副本。

9. 铅字印刷需要排版(需要在每平方英寸的印刷面积上铸模或组装一个个1英寸见方的金属字符块)。对于印数少的出版物来说，这是一种极其昂贵和极不经济的复制方法。这时就应采用照相复制或缩微照相复制的方法。

文献目录方面的缺陷

目前的这种文献多样且不断倍增的状况使得文献的编目和文摘工作存在以下不足：

1. 在任何地方都不能找到任何给定主题的所有参考文献目录。

2. 需要费时费力地查阅摘要期刊、综述和论文，才能获得某个学科不完整的文献目录。

3. 由于难以获取某个特定主题过去的研究成果，往往导致在没有充分了解该方向过去成果的情况下就开展研究，从而造成浪费性的重复。

453 4. 一篇原始论文的发表，到刊登该论文摘要的文献目录期刊的出版，这中间的时间滞后是如此之大，以至于文献目录的参考价值通常仅具有纯粹的历史价值，对于非常活跃领域的其他研究人员的帮助不大。

5. 没有一种方法可以让相关领域或不同领域的工作者注意到可能与他们的工作相关的另一个领域内的成果，即文献目录在学科之间缺少充分的交叉索引。

6. 由于现有的对有限量的文献目录或摘要进行处理、归档或上架的机器不够完善，使得研究人员个人几乎不可能建立起自己的文献目录档案，因此随着时间的推移，各图书馆都变得不堪重负，特别是小型图书馆。

7. 如果摘要期刊或文献目录期刊是按期发行的，那么要想获得某个主题的完整的文献目录，就需要逐期查找(如果期刊编有索引，则需要先查索引，再查找期刊)。如果摘要或参考文献目录是以卡片形式存放的，则无论这些卡片是否分类，最后卡片的归档工作都会落到每个查阅者头上，从而造成这种事务性工作的重复，有多少查阅者就会重复多少遍。

8. 虽然文献按特定领域制定了或多或少详细的分类，但总体而言，这种分类是不充分且不令人满意的，几乎是有多少种基本分类，就有多少种文献编目方式。

9. 由于文献目录不足，对已发表的文章缺乏了解，因此每个研究者都必须自己收集和整理他的课题所需的所有参考资料。这种事务性工作必然耗费掉他本可用于研究的部分精力。

10. 以期刊或卡片的形式发布文献目录，结果势必需要向该领域的所有研究者发布该领域的每一条信息，而接收者可能只对少数条目感兴趣。这势必造成浪费。(见上文“出版工作方面的缺陷(3)”。)

11. 上述第4、5、6、7项和“出版工作”中指出的缺陷同样适用于文献目录工作。

我们列出这些固有缺陷，并不是要对许多现有期刊或文献目录工作的目标和运作提出批评，而是要提出一种建设性的尝试，促进科学文献著录方法的进一步发展。这将给科学家和科学进步带来好处。在下面提出的方案中，现有期刊和文献目录的所有收效良好的做法都将得到采用。这一建议不是要打击目前的工作人员的热情和努力，而是要提高他们的积极性，完善其工作机制，提升效果。

复制方法

出版足够的科学出版物和文献目录的主要障碍来自印刷机。铅字印刷和半色调凸版制图，对于印数少的科技书刊的出版是很不经济的。

454 必须采用某种照相复制的方法。对于所需数量少到十几份至两百份的服务，这种方法能够以最低的成本来经济地制作。根据S. I. I. 的方案，论文全文将不再按照目前的“分发”原则通过期刊来广泛分享，而将是经济地提供给那些真正需要它并订阅了的人。

在这一方案中，需要采用以下一些非常新颖的做法：

1. 用打字机打出的文本来复印（特别是对于一些特殊字体和特殊尺寸的纸张，用打字的方法打出的文本既易读又方便），省去了印刷工序中昂贵的排字环节。

2. 利用原始照片、图表等来复制各种插图，避免了采用昂贵的半色调凸版制图工序。

3. 为用户提供影印或照排的复印件。

4. 大大缩小照相复制品的尺寸(缩微照片),阅读借助放大镜、阅读机、幻灯机或投影仪来进行。

目前用机器来处理大量且不断增长的文献资料还有困难,因此完备的文献著录工作做起来非常麻烦。考虑到排版、校对和印刷等昂贵的费用,目前还无法为个人提供特定的服务。同时,由于在资料剪裁、整理、归档等方面的困难,像摘要期刊、工程索引等一批文献目录方面的参考资料还无法做到物尽其用。这里建议的方案可以将已经完善并用于其他目的的方法与机器配合起来使用,从而免去了这些困难。

	目前做法	建议的做法
用户取得文献资料的途径	文摘期刊	胶卷
复制方法	印刷	拍照
可能出错的环节	排字和校对过程	无
出于经济性要求的复制件份数	不少于数百份	按需取得
个人选择余地	面向全体——用户对其中大多数内容都不感兴趣	所需资料完全取决于个人,目录查找可以为一个人服务
再版的可能性	几乎不可能,出版费用太贵	随时随地,与初版一样
能否通过数据更新使资料始终保持最新	非常困难,因为用机器编入新资料有困难	能够按需要及时更新某一学科的全部资料,其难易程度同初版发行,归档完全机械化

455 **融资**

启动 S. I. I. 项目需要大量的资金。这些资金可以通过以下几条途径来获得:(1)来自商业机构;(2)美国的拨款或贷款;(3)来自基金会。

一旦 S. I. I. 投入运行,它应该能够自给自足,收入来源如下:(1)产品销售所得;(2) 各学会、研究机构的补贴,因为 S. I. I. 在很大程度上接管了它们的出版职能;(3)基金会的捐助等。

目前显然不可能对这个大项目进行详细的预算或财务估算。但应强调的是,有很大机会使项目自行支付大部分费用,它给科学出版和目录编制领域带来的经济效益应该会给科学界和整个世界带来巨大的财政节约。S. I. I. 巨大的经济价值不在于节省科学信息的出版和发行成本,虽然这将是很重要的,而在于它的活动节省了科学家的时间和精力。

沃森·戴维斯
科学服务处,华盛顿,哥伦比亚特区
1933 年 8 月 19 日
1933 年 10 月 17 日重新发表

正如预料的那样,这里展示的全部计划已经被证明过于雄心勃勃,无法被立即接受。然而,这个方案中的一个重要部分,即现有文献的缩微复制工作,正在实施。美国文献研究所(American Documentation Institute)已经在华盛顿设立了一个缩微文献服务机构，它几乎可以复制世界上所有的文献。

以下引文摘自沃森·戴维斯撰写的《缩微胶卷提供信息服务》一文：

> 缩微胶卷已经成功地被成千上万的人和机构使用。自1934年以来，美国文献研究所在美国农业部图书馆开办的缩微文献服务处（Bibliofilm Service）一直在从事这项业务，并已提供了数千页的服务。现在，缩微文献服务处已经可以用缩微胶卷提供美国农业部图书馆、国会图书馆和华盛顿陆军医学图书馆等90%的馆藏文献的服务。
>
> 研究人员和情报人员只需办理简单的手续，即填写一张订单，就可以得到他想要的资料，花费差不多是一分多钱一页。这并不比为了借一本书而在图书馆填写一张借书单更麻烦。缩微胶卷服务比影印服务便宜得多。当资料必须通过邮寄或快递进行借阅时，缩微胶卷的成本通常比运输成本还低。

> 华盛顿的缩微胶卷图书服务的成功运作表明，这项计划是切实可行的。
>
> 除了提供现有文献的问题外，还有一个问题，就是如何确
> 保所有应记录下来并提供给世界上所有学术研究者的文献资 456
> 料的出版。在这方面，缩微胶卷方法可以起到重要作用，它使这类资料的出版具有经济性和有效性。
>
> 缩微胶卷可以用来确保所谓的“辅助性出版”的功能，它可以弥补其他出版形式的不足，并使由于经济因素而无法印刷的各种材料变得容易获得。目前有些有价值的研究数据因各种原因没有被记录下来。有了缩微胶卷记录方法后，这类

数据就将成为可获取的资料。这种记录方法还可以向人们提供绝版和珍版书籍资料。它们将以照片和其他插图的方式出版。辅助性出版服务(也可以称为文献服务)是对已有的学术出版渠道的补充,它将有助于而不是妨碍现有期刊的发展。期刊和出版机构的编辑人员将充当论文作者和“文献服务”之间的中间人。

辅助性出版服务已在实际运行中。期刊编辑可以根据自己的意愿来取舍一篇专业论文发表的详尽程度。对于一篇非常专业的论文,可以只发表文章的摘要或概述。他可以在这个摘要或概述后加上一个通知,说明如果需要全文,可以通过汇款并注明所需文献的编号(即存放在中央辅助出版服务机构的文件编号),就可以获得带有图表、图片等的全文。订单将直接发送到这个中央机构,即位于首都华盛顿的美国文献研究所。只有在读者订购后,才会将缩微胶卷中的文件制作成纸质文本。通过这种方式,文件永远是“可印刷的”,而且不需要占用大量的存储空间,只需占用一点存储文档本身和缩微胶卷底片的空间。这个方案的操作简单明了,编辑可以在任何时候觉得需要就启用。编辑或作者都无需参与投资或担保。

虽然所建议的辅助出版方案可以与其他复制方法一起使用,但缩微胶卷方法是最便宜和最普适的,因为它可以处理任何类型的文本和插图。

缩微胶卷方法也有助于另一个对世界有重要意义的文献建设项目,即世界文献目录的建设。这个项目还需要大量的规划、发展和国际合作。开始时它将仅覆盖科学领域，最终将扩展到所有领域。

缩微胶卷的经济性和紧凑性给我们带来了这样一种新的希望，即我们可以建立起世界范围的科学文献目录系统，且不会使各种雄心勃勃的研究计划和有前途的方案被淹没在卡片的海洋中，或因错综复杂的细节而窒息。我们可以设想在某个世界文献资料中心创建一套卡片文档，为科学上发表的、在科学进步过程中留下足迹的每一篇文章、论文、著作或文件编制一张卡片。每一张卡片可以分属于多个类别。如果我们将每一种类别的卡片都制作成带有分类标志的缩微胶卷，那么当我们需要找出某一篇文献时，就可以用某种甄别器来读取缩微胶卷中的这些卡片，从而将其挑选出来。这样，我们就有了一种机制，借助于它，就可以建立起庞大的世界文献库，可以有序地编制任何科目的具体文献目录。而这项工作的成本能够让每一位科研人员都用得起。

美国文献研究所是由美国50多家主要的科学和学术团 457
体、理事会和机构共同发起成立的。它的产生是因为在物理科学、自然科学、社会科学和历史科学，以及图书馆和信息服务的一般领域，需要对各个时期的文献进行广泛的、充满活力的和以智力为动力的发展，特别是缩微照相复制及其相关工作方面。

在业务方面，美国文献研究所现在主要从事缩微胶卷服务。然而，应该看到，美国文献研究所是一个能够在广泛的文献领域为美国的科学和学术机构提供他们想要的各种信息服务的机构。由于没有为私人谋利的负担，因此在美国有组织的知识界牢牢地掌握着控制权的情况下，美国文献研究所将能够管理、组织或开展那些任何机构做起来都不经济的活动。值得注意的是，美国文献研究所能够为知识界中那些不经常合作的部门带来共同的兴趣。在它的理事会和它举办的各项活动中，物理学家、天文学家、生物学家、经济学家、图书管理员、历史学家、文献目录学家、档案管理员和许多其他学科的专家们将聚在一起共同商讨人类所面临的问题。

美国文献研究所

华盛顿，哥伦比亚特区

九　国际和平大会科学分会 1936 年布鲁塞尔会议报告

兹决议成立国际和平运动科学委员会。其宗旨是团结全体科学家为和平而斗争。

其当前的任务如下：

1. 协调现有科学家和平组织的活动，并在尚未成立这一组织的国家建立新的和平组织。

2. 以个人身份或通过现有组织，在所有科学家中进行积极的宣传。

3. 反对将科学用于战争目的，并支援因拒绝参加此类研究而遭受迫害的科学家。

4. 在各大专院校进行反对将科学用于战争的宣传。

5. 协助成立关于调查战争起因的联合委员会。该委员会成员应包括：

生物学家，医生，心理学家，历史学家，人类学家和经济学家。

其任务应该是：

(a)反对战争宣传中的伪科学、伪历史学理论，如战争在生物学上的必要性、存在优等种族和劣等种族等学说。

(b)从社会科学和生物科学的角度研究战争的起因和科学家可以帮助消除战争的最有效的方法。在这一点上，必须发表一些积极的声明以反对伪科学的战争宣传，不管这种声明是多么的不成熟。

委员会的主要工作是尽快就这些问题提出一份权威而简短的声明。

次要的任务包括：

(a) 出版支持和反对这些理论的著作的重要文献目录。

(b) 在大众和科学报刊上持续进行反对这些理论的宣传。 459

(c) 揭露和反对在中学和大学里讲授这些理论。

(d) 对学术团体施加影响，鼓励它们起来捍卫科学真理反对这些扭曲。

6. 协助成立科学与战争联合委员会。该委员会应包括下列成员：

飞机技师，地质学家，军事专家，工程师，细菌学家，化学家，物理学家，医生。

其任务应该是：

(a)尽可能揭发现代战争技术的客观事实及其对军民可能产

生的影响。

特别是，要研究保护平民的各种手段及其可能的效果，同时不忽视它所带来的经济、政治和道德方面的问题。

(b)为在国际上有效制止化学战和生物战而努力。

(c)尽快用简单明了的语言公布调查结果。既不弱化、不夸大现代战争的危险性，也不试图声称调查达到了难以企及的准确性。

(d)出版有关战争技术的重要文献和其他有关这方面的专题研究成果。

(e)通过合理的事实曝光来抵制虚假的战争技术宣传。

(f)使科学家们认识到他们在备战中能够发挥的直接或间接作用，特别是提请他们注意原来用于民用研究的资金现在都用于军事目的。

(g)扮演情报局的作用，向所有和平组织提供军事技术问题的情报。

科学小组委员会决议

我们认识到，战争对科学是致命的，不仅破坏了科学的基本国际性质，而且破坏了造福人类的最终目的。

因此，我们决心尽最大努力来维护和平。我们认识到，这样一项一般性决议本身用处不大，需要通过具体的实际行动来加以执行。

作为科学家，我们必须考虑如何才能最好地协助防止战争立即爆发，并永久地消除战争的根源。

460 国际和平运动为我们提供了一个很好的机会，可以有效地达到这两个目的。通过它，我们可以将我们原本不够强大，不能有效抵抗战争的力量与更广大、更有组织的人民力量联合起来。我们可以为这场运动贡献我们的影响力、我们的技术知识和我们的能力，以便在某种程度上矫正科学在过去和现在对战争所起的作用。

同时，我们可以通过对战争起因进行科学和历史分析，揭露那些试图为战争开脱和辩护的人的理论，从而协助完成消除战争起因的任务。

十　科学工作者协会 461

(A)英国科学工作者协会的政策

本协会的宗旨是促进科学工作者的利益，确保科学和科学方法的广泛应用，以造福社会。

为了实现这些目标，协会致力于发展一个由合格的科技工作者组成的专业协会。这个协会必须是一个团结统一的组织，有足够的力量来促进作为国家生活和进步的基本要素的科学和科学工作者的利益。

I

在专业领域，协会致力于促进科学工作者之间的团结精神，并致力于维护科学家的利益，就像英国医学学会和法律协会为维护医疗领域和法律界人士的利益所做的那样。对于现有的为维持高标准的专业能力和行为规范而设立的一般资质机构，本协会将提供一切支持和合作。对于现有的为维护特定领域的科学工作者群体的专业利益、地位和服务条件而设立的组织，本协会将提供合作，旨在促进就共同关心的问题进行协商和采取行动。对于尚未有专门组织来维护其利益的一类科学工作者，本协会将直接为他们的利益服务。

Ⅱ

在社会活动方面，本协会力求确保：

(a)科学研究经费充足。

(b)科学教育得到改善，使其优势更加普及。

(c)不论是在本领域内部，还是在科技成果的应用上，科研活动都应当有计划地组织起来，以确保能够最大程度地发挥主动性，并将浪费和混乱减至最低。

(d)科学研究应主要着眼于改善生活条件。

本协会之所以有能力实施这项计划，是因为它是唯一一个仅面向所有合格的科学工作者开放，而不向其他人开放的组织。

为达到这些目的，协会建议采取以下具体行动：

(1)

为了科学工作者的专业和经济利益，

1. 确保从事有报酬的科学研究的人员只限于具有适当资质的人。

462 2. 确保领导公共服务、工业界和学术界的所有科学技术工作者都是具有足够科学造诣的专家，以便提高整个国家的效率。

3. 确保科学专家在皇家委员会、跨部门和部门委员会以及所有公共机构和其他机构中的直接代表权，只要这些机构的调查结果可能会影响到从事有报酬的科学研究的科学家的利益。

4. 确保在实践中更广泛地应用公认的原则，即科学和技术的素养不构成担任所有公共服务部门，特别是殖民地服务部门最高行政职位资格的障碍。

5. 确保为国家服务的科学技术工作者的等级划分，并确保最高科学职务与最高行政职务之间的地位和报酬相等。

6. 确保工业中的科学工作者享有任期保障、定期休假、退休金、定期加薪以及与其专业地位相适应的所有其他就业条件。

7. 要求税务局局长同意减免科学工作者个人的专业开支的所得税。

8. 建立并维持一套完备的有资质的科学工作者的名册。

9. 设立职业介绍所，从所有合法来源收集各种职位及其空缺的信息，来建立登记制度。

10. 向会员提供信息和建议，并确保会员在涉及出版合同、任用条件、专利法等方面受到保护。

11. 受理会员提请本会注意的有关薪酬及雇用条件欠佳的个案申诉。帮助这些会员获得更好的就职条件。

12. 协助会员取得法律事务方面的意见。

13. 通过向学生提供有关未来就业事宜的资料及建议来帮助学生。

（2）

(a) 在科研经费方面

14. 为科学研究和教学的当前需要和未来发展争取足够的资金。

15. 确保废除向捐赠给科学研究和科学教育的赠款征收遗产税。

16. 要求修订所得税则，以鼓励工业企业在科学研究方面的最大支出。

463 17. 确保政府对大学和研究机构的资助以若干年为一个周期整笔拨付，而不是根据当时的情况实行年度浮动拨款。

18. 对决定科学仪器和设备价格的条件进行调查，并采取措施降低科学仪器和设备的成本。

19. 研究从专利发明和发现中为科学带来更多收入的可能性。

(b) 关于科学与教育的关系

20. 推动奖学金制度的改革，直到获得科学教育的机会仅仅取决于成绩。

21. 确保不同学科的学生人数与这些学科的就业前景之间相匹配。

22. 强调公共管理和工业科学研究的价值，以增加这些领域的就职机会。

23. 防止因限制学生人数或任意强加课程设置而压制科学教学的做法。

24. 要求更充分地认识科学在通识教育中的经济和文化价值。

(c) 在科学研究的组织方面

25. 协助政府和其他部门制订全面合理的科研组织方案，并对现有的科研组织方案提出建设性的批评意见。

26. 敦促积极从事研究的科学家在其组织中发挥更大的作用。

27. 敦促立即全面理顺科学出版和档案管理。

28. 促进国内外科研人员的交流，并要求为学者的交流提供更多的旅行和招待便利。

29. 保持和扩大科学研究的国际性。

(d) 在科研成果的应用方面

30. 研究现有的科研成果应用的机制，并研究改进这种机制的方法，以造福人类。

31. 努力确保科研成果不被用于纯粹的破坏性目的。

32. 研究专利法对发明人的保护问题。

为实现这些目标，本协会建议：

1. 安排定期的协会会议和专业性质的公众集会，以讨论有关科学工作者的一般利益或行业利益的事宜。

2. 发行协会会刊作为本协会的正式机关刊物，为科学工作者 464
对公共事务表明态度提供发声渠道，并作为宣传科学的一般工具。

3. 向新闻界提供有关科学工作者的专业活动和利益的准确信息，并通过这一媒介宣传基础研究对社会福利的重要性。

4. 组织会员对重大问题进行攻关研究，以便提出详细的切实可行的建议。

5. 在有关科学的组织和科研成果应用等问题上，由协会派出代表参与有关委员会的合作。

6. 协助起草和推动与科学和科学工作者有关的立法。

7. 与其他机构合作，通过召开公开会议、举行公众集会、起草议会法案、拟定向议会两院提出的质询、与新闻界保持联系，以及所有其他适当的方式，代表科学和科学工作者进行广泛宣传。

8. 派遣代表在议会科学委员会会议上发言，并通过其他方式协助该委员会的工作。

（议会科学委员会是1929年在本协会的倡议下成立的。其成员由议会两院议员组成，包括所有党派。它定期在下议院召开会议，讨论与当前立法有关的科学问题。）

（B）美国科学工作者协会的临时纲领

全世界的科学家都面临着许多严重问题。

1. 除了少数异常成功和幸运的人外，他们的经济状况非常不理想。考虑到他们接受专业培训的费用和时间，他们的工资通常很低，而且往往没有其他领域同等级别的人的工资高。科学家中有相当多的人失业，他们中许多人的职位都没有保障。为科学家提供的养老金也很少。

2. 尤其让他们忧虑的是，科学发现被误用，向公众提供科学知识和发明的好处的效率低下。

3. 他们不仅在经济上得不到保障，而且在科学工作方面也缺少保障。对于一个科学家来说，失去开展工作的条件与失去工资一样严重。财政紧缩不仅表现在对聘用人员的限制上，也表现在提供设备和资助的不足上。限制言论自由的倾向往往包含对科学自由的限制。

465 4. 伴随着某些反动趋势而来的，还有一种明显利用伪科学的思想来为战争开脱、攻击理性和民主的趋势。

(a) 协会的性质

科学家协会是一个对所有从事纯科学或应用科学——自然科学、社会科学或哲学——各科学分支的人开放的组织，这些人至少拥有学士学位或同等资历。协会的主要目标是促进科学和科学家的利益，确保科学和科学方法的广泛应用，以造福社会。

科学家协会的宗旨是成为一个团结所有具有进步思想的科学家的机构。它寻求与其他组织（如各种科学学会和医学学会）的合作，只要这些组织致力于解决与科学有关的社会问题并为科学家谋福利。科学家协会认识到，即使是一个强大的科学工作者协会，如果脱离非科学界而单独采取行动，其效率也会大打折扣。因此，无论劳工组织还是其他社会进步组织，只要其目标与科学家协会的目标一致，本协会都寻求与它们合作。

(b) 目标

美国科学工作者协会的纲领可以分为以下几点：

1. 科学工作者的职业利益和经济利益。
2. 科研经费。
3. 科学的组织和应用。
4. 科学与教育的关系。

1. 科学工作者的职业利益和经济利益。

本协会将开展以下工作：

(a) 确保科学工作者的职业有保障，确保享有定期休假、养老金、适当增加工资并享有政府劳动保险等权利。

(b) 处理个别会员对薪酬及雇用条件不满的申诉，并协助会员获得更好的职业条件。

(c) 设立咨询及就业机构，向会员提供有关合约、雇用条件、专利法等方面的资料及建议，利用一切可能的手段搜集信息，建立空缺职位登记册。

(d) 争取空缺职位公开登报广告。

(e) 确保需要科学认知的行政职务由具有科学素养的人员担任。

(f) 确保直接领导科研工作的人员都是具有足够科学造诣的人。

466 (g) 确保级别相当的科学职位和行政职位的地位平等，报酬相等。

(h) 设法改善研究生及研究员在薪酬、就业前景和可持续性方面的待遇。

2. 科研经费

本协会将开展以下工作：

(a) 确保为科学研究和教学的当前需要和未来发展提供足够的资金。特别强调需要政府制订研究项目。

(b) 确保政府和其他捐赠机构对科研组织的资助以基金或长期赠款的方式提供，而不是浮动的年度拨款。

(c) 研究是否有可能确保更多的研究成果以专利形式和类似来源的收入返还给科学。

(d) 调查决定科学仪器和材料价格的条件，并促使有关方面采取措施降低成本，应特别注意防止对与美国公司的产品不具竞争性的国外仪器和材料征收高额关税。

3. 科学的组织和应用

本协会将开展以下工作：

(a) 促进和推广科学应用，造福社会。强调科学研究在工业和公共管理中的价值。

(b) 反对一切限制科学研究或压制科学研究成果发表的倾向。

(c) 扩大所有科学知识和发现的开放交流。保持和扩大科学研究的国际性。

(d) 研究和揭露科学领域违反社会利益的组织和应用。特别是反对通过系统地搁置科学发现来压制技术进步，反对将科研成果应用于纯粹破坏性的目的。

(e) 确保积极从事研究的科学家能够在其组织中发挥更大的作用。

(f) 在涉及科学成果应用于社会的问题上，确保科学方面的专家能够在各级政府委员会有直接的发言权，在所有公共机构中有直接代表。

4. 科学与教育的关系

本协会将开展以下工作： 467

(a) 促使教育界更充分地认识到科学的经济和文化价值。

(b) 改善和扩大奖学金和研究员津贴制度，使得获得科学培训的机会取决于能力。

(c) 揭露伪科学理论，特别是当其被用作反社会、反民主、反劳工或支持战争政策等非正当理由时。

(c) 方法

为了达到这些目的，除了其他方法外，美国科学工作者协会还建议：

(a) 建立一个强有力的全国性组织,并提倡从行业、大学和其他机构中吸收会员,形成活跃的地方团体。

(b) 参加专业的和其他团体的有关讨论科学家个人和社会利益问题的公开会议。

(c) 在有关本会宗旨的问题上与专门委员会合作。

(d) 向新闻界提供有关科学工作者的社会利益和科学利益的准确信息。通过媒体宣传基础研究对社会福利的重要性。

(e) 发行协会会刊,作为科学工作者表达对公共事务态度的媒介,并作为宣传科学的工具。

(f) 鼓励在联邦和州立法机关中设立由所有对科学感兴趣的立法者组成的志愿科学委员会,并向这些委员会提供信息和建议。

(g) 协助起草和推动与科学和科学工作者有关的立法。

(h) 与工会保持联系,以便就科学问题向工会提供专家意见和帮助,并为科学家协会倡导的社会和经济项目寻求工会的支持。

(i) 组织会员深入研究协会面临的问题,提出具体的实际行动建议。

索　引

(索引所列页码为原书页码,即本书边码;粗体页码表示讨论该主题的整个小节的页码。n 表示注释。)

B

D

E

F

H

I

L

M

N

O

P

S

T

U

V

译 后 记

约翰·D. 贝尔纳(John D. Bernal)的这本《科学的社会功能》是研究科学社会学的开山之作,对西方社会深入研究科学与社会的互动并付诸实施有着深远的影响。为纪念贝尔纳的这一伟大贡献,美国的“科学的社会研究”学会设立了以他名字命名的大奖——贝尔纳奖,自 1981 年开始每年授予一位在科学社会学领域有突出贡献的学者。为了便于读者了解本书的内容,这里对作者和本书的成书背景和观点做些介绍。

J. D. 贝尔纳(1901—1971)是英国著名的物理学家,剑桥大学贝克学院教授。他求学时期师从 W. H. 布拉格,因此在晶体学和 X 射线衍射应用方面学养深厚。1932 年,他最先将 X 射线应用于蛋白质晶体研究,随后又研究了烟草花叶病毒的结构,成为用物理手段研究生物分子结构的先驱之一。为此,1937 年,贝尔纳成为英国皇家学会会员并被授予贝克学院物理学教授。

贝尔纳对科学的社会功能问题的研究始于他早年对社会问题的关注。早在 1919 年大学时期,他就对俄国十月革命和新生的苏维埃社会主义体制有了了解,并通过马克思主义经济学家 H. D. 迪金森接触到了马克思主义理论。在此期间,他阅读了大量马克思、恩格斯、列宁的著作,从思想上转变为一个马克思主义者。

1923 年,贝尔纳加入了英国共产党。1931 年,苏联派代表团出席了第二届国际科学技术史大会,并在会上做了题为“牛顿力学的社会经济根源”的报告,运用马克思主义辩证唯物论和历史唯物论的观点分析了牛顿力学的历史发展。这对贝尔纳如何看待科学的视角产生了深远的影响,成为他日后运用马克思主义观点来分析科学与社会关系的样板。同年 7 月,他对苏联进行了为期两周的访问,亲身感受到苏联的科学体制、科学教育和科学技术在国民经济各行业中所发挥的作用。随后在 1932 年和 1934 年,他又两次访问苏联,对苏联科学事业的组织和发展有了更明确的认识。这为他日后写作本书提供了一个重要的参考框架。

本书成书的另一个背景是一战后尤其是 1929 年西方资本主义经济危机带来的社会动荡和战争阴霾。人们对资本和财阀将科学技术成果无限制地用于攫取利润、用于战争目的感到茫然和无奈,于是一方面在学术界内部萌生出一种让科学脱离政治回归自由的思潮,另一方面在社会上则兴起一股反对科学排斥先进技术的运动。科学的社会作用处于前所未有的危机中。正是为了从正面阐明这些问题,贝尔纳运用马克思主义观点写作了本书。

与 1929 年大萧条下产生出的凯恩斯经济学强调政府的作用一样,贝尔纳在本书中也强调了政府对科学的组织和发展的调控作用。他认为,要想使科技成果不被资本完全用于牟利,而是用于造福于社会,就应当以苏联为样板,由政府从源头上对科学的发展和技术成果的应用进行引导和管理。苏联在实行社会主义制度后,在政府的强有力的推动下,整个国家经过 15 年时间(从 1925 年联共布第十四次代表大会确定实现工业化国策到 1940 年基本完成目标)迅速从一个落后的农业国跃升为工业强国，国民的科学素质同时得到了大幅度提升(详见本书第八章第八节"科学与社会主义"和附录七中"苏联科学组织的结构")。因此，贝尔纳提出了对科学的全面计划管理。他甚至得出了"科学就是共产主义"的结论(见本书第十六章第三节)。

80 年过去，虽然科学的发展已经远远不止贝尔纳当时所描述的那些学科，科学之间的交叉、边缘科学的门类、科学与社会之间的互动，尤其是互联网时代带来的信息扩散和应用的途径，远非当时可比。因此书中的一些描述和结论已显得仅具有历史价值，但本书所得出的结论，即科学只有在其目的与社会发展的目的一致，只有通过与社会的互动，才能得到社会的有力支持，才能得到迅速发展，仍然具有现实意义。书中所采取的分析方法也仍具有借鉴的价值。

商务印书馆在 20 世纪 80 年代初就出了陈体芳教授翻译的本书全译本。本次重译时对其精到的表述多有借鉴，在此深表谢意。

王文浩

2020 年 12 月于清华园